岩波講座　応用数学　[基礎 6]

ベクトル解析と多様体

岩波講座　応用数学

[基礎 6]

ベクトル解析と多様体

小松彦三郎

岩 波 書 店

まえがき

表題のベクトル解析は，普通，3 次元空間で定義されたベクトル場を，ベクトルの成分に分解することなく，一つの対象として解析する数学を意味する．この意味のベクトル解析は，O. Heaviside (1885, 1893 年) と J. W. Gibbs (1881 年，公刊は 1901 年) によって独立に今日の形に整えられた．彼らは，J. C. Maxwell によって完成された電磁気学 (1873 年) が，ベクトル場としての電磁場の理論であるにもかかわらず，ベクトルの扱いが未整理のためすこぶる煩雑であったのを，誰にもわかるものにするための道具としてベクトル解析を開発した．これ以後の電磁気学は，一部の例外を除いて，ベクトル解析の言葉で表わされるようになったから，物理学を学ぶものは誰もが何がしかのベクトル解析を学ばなければならないようになった．このため，ベクトル解析の教科書，参考書は数えきれないほどある．本書の前半もその一つである．現われるベクトルおよびベクトル場の意味をなるべく明らかにするように努めた．そのため，公理によって 3 次元ユークリッド空間を定義するところから始めたが，応用を標榜する講座としては行きすぎであったかもしれない．しかし，最近は，公理から幾何学を学ぶ機会がなくなってしまったので，かえって興味をもってくれる読者がいるのではないかと期待している．

ベクトルとは方向と大きさをもつ量である，というのが言葉によるベクトルの定義であるが，方向と大きさをもつ量がすべて Heaviside の意味のベクトルであるかというとそうではない．Maxwell の理論でも，異方性をもつ誘電体の電気誘導 (複屈折の原因である) および電磁場の応力ないしは運動量を論ずるにはもっと複雑な量であるテンソルが必要になる．テンソルは微分幾何学および一般相対性理論でも重要になるのであるが，本書では紙数の関係で詳しく扱うことができない．

本書の後半の主題は，多様体上の微分形式とその応用である．テンソルの言葉でいえば，反対称共変テンソル場の理論になる．これは 3 次元のベクトル解析を自然に高次元に拡張したものになっており，特殊ではあるが一般のテンソル場にはないいろいろなよい性質をもっている．

微分形式の起原をたどっていけばLeibnizまでさかのぼれるであろうが，これが明確な形をとるようになったのは，H. Poincaréの『天体力学の新方法』第3巻に現われる積分不変式論が契機となって，E. Cartan(1899年)が定義したのが最初である．Cartanはこれを，微分方程式論，解析力学，Lie群論，微分幾何学などのさまざまな分野で活用し，大きな成功をおさめた．G. de Rham(1931年)，小平邦彦(1949年)らの多様体のコホモロジー論なども微分形式なしでは考えられない．本書では，Cartanの仕事を中心に，微分形式論の多彩な応用のごく一部を紹介する．

1994年10月

小松彦三郎

目次

第1章

3次元ユークリッド空間の中のベクトル

3次元ユークリッド空間 E^3 は，普通，われわれが住んでいる空間と考えられているが，厳密にいえば，物理的空間そのものではなく，その数学的モデルである．宇宙論は，はるかかなた可視星雲のむこうまで行けば，われわれの世界がいかに数学的なユークリッド空間からずれているかを論ずる学問であるし，特殊相対性理論は，光速に近い高速の物体の運動がユークリッド的でないことを示している．

ユークリッド空間は公理によって定義される．Euclidの「原論」で与えられた公理系が基本であり，ユークリッド空間の名もこれに由来する．しかし，今日の目からみればEuclidの公理系は完全でなく，D. Hilbertは1899年に「幾何学の基礎」を著して，これを補った．Hilbertのこの著書は20世紀の数学を特徴づける公理主義のさきがけとなったが，まだ集合論の立場にはたっていない．そのため以下では少しく現代風に修正し，かつ順序もかえて簡潔に紹介することにする．

ただし，この章の主要な目的は，3次元ユークリッド空間におけるベクトルとその演算がどのような幾何学的意味をもっているかを知るためであって，ユークリッド幾何学の完全な公理論的展開ではない．したがって，すじ道は隈なく示すが，個々の定理の技術的な証明はなるべく省略して進む．興味をもった読者は，巻末の参考書をみるか，みずから証明を与えるよう試みられたい．

応用にのみ関心のある読者は§1.2，§1.3および§1.7以降を読めば十分である．

§1.1　3次元アフィン空間のベクトルとスカラー

はじめに3次元ユークリッド空間の公理の一部を述べる．

結合の公理

3次元ユークリッド空間は，**点**とよばれる不可分の元からなる集合であり，以下の公理で規定される**直線**および**平面**とよばれる部分集合の族をもつ：

I_1　相異なる2点が与えられたとき，この2点を含む直線が唯一つ存在する．

I_2　任意の直線は相異なる2点を含む．

I_3　同一の直線に含まれない3点が与えられたとき，これらの点を含む平面が唯一つ存在する．

I_4　任意の平面は，同一直線に含まれない3点を含む．

I_5　1直線上の相異なる2点が1平面に含まれるとき，この直線上のすべての点はこの平面に含まれる．

I_6　同一平面に含まれない4点が存在する．

I_7　二つの平面が1点を共有するならば，この点を含むある直線を共有する．

I_1～I_5のような公理を続けてゆけば何次元の空間でも定義できるが，I_6, I_7によってちょうど3次元になる．

平行線の公理

二つの直線は，等しいか，または同一の平面上にあって互いに交わらないとき**平行線**という．次が有名な平行線の公理である．

II　1直線と1点が与えられたとき，この点を通り，与えられた直線に平行な直線が唯一つ存在する．

3次元ユークリッド空間の公理はまだまだ続くのであるが，以上の公理のみをみたす集合と，直線，平面の系を3次元**アフィン空間**(または**擬似空間**)といい，A^3で表わす．この中で驚くほど豊富な内容の幾何学を展開することができる.

まず, 直線の平行という関係は**同値律**をみたす. すなわち2直線 l と m が平行であることを $l /\!/ m$ と書くことにすれば, 次の関係がなりたつ:

反射律　$l /\!/ l$.

対称律　$l /\!/ m$ ならば $m /\!/ l$.

推移律　$l /\!/ m$, $m /\!/ n$ ならば $l /\!/ n$.　□

反射律, 対称律は自明であるが, 推移律は結合の公理と平行線の公理によって証明しなければならない.

この関係によって直線全体を, 互いに平行なもの全体を一つの類として類別することができる. それぞれの類を直線の**方向**という.

次に, 2点の対 (A_0, A_1) を**有向線分**と名づけ, $\overrightarrow{A_0A_1}$ で表わす. 二つの有向線分 $\overrightarrow{A_0A_1}$ と $\overrightarrow{B_0B_1}$ が**平行移動により合同**とは, A_0, A_1, B_0, B_1 が同一直線上にない場合には $A_0A_1B_1B_0$ が**平行4辺形**をなすこと, すなわち, 直線 A_0A_1 と直線 B_0B_1 が平行かつ直線 A_0B_0 と直線 A_1B_1 が平行であることと定義し, A_0, A_1, B_0, B_1 が同一直線上にあるときは, この直線上にない有向線分 $\overrightarrow{C_0C_1}$ があって $\overrightarrow{A_0A_1}$ が $\overrightarrow{C_0C_1}$ と平行移動により合同, $\overrightarrow{C_0C_1}$ と $\overrightarrow{B_0B_1}$ が平行移動により合同であることと定義する.

有向線分の平行移動による合同関係も同値律をみたす. 反射律を示すには, 有向線分 $\overrightarrow{A_0A_1}$ と直線 A_0A_1 の外に1点 C_0 が与えられたとき, $A_0A_1C_1C_0$ が平行4辺形をなすように点 C_1 が定められればよいが, これは C_0 を通り直線 A_0A_1 と平行な直線と, A_1 を通り直線 A_0C_0 と平行な直線の交点として求められる.

対称律は明らかである. 推移律は次の定理によって証明される.

Desargues の定理第1　相異なる6点 $A_0, A_1, B_0, B_1, C_0, C_1$ について, 直線 A_0A_1, 直線 B_0B_1 および直線 C_0C_1 が平行, かつ直線 A_0B_0 と直線 A_1B_1 および直線 B_0C_0 と直線 B_1C_1 がそれぞれ平行ならば, 直線 A_0C_0 と直線 A_1C_1 は平行である(図1.1).　□

はじめに述べたように本章では定理の技術的証明はなるべく避ける方針であるが, 公理系による理論構成の雰囲気を味わってもらうため, この定理には証

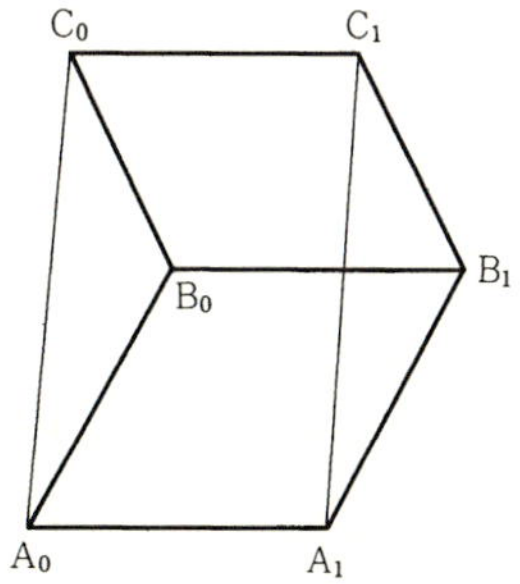

図1.1 Desarguesの定理第1

明を与えておく．

［証明］ まず，点 A_0, B_0, C_0 が1直線になくて，平面 $A_0B_0C_0$ が点 B_1 を含んでいない場合を考える．このとき，公理 I_3 の一意性により点 C_0 は平面 $A_0B_0B_1$ に含まれない．

平面 $A_0B_0C_0$ と平面 $A_0B_0B_1$ の共通部分は直線 A_0B_0 と一致する．もし，共通部分がこの直線以外の1点Dを含めば，再び公理 I_3 により平面 A_0B_0D が，平面 $A_0B_0C_0$ とも平面 $A_0B_0B_1$ とも一致しなければならず，上の仮定に反することになるからである．

したがって，直線 A_1B_1 は平面 $A_0B_0C_0$ と交わらない．同じ理由で，直線 B_1C_1 は平面 $A_0B_0C_0$ と交わらない．さらに，直線 A_1B_1 と直線 B_1C_1 は点 B_1 でのみ交わる．他に交点があれば，A_1, B_1, C_1 は1直線上になければならず，6点共に同一平面上にあることになって最初の仮定に反するからである．

以上から，平面 $A_0B_0C_0$ と平面 $A_1B_1C_1$ は交わらないことがわかる．もし交われば，共通部分は直線であって，平面 $A_1B_1C_1$ 上の直線 A_1B_1 と直線 B_1C_1 は共に B_1 を通ってこの直線と平行な直線となり公理IIに反することになるからである．

特に，平行線 A_0A_1 と C_0C_1 が定める同一平面上にある直線 A_0C_0 と直線 A_1C_1 は交わらず平行である．

次に，最初の仮定がみたされないときには，6点 $A_0, B_0, A_1, B_1, C_0, C_1$ が同一平面上にあることに注意する．したがって，公理 I_6 により，この平面に含まれない点 D_0 がある．このとき，点 D_1 を $B_0B_1D_1D_0$ が平行4辺形をなすようにとれば，6点 $A_0, A_1, B_0, B_1, D_0, D_1$ ははじめの仮定をみたす．したがって，直線 A_0D_0 と直線 A_1D_1 は平行である．同様にして，6点 $D_0, D_1, B_0, B_1, C_0, C_1$ を考えれば，直線 D_0D_1 と直線 C_0C_1 が平行になることがわかる．最後に6点 $A_0, A_1, D_0, D_1, C_0, C_1$ を考えれば，求める結論が得られる． ■

以上では，平面上に6点がある場合も一旦平面の外の点をとって証明したが，結合の公理を2次元に制限したものと平行線の公理だけでは Desargues の定理が証明できないことが知られている．

有向線分全体を平行移動による合同関係で類別した各類を**ベクトル**といい，Heaviside にならってボールド体の文字 $\boldsymbol{a}$ 等で表わす．Desargues の定理にある有向線分 $\overrightarrow{A_0A_1}, \overrightarrow{B_0B_1}, \overrightarrow{C_0C_1}$ は同じベクトルを表わす．ベクトル $\boldsymbol{a}$ はしばしばそれを代表する有向線分 $\overrightarrow{A_0A_1}$ と同一視し，A_0 を $\boldsymbol{a}$ の**起点**，A_1 を $\boldsymbol{a}$ の**終点**という．有向線分の平行移動による合同の反射律の証明の中で述べたように，ベクトル $\boldsymbol{a}$ の起点として，どの点 A_0 をとることもできる．

ベクトル $\boldsymbol{a}$ と $\boldsymbol{b}$ の**和** $\boldsymbol{a}+\boldsymbol{b}$ を，$\boldsymbol{a}$ を有向線分 $\overrightarrow{A_0A_1}$, $\boldsymbol{b}$ を $\overrightarrow{A_1A_2}$ で代表させたとき，有向線分 $\overrightarrow{A_0A_2}$ で代表されるベクトルと定義する(図1.2)．

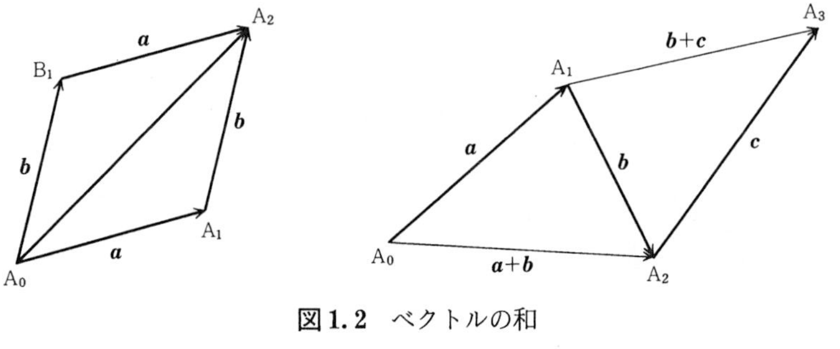

図1.2　ベクトルの和

これが起点 A_0 によらないことは Desargues の定理によりわかる．ベクトル $\boldsymbol{a}$ と $\boldsymbol{b}$ が平行でないときの和は，$\boldsymbol{a}$ と $\boldsymbol{b}$ の起点を同じ点 A_0 にとり，有向線分 $\overrightarrow{A_0A_1}$ および $\overrightarrow{A_0B_1}$ で代表させて，平行4辺形 $A_0A_1A_2B_1$ を作れば，$\boldsymbol{a}+\boldsymbol{b}$ は有向線分 $\overrightarrow{A_0A_2}$ で代表されるベクトルとなる．

同一の点を起点および終点とする有向線分 $\overrightarrow{A_0A_0}$ で代表されるベクトルを $\mathbf{0}$ と書き，**0ベクトル**という．多くの場合は単に0と書く．ベクトル $\boldsymbol{a}$ が $\overrightarrow{A_0A_1}$

で代表されるとき，$\overrightarrow{A_1A_0}$ で代表されるベクトルを $-\boldsymbol{a}$ と書き，$\boldsymbol{a}$ の**反対ベクトル**という．このとき，ベクトルの加法について次の法則がなりたつ：

可換則　$\boldsymbol{a}+\boldsymbol{b}=\boldsymbol{b}+\boldsymbol{a}$　(1.1)

結合則　$(\boldsymbol{a}+\boldsymbol{b})+\boldsymbol{c}=\boldsymbol{a}+(\boldsymbol{b}+\boldsymbol{c})$　(1.2)

零元の存在　$\boldsymbol{a}+\boldsymbol{0}=\boldsymbol{a}$　(1.3)

反対元の存在　$\boldsymbol{a}+(-\boldsymbol{a})=\boldsymbol{0}$　(1.4)

$\boldsymbol{a}$ と $\boldsymbol{b}$ の方向が違うときの可換則は $\boldsymbol{a}+\boldsymbol{b}$ を定義する平行4辺形より明らかである．$\boldsymbol{a}$ と $\boldsymbol{b}$ が同じ方向をもつ場合は，これらと違う方向のベクトル $\boldsymbol{c}$ をとり，図1.3のようにして証明することができる．他の法則の証明は容易である．

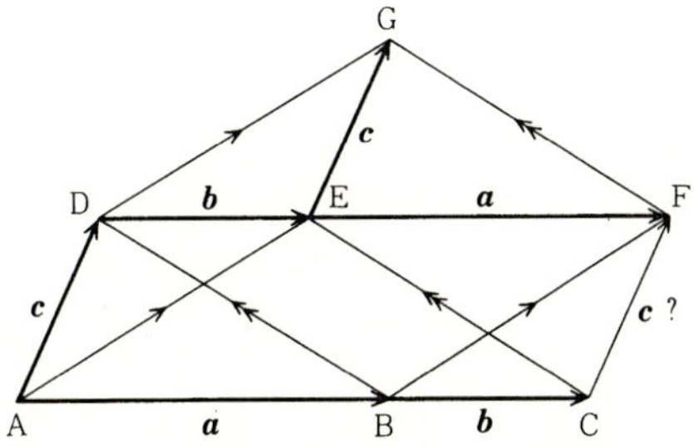

図1.3　ベクトル $\boldsymbol{a}$ と $\boldsymbol{b}$ が同じ方向をもつとき

Desargues の定理第1と同様に証明される次の定理は同じ方向の二つのベクトルの比を定義するのに用いられる．

Desargues の定理第2　1点Oで交わる3直線上にそれぞれ点 $A_1, A_2; B_1, B_2; C_1, C_2$ があり，直線 A_1B_1 と直線 A_2B_2 が平行かつ直線 B_1C_1 と直線 B_2C_2

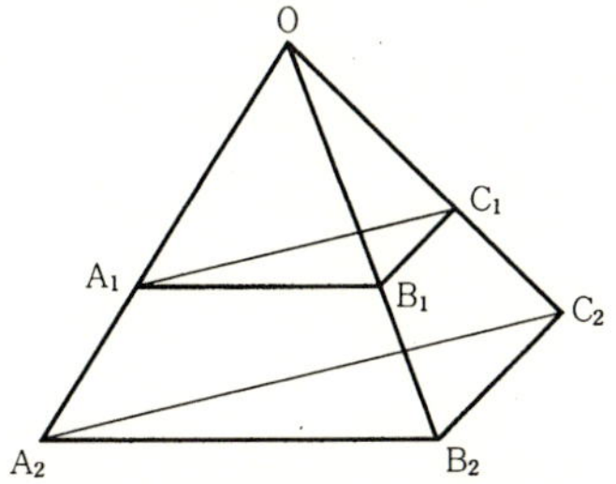

図1.4　Desargues の定理第2

が平行ならば，直線 A_1C_1 と直線 A_2C_2 は平行である(図1.4).　□

同じ方向のベクトル $\boldsymbol{a}_1, \boldsymbol{a}_2$ の比と，これと違う方向をもつ同じ方向のベクトル $\boldsymbol{b}_1, \boldsymbol{b}_2$ の**比が等しい**とは，起点を1点Oにとり，$\boldsymbol{a}_1, \boldsymbol{a}_2, \boldsymbol{b}_1, \boldsymbol{b}_2$ をそれぞれ有向線分 $\overrightarrow{OA_1}, \overrightarrow{OA_2}, \overrightarrow{OB_1}, \overrightarrow{OB_2}$ で代表させたとき，$A_1=B_1$ であるか，$A_2=B_2$ であるか，あるいは直線 A_1B_1 と直線 A_2B_2 が平行であることと定義する．$\boldsymbol{a}_1, \boldsymbol{a}_2$ の方向と $\boldsymbol{b}_1, \boldsymbol{b}_2$ の方向が同じときには，これと方向を異にする同一方向のベクトル $\boldsymbol{c}_1, \boldsymbol{c}_2$ があって，$\boldsymbol{a}_1$ と $\boldsymbol{a}_2$ の比が $\boldsymbol{c}_1$ と $\boldsymbol{c}_2$ の比に等しく，$\boldsymbol{c}_1$ と $\boldsymbol{c}_2$ の比が $\boldsymbol{b}_1$ と $\boldsymbol{b}_2$ の比に等しいとき，$\boldsymbol{a}_1$ と $\boldsymbol{a}_2$ の比が $\boldsymbol{b}_1$ と $\boldsymbol{b}_2$ の比に等しいと定義する．ただし，ベクトル $\boldsymbol{0}$ と $\boldsymbol{0}$ の比は考えないことにする．

Desarguesの定理第2により，同じ方向のベクトルの比が等しいという関係は同値律をみたす．この同値類を**同じ方向のベクトルの比**とよび代表 $\boldsymbol{a}_1, \boldsymbol{a}_2$ をとって $\boldsymbol{a}_1:\boldsymbol{a}_2$ と表わす．$\boldsymbol{a}_1:\boldsymbol{a}_2=\boldsymbol{b}_1:\boldsymbol{b}_2$ で $\boldsymbol{a}_2=\boldsymbol{0}$ のときは $\boldsymbol{b}_2=\boldsymbol{0}$ でなければならない．この場合を除いて，同じ方向のベクトルの比を $\boldsymbol{a}_1/\boldsymbol{a}_2$ とも表わし，**比の値**または**スカラー**という．Heavisideにならってスカラーは斜体の文字 k 等で表わす．

3次元ユークリッド空間においては，同じ方向のベクトルの比の値は実数であり，どの実数もある比の値となるべきであるが，これまでの公理だけではこのことは証明できないので，同じ方向のベクトルの比の値全体を，対象とするアフィン空間の**係数体**といい $\mathbf{K}$ で表わす(これはベクトルを意味しない)ことにする．代数的には $\mathbf{K}$ は実数体 $\mathbf{R}$ と同じ性質をもっている．

k が $\mathbf{K}$ の元であり，$\boldsymbol{a}$ がベクトルであるとき，$\boldsymbol{a}=\boldsymbol{0}$ ならば $k\boldsymbol{a}=\boldsymbol{0}$ と定義する．$\boldsymbol{a}\neq\boldsymbol{0}$ のときは $\boldsymbol{b}/\boldsymbol{a}=k$ となる $\boldsymbol{b}$ が唯一つ存在するので $k\boldsymbol{a}=\boldsymbol{b}$ と定義し，これをスカラー k とベクトル $\boldsymbol{a}$ の**積**という．

$k, l\in\mathbf{K}$ のとき，

$$k\boldsymbol{a}+l\boldsymbol{a} = (k+l)\boldsymbol{a} \tag{1.5}$$

$$k(l\boldsymbol{a}) = (kl)\boldsymbol{a} \tag{1.6}$$

をみたす $k+l, kl\in\mathbf{K}$ がベクトル $\boldsymbol{a}\neq\boldsymbol{0}$ に依存せずに定まる．この $k+l, kl$ をそれぞれスカラー k, l の**和**および**積**と定義する．ベクトル $\boldsymbol{a}\neq\boldsymbol{0}$ に依存しない等式として

$$0\boldsymbol{a} = \boldsymbol{0} \tag{1.7}$$

$$(-k)\boldsymbol{a} = -(k\boldsymbol{a}) \tag{1.8}$$

$$1\boldsymbol{a} = \boldsymbol{a} \tag{1.9}$$

$$k^{-1}(k\boldsymbol{a}) = k(k^{-1}\boldsymbol{a}) = \boldsymbol{a}, \quad k \neq 0 \tag{1.10}$$

をみたす $0, -k, 1(\neq 0), k^{-1} \in \mathbf{K}$ の存在も容易にわかる．これらをそれぞれ**零元**，k の**反対元**，**単位元**，k の**逆元**という．さらに，スカラー k, l, m，ベクトル $\boldsymbol{a}, \boldsymbol{b}$ に対し次の法則がなりたつ：

$$k+l = l+k \tag{1.11}$$

$$(k+l)+m = k+(l+m) \tag{1.12}$$

$$k+0 = k \tag{1.13}$$

$$k+(-k) = 0 \tag{1.14}$$

$$(kl)m = k(lm) \tag{1.15}$$

$$(k+l)m = km+lm \tag{1.16}$$

$$k(l+m) = kl+km \tag{1.17}$$

$$1k = k1 = k \tag{1.18}$$

$$k^{-1}k = kk^{-1} = 1, \quad k \neq 0 \tag{1.19}$$

$$k(\boldsymbol{a}+\boldsymbol{b}) = k\boldsymbol{a}+k\boldsymbol{b} \tag{1.20}$$

ただし，積に対する**可換則**

$$kl = lk \tag{1.21}$$

は一般に成立しない．これがなりたつことと次の定理が成立することは同等で

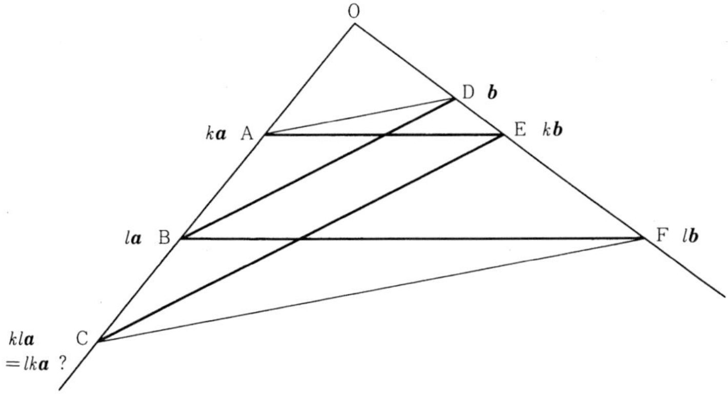

図 1.5　Pascal の定理

ある．

Pascalの定理　1点Oで交わる2直線上にそれぞれ相異なる3点A, B, CおよびD, E, Fがあるとき，直線AEと直線BFが平行，直線BDと直線CEが平行ならば，直線ADと直線CFは平行である(図1.5)．　□

この定理が，結合の公理と平行線の公理だけからは導けないことは，これらの公理をみたすがその中でPascalの定理が成立しない3次元アフィン空間の実例を作ってみせればよい．次節に示すように，任意の体$\mathbf{K}$に対し，$\mathbf{K}$の三つの元の組全体$\mathbf{K}^3$には3次元アフィン空間の構造が入る．特に$\mathbf{K}$として可換でない体をとれば，このようなモデルができる．§1.10で述べる4元数体は非可換体の一例である．

§1.2　ベクトル空間とアフィン空間の座標

和$k+l$と積klが定義され，(1.11)～(1.19)をみたす代数系$\mathbf{K}$を一般に**体**という．和$\boldsymbol{a}+\boldsymbol{b}$とスカラー倍$k\boldsymbol{a}$が定義され，(1.1)～(1.10)および(1.20)をみたす代数系Vを体$\mathbf{K}$上の**左ベクトル空間**という．これとは順序をかえて，右からスカラーを掛けた$\boldsymbol{a}k$が定義され，相当する公理をみたす代数系を右ベクトル空間という．体が可換則(1.21)をみたすとき**可換体**という．可換体を係数とする左ベクトル空間Vは$\boldsymbol{a}k=k\boldsymbol{a}$と定義することにより，これを右ベクトル空間とすることもできる．このとき，この両者を区別しないで，単に係数体$\mathbf{K}$上の**ベクトル空間**という．

(左)ベクトル空間で最も重要な概念は1次独立である．ベクトル$\boldsymbol{a}_1, \cdots, \boldsymbol{a}_n \in V$に対して，$k_1, \cdots, k_n \in \mathbf{K}$との積和

$$k_1\boldsymbol{a}_1+k_2\boldsymbol{a}_2+\cdots+k_n\boldsymbol{a}_n$$

を$\boldsymbol{a}_1, \cdots, \boldsymbol{a}_n$の**1次結合**という．1次結合に対する条件

$$k_1\boldsymbol{a}_1+k_2\boldsymbol{a}_2+\cdots+k_n\boldsymbol{a}_n = \boldsymbol{0}$$

から常に$k_1=k_2=\cdots=k_n=0$が結論されるとき，ベクトル$\boldsymbol{a}_1, \cdots, \boldsymbol{a}_n$は**1次独立**であるという．

3次元アフィン空間A^3において相異なる2点O, Eが与えられたとき，有向線分$\overrightarrow{\mathrm{OE}}$が代表するベクトルを$\boldsymbol{e}$とすれば，直線OE上の点Pは，有向線分

$\overrightarrow{OP}$が$\boldsymbol{e}$のあるスカラー倍$x\boldsymbol{e}$を代表する点として特徴づけられる．しかも，点Pと係数$x \in \mathbf{K}$は1対1に対応する．逆に，1点Oと零でないベクトル$\boldsymbol{e}$が与えられたとき，有向線分$\overrightarrow{OP}$が$\boldsymbol{e}$のスカラー倍$x\boldsymbol{e}$を代表する点Pの全体は一つの直線をなす．特に，$\boldsymbol{e}$は1次独立である．

次に，同一直線上にない3点O, E, Fをとって，$\overrightarrow{OE}$および$\overrightarrow{OF}$が代表するベクトルをそれぞれ$\boldsymbol{e}$および$\boldsymbol{f}$とする．このとき，平面OEF上の点Pは，有向線分$\overrightarrow{OP}$の代表するベクトルが$\boldsymbol{e}$と$\boldsymbol{f}$の1次結合$x\boldsymbol{e}+y\boldsymbol{f}$となる点と一致する．さらに，Pと係数の対$(x, y) \in \mathbf{K}^2$は1対1に対応する．実際，Pを通り直線OFと平行な直線と直線OEの交点をQ，Pを通り直線OEと平行な直線と直線OFの交点をRとすれば，$\overrightarrow{OP}=\overrightarrow{OQ}+\overrightarrow{OR}$となり，$\overrightarrow{OQ}=x\boldsymbol{e}, \overrightarrow{OR}=y\boldsymbol{f}$と表わされる(図1.6)．ただし，ここでは，有向線分とそれが代表するベクトルを同一視した．1対1対応もほとんど明らかである．したがって，方向の異なる二つのベクトル$\boldsymbol{e}, \boldsymbol{f}$は1次独立であることがわかる．

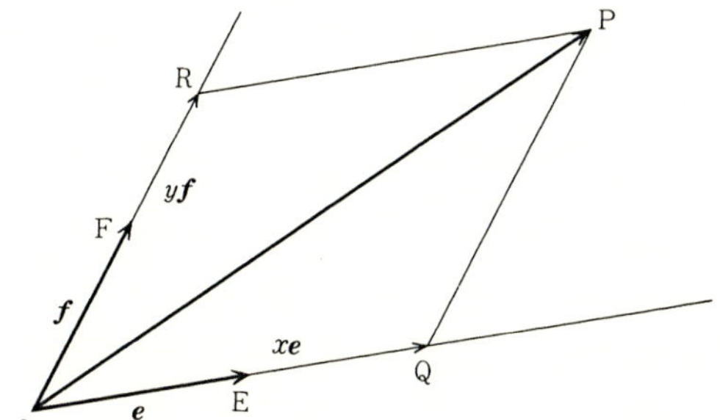

図1.6　アフィン空間におけるベクトルの1次独立性

公理I_6により，同一平面上にない4点O, E, F, Gが存在する．このとき，$\boldsymbol{e}=\overrightarrow{OE}, \boldsymbol{f}=\overrightarrow{OF}, \boldsymbol{g}=\overrightarrow{OG}$は1次独立である．これを示すため

$$x\boldsymbol{e}+y\boldsymbol{f}+z\boldsymbol{g} = \boldsymbol{0}$$

とする．$z=0$のとき，$x=y=0$となることは既に示した．$z \neq 0$のときは，両辺にz^{-1}を掛けて，$z=1$としてよい．

$$\overrightarrow{OP} = x\boldsymbol{e}+y\boldsymbol{f}+\boldsymbol{g}, \quad x, y \in \mathbf{K}$$

となる点P全体は，Gを通り直線OEと平行な直線とGを通り直線OFと平行な直線で張られる平面と一致する．Disarguesの定理第1の証明で示したように，この平面は平面 OEF と交わらない．したがって，$x\boldsymbol{e}+y\boldsymbol{f}+\boldsymbol{g}=\boldsymbol{0}$ となることはない．

こうして，3次元アフィン空間に対応する左ベクトル空間 V^3 には三つの1次独立なベクトルがあることがわかった．しかし四つの1次独立なベクトルは存在しない．もし，$\boldsymbol{e}, \boldsymbol{f}$ および $\boldsymbol{g}, \boldsymbol{h}$ がそれぞれ1次独立なベクトルの対ならば，

$$\overrightarrow{\mathrm{OP}} = x\boldsymbol{e}+y\boldsymbol{f}, \quad \overrightarrow{\mathrm{OQ}} = u\boldsymbol{g}+v\boldsymbol{h}$$

となる点 P および Q 全体は O を通る二つの平面となるが，公理 I_7 により，O 以外の交点をもち，$(x, y) \neq (0, 0), (u, v) \neq (0, 0)$ に対し

$$x\boldsymbol{e}+y\boldsymbol{f}-u\boldsymbol{g}-v\boldsymbol{h} = \boldsymbol{0}$$

をみたすからである．

1次独立なベクトルの最大個数をその(左)ベクトル空間の**次元**という．したがって，われわれの左ベクトル空間 V^3 は3次元である．

体 $\mathbf{K}$ 上の n 次元左ベクトル空間 V^n において n 個の1次独立なベクトル $\boldsymbol{e}_1, \cdots, \boldsymbol{e}_n$ が与えられたとき，任意のベクトル $\boldsymbol{a} \in V^n$ は，$a_1, \cdots, a_n \in \mathbf{K}$ を用いて

$$\boldsymbol{a} = a_1\boldsymbol{e}_1+a_2\boldsymbol{e}_2+\cdots+a_n\boldsymbol{e}_n$$

と一意的に表わされる．この n 個のスカラーの組 $(a_1, \cdots, a_n)$ を**基底** $(\boldsymbol{e}_1, \cdots, \boldsymbol{e}_n)$ に関するベクトル $\boldsymbol{a}$ の**成分**という．

$$\boldsymbol{b} = b_1\boldsymbol{e}_1+b_2\boldsymbol{e}_2+\cdots+b_n\boldsymbol{e}_n$$

で，$k \in \mathbf{K}$ ならば，明らかに

$$\boldsymbol{a}+\boldsymbol{b} = (a_1+b_1)\boldsymbol{e}_1+\cdots+(a_n+b_n)\boldsymbol{e}_n$$
$$k\boldsymbol{a} = (ka_1)\boldsymbol{e}_1+\cdots+(ka_n)\boldsymbol{e}_n$$

がなりたつ．

一般に，n 個のスカラーの組 $(a_1, \cdots, a_n)$ 全体を $\mathbf{K}^n$ と表わして，

$$(a_1, \cdots, a_n)+(b_1, \cdots, b_n) = (a_1+b_1, \cdots, a_n+b_n)$$
$$k(a_1, \cdots, a_n) = (ka_1, \cdots, ka_n)$$

によって和とスカラーとの積を定義すれば，$\mathbf{K}^n$ は $\mathbf{K}$ 上の n 次元左ベクトル空間をなす．

$\mathbf{K}$ 上の n 次元左ベクトル空間 V^n のベクトル $\boldsymbol{a}$ に対してその成分 $(a_1, \cdots, a_n)$ を対応させる関係は，V^n と $\mathbf{K}^n$ の左ベクトル空間としての**同型**を与える．

すなわち，この対応は互いの元の1対1対応であって，ベクトル空間としての演算，和とスカラー倍を保つ．これによって V^n と $\mathbf{K}^n$ をある意味で同一のものと見做すことができる．

3次元アフィン空間 A^3 に伴うベクトル空間 V^3 の場合は $\boldsymbol{e}=\overrightarrow{\mathrm{OE}}$, $\boldsymbol{f}=\overrightarrow{\mathrm{OF}}$, $\boldsymbol{g}=\overrightarrow{\mathrm{OG}}$ を基底として V^3 のベクトル $\boldsymbol{a}$ を

$$\boldsymbol{a} = a_1\boldsymbol{e}+a_2\boldsymbol{f}+a_3\boldsymbol{g} \tag{1.22}$$

と展開し，$\boldsymbol{a}\in V^3$ に $(a_1, a_2, a_3)\in\mathbf{K}^3$ を対応させることにより，ベクトル空間 V^3 と $\mathbf{K}^3$ の同型が定まる．

また，この対応を用いてアフィン空間 A^3 に座標を導入することができる．A^3 の1点Oを定め，座標の**原点**とする．このとき，A^3 の各点Pとベクトル空間 V^3 の各ベクトル $\boldsymbol{r}$ とは，有向線分 $\overrightarrow{\mathrm{OP}}$ の類が $\boldsymbol{r}$ であるという関係で1対1に対応する．$\overrightarrow{\mathrm{OP}}$ が代表するベクトル $\boldsymbol{r}$ を点Pの**位置ベクトル**という．

次に，A^3 の中にO, E, F, Gが同一平面に含まれないように3点E, F, Gをとる．$\boldsymbol{e}=\overrightarrow{\mathrm{OE}}$, $\boldsymbol{f}=\overrightarrow{\mathrm{OF}}$, $\boldsymbol{g}=\overrightarrow{\mathrm{OG}}$ は1次独立であるから，位置ベクトル $\boldsymbol{r}$ は

$$\boldsymbol{r} = x\boldsymbol{e}+y\boldsymbol{f}+z\boldsymbol{g} \tag{1.23}$$

と一意的に表わされる．この三つのスカラーの組 (x, y, z) を点Pの**座標系**(O, E, F, G) に関する**座標**あるいは**アフィン座標**という．これによってアフィン空間 A^3 の各点と $\mathbf{K}^3$ の各ベクトルは1対1に対応する．

直線OE，直線OF，直線OGをそれぞれ $\boldsymbol{x}$ **軸**，$\boldsymbol{y}$ **軸**，$\boldsymbol{z}$ **軸**，まとめて**座標軸**

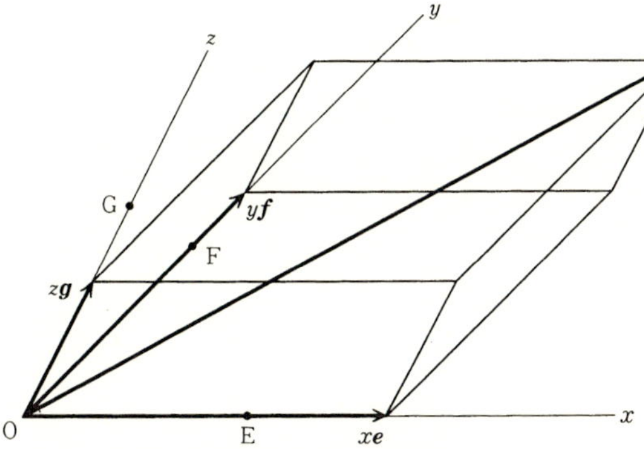

図1.7　斜交座標系

という．点 E, F, G をそれぞれの座標軸の**単位点**という．ユークリッド空間 E^3 をアフィン空間と見做したとき，これらの座標軸は必ずしも直交していない．また，単位点も原点から単位の距離にあるわけではない．このためユークリッド空間のアフィン座標系を**斜交座標系**ということがある(図 1.7)．

相異なる 2 点 $\mathrm{A}_0, \mathrm{A}_1$ の座標をそれぞれ (x_0, y_0, z_0), (x_1, y_1, z_1) としたとき，直線 $\mathrm{A}_0\mathrm{A}_1$ は座標 (x, y, z) が

$$\begin{cases} x = k(x_1 - x_0) + x_0 \\ y = k(y_1 - y_0) + y_0 \qquad k \in \mathbf{K} \\ z = k(z_1 - z_0) + z_0 \end{cases} \tag{1.24}$$

で与えられる点全体と一致する．

同一直線に含まれない 3 点 $\mathrm{A}_0, \mathrm{A}_1, \mathrm{A}_2$ の座標がそれぞれ (x_0, y_0, z_0), (x_1, y_1, z_1), (x_2, y_2, z_2) ならば，平面 $\mathrm{A}_0\mathrm{A}_1\mathrm{A}_2$ は

$$\begin{cases} x = k(x_1 - x_0) + l(x_2 - x_0) + x_0 \\ y = k(y_1 - y_0) + l(y_2 - y_0) + y_0 \qquad k, l \in \mathbf{K} \\ z = k(z_1 - z_0) + l(z_2 - z_0) + z_0 \end{cases} \tag{1.25}$$

を座標 (x, y, z) とする点全体となる．

逆に，$\mathbf{K}^3$ において，直線 $\mathrm{A}_0\mathrm{A}_1$，平面 $\mathrm{A}_0\mathrm{A}_1\mathrm{A}_2$ をそれぞれ(1.24)，(1.25)で定まる点 (x, y, z) の集合とすれば，$\mathbf{K}^3$ がアフィン空間 A^3 の公理をみたすことは容易にたしかめられる．このようにして，任意のアフィン空間 A^3 はその係数体 $\mathbf{K}$ から定まる標準的なアフィン空間 $\mathbf{K}^3$ と同型であることがわかる．

§1.3　座標変換，正則線形変換およびアフィン変換

前節に述べたベクトル空間 V^3 と $\mathbf{K}^3$ の同型およびアフィン空間 A^3 と $\mathbf{K}^3$ の同型は，V^3 の基底および A^3 の座標系のとり方に依存する．

$\boldsymbol{a} \in V^3$ の基底 $(\boldsymbol{e}, \boldsymbol{f}, \boldsymbol{g})$ に関する成分を (a_1, a_2, a_3) とする．行列表示を用いれば

$$\boldsymbol{a} = (a_1, a_2, a_3)\begin{pmatrix} \boldsymbol{e} \\ \boldsymbol{f} \\ \boldsymbol{g} \end{pmatrix}. \tag{1.26}$$

$(\boldsymbol{e}', \boldsymbol{f}', \boldsymbol{g}')$ を別の基底としたとき，これを用いてもとの基底 $(\boldsymbol{e}, \boldsymbol{f}, \boldsymbol{g})$ を

$$\begin{pmatrix} \boldsymbol{e} \\ \boldsymbol{f} \\ \boldsymbol{g} \end{pmatrix} = \begin{pmatrix} t_{11} & t_{12} & t_{13} \\ t_{21} & t_{22} & t_{23} \\ t_{31} & t_{32} & t_{33} \end{pmatrix} \begin{pmatrix} \boldsymbol{e}' \\ \boldsymbol{f}' \\ \boldsymbol{g}' \end{pmatrix} \tag{1.27}$$

と展開しておけば，$\boldsymbol{a}$ の新しい基底 $(\boldsymbol{e}', \boldsymbol{f}', \boldsymbol{g}')$ に関する成分 (a_1', a_2', a_3') は

$$(a_1', a_2', a_3') = (a_1, a_2, a_3) \begin{pmatrix} t_{11} & t_{12} & t_{13} \\ t_{21} & t_{22} & t_{23} \\ t_{31} & t_{32} & t_{33} \end{pmatrix} \tag{1.28}$$

として計算できる．

左ベクトル空間を考えるかぎり，これが自然な表示であるが，座標変換の公式(1.28)が行列を後から掛ける形になるのが嫌われて，係数体 $\mathbf{K}$ が可換なときには，すべてを転置して表示するのが習慣である．すなわち，V^3 を右ベクトル空間と考えて

$$\boldsymbol{a} = (\boldsymbol{e}, \boldsymbol{f}, \boldsymbol{g}) \begin{pmatrix} a_1 \\ a_2 \\ a_3 \end{pmatrix} = (\boldsymbol{e}', \boldsymbol{f}', \boldsymbol{g}') \begin{pmatrix} a_1' \\ a_2' \\ a_3' \end{pmatrix} \tag{1.29}$$

と展開する．このとき

$$\begin{pmatrix} a_1' \\ a_2' \\ a_3' \end{pmatrix} = \begin{pmatrix} u_{11} & u_{12} & u_{13} \\ u_{21} & u_{22} & u_{23} \\ u_{31} & u_{32} & u_{33} \end{pmatrix} \begin{pmatrix} a_1 \\ a_2 \\ a_3 \end{pmatrix}. \tag{1.30}$$

ここで，(u_{ij}) は $(\boldsymbol{e}, \boldsymbol{f}, \boldsymbol{g})$ を $(\boldsymbol{e}', \boldsymbol{f}', \boldsymbol{g}')$ で表わしたときの係数からなる行列である：

$$(\boldsymbol{e}, \boldsymbol{f}, \boldsymbol{g}) = (\boldsymbol{e}', \boldsymbol{f}', \boldsymbol{g}') \begin{pmatrix} u_{11} & u_{12} & u_{13} \\ u_{21} & u_{22} & u_{23} \\ u_{31} & u_{32} & u_{33} \end{pmatrix}. \tag{1.31}$$

(1.27)，(1.28)の (t_{ij}) とは転置の関係 $u_{ij}=t_{ji}$ にある．

座標変換公式(1.28)，(1.30)に現われる行列 (t_{ij}), (u_{ij}) は，基底の変換式(1.27)，(1.31)が $(\boldsymbol{e}', \boldsymbol{f}', \boldsymbol{g}')$ に関して解けなければならないから，行列として可逆でなければならない．逆に，(t_{ij})，あるいは同じことであるが，その転置行列 (u_{ij}) が可逆であるならば，逆行列をもとの基底に掛けて新しい基底 $(\boldsymbol{e}', \boldsymbol{f}', \boldsymbol{g}')$ を定義することができ，この基底に関する成分が変換式(1.28)または(1.

30)で求められる．すなわち，任意の可逆行列が座標変換の公式に現われ得る．

K が可換なときは，正方行列 (u_{ij}) の可逆性は**行列式**

$$\begin{vmatrix} u_{11} & u_{12} & u_{13} \\ u_{21} & u_{22} & u_{23} \\ u_{31} & u_{32} & u_{33} \end{vmatrix} = u_{11}u_{22}u_{33}+u_{12}u_{23}u_{31}+u_{13}u_{21}u_{32} - u_{11}u_{23}u_{32}-u_{12}u_{21}u_{33}-u_{13}u_{22}u_{31} \tag{1.32}$$

が 0 でないことで判定できるが，非可換のときは消去法にたよる他ない．

次に，アフィン空間 A^3 に新しい座標系 $(\mathrm{O}', \mathrm{E}', \mathrm{F}', \mathrm{G}')$ をとったとき，まず原点の違いによって，点 $\mathrm{P} \in A^3$ の原点 O' に関する位置ベクトル $\boldsymbol{r}'$ と O に関する位置ベクトル $\boldsymbol{r}$ との間には

$$\boldsymbol{r}' = \boldsymbol{r}+\boldsymbol{t} \tag{1.33}$$

と定数ベクトル $\boldsymbol{t}$ だけの差が生ずる．ただし，$\boldsymbol{t}$ は有向線分 $\overrightarrow{\mathrm{O'O}}$ が代表するベクトルである．

次に，P の $(\mathrm{O}', \mathrm{E}', \mathrm{F}', \mathrm{G}')$ に関する座標 (x', y', z') は位置ベクトル $\boldsymbol{r}'$ の $\boldsymbol{e}' = \overrightarrow{\mathrm{O'E'}}$, $\boldsymbol{f}' = \overrightarrow{\mathrm{O'F'}}$, $\boldsymbol{g}' = \overrightarrow{\mathrm{O'G'}}$ に関する成分であるから，座標変換の公式(1.28)により

$$(x', y', z') = (x, y, z)\begin{pmatrix} t_{11} & t_{12} & t_{13} \\ t_{21} & t_{22} & t_{23} \\ t_{31} & t_{32} & t_{33} \end{pmatrix} + (t_1', t_2', t_3') \tag{1.34}$$

となる．ただし，(t_1', t_2', t_3') はベクトル $\overrightarrow{\mathrm{O'O}}$ の基底 $(\boldsymbol{e}', \boldsymbol{f}', \boldsymbol{g}')$ に関する成分，(t_{ij}) は(1.27)で定まる行列である．係数体が可換なときは，転置させて

$$\begin{pmatrix} x' \\ y' \\ z' \\ 1 \end{pmatrix} = \begin{pmatrix} u_{11} & u_{12} & u_{13} & t_1' \\ u_{21} & u_{22} & u_{23} & t_2' \\ u_{31} & u_{32} & u_{33} & t_3' \\ 0 & 0 & 0 & 1 \end{pmatrix} \begin{pmatrix} x \\ y \\ z \\ 1 \end{pmatrix} \tag{1.35}$$

とする．

ここで，行列 (t_{ij}) あるいは (u_{ij}) としては任意の可逆行列が，(t_1', t_2', t_3') としては $\mathbf{K}^3$ の任意のベクトルが現われ得る．

以上ではベクトル空間 V^3 の成分の変換公式(1.28)，(1.30)，アフィン空間 A^3 の座標の変換公式(1.34)，(1.35)をそれぞれ V^3 における基底のとりかえおよび A^3 における座標系のとりかえに伴う変換式として導いたが，同じ式はそれぞれベクトル空間 V^3 およびアフィン空間 A^3 の自己同型を表わす変換式と

しての意味をもち得る．

すなわち，これらの式を $\mathbf{K}^3$ における成分 (a_1, a_2, a_3) をもつベクトル，あるいは座標 (x, y, z) をもつ点を，成分 (a_1', a_2', a_3') をもつベクトル，あるいは座標 (x', y', z') をもつ点に写す変換と考える．あるいは，(左)ベクトル空間 V^3 の基底，あるいはアフィン空間 A^3 の座標系を一つ固定して，成分 (a_1, a_2, a_3) をもつ V^3 のベクトル，あるいは座標 (x, y, z) をもつ A^3 の点を，成分 (a_1', a_2', a_3') をもつ V^3 のベクトル，あるいは座標 (x', y', z') をもつ A^3 の点に写す変換と考えることができる．

$T: A^3 \to A^3$ をこのような変換としよう．(この記号は，T が A^3 の点を A^3 の点に写す写像，すなわち，A^3 の中に値をもつ A^3 上の関数であることを意味する．)　A^3 にはあらかじめ座標系 (O, E, F, G) を定めておき，T はこの座標系の下で座標 (x, y, z) をもつ点 P を(1.34)で定まる座標 (x', y', z') をもつ点 $T(\mathrm{P})$ に写す変換であるとする．

上に述べたように，この変換は，同じ点 P を別の座標系 (O′, E′, F′, G′) で見たときの座標 (x', y', z') をはじめの座標系でとる点 $T(\mathrm{P})$ へ写す変換である．アフィン幾何の内容は座標系のとり方によらないから，T は点を点に，直線を直線に，平面を平面に写す変換であって，それらが互いに交わる，交わらないなどの関係もそのまま保たれる．特に平行な2直線は平行な2直線にうつる．これが，T がアフィン空間 A^3 の自己同型であるという意味である．これを**アフィン変換**という．

さて，(1.34)で定義されるアフィン変換 T は原点 O を，(t_1', t_2', t_3') を座標とする点 $T(\mathrm{O})$ に写す．また，T は，有向線分 $\overrightarrow{\mathrm{PQ}}$ を有向線分 $\overrightarrow{T(\mathrm{P})T(\mathrm{Q})}$ に写すが，これは(左)ベクトル空間の同型 $T: V^3 \to V^3$ をひきおこす．特に，T は座標系の単位点の位置ベクトル $\boldsymbol{e}=\overrightarrow{\mathrm{OE}}, \boldsymbol{f}=\overrightarrow{\mathrm{OF}}, \boldsymbol{g}=\overrightarrow{\mathrm{OG}}$ を

$$T\begin{pmatrix}\boldsymbol{e}\\ \boldsymbol{f}\\ \boldsymbol{g}\end{pmatrix}=\begin{pmatrix}T\boldsymbol{e}\\ T\boldsymbol{f}\\ T\boldsymbol{g}\end{pmatrix}=\begin{pmatrix}t_{11} & t_{12} & t_{13}\\ t_{21} & t_{22} & t_{23}\\ t_{31} & t_{32} & t_{33}\end{pmatrix}\begin{pmatrix}\boldsymbol{e}\\ \boldsymbol{f}\\ \boldsymbol{g}\end{pmatrix} \tag{1.36}$$

に写す．これを座標変換の場合の基底の変換則(1.27)と比較すると，いわば，行列 (t_{ij}) の役割が逆転していることがわかる．原点の像 $T(\mathrm{O})$ の座標 (t_1', t_2', t_3') ももともとの座標系に関する座標であることに注意する．

一般にベクトル空間の線形変換 $T: V^3 \to V^3$ がベクトル空間の同型となるのは，それを基底に施して得られる式(1.36)の行列 (t_{ij}) が可逆のときである．このような線形変換を**正則線形変換**という．

係数体 $\mathbf{K}$ が可換なときには，すべてを転置させて(1.35)をアフィン変換の式とする．このとき(1.36)に相等する式は

$$T(\boldsymbol{e}, \boldsymbol{f}, \boldsymbol{g}) = (T\boldsymbol{e}, T\boldsymbol{f}, T\boldsymbol{g}) = (\boldsymbol{e}, \boldsymbol{f}, \boldsymbol{g})\begin{pmatrix} u_{11} & u_{12} & u_{13} \\ u_{21} & u_{22} & u_{23} \\ u_{31} & u_{32} & u_{33} \end{pmatrix} \quad (1.37)$$

となる．

アフィン変換 $T: A^3 \to A^3$ 全体 $\mathrm{Aff}(A^3)$ および正則線形変換 $T: V^3 \to V^3$ 全体 $\mathrm{GL}(V^3)$ は変換の合成を積として**群**をなす．すなわち，これを G と表わしたとき，任意の元 $T, S \in G$ に対して**積** $TS \in G$ が定義され，次の性質をもつ：

結合則　　$(TS)R = T(SR)$

単位元の存在　　すべての $T \in G$ に対し

$$TE = ET = T$$

をみたす T によらない元 $E \in G$ がある．

逆元の存在　　任意の $T \in G$ に対して

$$TT^{-1} = T^{-1}T = E$$

をみたす $T^{-1} \in G$ がある．

これをそれぞれ**アフィン変換群** $\mathrm{Aff}(A^3)$ および**一般線形群** $\mathrm{GL}(V^3)$ という．これらの群に対しては**可換則** $TS = ST$ は成立しない．

アフィン変換 $T: A^3 \to A^3$ のうち，**平行移動**，すなわち，行列 (t_{ij}) または (u_{ij}) が単位行列 (δ_{ij}) であるもの全体も群をなす．これを**平行移動群**という．平行移動 T の下では，有向線分 $\overrightarrow{\mathrm{P}T(\mathrm{P})}$ は点 $\mathrm{P} \in A^3$ によらず同じベクトル $\boldsymbol{t}$ を代表する．この対応によって，平行移動群とベクトル空間 V^3 は1対1に対応し，平行移動の合成に対してはベクトルの和が対応する．特に，平行移動群は可換群である．

アフィン変換 $T: A^3 \to A^3$ のうち，A^3 の1点Oを動かさないもの全体も群をなす．これは一般線形群 $\mathrm{GL}(V^3)$ と同一視することができる．

幾何学に座標を導入し，幾何学の問題を数の組に対する問題におきかえることができることを示したのは，1637年に出版されたDescartesの「幾何学」である．これによって幾何学に代数学，解析学の方法が適用できるようなった．逆に，代数学，解析学の問題が幾何学的に表現できるようになった．このとき，座標系のとり方は本来の幾何学の問題と無関係でなければならないから，座標の間の関係のうち，許される座標変換すべてに関して不変なものだけが幾何学な性質と見做される．

他方，F. Kleinは1872年教授就任に際して「エルランゲンのプログラム」を発表し，**幾何学**とは空間とよばれる集合とその上に働く変換群の組であって，この変換群に関して不変な性質がその幾何学の内容であると宣言した．この定義に従えば，アフィン幾何とはアフィン変換群に関して不変な性質全体となる．

座標の間の変換式として表わせば同じことになるのであるから，どちらの立場にたっても，アフィン幾何とは数の組の空間 $\mathbf{K}^3$ において，(1.34)または(1.35)で表わされる変換に関して不変な性質を調べる学問であるといえる．しかし，この変換を，空間は固定して，それを観測する枠をとりかえた結果と考えるか，空間の点を別の点に写す写像と考えるかは気持の上では大いに違ってくる．

昔Archimedesはあなたの梃で地球を動かせるかときかれて，支点を与えてくれるならできると答えたそうであるが，当時の人々にとって，地球は人間の住むところであって，それを人間が動かすとは不遜に思えたのであろう．ましてや，想念の上だけとはいえ，空間を動かす変換を考えるというのは現代のわれわれが想像する以上に勇気がいることであったと思われる．19世紀ドイツのロマン主義は人間精神の自由を高らかに謳いあげ，こういうことも可能にしたのである．

Kleinの立場にたって，空間 X とその上の変換群 G の組合せ (X, G) からなる幾何を考えるとき，X の部分集合(からなる系) A と B は，ある変換 $T \in G$ によって $T(A)=B$ と写せるならば，G に関して**合同**といい $A \equiv B$ と表わす．変換群を考えるときは群の単位元として恒等変換をとるので，この合同関係は反射律をみたす．G の逆元の存在から対称律もわかる．変換 $T, S \in G$ の合成 TS が G の元となることから推移律もみたす．すなわち，変換群 G に関する合同は同値関係である．幾何学図形 A, B は，$A \equiv B$ のとき，この幾何学の下で同一のものと見做す．

アフィン空間 A^3 とアフィン変換群 $\mathrm{Aff}(A^3)$ の場合，任意の 2 点，2 直線，2 平面はアフィン変換に関して互いに合同である．2 組の平行な 2 直線，1 点で交わる 2 直線もそれぞれ互いに合同である．零でない 2 つの有向線分も互いに合同である．1 直線上にない 3 点の組を 3 角形と名づけるならば，任意の 3 角形は互いに合同である．また，1 平面上にない 4 点の組を 4 面体と名づけるならば，任意の 4 面体も互いに合同である．

日常経験からすれば，このようにまったく違うものを同一のものと見做すというアフィン幾何は奇妙な幾何と思われるかもしれないが，これは物理法則がユークリッド変換群の下では不変であるが，これより広いアフィン変換群の下では不変でないことに由来する．

A. Einstein は，1905 年空間の他に時間を加えた 4 次元の世界においては重力を除く物理法則がローレンツ変換に平行移動を加えた非斉次ローレンツ変換に関して不変であるとして特殊相対性理論を建設した．これも，高速に動く物体の運動に対し日常経験に反する予言をするが，こちらの方が正しいことは今日すべての人々が認めるところである．H. A. Lorentz はそれ以前非斉次ローレンツ変換が電磁気に関する Maxwell の方程式系を不変にする変換であることを導きながら，これが時空をこめた正しい座標変換あるいは時空の変換であることを主張するには至らなかった．

上のような Klein 流の幾何学としての特殊相対性理論の解釈は，正確には，H. Minkowski によるが，いずれにせよ Klein のような幾何のとらえ方がなかったならば，特殊相対性理論が生まれ難かったであろうことは想像できる．

§1.4　順序の公理，実数の公理

これまで展開してきたアフィン幾何学では，係数体 $\mathbf{K}$ として任意の(非可換)体がとれた．例えば，素数 p のべき乗 p^n 個の元からなる体が唯一つ存在して，可換である．この体を $\mathbf{K}$ とすれば，p^{3n} 個の元のみをもつ 3 次元アフィン空間 A^3 が作れる．

しかし，次節以降特に断らない場合は，実数体 $\mathbf{R}$ を係数体とする幾何のみを考える．一つの直線上に原点 O と単位点 E をとったとき，係数体 $\mathbf{K}$ はこの直線上の点 P に対するベクトル $\overrightarrow{OP}$ と $\overrightarrow{OE}$ の比の値 $\overrightarrow{OP}/\overrightarrow{OE}$ 全体と定義したことを思い出し，まず順序の関係を直線の性質として以下のように公理化する．Hilbert の順序の公理は結合の公理の次におかれ，内容も異なる．

順序の公理

実アフィン空間には**半直線**とよばれる部分集合族と各半直線に**端点**と呼ばれる1点が指定されており次の公理がなりたつ：

III_1　相異なる2点 O, E が与えられたとき，O を端点とし，E を含む半直線が唯一つ存在する．

III_2　任意の半直線は端点と異なる1点を含む．

III_3　直線とその上の1点 O が与えられたとき，この直線は O を端点とし，O のみを共通点とする二つの半直線の合併に分割することができる．

III_4　Oを端点とする半直線上の1点 $\mathrm{P} \neq \mathrm{O}$ が与えられたとき，この半直線のベクトル $\overrightarrow{OP}$ による平行移動は Pを端点とする半直線であって，もとの半直線から O を除いたものに含まれる．

III_5　半直線 OE および半直線 OE′ が O のみで交わる2直線上の半直線であるとき，半直線 OE 上の点 P を通り直線 EE′ と平行な直線と直線 OE′ の交点 P′ は半直線 OE′ に含まれる．

これを係数体 $\mathbf{K}$ の性質として述べれば次のようになる．

体 $\mathbf{K}$ は次の公理をみたす部分集合 $\mathbf{K}^+$ と $\mathbf{K}^-$ をもつ：

III_1'　$\mathbf{K}^+$ と $\mathbf{K}^-$ は 0 のみを共通部分とし，任意の元 $k \in \mathbf{K}$ は $\mathbf{K}^+$ または $\mathbf{K}^-$ に含まれる．

III_2'　$k \in \mathbf{K}^+$ と $-k \in \mathbf{K}^-$ は同等である．

III_3'　$k, l \in \mathbf{K}^+$ ならば $k+l \in \mathbf{K}^+$．

III_4'　$k, l \in \mathbf{K}^+$ ならば $kl \in \mathbf{K}^+$．

この公理をみたす体を**順序体**という．順序体において $\mathbf{K}^+$ の元 k を**正**であるといい，$k \geqq 0$ と表わす．正かつ 0 でない元 k を**真に正**といい，$k>0$ と表わす．$k-l \geqq 0$ のとき $k \geqq l$ と書き，k は l より**大きい**という．$k \geqq l$ かつ $k \neq l$ のとき，$k>l$ と書き，k は l より**真に大きい**という．$\mathbf{K}^-$ の元を**負**という．**真に負，小さい，真に小さい**，$k \leqq l, k<l$ なども同様に定義する．

半直線の公理をとったときには，半直線 OE を定め，$\mathbf{K}$ を直線 OE 上の点 P を動かしたときのベクトルの比の値 $\overrightarrow{OP}/\overrightarrow{OE}$ の集合と見做し，$\mathbf{K}^+$ を P が半直線 OE に属するときの比の値，$\mathbf{K}^-$ を P がもう一つの半直線に属するときの比の値全体と定義する．

順序体の公理 III_1', III_3', III_4' はそれぞれ公理 III_3, III_4, III_5 から直ちに導かれる．定義により 1 は $\mathbf{K}^+$ に属する．$1+(-1)=0$ ゆえ，III_4 により -1 は $\mathbf{K}^-$ に属さなければならない．O を端点とし OE と方向の異なる半直線 OF を経由して III_5 を 2 回適用すれば，$\mathbf{K}^-$ は一つの元 $m \in \mathbf{K}^-$ と正元 $k \in \mathbf{K}^+$ の積 km 全体となることがわかる．特に $m=-1$ とすれば，III_2' が従う．

係数体が順序体の場合は，(1.24) において $k \in \mathbf{K}^+$ としたものを半直線と定義すれば，半直線の公理が容易にたしかめられる．

順序体 $\mathbf{K}$ においては，単位元 1 を自然数個加えた $1+1+\cdots+1$ は決して 0 にならない．n 個加えたものがはじめて 0 となるならば，$n-1$ 個加えたものは -1 に等しく，$\mathbf{K}^-$ に属する．一方，これは $1>0$ を $n-1$ 個加えたものとして $\mathbf{K}^+$ にも属し，公理 III_1' から 0 となる．すなわち，$n-1$ 個加えたものが既に 0 となることが導かれ，最初の仮定と矛盾するからである．

これから，自然数 n に $\mathbf{K}$ の単位元 1 を n 個加え合せた元 $n1$ を対応させる写像が 1 対 1 であることがわかる．この写像は加法，乗法および順序を保存する．さらに，この対応を自然に有理数体 $\mathbf{Q}$ から $\mathbf{K}$ の中への 1 対 1 対応にまで拡張することができる．この対応によって，有理数体 $\mathbf{Q}$ を $\mathbf{K}$ の部分体と同一視し，$\mathbf{Q} \subset \mathbf{K}$ と見做す．

実数体 $\mathbf{R}$ は有理数体 $\mathbf{Q}$ を稠密に含む順序体であって連結している．このことを表現する公理系はいくつかあるが，はじめに直線の性質として与えておく．

実数の公理

IV　直線 l が互いに交わらない二つの空でない部分 l^+ と l^- に分割され，

各部分 $l^{\pm}$ は，その中の任意の点 P をとったとき，直線 l の P を端点とする半直線による分割の一方をその部分 $l^{\pm}$ が含んでいるとする．このとき l^+, l^- の一方は半直線である．

これを順序体としての**実数体 R** の言葉で述べれば次のようになる．

IV′ 順序体 $\mathbf{R}$ が互いに交わらない二つの空でない部分 S^+ と S^- に分割され，任意の $k \in S^+, l \in S^-$ に対して $k>l$ がなりたっているとする．このとき，$s \in \mathbf{R}$ が存在し，$S^+=\{k \in \mathbf{R}\,;\, k \geqq s\}$ または $S^-=\{k \in \mathbf{R}\,;\, l \leqq s\}$ が成立する．

普通はこれを次の二つの公理に分ける．

IV_1''(**Archimedes の公理**) 任意に 2 数 $k>0, e>0$ が与えられたとき，ある自然数 n に対して $k \leqq ne$ がなりたつ．

IV_2''(**完備性**) $k_1 \geqq k_2 \geqq \cdots \geqq k_n \geqq k_{n+1} \geqq \cdots \geqq l_{n+1} \geqq l_n \geqq \cdots \geqq l_2 \geqq l_1$ をみたす数列 k_n, l_n が与えられたとき，任意の n に対し $k_n \geqq s \geqq l_n$ をみたす n に依存しない実数 s が存在する．

Archimedes の公理をみたす順序体 $\mathbf{K}$ は可換であって，実数体 $\mathbf{R}$ に埋め込むことができる．したがって，実数体 $\mathbf{R}$ は，アルキメデス順序体であって，アルキメデス順序体としては，これ以上拡大できない体と定義することもできる．Hilbert はこれを実数体の公理として採用した．しかし，実際にある条件をそなえた実数の存在を示すには完備性の方がはるかに使いやすい．Cauchy の数列収束条件も上の完備性と同等の公理であって，解析学のためにはさらに使いやすいが，ここではこれ以上立入らないことにする．

係数体 $\mathbf{K}$ が順序体であるとき，(1.24)式で $k \in \mathbf{K}$ を $k \in \mathbf{K}^+$ としたものは A_0 を端点とし，A_1 を含む半直線を定義する．これを半直線 $\mathrm{A}_0\mathrm{A}_1$ と書く．

同様に，(1.25)式で，$k \in \mathbf{K}, l \in \mathbf{K}^+$ として定義される集合を**半平面** $\mathrm{A}_0\mathrm{A}_1\mathrm{A}_2$ と書く．これは平面 $\mathrm{A}_0\mathrm{A}_1\mathrm{A}_2$ の部分集合であって，直線 $\mathrm{A}_0\mathrm{A}_1$ と点 A_2 を含む．直線 $\mathrm{A}_0\mathrm{A}_1$ をこの半平面の**辺**という．

一般に，平面とその上の直線が与えられたとき，この平面は，与えられた直線のみを共通部分とする二つの半平面の合併に分割することができる．特に，この平面上にあって，与えられた直線に含まれない1点を指定すれば，この点を含む半平面が唯一つ定まる．

半空間 $A_0A_1A_2A_3$ も同様に定義することができる．

相異なる2点 A, B が与えられたとき，半直線 AB と半直線 BA の共通部分を**線分** AB といい，$\overline{AB}$ あるいは，$\overline{BA}$ と書く．

(1.25)式で，$k \in \mathbf{K}^+, l \in \mathbf{K}^+$ として定義される集合を**(劣)角**といい，$\angle A_1A_0A_2$ または $\angle A_2A_0A_1$ と書く．これは半空間 $A_0A_1A_2$ と半空間 $A_0A_2A_1$ の共通部分でもある．A_0 を**頂点**，半直線 A_0A_1 と半直線 A_0A_2 をこの角の**辺**という．角 $\angle A_1A_0A_2$ は辺である半直線 A_0A_1 と半直線 A_0A_2 によって定まるので，これを半直線 A_0A_1 と半直線 A_0A_2 のなす角ともいう．同一平面にあり，辺が平行でない二つの半平面の共通部分は角をなす．この他，半平面においてその辺上の1点を指定したものも角とみなし，**平角**という．

3点 A, B, C が同一直線上にないとき，半平面 ABC，半平面 BCA，半平面 CAB の共通部分を**3角形**といい，△ABC, △BAC 等と書く．A, B, C を**頂点**，線分 $\overline{AB}, \overline{BC}, \overline{CA}$ を**辺**という．

アフィン変換群の下で，二つの劣角は互いに合同である．二つの平角も合同である．しかし，劣角と平角は合同でない．

§1.5　合同の公理

これ以後，特に断らない場合，係数体は実数体 **R** であるとする．1.3，1.4節では合同という言葉を広い意味で用いたが，普通合同とはユークリッド運動群の下で合同であることを意味する．この節では，この意味の合同を特徴づける公理系を与える．アフィン変換と合同変換の中間にある相似変換も同時に扱うため，角の言葉で述べる．

合同の公理

ユークリッド空間 E^3 の二つの角については，平角を含めて，互いに合同であるか，ないかの関係が定められていて，角 $\angle AOB$ と $\angle A'O'B'$ が合同であ

るとき

$$\angle \mathrm{AOB} \equiv \angle \mathrm{A'O'B'}$$

と書く．

V_0　角 $\angle \mathrm{AOB}$ と $\angle \mathrm{BOA}$ は合同である．

V_1　角 $\angle \mathrm{AOB}$ および，半平面 $\mathrm{O'A'C'}$ とその辺上の半直線 $\mathrm{O'A'}$ が与えられたとき，$\angle \mathrm{AOB}$ と合同な角 $\angle \mathrm{A'O'B'}$ が半平面の中に唯一つ存在する．

V_2　角について $\angle \mathrm{AOB} \equiv \angle \mathrm{A''O''B''}$ かつ $\angle \mathrm{A'O'B'} \equiv \angle \mathrm{A''O''B''}$ がなりたつならば，$\angle \mathrm{AOB} \equiv \angle \mathrm{A'O'B'}$．

V_3　$\angle \mathrm{AOB}$ の平行移動が $\angle \mathrm{A'O'B'}$ ならば，$\angle \mathrm{AOB} \equiv \angle \mathrm{A'O'B'}$．

V_4　二つの平角は互いに合同である．

V_2 と V_1 から角の合同は同値律をみたすことがわかる．

角 $\angle \mathrm{AOB}$ の中に半直線 OC があるとき，角 $\angle \mathrm{AOB}$ は角 $\angle \mathrm{AOC}$ と $\angle \mathrm{COB}$ の**和**であるといい，

$$\angle \mathrm{AOB} = \angle \mathrm{AOC} + \angle \mathrm{COB}$$

と書く．次の二つの公理は，角の和と差が合同関係を保つことを述べたものである．

V_5　$\angle \mathrm{AOC} \equiv \angle \mathrm{C'O'A'}$ かつ $\angle \mathrm{COB} \equiv \angle \mathrm{B'O'C'}$ ならば，$\angle \mathrm{AOC} + \angle \mathrm{COB} \equiv \angle \mathrm{B'O'C'} + \angle \mathrm{C'O'A'}$．

V_6　$\angle \mathrm{AOC} + \angle \mathrm{COB} \equiv \angle \mathrm{B'O'C'} + \angle \mathrm{C'O'A'}$ かつ $\angle \mathrm{AOC} \equiv \angle \mathrm{C'O'A'}$ ならば，$\angle \mathrm{COB} \equiv \angle \mathrm{B'O'C'}$．

V_4 と V_6 から対頂角(図1.8の $\angle \mathrm{EAD}$ と $\angle \mathrm{FAB}$)が合同であることがわかる．V_3 より同位角($\angle \mathrm{ABC}$ と $\angle \mathrm{EAD}$)は合同である．したがって，錯角($\angle \mathrm{ABC}$ と $\angle \mathrm{FAB}$)も合同である．これと V_5 より3角形の内角の和は平角と合同であることが導かれる．逆に，同位角または錯角が等しい2直線は平行であることが V_1 の一意性よりわかる．

3角形 $\triangle \mathrm{ABC}$ が**2等辺3角形**であるとは，両底角 $\angle \mathrm{ABC}$ と $\angle \mathrm{ACB}$ が合

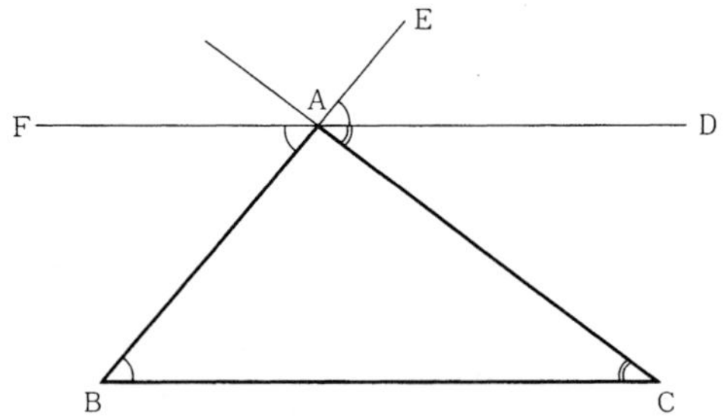

図 1.8　対頂角，同位角および錯角の合同

同であることと定義する．

これを用いて，線分 $\overline{AB}$ と $\overline{A'B'}$ が合同であるとは，ベクトル $\overrightarrow{A'A}$ によって線分 $\overline{A'B'}$ を平行移動した線分 $\overline{AC}$ について，ベクトルとして $\overrightarrow{AB}=\pm\overrightarrow{AC}$ がなりたつか，または 3 角形 $\triangle ABC$ が 2 等辺 3 角形をなすことと定義する(図 1.9 左)．このとき $\overline{AB}\equiv\overline{A'B'}$ と書く．これが集合としての線分にのみよる概念であることは後に示す．次の公理は，線分の合同関係が同値律をみたすことを主張している．

V_7　4 点 O, A, B, C があり，$\angle OAB\equiv\angle OBA$ かつ $\angle OCB\equiv\angle OBC$ がなりたつならば，$\overrightarrow{OA}=\pm\overrightarrow{OC}$ または $\angle OAC\equiv\angle OCA$ (図 1.9 右)．

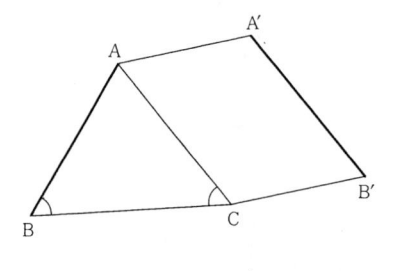

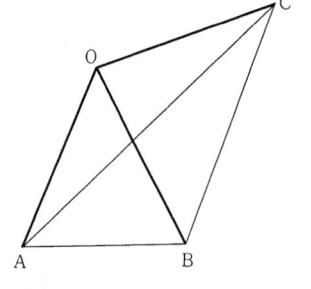

図 1.9　線分の合同関係と同値律

次の公理は角の 2 等分線の一意存在を示している．

V_8　任意の角 $\angle AOB$ に対し，$\angle AOC\equiv\angle COB$ となる半直線 OC が唯一つこの角の中に存在する．

特に，平角の半角として**直角**が定義される．V_1, V_4 と合せて，直角が互いに合同であることもわかる．

また，この公理から，線分の合同について，角の合同に関する公理 V_1 と同様のことが成立することが導かれる．

線分切取定理 線分 $\overline{OA}$ および半直線 $O'B'$ が与えられたとき，$\overline{OA}\equiv\overline{O'A'}$ となる点 A' が半直線 $O'B'$ 上に唯一つ存在する(図 1.10)． □

[証明] まず平行移動によって $O=O'$ と仮定してよいことに注意する．A が直線 OB' 上にあるときは，A が半直線 OB' 上にあるかないかに応じて $\overrightarrow{OA'}=\pm\overrightarrow{OA}$ となる点 A' をとる．そうでないときは，角 $\angle AOB$ の 2 等分線を半直線 OC とする．A からこの半直線に垂線をおろし，この垂線と半直線 OB' の交点を A' とする．さきの垂線の足を D としたとき，3 角形 $\triangle ODA$ と $\triangle ODA'$ の内角の和の計算により $\angle OAA'\equiv\angle OA'A$ を得る．

一意性は，もし A'' が線分 $\overline{O'A'}$ の内点ならば，$\angle OAA''<\angle OAA'<\angle OA''A$ となること，もし A'' が半直線 $A'B'$ の内点ならば，$\angle OAA''>\angle OAA'>\angle OA''A$ となることからわかる． ■

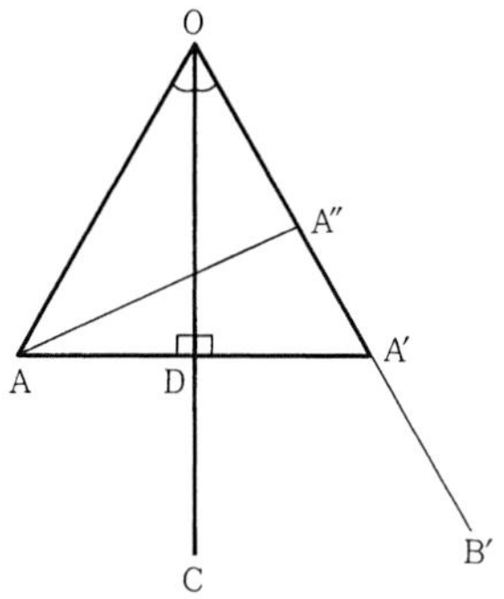

図 1.10 線分切取定理

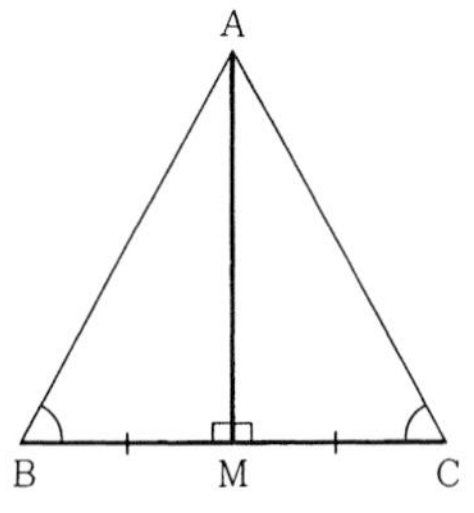

図 1.11 垂直 2 等分線上の点を頂点とする 2 等辺 3 角形

上の証明で垂線の足 D が線分 $\overline{AA'}$ の**中点**であること，すなわちベクトルとして $\overrightarrow{AD}=\overrightarrow{DA'}$ となることは，さきに証明を保留した $\overline{AB}\equiv\overline{A'B'}$ と $\overline{AB}\equiv\overline{B'A'}$ の同等の証明にも必要なので次の公理を追加する．

V_9　線分 $\overline{BC}$ の中点 M を通る垂線上に点 A があるとき，$\angle ABC \equiv \angle ACB$（図 1.11）.

これから図 1.10 の $\overline{AA'}$ の中点 M を通る垂線と直線 OA の交点は O でなければならないことがわかる．このとき，半直線 OM も角 $\angle AOA'$ の 2 等分線であるから，M=D が結論される．

この準備の下で $\overline{AB} \equiv \overline{A'B'}$ と $\overline{AB} \equiv \overline{B'A'}$ の同等性を証明するには図 1.12(a) において $\angle ABB' \equiv \angle AB'B$ と A が $\overline{B'B''}$ の中点であることから $\angle ABB'' \equiv \angle AB''B$ を示せばよいがこれは図より明らかであろう．

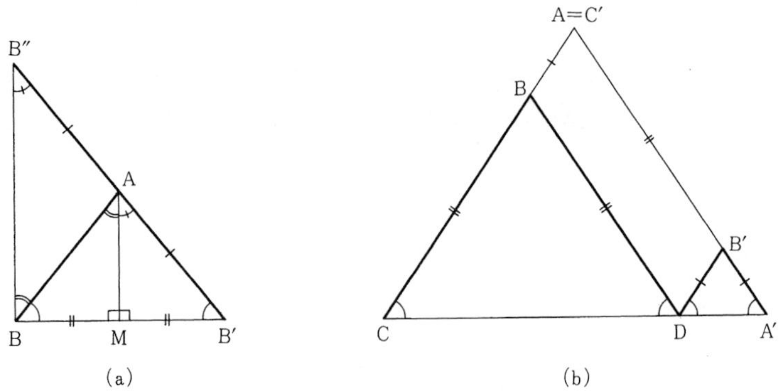

図 1.12　線分の合同の証明

$\overline{AB}, \overline{BC}$ が同一直線上にあり 1 点 B のみを共有する線分ならば，$\overline{AB}+\overline{BC}=\overline{AC}$ として線分の**和**が定義できる．この和と線分の合同についても，角の和と合同に対する公理 V_5, V_6 と同様の命題が成立する．図 1.12(b) は和に対する一つの証明を示す．

ユークリッド幾何学の基礎は 3 角形に対する合同定理である．二つの 3 角形 $\triangle ABC$ と $\triangle A'B'C'$ が**合同**であるとは，対応する 3 内角および 3 辺がすべて合同であることと定義し，$\triangle ABC \equiv \triangle A'B'C'$ と書く．

公理 V_9 は直角 3 角形に対する合同定理と解釈することもできる．これから 2 辺と夾角が合同の場合の合同定理が導かれる．すなわち，3 角形 $\triangle ABC$ と $\triangle A'B'C'$ について，$\angle CAB \equiv \angle C'A'B'$, $\overline{AB} \equiv \overline{A'B'}$ かつ $\overline{AC} \equiv \overline{A'C'}$ ならば

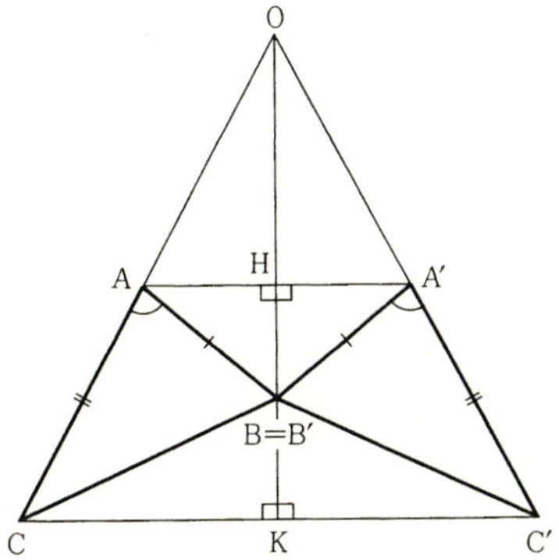

図 1.13 2辺と夾角が合同の場合の3角形の合同定理(2辺夾角合同定理)

$\triangle ABC \equiv \triangle A'B'C'$. 図 1.13 は主要な場合の証明を図示したものである.

O を 2 等辺 3 角形 BAA′ の頂角の 2 等分線と直線 AC の交点とする. O は線分 $\overline{AA'}$ の垂直 2 等分線上にあるから, $\triangle OAA'$ は 2 等辺 3 角形. ゆえに $\triangle OCC'$ もそうである. 直線 OK は $\overline{CC'}$ の垂直 2 等分線になる. ゆえに $\triangle BCC'$ は 2 等辺 3 角形をなす. 特に, $\overline{BC} \equiv \overline{B'C'}$. $\angle BCA$ と $\angle B'C'A'$ は合同な 2 底角から合同な 2 底角を引いたものとして互いに合同である. ∎

他の二つの合同定理, 底辺両端角合同定理および 3 辺合同定理は 2 辺夾角合同定理より容易に導かれる(図 1.14).

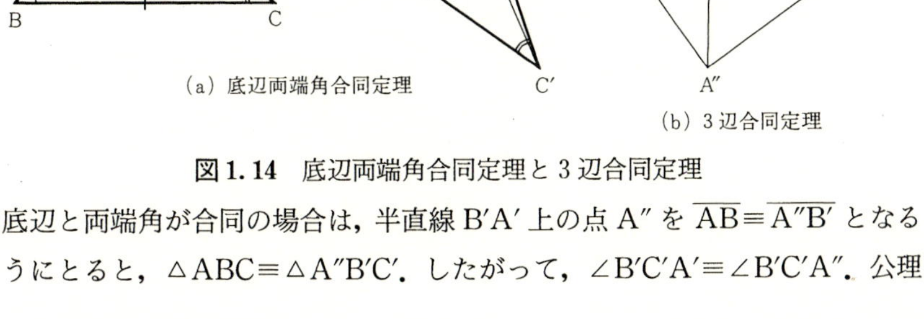

図 1.14 底辺両端角合同定理と3辺合同定理

底辺と両端角が合同の場合は, 半直線 B′A′ 上の点 A″ を $\overline{AB} \equiv \overline{A''B'}$ となるようにとると, $\triangle ABC \equiv \triangle A''B'C'$. したがって, $\angle B'C'A' \equiv \angle B'C'A''$. 公理

V_1により半直線C′A′と半直線C′A″は一致しなければならないから，A′とA″は一致する．

3辺合同の場合は，V_1と線分切取定理により△A′B′C′の反対側に∠ABC≡∠A″B′C′かつ$\overline{AB}\equiv\overline{A''B'}$をみたす△A″B′C′を作る．2辺夾角合同定理により△ABC≡△A″B′C′．特に，$\overline{A'B'}\equiv\overline{A''B'}$かつ$\overline{A'C'}\equiv\overline{A''C'}$．したがって，∠C′A′B′と∠C′A″B′は2等辺3角形の両底角の和(または差)として互いに合同である．∎

以上により，ユークリッド幾何学を展開する準備はすべて整った．ただし，以上の公理では円の性質は一つも規定されていないので，直線あるいは円と円の交点を求めようとすれば，実数の公理に基づく超越的な方法にたよらざるを得なくなる．これを避けようとするならば，少なくとも次の公理を追加しておく必要がある．

V_{10}　端点Oで直交する半直線OIと半直線OJがあり，半直線OI上にある1点Aと直線OI上半直線OIに含まれない1点Bが与えられたとき，∠ABC≡∠ACBとなる点Cが唯一つ半直線OJ上に存在する．

§1.6　線分およびベクトルの長さ

3次元ユークリッド空間E^3において，一つの線分$\overline{OI}$を定め，長さの**単位**とする．線分切取定理により任意に与えられた線分$\overline{AB}$と合同な線分$\overline{OP}$が半直線OIの上にとれる．このとき，ベクトルの比$\overrightarrow{OP}/\overrightarrow{OI}$を$\overline{AB}$の**長さ**と定義し，ABと書く．定義により線分の長さは正の実数であり，二つの線分が合同であることと，その長さが等しいことは同等である．

この長さの定義はメートル原器を用いる長さの定義と同じである．Hilbertはユークリッド空間には絶対的な距離が定められているとした．

ベクトル$\boldsymbol{a}$が有向線分$\overrightarrow{AB}$で代表されているとき，$\boldsymbol{a}$の**長さ**を線分$\overline{AB}$の長さで定義し，$|\boldsymbol{a}|$と書く．これを有向線分$\overrightarrow{AB}$の長さともいう．線分の長さはその向きづけによらない．すなわち，ベクトル$\boldsymbol{a}$に対し，

$$|-\boldsymbol{a}| = |\boldsymbol{a}| \tag{1.38}$$

がなりたつ．もっと一般に，k が実数のとき

$$|k\boldsymbol{a}| = |k||\boldsymbol{a}| \tag{1.39}$$

が成立する．線分の和の定義に用いたように，二つのベクトル $\boldsymbol{a}$ と $\boldsymbol{b}$ が同じ半直線 OI 上の有向線分 $\overrightarrow{\mathrm{OA}}$ と $\overrightarrow{\mathrm{OB}}$ で代表されるときは，$|\boldsymbol{a}+\boldsymbol{b}|=|\boldsymbol{a}|+|\boldsymbol{b}|$ がなりたつ．特に，線分の和の長さは長さの和である．しかし，一般には，3 角形の 1 辺の長さが，他の 2 辺の長さの和を超えることはないことを示す**3 角不等式**

$$|\boldsymbol{a}+\boldsymbol{b}| \leqq |\boldsymbol{a}|+|\boldsymbol{b}| \tag{1.40}$$

しかいえない．さらに，

$$|\boldsymbol{a}| \geqq 0, \text{かつ } |\boldsymbol{a}| = 0 \Longleftrightarrow \boldsymbol{a} = \boldsymbol{0}. \tag{1.41}$$

二つの 3 角形 $\triangle\mathrm{ABC}$ と $\triangle\mathrm{A'B'C'}$ が**相似**とは，対応する 3 辺の比が等しくかつ 3 内角が合同であること，すなわち，

$$\mathrm{A'B'} : \mathrm{AB} = \mathrm{B'C'} : \mathrm{BC} = \mathrm{C'A'} : \mathrm{CA}$$

$$\angle\mathrm{C'A'B'} \equiv \angle\mathrm{CAB}, \quad \angle\mathrm{A'B'C'} \equiv \angle\mathrm{ABC}, \quad \angle\mathrm{B'C'A'} \equiv \angle\mathrm{BCA}$$

がなりたつことであると定義する．これは絶対的な長さを定めなくても定義できる概念であることに注意する．

Desargues の定理第 2 を用いたわれわれのスカラーの定義と合同定理から，対応する 2 角が合同である二つの 3 角形は相似であることがわかる．さらに平行線の公理を用いれば，2 辺の長さの比と夾角が等しい二つの 3 角形は相似であることが導かれる(図 1.15)．

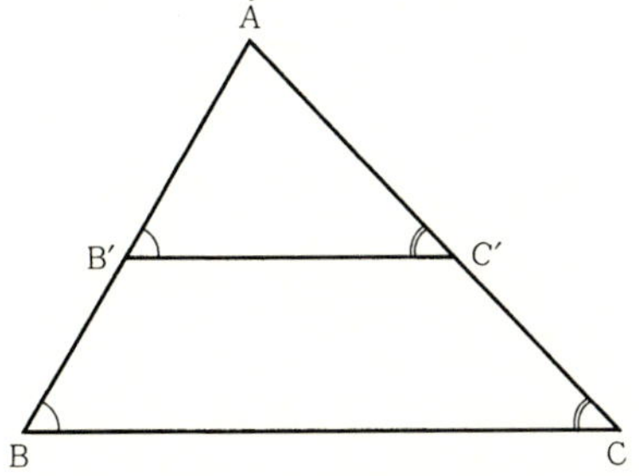

図 1.15　2 辺の長さの比と夾角が等しい 3 角形は相似

最後に，3 辺の長さの比が等しい二つの 3 角形も互いに相似である．これは，頂角を等しくする比例 3 角形を作って，3 辺合同定理を用いて合同を示すこと

によって証明される．

以上から二つの角が合同であるための必要十分条件は，問題の角と直角を2角とする3角形が互いに相似であることがわかる．さらに，これらの直角3角形は頂点と直角の頂点を結ぶ辺 $\overline{AB}$ と斜辺 $\overline{CA}$ の長さの比が等しいとき，そのときに限って相似である．この比を角の**余弦**といい，$\cos\angle CAB$ と書く．

ユークリッド空間における線分の長さについて最も重要な定理は**3平方の定理**とも呼ばれる次の定理である．

Pythagorasの定理　$\triangle ABC$ において頂角 $\angle CAB$ が直角ならば，

$$BC^2 = AB^2+CA^2. \tag{1.42}$$

［証明］　頂点Aより底辺BCに垂線をおろし，その足をHとする(図1.16)．このとき，3内角の一致より $\triangle ABC$, $\triangle HBA$ および $\triangle HAC$ は相似である．ゆえに，

$$BC:CA:AB = AB:AH:BH = CA:CH:AH.$$

これより

$$AB^2 = BC\cdot BH \quad および \quad CA^2 = BC\cdot CH$$

を得る．両辺を加えて，(1.42)が結論できる．　■

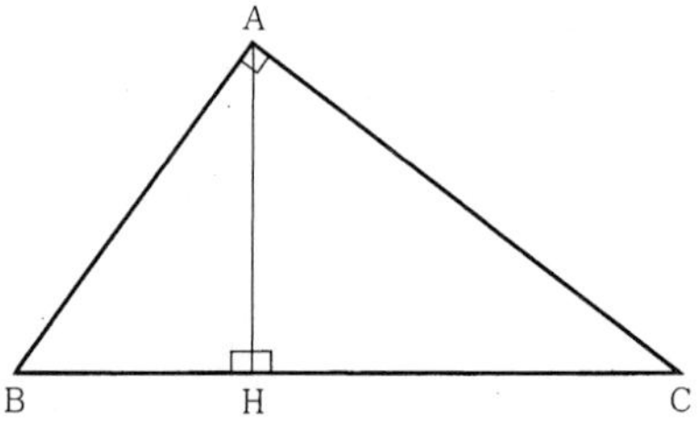

図1.16　Pythagorasの定理

3次元ユークリッド空間 E^3 において，アフィン空間としての座標系 (O, E, F, G) をとる．半直線OE上OI=1となる点Iをとり，有向線分 $\overrightarrow{OI}$ で代表されるベクトルを $\boldsymbol{i}$ とする．次に，平面OEF=平面OIFにおいて，Oを通り，直線OIと直交する直線へ点Fからおろした垂線の足をF′としたとき，F′≠O．半直線OF′上に $\overline{OJ}$ の長さが1となる点Jをとり，有向線分 $\overrightarrow{OJ}$ で代表されるベクトルを $\boldsymbol{j}$ とする．最後に，平面OEGで同様の操作をして得たGからの垂

線の足を G′ とし，平面 OJG′で同じことをくり返して得られる点を K，有向線分 $\overrightarrow{\mathrm{OK}}$ で代表されるベクトルを $\boldsymbol{k}$ とする．$\boldsymbol{i}, \boldsymbol{j}, \boldsymbol{k}$ は長さ 1 のベクトルであるばかりでなく，互いに直交する．すなわち，半直線 OI，半直線 OJ および半直線 OK は互いに直角をなす．

この二つの条件をみたすとき，E^3 の座標系 (O, I, J, K) を**正規直交座標系**，ベクトル空間 V^3 の基底 $(\boldsymbol{i}, \boldsymbol{j}, \boldsymbol{k})$ を**正規直交基底**という．

Pythagoras の定理をくり返し用いることにより，正規直交座標系の下では，それぞれ座標 (x_1, y_1, z_1) および (x_2, y_2, z_2) をもつ点 P, Q の間の**距離**，すなわち線分 $\overline{\mathrm{PQ}}$ の長さは

$$\mathrm{PQ} = \sqrt{(x_1-x_2)^2+(y_1-y_2)^2+(z_1-z_2)^2} \tag{1.43}$$

となることがわかる．また，V^3 のベクトル

$$\boldsymbol{a} = a_1\boldsymbol{i}+a_2\boldsymbol{j}+a_3\boldsymbol{k} \tag{1.44}$$

の長さは

$$|\boldsymbol{a}| = \sqrt{a_1{}^2+a_2{}^2+a_3{}^2} \tag{1.45}$$

で与えられる．

頂角 ∠CAB が直角とは限らないとき，3 角形の 3 辺は

$$\mathrm{BC}^2 = \mathrm{AB}^2+\mathrm{CA}^2-2\mathrm{AB}\cdot\mathrm{CA}\cdot\cos\angle\mathrm{CAB} \tag{1.46}$$

をみたす．この(**第 2**)**余弦法則**は Pythagoras の定理の拡張であるとともに，Pythagoras の定理より容易に導くことができる．図 1.17 は BC^2 を図示したものである．

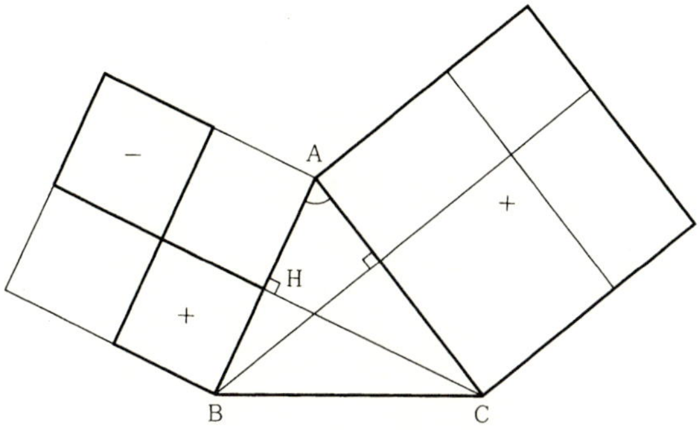

図 1.17　余弦法則

したがって，二つの0でないベクトル $\boldsymbol{a}=a_1\boldsymbol{i}+a_2\boldsymbol{j}+a_3\boldsymbol{k}$ と $\boldsymbol{b}=b_1\boldsymbol{i}+b_2\boldsymbol{j}+b_3\boldsymbol{k}$ のなす角度 θ は

$$\cos\theta=\frac{|\boldsymbol{a}|^2+|\boldsymbol{b}|^2-|\boldsymbol{a}-\boldsymbol{b}|^2}{2|\boldsymbol{a}||\boldsymbol{b}|}$$

$$=\frac{a_1b_1+a_2b_2+a_3b_3}{\sqrt{a_1{}^2+a_2{}^2+a_3{}^2}\sqrt{b_1{}^2+b_2{}^2+b_3{}^2}} \tag{1.47}$$

で与えられる．

逆に，三つの実数の組 (x,y,z) 全体のなす空間 $\mathbf{R}^3$ の中の6点 $\mathrm{O}=(x_0,y_0,z_0)$, $\mathrm{A}=(x_1,y_1,z_1)$, $\mathrm{B}=(x_2,y_2,z_2)$, $\mathrm{O}'=(x_0',y_0',z_0')$, $\mathrm{A}'=(x_1',y_1',z_1')$, $\mathrm{B}'=(x_2',y_2',z_2')$ について，

$$\frac{(x_1-x_0)(x_2-x_0)+(y_1-y_0)(y_2-y_0)+(z_1-z_0)(z_2-z_0)}{\sqrt{(x_1-x_0)^2+(y_1-y_0)^2+(z_1-z_0)^2}\sqrt{(x_2-x_0)^2+(y_2-y_0)^2+(z_2-z_0)^2}}$$

がプライム付きの同様な数に等しいとき，$\angle\mathrm{AOB}\equiv\angle\mathrm{A'O'B'}$ と定義すれば，$\mathbf{R}^3$ は合同の公理をすべて満たすことが証明できる．$\mathrm{O}=(0,0,0)$ と $\mathrm{I}=(1,0,0)$ として $\overline{\mathrm{OI}}$ を長さの単位とすれば，(1.43)により線分の長さが定まる．これによって $\mathbf{R}^3$ には3次元ユークリッド空間の構造が入る．

ただし，われわれの合同の公理は角の合同のみによって記述したから，長さの単位として，別の線分 $\overline{\mathrm{OI'}}$ を用いても，すべての公理をみたすことは変りがない．この場合は，線分の長さは，(1.43), (1.45) で定義される標準的な長さに，ある正の定数を掛けたものになる．

長さが1のベクトルを**単位ベクトル**という．単位ベクトルの成分をそのベクトルが表わす正の方向の**方向余弦**という．

§1.7　直交座標変換，直交変換および合同変換

3次元ユークリッド空間 E^3 において，(O, I, J, K) と (O′, I′, J′, K′) を二つの正規直交座標系，$(\boldsymbol{i},\boldsymbol{j},\boldsymbol{k})$ と $(\boldsymbol{i}',\boldsymbol{j}',\boldsymbol{k}')$ を対応するベクトル空間 V^3 の正規直交基底とする．このとき，E^3 の点の座標 (x,y,z) と (x',y',z')，あるいは V^3 のベクトルの成分 (a_1,a_2,a_3) と (a_1',a_2',a_3') の変換公式が(1.35)あるいは(1.30)で与えられることは§1.3で述べたアフィン空間の場合と同じであるが，変

換の行列 (u_{ij}) は正規直交座標あるいは正規直交基底に関する成分の変換であることにより制限を受ける．$(\boldsymbol{i}', \boldsymbol{j}', \boldsymbol{k}')$ が正規直交基底であるとき，

$$(\boldsymbol{i}, \boldsymbol{j}, \boldsymbol{k}) = (\boldsymbol{i}', \boldsymbol{j}', \boldsymbol{k}')\begin{pmatrix} u_{11} & u_{12} & u_{13} \\ u_{21} & u_{22} & u_{23} \\ u_{31} & u_{32} & u_{33} \end{pmatrix} \tag{1.48}$$

が正規直交基底であるための必要十分条件は

$$\sum_{i=1}^{3} u_{ij}u_{ik} = \delta_{jk} = \begin{cases} 1, & j=k \\ 0, & j \neq k \end{cases} \tag{1.49}$$

である．このとき $U=(u_{ij})$ を**直交行列**という．条件(1.49)は

$$U'U = I_3,\ \text{あるいは}\ U' = U^{-1} \tag{1.50}$$

と同等である．ただし，U' は転置行列 (u_{ji}), I_3 は3次の単位行列 (δ_{ij}) を表わす．(1.50)の後半より，これはまた条件 $UU'=I_3$ あるいは

$$\sum_{j=1}^{3} u_{ij}u_{kj} = \delta_{ik} \tag{1.51}$$

とも同等である．(1.48)の右から U^{-1} を掛けることにより，これは $(\boldsymbol{i}, \boldsymbol{j}, \boldsymbol{k})$ が正規直交基底のとき，$(\boldsymbol{i}', \boldsymbol{j}', \boldsymbol{k}')$ が正規直交基底であるための必要十分条件であることもわかる．

したがって，(1.35)あるいは(1.30)が正規直交座標系に関する座標変換あるいは正規直交基底に関する成分の変換であるためには，(u_{ij}) が直交行列であることが必要かつ十分になる．

これらの変換公式を，E^3 の正規直交座標系あるいは V^3 の正規直交基底を固定したときの E^3 あるいは V^3 の自己同型と見做せることもアフィン空間の場合と同じである．このとき，これらの変換を，それぞれ**合同変換**あるいは**直交変換**という．

3次の直交行列全体 O(3) は群をなす．これを3次の**直交群**という．同様に合同変換全体 $\mathrm{Euc}(E^3)$ および直交変換全体 $\mathrm{O}(V^3)$ も群をなす．これらを，それぞれ**ユークリッド運動群**(または**合同変換群**)および**直交変換群**という．Klein の立場にたてば，3次元ユークリッド幾何学とは $\mathbf{R}^3$ の $\mathrm{Euc}(\mathbf{R}^3)$ の下での不変な性質を調べることである．

直交行列の定義(1.50)より，直交行列 U の行列式 $\det U$ は ± 1 となること

がわかる．直交行列 U で $\det U=1$ をみたすもの全体 $\mathrm{SO}(3)$ も群をなす．これを**特殊直交群**という．(1.35)または(1.30)において $(u_{ij})\in\mathrm{SO}(3)$ となるものを，それぞれ**向きを変えない**合同変換または直交変換という．

3次の直交行列 U で $\det U=-1$ となるものは，$\det V=1$ をみたす直交行列 V の -1 倍になっていることに注意する．

一般に，直交行列 V に 0 でない数 k を掛けた行列 kV 全体 $\mathrm{GO}(3)$ も群をなす．これを**一般直交群**という．$(u_{ij})\in\mathrm{GO}(3)$ となる変換(1.35)を**相似変換**という．相似変換の下では線分の長さは保たれないが，二つの線分の長さの比は保たれる．相似変換全体も群をなす．これを**相似変換群**という．われわれの公理系は相似変換群の下でも保存される．

§1.8　長さ，面積および体積

合同変換は線分の長さを変えないアフィン変換であるが，これが角度を変えないこともこれまで見てきた通りである．この他，3次元ユークリッド幾何学の不変量として重要なものに，曲線の長さ，曲面の面積および領域の体積がある．

ユークリッド空間 E^3 の中の**曲線** C とは，単位区間 $[0,1]$ から E^3 の中への連続な写像による像と定義する．E^3 には原点 O を定めて，$t\in[0,1]$ に対応する位置ベクトルを $\boldsymbol{r}(t)$ で表わす．簡単のためこの写像は 1 対 1 とする．このとき，C の**長さ**を，$[0,1]$ の分割 $0=t_0<t_1<\cdots<t_n=1$ を細かくしていったときの折れ線の長さ $\sum_{j=1}^{n}|\boldsymbol{r}(t_j)-\boldsymbol{r}(t_{j-1})|$ の上限と定義する．曲線 C と C' が**合同**とは，ある合同変換 T があり $T(C)=C'$ となることであると定義する．このとき C' を表わす位置ベクトルは $T\boldsymbol{r}(t)$ と表わされる．T は線分の長さを変えないから，$|T\boldsymbol{r}(t_j)-T\boldsymbol{r}(t_{j-1})|=|\boldsymbol{r}(t_j)-\boldsymbol{r}(t_{j-1})|$．これから $[0,1]$ の分割 (t_j) を定めたとき，C と C' に対する折れ線の長さは等しい．したがって，両者の上限として C と C' の長さは等しい．すなわち，合同な曲線の長さは等しい．

曲面とその面積の定義はこれより相当に難しくなるが，本質的には同じで，与えられた曲面を 3 角形の和で近似し，近似 3 角形の面積の和の極限としてその面積を定義する．したがって，合同な曲面の面積が等しいことを示すには，合同な3角形の面積が等しいことを証明すればよい．

3角形 △ABC の頂点 A, B, C の直交座標をそれぞれ (x_0, y_0, z_0), (x_1, y_1, z_1), (x_2, y_2, z_2) とする．このとき，この3角形の**面積**を

$$\frac{1}{2}\sqrt{\begin{vmatrix} y_1-y_0, & y_2-y_0 \\ z_1-z_0, & z_2-z_0 \end{vmatrix}^2+\begin{vmatrix} z_1-z_0, & z_2-z_0 \\ x_1-x_0, & x_2-x_0 \end{vmatrix}^2+\begin{vmatrix} x_1-x_0, & x_2-x_0 \\ y_1-y_0, & y_2-y_0 \end{vmatrix}^2} \tag{1.52}$$

と定義する．これは複雑な形をしているが，形式的な3次の行列式

$$\begin{vmatrix} x_1-x_0, & x_2-x_0, & \boldsymbol{i} \\ y_1-y_0, & y_2-y_0, & \boldsymbol{j} \\ z_1-z_0, & z_2-z_0, & \boldsymbol{k} \end{vmatrix} \tag{1.53}$$

で定義されるベクトルの長さの2分の1に等しい．したがって，3角形の面積が合同変換 T の下で不変であることを示すには，(1.53)の成分を T で変換した後のベクトルも長さが変らないことを示せばよい．(1.35)が T の行列表示であるとし，行列式(1.53)に対応する行列の左から行列 $U=(u_{ij})$ を掛けると，第1列と第2列は変換後の座標にかわる．変換後の第3列の要素を $\boldsymbol{i}', \boldsymbol{j}', \boldsymbol{k}'$ としたとき，これらを転置した行ベクトルは

$$(\boldsymbol{i}', \boldsymbol{j}', \boldsymbol{k}') = (\boldsymbol{i}, \boldsymbol{j}, \boldsymbol{k})\,U' = (\boldsymbol{i}, \boldsymbol{j}, \boldsymbol{k})\,U^{-1} \tag{1.54}$$

と表わされる．成分を考えることにより，行列の積の行列式が行列式の積となることは，右端の列がベクトルであっても同様に成立するから，

$$\begin{vmatrix} x_1'-x_0', & x_2'-x_0', & \boldsymbol{i}' \\ y_1'-y_0', & y_2'-y_0', & \boldsymbol{j}' \\ z_1'-z_0', & z_2'-z_0', & \boldsymbol{k}' \end{vmatrix} = \det U \begin{vmatrix} x_1-x_0, & x_2-x_0, & \boldsymbol{i} \\ y_1-y_0, & y_2-y_0, & \boldsymbol{j} \\ z_1-z_0, & z_2-z_0, & \boldsymbol{k} \end{vmatrix} \tag{1.55}$$

となる．U は直交行列であるから，(1.54)より $(\boldsymbol{i}', \boldsymbol{j}', \boldsymbol{k}')$ も正規直交基底であることがわかる．したがって，左辺のベクトルの長さは，$\boldsymbol{i}', \boldsymbol{j}', \boldsymbol{k}'$ を $\boldsymbol{i}, \boldsymbol{j}, \boldsymbol{k}$ におきかえても同じである．$\det U=\pm 1$ ゆえ，3角形の面積(1.52)は，各座標を合同変換後の座標におきかえても不変である．■

E^3 の正規直交座標を3角形に合わせてとれば，$x_0=y_0=z_0=0$, $x_1=a>0$, $y_1=z_1=0$, $x_2=b$, $y_2=c>0$, $z_2=0$ とすることができる．このとき，3角形の面積は $ac/2$．すなわち，底辺×高さ÷2に等しい．

最後に，領域の体積を定義するには，4面体の和で近似して行うので，体積の不変性を示すには，合同な4面体の体積が同じであることを示せばよい．

4面体 ABCD の頂点 A, B, C, D の直交座標をそれぞれ，(x_0, y_0, z_0), (x_1, y_1, z_1), (x_2, y_2, z_2), (x_3, y_3, z_3) とする．このとき，この4面体の**体積**を

$$\frac{1}{6}\left\| \begin{matrix} x_1-x_0, & x_2-x_0, & x_3-x_0 \\ y_1-y_0, & y_2-y_0, & y_3-y_0 \\ z_1-z_0, & z_2-z_0, & z_3-z_0 \end{matrix} \right\| \tag{1.56}$$

で定義する．ここで2重線は行列式の絶対値を意味する．この不変性の証明は簡単である．これに対応する行列の左から行列 U を掛けて行列式を計算すれば，

$$\begin{vmatrix} x_1'-x_0', & x_2'-x_0', & x_3'-x_0' \\ y_1'-y_0', & y_2'-y_0', & y_3'-y_0' \\ z_1'-z_0', & z_2'-z_0', & z_3'-z_0' \end{vmatrix} = \det U \begin{vmatrix} x_1-x_0, & x_2-x_0, & x_3-x_0 \\ y_1-y_0, & y_2-y_0, & y_3-y_0 \\ z_1-z_0, & z_2-z_0, & z_3-z_0 \end{vmatrix} \tag{1.57}$$

両辺の絶対値が等しいから，体積は不変である．適当に座標系をとれば，これが底面の面積×高さ÷3であることもわかる． ∎

§1.9　ベクトルの内積と外積

(長さを定めた)3次元ユークリッド空間 E^3 に対応するベクトル空間 V^3 には，アフィン空間 A^3 に対応するベクトル空間としての線形演算の他に，Pythagoras の定理をみたす長さに由来して，二つの積が定義できる．

ベクトル空間 V^3 には一つの正規直交基底 $(\boldsymbol{i}, \boldsymbol{j}, \boldsymbol{k})$ を定めておき，ベクトル $\boldsymbol{a} \in V^3$ のこの基底に関する成分を a_1, a_2, a_3 と書く．すなわち，ベクトル $\boldsymbol{a}, \boldsymbol{b}$ 等は常に

$$\boldsymbol{a} = a_1\boldsymbol{i} + a_2\boldsymbol{j} + a_3\boldsymbol{k} \tag{1.58}$$

$$\boldsymbol{b} = b_1\boldsymbol{i} + b_2\boldsymbol{j} + b_3\boldsymbol{k} \tag{1.59}$$

等と展開されているとする．

V^3 が3次元の数ベクトル $\begin{pmatrix} a_1 \\ a_2 \\ a_3 \end{pmatrix}$ 全体からなるベクトル空間 $\mathbf{R}^3$ であって，

$$\boldsymbol{i} = \begin{pmatrix} 1 \\ 0 \\ 0 \end{pmatrix}, \quad \boldsymbol{j} = \begin{pmatrix} 0 \\ 1 \\ 0 \end{pmatrix}, \quad \boldsymbol{k} = \begin{pmatrix} 0 \\ 0 \\ 1 \end{pmatrix}$$

の場合が標準的であり，この場合の成分 a_i は数ベクトルとしての成分と一致

する．しかし，この場合に限ることはなく，肝腎なのは，ベクトル $\boldsymbol{a}$ の長さ $|\boldsymbol{a}|$ の2乗が

$$|\boldsymbol{a}|^2 = {a_1}^2 + {a_2}^2 + {a_3}^2 \tag{1.60}$$

と表わされることである．このためには $(\boldsymbol{i}, \boldsymbol{j}, \boldsymbol{k})$ が正規直交基底であることが必要かつ十分であることに注意する．

$\boldsymbol{a}, \boldsymbol{b}$ を上のように展開されたベクトルとするとき，その**内積** $\boldsymbol{a}\cdot\boldsymbol{b}$ を

$$\boldsymbol{a}\cdot\boldsymbol{b} = a_1b_1 + a_2b_2 + a_3b_3 \tag{1.61}$$

で定義する．内積はその結果がスカラーであるので，**スカラー積**ともいう．

これは既に式(1.47)の分子として現われた式であり，そこでの計算により等式

$$\boldsymbol{a}\cdot\boldsymbol{b} = \frac{1}{2}(|\boldsymbol{a}|^2 + |\boldsymbol{b}|^2 - |\boldsymbol{a}-\boldsymbol{b}|)^2 \tag{1.62}$$

$$= |\boldsymbol{a}||\boldsymbol{b}|\cos\theta \tag{1.63}$$

がなりたつ．ここで θ はベクトル $\boldsymbol{a}$ と $\boldsymbol{b}$ のなす角度である．直交変換はベクトルの長さおよびベクトル間の角度をかえないから，内積 $\boldsymbol{a}\cdot\boldsymbol{b}$ も直交変換 U で不変である．すなわち，

$$\boldsymbol{a}\cdot\boldsymbol{b} = (U\boldsymbol{a})\cdot(U\boldsymbol{b}) \tag{1.64}$$

が成立する．

内積について明らかに，次の計算法則がなりたつ：

可換則　$\boldsymbol{a}\cdot\boldsymbol{b} = \boldsymbol{b}\cdot\boldsymbol{a}$ (1.65)

双線形則　$\begin{cases} (k\boldsymbol{a}+l\boldsymbol{b})\cdot\boldsymbol{c} = k(\boldsymbol{a}\cdot\boldsymbol{c}) + l(\boldsymbol{b}\cdot\boldsymbol{c}) \\ \boldsymbol{a}\cdot(k\boldsymbol{b}+l\boldsymbol{c}) = k(\boldsymbol{a}\cdot\boldsymbol{b}) + l(\boldsymbol{a}\cdot\boldsymbol{c}) \end{cases}$ (1.66)

正値性　$\boldsymbol{a}\cdot\boldsymbol{a} = |\boldsymbol{a}|^2 \geqq 0$ (1.67)

ここで，$\boldsymbol{a}, \boldsymbol{b}, \boldsymbol{c}$ は任意のベクトル，k, l はスカラーである．$\boldsymbol{a}\cdot\boldsymbol{a}$ は $\boldsymbol{a}^2$ とも書く．これが0となるのは $\boldsymbol{a}=\boldsymbol{0}$ のときに限る．

(1.63)から直ちにわかる不等式

$$|\boldsymbol{a}\cdot\boldsymbol{b}| \leqq |\boldsymbol{a}||\boldsymbol{b}| \tag{1.68}$$

は**Cauchy の不等式**または**Schwarz の不等式**と呼ばれ，いろいろな不等式の証明の根拠となる．例えば，ベクトルに関する3角不等式(1.40)は次のようにして証明できる：

$$|\boldsymbol{a}+\boldsymbol{b}|^2 = |\boldsymbol{a}|^2+2\boldsymbol{a}\cdot\boldsymbol{b}+|\boldsymbol{b}|^2 \leqq |\boldsymbol{a}|^2+2|\boldsymbol{a}||\boldsymbol{b}|+|\boldsymbol{b}|^2.$$

次に，$\boldsymbol{a}, \boldsymbol{b}$ が(1.58)，(1.59)で表わされるベクトルであるとき，その**外積** $\boldsymbol{a}\times\boldsymbol{b}$ を

$$\begin{aligned}\boldsymbol{a}\times\boldsymbol{b} &= (a_2b_3-a_3b_2)\,\boldsymbol{i}+(a_3b_1-a_1b_3)\,\boldsymbol{j}+(a_1b_2-a_2b_1)\,\boldsymbol{k} \\ &= \begin{vmatrix} a_2 & b_2 \\ a_3 & b_3 \end{vmatrix}\boldsymbol{i}+\begin{vmatrix} a_3 & b_3 \\ a_1 & b_1 \end{vmatrix}\boldsymbol{j}+\begin{vmatrix} a_1 & b_1 \\ a_2 & b_2 \end{vmatrix}\boldsymbol{k} \qquad (1.69) \\ &= \begin{vmatrix} a_1 & b_1 & \boldsymbol{i} \\ a_2 & b_2 & \boldsymbol{j} \\ a_3 & b_3 & \boldsymbol{k} \end{vmatrix}\end{aligned}$$

で定義する．外積はその結果がベクトルであるので**ベクトル積**ともいう．

これは3角形の面積の定義に用いたベクトル(1.53)と同じ形をしていることに注意する．したがって，$\boldsymbol{a}\times\boldsymbol{b}$ の長さ $|\boldsymbol{a}\times\boldsymbol{b}|$ は $\boldsymbol{0}, \boldsymbol{a}, \boldsymbol{b}$ を頂点とする3角形の面積の2倍，あるいは $\boldsymbol{0}, \boldsymbol{a}, \boldsymbol{a}+\boldsymbol{b}, \boldsymbol{b}$ を頂点とする平行4辺形の面積に等しい．すなわち，$\boldsymbol{a}$ と $\boldsymbol{b}$ となす角度を θ とすれば

$$|\boldsymbol{a}\times\boldsymbol{b}| = |\boldsymbol{a}||\boldsymbol{b}|\sin\theta. \qquad (1.70)$$

$\boldsymbol{a}\times\boldsymbol{b}$ の方向を決定するため，もう一つのベクトル

$$\boldsymbol{c} = c_1\boldsymbol{i}+c_2\boldsymbol{j}+c_3\boldsymbol{k} \qquad (1.71)$$

との内積をとれば

$$(\boldsymbol{a}\times\boldsymbol{b})\cdot\boldsymbol{c} = \begin{vmatrix} a_1 & b_1 & c_1 \\ a_2 & b_2 & c_2 \\ a_3 & b_3 & c_3 \end{vmatrix} \qquad (1.72)$$

を得る．これはベクトル $\boldsymbol{a}, \boldsymbol{b}, \boldsymbol{c}$ の**3重積**と呼ばれるスカラーである．4面体の面積の定義(1.56)により，この絶対値は $\boldsymbol{0}, \boldsymbol{a}, \boldsymbol{b}, \boldsymbol{c}$ を頂点とする4面体の面積の6倍，あるいは，$\boldsymbol{0}, \boldsymbol{a}, \boldsymbol{b}, \boldsymbol{c}, \boldsymbol{a}+\boldsymbol{b}, \boldsymbol{b}+\boldsymbol{c}, \boldsymbol{c}+\boldsymbol{a}, \boldsymbol{a}+\boldsymbol{b}+\boldsymbol{c}$ を頂点とする平行6面体の体積に等しい．

$\boldsymbol{c}$ として，$\boldsymbol{a}$ または $\boldsymbol{b}$ を代入すると，この3重積は0となる．すなわち $\boldsymbol{a}\times\boldsymbol{b}$ は $\boldsymbol{a}$ とも $\boldsymbol{b}$ とも直交するベクトルである．

あとは±1の因子を定めればよいのであるが，ここで問題が生ずる．以上では外積 $\boldsymbol{a}\times\boldsymbol{b}$ をベクトル，3重積 $(\boldsymbol{a}\times\boldsymbol{b})\cdot\boldsymbol{c}$ をスカラーといったが，厳密な意味ではこれらはユークリッド空間の中の有向線分の類，あるいは有向線分の比

としてのベクトル，あるいはスカラーと同一視することはできないのである．

U を

$$U(\boldsymbol{i}, \boldsymbol{j}, \boldsymbol{k}) = (U\boldsymbol{i}, U\boldsymbol{j}, U\boldsymbol{k}) = (\boldsymbol{i}, \boldsymbol{j}, \boldsymbol{k})\begin{pmatrix} u_{11} & u_{12} & u_{13} \\ u_{21} & u_{22} & u_{23} \\ u_{31} & u_{32} & u_{33} \end{pmatrix} \tag{1.73}$$

と行列表示される直交変換とすれば，U は $\boldsymbol{a}, \boldsymbol{b}, \boldsymbol{c}$ を，それぞれ

$$\begin{pmatrix} a_1' \\ a_2' \\ a_3' \end{pmatrix} = \begin{pmatrix} u_{11} & u_{12} & u_{13} \\ u_{21} & u_{22} & u_{23} \\ u_{31} & u_{32} & u_{33} \end{pmatrix}\begin{pmatrix} a_1 \\ a_2 \\ a_3 \end{pmatrix}, \quad (\boldsymbol{b}, \boldsymbol{c}\text{ についても同様})$$

を成分とするベクトル $U\boldsymbol{a}, U\boldsymbol{b}, U\boldsymbol{c}$ にうつす．直交行列の性質 $(u_{ij})' = (u_{ij})^{-1}$ と(1.73)より

$$\begin{pmatrix} \boldsymbol{i} \\ \boldsymbol{j} \\ \boldsymbol{k} \end{pmatrix} = \begin{pmatrix} u_{11} & u_{12} & u_{13} \\ u_{21} & u_{22} & u_{23} \\ u_{31} & u_{32} & u_{33} \end{pmatrix}\begin{pmatrix} U\boldsymbol{i} \\ U\boldsymbol{j} \\ U\boldsymbol{k} \end{pmatrix}$$

を得る．したがって，

$$\begin{vmatrix} a_1' & b_1' & \boldsymbol{i} \\ a_2' & b_2' & \boldsymbol{j} \\ a_3' & b_3' & \boldsymbol{k} \end{vmatrix} = \det(u_{ij})\begin{vmatrix} a_1 & b_1 & U\boldsymbol{i} \\ a_2 & b_2 & U\boldsymbol{j} \\ a_3 & b_3 & U\boldsymbol{k} \end{vmatrix}$$

これは

$$(U\boldsymbol{a}) \times (U\boldsymbol{b}) = \det(u_{ij})\, U(\boldsymbol{a} \times \boldsymbol{b}) \tag{1.74}$$

を示している．同様に

$$((U\boldsymbol{a}) \times (U\boldsymbol{b})) \cdot (U\boldsymbol{c}) = \det(u_{ij})\, (\boldsymbol{a} \times \boldsymbol{b}) \cdot \boldsymbol{c} \tag{1.75}$$

がなりたつ．もし，外積，3重積が真のベクトル，スカラーを表わすなら $\det(u_{ij}) = \pm 1$ という因子はつかないはずである．任意の正規直交基底 $(\boldsymbol{i}', \boldsymbol{j}', \boldsymbol{k}')$ はある直交変換 U を用いて $(U\boldsymbol{i}, U\boldsymbol{j}, U\boldsymbol{k})$ と表わせるから，これらの式はまた，外積，3重積が，± 1 の因子の違いだけとはいえ，正規直交基底のとり方に依存することを示している．面積，体積の定義でこういうことが問題とならなかったのは“ベクトル”の長さ，“スカラー”の絶対値が面積，体積であったからである．

しかし，ベクトル積，3重積は3次元のベクトル解析において最も重要な概念である．これらを救うには二つの立場がある．一つは，直交変換として向き

を変えない直交変換，すなわち $\det U=1$ となるものだけを許し，ベクトル積をベクトル，3重積をスカラーと見做す立場であり，もう一つは，直交変換 U の下で，普通のベクトルあるいはスカラーとしての変換後に $\det U$ を掛けたものになる新しい数学的実体を導入する立場である．このとき，それぞれを**擬ベクトル**および**擬スカラー**という．普通のベクトルを**極性ベクトル**，擬ベクトルを**軸性ベクトル**ということもある．普通は，この二つの立場を適宜混合させてとる．

ここでは第1の立場をとる．このときは，出発点となる正規直交基底 $(\boldsymbol{i}, \boldsymbol{j}, \boldsymbol{k})$ の向きを定めておかなければならない．3次元ユークリッド空間をわれわれの住む空間と同一視するときは，普通 $(\boldsymbol{i}, \boldsymbol{j}, \boldsymbol{k})$ として**右手系**をとる．すなわち，$\boldsymbol{i}, \boldsymbol{j}$ がそれぞれ右手の親指，人差指を向くとき，$\boldsymbol{k}$ は中指の向きであるとする．あるいは，$\boldsymbol{i}$ から $\boldsymbol{j}$ の方向にねじをまわして進行する方向が $\boldsymbol{k}$ の向きである(Maxwell は，日本を除く文明国で，車軸のとめに使うなどの例外的な用途を除いて用いられているねじの向きといっている．19世紀の日本では左ねじの方が普通だったのであろうか？)．

このようにすれば，ベクトル積 $\boldsymbol{a}\times\boldsymbol{b}$ の向きが定まる．すなわち，$(\boldsymbol{a}\times\boldsymbol{b})\cdot(\boldsymbol{a}\times\boldsymbol{b})\geqq 0$ でなければならないから，ベクトル積 $\boldsymbol{a}\times\boldsymbol{b}$ は $|\boldsymbol{a}||\boldsymbol{b}|\sin\theta$ の大きさをもち，$\boldsymbol{a}$ および $\boldsymbol{b}$ と直交，かつ $(\boldsymbol{a}, \boldsymbol{b}, \boldsymbol{a}\times\boldsymbol{b})$ が右手系をなす向きをもつベクトルである．

3重積 $(\boldsymbol{a}\times\boldsymbol{b})\cdot\boldsymbol{c}$ も，$\boldsymbol{a}, \boldsymbol{b}, \boldsymbol{c}$ で定まる平行6面体の体積を絶対値とし，$(\boldsymbol{a}, \boldsymbol{b}, \boldsymbol{c})$ が右手系になるかならないかに応じて $+, -$ の符号をもつスカラーとなる．

外積について次の計算法則がなりたつ(図1.18(a))：

反可換則
$$\boldsymbol{a}\times\boldsymbol{b} = -\boldsymbol{b}\times\boldsymbol{a} \tag{1.76}$$

双線形則
$$\begin{cases} (k\boldsymbol{a}+l\boldsymbol{b})\times\boldsymbol{c} = k\boldsymbol{a}\times\boldsymbol{c}+l\boldsymbol{b}\times\boldsymbol{c} \\ \boldsymbol{a}\times(k\boldsymbol{b}+l\boldsymbol{c}) = k\boldsymbol{a}\times\boldsymbol{c}+l\boldsymbol{a}\times\boldsymbol{c}. \end{cases} \tag{1.77}$$

3重積については，それぞれの因子に関して線形である他，次の公式がなりたつ(図1.18(b))：

$$\begin{aligned}(\boldsymbol{a}\times\boldsymbol{b})\cdot\boldsymbol{c} &= (\boldsymbol{b}\times\boldsymbol{c})\cdot\boldsymbol{a} = (\boldsymbol{c}\times\boldsymbol{a})\cdot\boldsymbol{b} \\ &= -(\boldsymbol{b}\times\boldsymbol{a})\cdot\boldsymbol{c} = -(\boldsymbol{c}\times\boldsymbol{b})\cdot\boldsymbol{a} = -(\boldsymbol{a}\times\boldsymbol{c})\cdot\boldsymbol{b}.\end{aligned} \tag{1.78}$$

最後にもう一つの3重積である $(\boldsymbol{a}\times\boldsymbol{b})\times\boldsymbol{c}$ について次の公式を証明してお

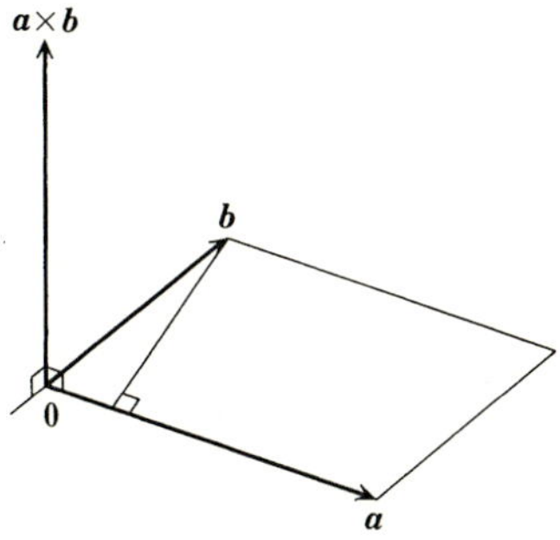

(a) 外積

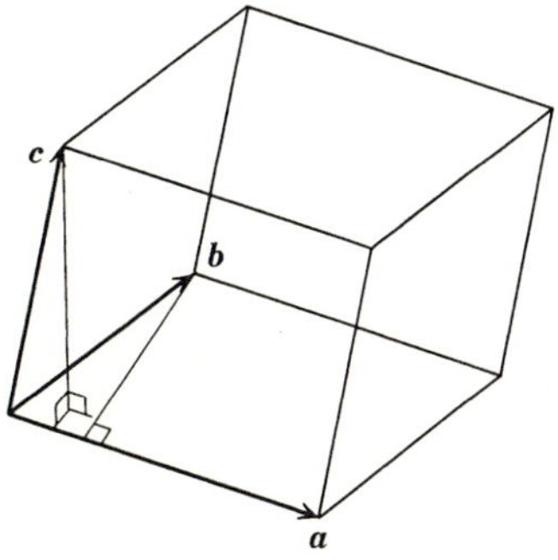

(b) 3重積

図1.18　外積と3重積

こう.

$$(\boldsymbol{a}\times\boldsymbol{b})\times\boldsymbol{c} = (\boldsymbol{a}\cdot\boldsymbol{c})\,\boldsymbol{b}-(\boldsymbol{b}\cdot\boldsymbol{c})\,\boldsymbol{a} \tag{1.79}$$

まず，右辺と $\boldsymbol{c}$ の内積をとれば0となるから，右辺は $\boldsymbol{c}$ と直交するベクトルである．$\boldsymbol{a}, \boldsymbol{b}$ は共に $\boldsymbol{a}\times\boldsymbol{b}$ と直交するから，右辺は $\boldsymbol{a}\times\boldsymbol{b}$ とも直交するベクトルである．したがって，右辺は左辺のスカラー倍に等しい．この比例定数が1であることを示すには，両辺を展開して，同類項の係数が等しいことを示せばよい．例えば，$a_2b_1c_2\boldsymbol{i}$ の係数を調べると，両辺共に1である．　■

これからベクトル積についての**Jacobiの公式**

$$\boldsymbol{a}\times(\boldsymbol{b}\times\boldsymbol{c})+\boldsymbol{b}\times(\boldsymbol{c}\times\boldsymbol{a})+\boldsymbol{c}\times(\boldsymbol{a}\times\boldsymbol{b}) = 0 \tag{1.80}$$

が導かれる．

§1.10　4元数

Heavisideによれば，3次元ユークリッド空間の中のベクトルとは，要するに三つの基底 $\boldsymbol{i}, \boldsymbol{j}, \boldsymbol{k}$ の実係数1次結合で表わされる量であり，そこに二つの積が定義されている．内積に関しては，基底の間で

$$\begin{aligned}\boldsymbol{i}\cdot\boldsymbol{i} = \boldsymbol{j}\cdot\boldsymbol{j} = \boldsymbol{k}\cdot\boldsymbol{k} = 1\\ \boldsymbol{i}\cdot\boldsymbol{j} = \boldsymbol{j}\cdot\boldsymbol{i} = \boldsymbol{j}\cdot\boldsymbol{k} = \boldsymbol{k}\cdot\boldsymbol{j} = \boldsymbol{k}\cdot\boldsymbol{i} = \boldsymbol{i}\cdot\boldsymbol{k} = 0\end{aligned} \tag{1.81}$$

という関係があり，各因子ごとに加法およびスカラーとの乗法に関して線形で

あるとして，二つのベクトルの内積を定義する．外積については，基底について

$$\boldsymbol{i}\times\boldsymbol{i} = \boldsymbol{j}\times\boldsymbol{j} = \boldsymbol{k}\times\boldsymbol{k} = \boldsymbol{0} \tag{1.82}$$

$$\boldsymbol{i}\times\boldsymbol{j} = -\boldsymbol{j}\times\boldsymbol{i} = \boldsymbol{k},\quad \boldsymbol{j}\times\boldsymbol{k} = -\boldsymbol{k}\times\boldsymbol{j} = \boldsymbol{i},\quad \boldsymbol{k}\times\boldsymbol{i} = -\boldsymbol{i}\times\boldsymbol{k} = \boldsymbol{j}$$

とし，一般には双線形的に拡張して定義する．そうして，基底 $\boldsymbol{i}, \boldsymbol{j}, \boldsymbol{k}$ の係数である関数に解析的な演算を許して，解析を展開するというものであった．

Heaviside 以後の電磁気学はほとんどすべて，このような Heaviside 流のベクトル解析を用いて記述されている．ところで，電磁気学を集大成した J. C. Maxwell がベクトル解析を用いなかったかといえば，実はひかえめながらも使っている．しかしながら，Maxwell が使ったのは，Heaviside 流のベクトル解析ではなく，W. Hamilton によって導入され，P. G. Tait らにより発展せられた 4 元数に基づくベクトル解析であった．

4 元数とは，1, $\boldsymbol{i}, \boldsymbol{j}, \boldsymbol{k}$ を基底として，四つの実数 a_0, a_1, a_2, a_3 を係数とする積和

$$\boldsymbol{a} = a_0 + a_1\boldsymbol{i} + a_2\boldsymbol{j} + a_3\boldsymbol{k} \tag{1.83}$$

で表わされる“数”である．これに，基底の間の積を

$$1\,1 = 1,\ 1\,\boldsymbol{i} = \boldsymbol{i}\,1 = \boldsymbol{i},\ 1\,\boldsymbol{j} = \boldsymbol{j}\,1 = \boldsymbol{j},\ 1\,\boldsymbol{k} = \boldsymbol{k}\,1 = \boldsymbol{k}$$

$$\boldsymbol{i}\,\boldsymbol{i} = \boldsymbol{j}\,\boldsymbol{j} = \boldsymbol{k}\,\boldsymbol{k} = -1 \tag{1.84}$$

$$\boldsymbol{i}\,\boldsymbol{j} = -\boldsymbol{j}\,\boldsymbol{i} = \boldsymbol{k},\ \boldsymbol{j}\,\boldsymbol{k} = -\boldsymbol{k}\,\boldsymbol{j} = \boldsymbol{i},\ \boldsymbol{k}\,\boldsymbol{i} = -\boldsymbol{i}\,\boldsymbol{k} = \boldsymbol{j}$$

で定義し，一般には和および実係数との積について線形であるとして**積**を定義する．この積は 4 元数の対を 4 元数にうつす演算である．(1.84)から容易にたしかめられるように，この積は

結合則　$(\boldsymbol{ab})\boldsymbol{c} = \boldsymbol{a}(\boldsymbol{bc})$

をみたす．しかし，可換則 $\boldsymbol{ab}=\boldsymbol{ba}$ はみたさない．

(1.83)で定まる 4 元数 $\boldsymbol{a}$ に対して，その**共役 4 元数** $\bar{\boldsymbol{a}}$ を

$$\bar{\boldsymbol{a}} = a_0 - a_1\boldsymbol{i} - a_2\boldsymbol{j} - a_3\boldsymbol{k} \tag{1.85}$$

で定義する．これは積の順序を逆転する．すなわち，

$$\overline{\boldsymbol{ab}} = \bar{\boldsymbol{b}}\bar{\boldsymbol{a}} \tag{1.86}$$

また，

$$\boldsymbol{a}\bar{\boldsymbol{a}} = \bar{\boldsymbol{a}}\boldsymbol{a} = a_0^2 + a_1^2 + a_2^2 + a_3^2 \tag{1.87}$$

が成立する．この平方根

$$|\boldsymbol{a}| = \sqrt{\boldsymbol{a}\bar{\boldsymbol{a}}} = \sqrt{a_0{}^2+a_1{}^2+a_2{}^2+a_3{}^2} \tag{1.88}$$

を $\boldsymbol{a}$ の**絶対値**という．4元数 $\boldsymbol{a}, \boldsymbol{b}$ について

$$|\boldsymbol{ab}| = |\boldsymbol{a}||\boldsymbol{b}| \tag{1.89}$$

が成立する．

0でない4元数 $\boldsymbol{a}$ に対して

$$\boldsymbol{a}^{-1} = \frac{1}{|\boldsymbol{a}|^2}\bar{\boldsymbol{a}} \tag{1.90}$$

は $\boldsymbol{a}$ の**逆元**とよばれ，

$$\boldsymbol{a}^{-1}\boldsymbol{a} = \boldsymbol{a}\boldsymbol{a}^{-1} = 1 \tag{1.91}$$

をみたす．

係数ごとの和，差およびここで定義した積，商により4元数全体 $\mathbf{H}$ は非可換体をなす．

(1.83)で定義される4元数 $\boldsymbol{a}$ に対し

$$S\boldsymbol{a} = a_0, \quad V\boldsymbol{a} = a_1\boldsymbol{i}+a_2\boldsymbol{j}+a_3\boldsymbol{k} \tag{1.92}$$

をそれぞれ $\boldsymbol{a}$ の**スカラー部分**および**ベクトル部分**という．

3次元のユークリッド空間の中のベクトルは，スカラー部分のない4元数と見做せる．このとき

$$\boldsymbol{a}\cdot\boldsymbol{b} = -S\boldsymbol{ab}, \quad \boldsymbol{a}\times\boldsymbol{b} = V\boldsymbol{ab} \tag{1.93}$$

が成立する．

ベクトルの内積および外積に対するわれわれの記号 $\boldsymbol{a}\cdot\boldsymbol{b}$ および $\boldsymbol{a}\times\boldsymbol{b}$ は実はHeavisideの記号ではなく，彼と同じ頃独立にベクトル解析をはじめたJ. W. Gibbsの記号である．Heavisideは積を表わす点のない記号 $\boldsymbol{ab}$ および4元数の記号 $V\boldsymbol{ab}$ を採用した．Heavisideは4元数をベクトル解析に使うことに強く反対しているが，右手系の正規直交基底を $\boldsymbol{i}, \boldsymbol{j}, \boldsymbol{k}$ と書くのも4元数の記法の伝統に従っている．われわれもそれにならった．

(1.87)，(1.89)および(1.93)より，3次元ユークリッド空間のベクトル $\boldsymbol{a}, \boldsymbol{b}$ に対し

$$|\boldsymbol{a}\cdot\boldsymbol{b}|^2+|\boldsymbol{a}\times\boldsymbol{b}|^2 = |\boldsymbol{a}|^2|\boldsymbol{b}|^2 \tag{1.94}$$

がなりたつことがわかる．これは，(1.63)，(1.70)よりも明らかである．

§1. 11　直線，平面，曲線および曲面

§1. 2 において，3 次元アフィン空間 A^3 の中の直線および平面は，それぞれ (1. 24) および (1. 25) のように，その上の点の座標 (x, y, z) が径数 k および $l \in \mathbf{R}$ を用いて径数表示されることを示したが，これらはまた線形方程式の解の集合として表わすこともできる．直線および平面を一般化した曲線および曲面に対してもこれに類似する 2 種類の表示が可能である．

一つの正規直交座標系 (O, I, J, K) を定めた 3 次元ユークリッド空間 E^3 において，このことを論ずるため，まず，正規直交基底 $(\boldsymbol{i}, \boldsymbol{j}, \boldsymbol{k})$ を定めた 3 次元直交ベクトル空間 V^3 において，一般の基底 $(\boldsymbol{e}, \boldsymbol{f}, \boldsymbol{g})$ を与えたとき，この基底に関する成分を求めるための双対基底について調べる．

正規直交基底 $(\boldsymbol{i}, \boldsymbol{j}, \boldsymbol{k})$ 自身に関するベクトル

$$\boldsymbol{a} = a_1\boldsymbol{i} + a_2\boldsymbol{j} + a_3\boldsymbol{k}$$

の成分 (a_1, a_2, a_3) は，それぞれ内積

$$a_1 = \boldsymbol{a}\cdot\boldsymbol{i}, \quad a_2 = \boldsymbol{a}\cdot\boldsymbol{j}, \quad a_3 = \boldsymbol{a}\cdot\boldsymbol{k} \tag{1.95}$$

で求められる．

一般に，$\boldsymbol{e}, \boldsymbol{f}, \boldsymbol{g}$ が 1 次独立なベクトルであるとき，基底 $(\boldsymbol{e}, \boldsymbol{f}, \boldsymbol{g})$ に関する $\boldsymbol{a}$ の成分は

$$\boldsymbol{a} = k\boldsymbol{e} + l\boldsymbol{f} + m\boldsymbol{g} \tag{1.96}$$

と表わしたときの係数 (k, l, m) である．これらを求めるため，両辺と $\boldsymbol{f}\times\boldsymbol{g}$ の内積をとると

$$\boldsymbol{a}\cdot(\boldsymbol{f}\times\boldsymbol{g}) = k\boldsymbol{e}\cdot(\boldsymbol{f}\times\boldsymbol{g})$$

3 重積 $\boldsymbol{e}\cdot(\boldsymbol{f}\times\boldsymbol{g}) \neq 0$ ゆえ，これで両辺を割って k が求まる．同様にして

$$\boldsymbol{a} = \frac{\boldsymbol{a}\cdot(\boldsymbol{f}\times\boldsymbol{g})}{\boldsymbol{e}\cdot(\boldsymbol{f}\times\boldsymbol{g})}\boldsymbol{e} + \frac{\boldsymbol{a}\cdot(\boldsymbol{g}\times\boldsymbol{e})}{\boldsymbol{f}\cdot(\boldsymbol{g}\times\boldsymbol{e})}\boldsymbol{f} + \frac{\boldsymbol{a}\cdot(\boldsymbol{e}\times\boldsymbol{f})}{\boldsymbol{g}\cdot(\boldsymbol{e}\times\boldsymbol{f})}\boldsymbol{g} \tag{1.97}$$

を得る．分母は同じ 3 重積であることに注意する．

$$\boldsymbol{e}^* = \frac{\boldsymbol{f}\times\boldsymbol{g}}{\boldsymbol{e}\cdot(\boldsymbol{f}\times\boldsymbol{g})}, \quad \boldsymbol{f}^* = \frac{\boldsymbol{g}\times\boldsymbol{e}}{\boldsymbol{e}\cdot(\boldsymbol{f}\times\boldsymbol{g})}, \quad \boldsymbol{g}^* = \frac{\boldsymbol{e}\times\boldsymbol{f}}{\boldsymbol{e}\cdot(\boldsymbol{f}\times\boldsymbol{g})} \tag{1.98}$$

とおけば，

$$\boldsymbol{a} = (\boldsymbol{a}\cdot\boldsymbol{e}^*)\,\boldsymbol{e} + (\boldsymbol{a}\cdot\boldsymbol{f}^*)\,\boldsymbol{f} + (\boldsymbol{a}\cdot\boldsymbol{g}^*)\,\boldsymbol{g} \tag{1.99}$$

と表わされる．$\boldsymbol{e}^*, \boldsymbol{f}^*, \boldsymbol{g}^*$ も1次独立なベクトルである．この $(\boldsymbol{e}^*, \boldsymbol{f}^*, \boldsymbol{g}^*)$ を $(\boldsymbol{e}, \boldsymbol{f}, \boldsymbol{g})$ の**双対基底**という．

$(\boldsymbol{e}^*, \boldsymbol{f}^*, \boldsymbol{g}^*)$ が $(\boldsymbol{e}, \boldsymbol{f}, \boldsymbol{g})$ の双対基底であるための必要十分条件，すなわち任意のベクトル $\boldsymbol{a}$ が(1.99)によって $\boldsymbol{e}, \boldsymbol{f}, \boldsymbol{g}$ の1次結合として表わされるための必要十分条件は，

$$\begin{gathered} \boldsymbol{e}\cdot\boldsymbol{e}^* = \boldsymbol{f}\cdot\boldsymbol{f}^* = \boldsymbol{g}\cdot\boldsymbol{g}^* = 1 \\ \boldsymbol{e}\cdot\boldsymbol{f}^* = \boldsymbol{e}\cdot\boldsymbol{g}^* = \boldsymbol{f}\cdot\boldsymbol{e}^* = \boldsymbol{f}\cdot\boldsymbol{g}^* = \boldsymbol{g}\cdot\boldsymbol{e}^* = \boldsymbol{g}\cdot\boldsymbol{f}^* = 0 \end{gathered} \tag{1.100}$$

である．$\boldsymbol{e}, \boldsymbol{f}, \boldsymbol{g}$ および $\boldsymbol{e}^*, \boldsymbol{f}^*, \boldsymbol{g}^*$ の一つの正規直交基底に関する成分を $(e_1, e_2, e_3), \cdots$，および $(e_1^*, e_2^*, e_3^*), \cdots$ としたとき，これらをそれぞれ縦ベクトルおよび横ベクトルとして並べた行列に関する条件として書くと

$$\begin{pmatrix} e_1^*, e_2^*, e_3^* \\ f_1^*, f_2^*, f_3^* \\ g_1^*, g_2^*, g_3^* \end{pmatrix} \begin{pmatrix} e_1 & f_1 & g_1 \\ e_2 & f_2 & g_2 \\ e_3 & f_3 & g_3 \end{pmatrix} = \begin{pmatrix} 1 & 0 & 0 \\ 0 & 1 & 0 \\ 0 & 0 & 1 \end{pmatrix} \tag{1.101}$$

となる．すなわち，これらの行列が互いの逆行列となることが必要十分条件である．3重積 $\boldsymbol{e}\cdot(\boldsymbol{f}\times\boldsymbol{g})$ は左辺第2因子の行列式であり，$\boldsymbol{f}\times\boldsymbol{g}$ 等の成分はこの行列式の余因子に他ならないから，双対基底の公式(1.98)はこの行列の逆行列を与えるCramerの公式と同じものである．

さて，(1.24)が直線を表わすとき，

$$\boldsymbol{e} = (x_1 - x_0)\,\boldsymbol{i} + (y_1 - y_0)\,\boldsymbol{j} + (z_1 - z_0)\,\boldsymbol{k} \tag{1.102}$$

の他に二つの1次独立なベクトル $\boldsymbol{f}, \boldsymbol{g}$ を選び，$(\boldsymbol{e}^*, \boldsymbol{f}^*, \boldsymbol{g}^*)$ をその双対基底とする．(1.24)は，

$$\boldsymbol{r} - \boldsymbol{r}_0 = (x - x_0)\,\boldsymbol{i} + (y - y_0)\,\boldsymbol{j} + (z - z_0)\,\boldsymbol{k}$$

を基底 $(\boldsymbol{e}, \boldsymbol{f}, \boldsymbol{g})$ に関して展開したとき，$\boldsymbol{f}, \boldsymbol{g}$ の成分が0であることと同等であるから，

$$(\boldsymbol{r} - \boldsymbol{r}_0)\cdot\boldsymbol{f}^* = (\boldsymbol{r} - \boldsymbol{r}_0)\cdot\boldsymbol{g}^* = 0,$$

すなわち，位置ベクトル $\boldsymbol{r}$ に関する二つの連立線形方程式

$$\begin{cases} \boldsymbol{r}\cdot\boldsymbol{f}^* = \boldsymbol{r}_0\cdot\boldsymbol{f}^* \\ \boldsymbol{r}\cdot\boldsymbol{g}^* = \boldsymbol{r}_0\cdot\boldsymbol{g}^* \end{cases} \tag{1.103}$$

と同等である．ここで，$\boldsymbol{f}^*, \boldsymbol{g}^*$ は1次独立なベクトルである．

逆に，$\boldsymbol{f}^*, \boldsymbol{g}^*$ が1次独立なベクトル，c, d が実数であるとき，連立方程式

$$\begin{cases} \boldsymbol{r}\cdot\boldsymbol{f}^* = c \\ \boldsymbol{r}\cdot\boldsymbol{g}^* = d \end{cases} \tag{1.104}$$

の解 $\boldsymbol{r}$ 全体は直線をなす．

実際，もう一つ1次独立なベクトル $\boldsymbol{e}^*$ をとり，$(\boldsymbol{e}^*, \boldsymbol{f}^*, \boldsymbol{g}^*)$ の双対基底を $(\boldsymbol{e}, \boldsymbol{f}, \boldsymbol{g})$ とする．このとき，

$$\boldsymbol{r}_0 = c\boldsymbol{f} + d\boldsymbol{g}$$

は(1.104)の解となり，(1.103)と(1.104)は同等となる．一方，(1.103)は直線の径数表示(1.24)と同等である．

同様に，平面の径数表示(1.25)は，(1.102)で定まるベクトル $\boldsymbol{e}$,

$$\boldsymbol{f} = (x_2 - x_0)\boldsymbol{i} + (y_2 - y_0)\boldsymbol{j} + (z_2 - z_0)\boldsymbol{k} \tag{1.105}$$

ともう一つ1次独立なベクトル $\boldsymbol{g}$ を用い，この双対基底 $(\boldsymbol{e}^*, \boldsymbol{f}^*, \boldsymbol{g}^*)$ をとれば，一つの線形方程式

$$\boldsymbol{r}\cdot\boldsymbol{g}^* = \boldsymbol{r}_0\cdot\boldsymbol{g}^* \tag{1.106}$$

と同等になる．ここで $\boldsymbol{g}^*$ は0でないベクトルであり，右辺としては任意の実数 d を選ぶことができる．

L を(1.24)または(1.104)で定義される直線とするとき，(1.102)で定まるベクトル $\boldsymbol{e}$ の定数倍を L の(接)**ベクトル**という．これらは，L の中の任意の2点 A_0, A_1 をとったとき，有向線分 $\overrightarrow{A_0A_1}$ で代表されるベクトルである．この線分は完全に直線 L に含まれる．他方，$\boldsymbol{f}^*, \boldsymbol{g}^*$ の1次結合 $a\boldsymbol{f}^* + b\boldsymbol{g}^*$ は $\boldsymbol{e}$ と直交するベクトルであり，$\boldsymbol{e}$ と直交するベクトルはすべてこの形に表わすことができる．これらを直線 L の**法線ベクトル**という．

同様に，S を(1.25)または(1.106)で定義される平面とするとき，(1.102)，(1.105)で定まるベクトル $\boldsymbol{e}, \boldsymbol{f}$ の1次結合を S の(接)**ベクトル**といい，これらと直交する $\boldsymbol{g}^*$ の定数倍を S の**法線ベクトル**という．平面 S の接ベクトルも，S の上の2点 A_0, A_1 をとったとき，有向線分 $\overrightarrow{A_0A_1}$ で代表されるベクトルである．

直線 L の $\boldsymbol{0}$ でない接ベクトル $\boldsymbol{t}, \boldsymbol{s}$ は互いに他の実数倍 $\boldsymbol{t} = a\boldsymbol{s}$, $a \neq 0$，である．$a > 0$ のとき $\boldsymbol{t}$ と $\boldsymbol{s}$ は**同じ向き**であるといい，$a < 0$ のとき**反対向き**であるという．接ベクトルが同じ向きであるという関係は同値律をみたし，0でない接ベ

クトル全体はちょうど二つの同値類に分かれる．このうちの一つを指定した直線 L を**向きづけられた直線**という．向きづけられた直線において，指定された同値類に入る接ベクトルを**正の向き**の接ベクトルという．このとき，直線上の1点Oを指定すると，有向線分 $\overrightarrow{\mathrm{OP}}$ が正の向きの接ベクトルを代表するような点P全体とOはOを端点とする半直線をなす．逆に，半直線を指定することにより，直線を向きづけることができる．

平面 S については，同様に，0でない法線ベクトルに対して，同じ向きと反対向きが定義され，互いに同じ向きの法線ベクトル全体は同値類をなす．二つの同値類のうちの一つを指定した平面を**向きづけられた平面**という．このとき，指定された同値類に含まれる法線ベクトルを**正の向き**の法線ベクトルという．

向きづけられた平面 S 上の二つの1次独立な接ベクトルの組 $(\boldsymbol{e}, \boldsymbol{f})$ は，外積 $\boldsymbol{e}\times\boldsymbol{f}$ が正の向きの法線ベクトルであるとき，**正の向きの枠**であるという．平面の向きづけは接ベクトルの枠の同値類を用いて行うこともできる．

曲線は，直線の定義(1.24)にある1次関数を一般の連続関数におきかえて定義される．すなわち，$r_1(p), r_2(p), r_3(p)$ を単位区間 $I=[0,1]$ 上定義された三つの連続関数とするとき，

$$\begin{cases} x = r_1(p) \\ y = r_2(p), \quad p\in I \\ z = r_3(p) \end{cases} \tag{1.107}$$

で与えられる座標 (x, y, z) をもつ点全体の集合と定義する．ただし，これを I から E^3 への写像

$$\boldsymbol{r}(p) = r_1(p)\,\boldsymbol{i}+r_2(p)\,\boldsymbol{j}+r_3(p)\,\boldsymbol{k}$$

と関係なく純粋に点集合と考えるかどうかは微妙なところがある．$\varphi: I\to I$ が I を I の上に，順序をかえることなく1対1連続にうつす写像であるとき，写像 $\boldsymbol{r}(p)$ が定義する曲線と，$\boldsymbol{r}(\varphi(p))$ が定義する曲線を同じものとみるのは普通であるが，φ が順序を逆転する1対1連続写像のときは別のものとみなすことが多い．

また，$\boldsymbol{r}(p)$ を単に連続写像とすれば，正方形あるいは立方体を埋めつくす曲線も存在することになり，直観的な曲線のイメージに反するものが許されることになるので，多くの場合 $\boldsymbol{r}(p)$ についてある程度の滑らかさを仮定する．今

後特に断わらないときは，$\boldsymbol{r}(p)$ を区分的に C^1 級であるとする．すなわち，径数 p の動く単位区間 I が有限個の区間 $I_1, \cdots, I_n$ の合併に分割され，各 I_j の上で $\boldsymbol{r}(p)$ は微分可能であって，導関数も連続であるとする．この場合，起点よりの曲線の長さ

$$s = \int_0^p \sqrt{\left(\frac{\mathrm{d}r_1}{\mathrm{d}p}\right)^2+\left(\frac{\mathrm{d}r_2}{\mathrm{d}p}\right)^2+\left(\frac{\mathrm{d}r_3}{\mathrm{d}p}\right)^2}\mathrm{d}p \tag{1.108}$$

は径数 p の区分的 C^1 級関数となり，一般に p も弧長 s の区分的 C^1 級関数となる．s を径数に選べば，曲線の表示は起点のみに依存して一意的に定まる．

曲線はまた二つの方程式

$$\begin{cases}\Phi(x, y, z) = 0\\ \Psi(x, y, z) = 0\end{cases} \tag{1.109}$$

の共通解 (x, y, z) 全体の集合として定義することも多い．ここで，Φ, Ψ は一般には単に連続関数とするが，普通は C^1 級の実数値関数と仮定する．

直線の場合と異なり，径数表示(1.107)で定義される曲線全体と連立方程式(1.109)で定義される曲線全体は同じではない．しかし，1点の近傍に限り，しかも $\boldsymbol{r}(p), \Phi(\boldsymbol{r}), \Psi(\boldsymbol{r})$ の導関数に関する一般的な条件の下で二つの表示の同等性がなりたつ．すなわち，$p=p_0$ の近傍で $\boldsymbol{r}(p)$ が C^1 級，かつ $\mathrm{d}r_1/\mathrm{d}p \neq 0$ ならば，$x_0=r_1(p_0)$ の近傍で C^1 級の関数，$\eta(x)$ および $\xi(x)$ が存在し，$\boldsymbol{r}(p_0)$ の近傍での曲線上

$$\begin{cases}y-\eta(x) = 0\\ z-\xi(x) = 0\end{cases} \tag{1.110}$$

がなりたつ．逆に，$(x_0, y_0, z_0)=(r_1(p_0), r_2(p_0), r_3(p_0))$ の近傍での(1.110)の解はもとの曲線上の点を表わす．

逆に，(x_0, y_0, z_0) が連立方程式(1.109)の解であり，この点で **Jacobi 行列式**

$$\frac{\partial(\Phi, \Psi)}{\partial(y, z)} = \begin{vmatrix}\partial\Phi/\partial y, \partial\Phi/\partial z\\ \partial\Psi/\partial y, \partial\Psi/\partial z\end{vmatrix} \neq 0 \tag{1.111}$$

がなりたつならば，(x_0, y_0, z_0) の近傍での(1.109)の解 (x, y, z) は，x_0 の近傍上で C^1 級の関数 $\eta(x), \xi(x)$ を用いて(1.110)の形に表わすことができる．

(1.110)は(1.107)より p を消去した結果である．これは，$\mathrm{d}r_1/\mathrm{d}p \neq 0$ の仮定により r_1 の C^1 級の逆関数 $p=\chi(x)$ が存在することから可能である．また，

Jacobi 行列式に対する仮定(1.111)の下で，連立方程式(1.109)は y, z に関して解くことができる．それを x の関数として表示したものが曲線の径数表示(1.110)になる．Φ, Ψ が1次関数のとき，(1.111)が方程式(1.109)の可解条件になることは，(1.109)が

$$\begin{cases} \dfrac{\partial \Phi}{\partial x}(x-x_0)+\dfrac{\partial \Phi}{\partial y}(y-y_0)+\dfrac{\partial \Phi}{\partial z}(z-z_0) = 0 \\ \dfrac{\partial \Psi}{\partial x}(x-x_0)+\dfrac{\partial \Psi}{\partial y}(y-y_0)+\dfrac{\partial \Psi}{\partial z}(z-z_0) = 0 \end{cases} \tag{1.112}$$

と同じになることから直ちにわかる．Φ, Ψ が C^1 級の関数ということは，これが上の1次関数でよく近似できることを意味し，方程式(1.109)は(1.112)の右辺に，$|x-x_0|+|y-y_0|+|z-z_0|\to 0$ のとき，これより早く 0 に収束する項をつけ加えたものになる．したがって，摂動法によって解くことができる．このような命題を一般に**陰関数定理**という．

曲面も同様に径数表示

$$\begin{cases} x = r_1(p, q) \\ y = r_2(p, q), \quad (p, q) \in D \\ z = r_3(p, q) \end{cases} \tag{1.113}$$

あるいは単独方程式

$$\Phi(x, y, z) = 0 \tag{1.114}$$

を用いて定義する．ここで，D はある2次元の領域を表わす．

$\boldsymbol{r}(p, q), \Phi(\boldsymbol{r})$ が C^1 級の関数であって，曲面上の1点 $\boldsymbol{r}_0=(x_0, y_0, z_0)=\boldsymbol{r}(p_0, q_0)$ において

$$\frac{\partial(r_2, r_3)}{\partial(p, q)} \neq 0 \tag{1.115}$$

あるいは

$$\frac{\partial \Phi}{\partial x} \neq 0 \tag{1.116}$$

をみたすならば，これらは (y_0, z_0) の近傍で定義された C^1 級の関数 $\xi(y, z)$ を用いて表わされる方程式

$$x = \xi(y, z) \tag{1.117}$$

と同等になる．したがって，二つの表示は同等になる．これも陰関数定理の一

つである．

以上では，座標 x, y, z に特別の役割を負わせたが，これらの座標をどのようにとりかえても陰関数定理が適用できない点を，曲線あるいは曲面の**特異点**という．すなわち，曲線の特異点とは，径数表示の場合は

$$\frac{\mathrm{d}r_1}{\mathrm{d}p}=\frac{\mathrm{d}r_2}{\mathrm{d}p}=\frac{\mathrm{d}r_3}{\mathrm{d}p}=0 \tag{1.118}$$

をみたす点であり，方程式表示の場合は

$$\frac{\partial(\Phi, \Psi)}{\partial(y, z)}=\frac{\partial(\Phi, \Psi)}{\partial(z, x)}=\frac{\partial(\Phi, \Psi)}{\partial(x, y)}=0 \tag{1.119}$$

をみたす点である．曲面の場合は，それぞれ

$$\frac{\partial(r_1, r_2)}{\partial(p, q)}=\frac{\partial(r_2, r_3)}{\partial(p, q)}=\frac{\partial(r_3, r_1)}{\partial(p, q)}=0 \tag{1.120}$$

$$\frac{\partial\Phi}{\partial x}=\frac{\partial\Phi}{\partial y}=\frac{\partial\Phi}{\partial z}=0 \tag{1.121}$$

をみたす点である．

径数表示の場合，異なる径数 p_1, p_2 あるいは $(p_1, q_1), (p_2, q_2)$ が同じ点を表わすことがある．このような点を**重複点**という．重複点は同じ点を表わす径数(の組)の個数に応じ，**2重点**，**3重点**等という．重複点の近傍では，陰関数定理が述べる二つの表示の同等性は一つの枝の間にしかなりたたないので，重複点も特異点と見做す．特異点での曲線および曲面の解析は難しいので，この本では扱わない．特異点でない点を**通常点**または**非特異点**という．

さて，$\mathrm{P}=(x_0, y_0, z_0)=\boldsymbol{r}(p_0)$ を C^1 級の径数表示(1.107)をもつ曲線 C の通常点とする．このとき，直線

$$\begin{cases} x=\dfrac{\mathrm{d}r_1}{\mathrm{d}p}(p_0)\,k+x_0 \\[2ex] y=\dfrac{\mathrm{d}r_2}{\mathrm{d}p}(p_0)\,k+y_0, \quad k\in\mathbf{R} \\[2ex] z=\dfrac{\mathrm{d}r_3}{\mathrm{d}p}(p_0)\,k+z_0 \end{cases} \tag{1.122}$$

をPにおける C の**接線**といい，この直線の接ベクトル，すなわち，$\mathrm{d}\boldsymbol{r}(p_0)/\mathrm{d}p$ のスカラー倍をPにおける C の**接ベクトル**という．(1.107)の1次の Taylor 展開

$$\boldsymbol{r} = \boldsymbol{r}_0 + \frac{\mathrm{d}\boldsymbol{r}}{\mathrm{d}p}(p_0)(p-p_0) + o(p-p_0) \tag{1.123}$$

と比較すると，接線とはPを通り，曲線 C をPの近傍で1次以上の位数で近似する直線であることがわかる．ここで $o(p-p_0)$ は，いかなる $\varepsilon>0$ に対しても $|p-p_0|$ が十分小ならば $|R(p)|\leqq\varepsilon|p-p_0|$ となる残余項 $R(p)$ を表わす．径数 p として弧長 s をとれば，$\mathrm{d}\boldsymbol{r}/\mathrm{d}s$ は長さ1の接ベクトルとなる．これを**単位接ベクトル**という．

特異点をもたない C^1 級の曲線においては，単位接ベクトル $\mathrm{d}\boldsymbol{r}/\mathrm{d}s$，またはもっと一般に接ベクトル $\mathrm{d}\boldsymbol{r}/\mathrm{d}p$ は0でないベクトルであって，曲線上を点Pが動くとき連続的に変化する．接線はこのベクトルによって向きづけられる．曲線自体も径数の増加する向きに向きづけられていると考える．

接ベクトル全体に直交するベクトルを**法線ベクトル**という．非特異曲線 C が連立方程式(1.109)で定義されるとき，1点P $\in C$ における法線ベクトルは，この点におけるベクトル

$$\frac{\partial\Phi}{\partial x}\boldsymbol{i}+\frac{\partial\Phi}{\partial y}\boldsymbol{j}+\frac{\partial\Phi}{\partial z}\boldsymbol{k} \quad と \quad \frac{\partial\Psi}{\partial x}\boldsymbol{i}+\frac{\partial\Psi}{\partial y}\boldsymbol{j}+\frac{\partial\Psi}{\partial z}\boldsymbol{k} \tag{1.124}$$

の1次結合として表わされるベクトル全体と一致する．

次に，曲面 S が径数表示(1.113)または方程式(1.114)で与えられ，P $=(x_0, y_0, z_0)$ がその上の通常点であるとき，

$$\begin{cases} x = \dfrac{\partial r_1}{\partial p}k+\dfrac{\partial r_1}{\partial q}l+x_0 \\ y = \dfrac{\partial r_2}{\partial p}k+\dfrac{\partial r_2}{\partial q}l+y_0, \quad k, l \in \mathbf{R} \\ z = \dfrac{\partial r_3}{\partial p}k+\dfrac{\partial r_3}{\partial q}l+z_0 \end{cases} \tag{1.125}$$

または

$$\frac{\partial\Phi}{\partial x}(x-x_0)+\frac{\partial\Phi}{\partial y}(y-y_0)+\frac{\partial\Phi}{\partial z}(z-z_0) = 0 \tag{1.126}$$

で定義される平面を S のPにおける**接平面**という．r_i または Φ の1次のTaylor展開と比較すればわかるように，接平面もまたPを通り，曲面 S をPの近傍で1次以上の位数で近似する平面として特徴づけられる．

曲面 S の点Pにおける接平面のベクトルを S のPにおける**接ベクトル**と

いう．これらは，ベクトル

$$\frac{\partial r_1}{\partial p}\boldsymbol{i}+\frac{\partial r_2}{\partial p}\boldsymbol{j}+\frac{\partial r^3}{\partial p}\boldsymbol{k} \quad と \quad \frac{\partial r_1}{\partial q}\boldsymbol{i}+\frac{\partial r_2}{\partial q}\boldsymbol{j}+\frac{\partial r_3}{\partial q}\boldsymbol{k} \tag{1.127}$$

の1次結合全体と一致する．また，ベクトル

$$\frac{\partial \Phi}{\partial x}\boldsymbol{i}+\frac{\partial \Phi}{\partial y}\boldsymbol{j}+\frac{\partial \Phi}{\partial z}\boldsymbol{k} \tag{1.128}$$

と直交するベクトル全体とも一致する．接ベクトル全体と直交するベクトル，すなわち，(1.128)で定義されるベクトルのスカラー倍を S の P における**法線ベクトル**という．長さ1の法線ベクトルを**単位法線ベクトル**という．S の各点 P において，単位法線ベクトルはちょうど二つあり，互いに他の -1 倍になっている．

非特異曲面 S において，各点 $\mathrm{P}\in S$ での単位法線ベクトルが P を動かしたとき連続に変わるように選ばれているとき，この曲面は**向きづけられている**という．これは，各接平面が向きづけられており，その向きづけが，点 P が動くとき連続的に変化することといってもよい．曲線は常に向きづけられるが，曲面は向きづけられるとは限らない．

曲面 S が大局的な関数 $\Phi(x, y, z)$ を用いて(1.114)の形で定義されているとき，これは閉領域

$$V=\{(x, y, z) \in E^3 ; \Phi(x, y, z) \leqq 0\} \tag{1.129}$$

の境界と見做せる．このような曲面は，(1.128)で定義されるベクトルを正の向きの法線ベクトルとすることにより向きづけることができる．これを閉領域 V に対して**外向きの法線ベクトル**という．これと反対の向きの法線ベクトルを**内向きの法線ベクトル**という．

§1.12 質点系の運動

I. Newton によって体系づけられた動力学では，物体は質点のなす系としてとらえられ，質点同士は互いに力によって相互作用するとされる．**質点**とは，質量のみをもち，大きさをもたない3次元ユークリッド空間 E^3 の中の点である．これに，すべての運動の径数となる**時間**が加わる．幾何学の公理に似て，

質量および**力**は次の **Newton の 3 法則**(1686-87 年)により定義される．

運動の第一法則：すべての物体は，外力によりその状態が変えられないかぎり，静止または 1 直線上の一様運動の状態を保持する．

運動の第二法則：運動の変化は外力に比例し，その力が働く方向に起こる．

運動の第三法則：反作用は常に作用と同じであって，反対の方向をもつ．すなわち，二つの物体の互いの作用は常に同じ大きさをもち，方向が反対である．

第二法則で Newton が運動といっているのは，今日の言葉では**運動量**であり，質点の質量とその質点の速度の積として定義されるベクトル量である．第二法則を式で書けば

$$\frac{\mathrm{d}}{\mathrm{d}t}(m\boldsymbol{v}) = \boldsymbol{f} \tag{1.130}$$

となる．ここで，t は時刻，m は質点の**質量**，$\boldsymbol{v}$ は**速度**，$\boldsymbol{f}$ はこの質点に働く**力**である．$\boldsymbol{r}(t)$ を質点の位置ベクトルとすれば，

$$\boldsymbol{v} = \frac{\mathrm{d}}{\mathrm{d}t}\boldsymbol{r} \tag{1.131}$$

である．Newton 力学では質量は運動によって変化しないスカラー量とされるから，(1.130)は

$$m\frac{\mathrm{d}^2}{\mathrm{d}t^2}\boldsymbol{r} = \boldsymbol{f} \tag{1.132}$$

とも書ける．特に $\boldsymbol{f}=0$ のときは，定数ベクトル $\boldsymbol{a}, \boldsymbol{b}$ を用いて

$$\boldsymbol{r}(t) = \boldsymbol{a}t+\boldsymbol{b} \tag{1.133}$$

と表わされる．これは第一法則そのものである．

相互作用する二つの質点 m_1, m_2 のみがあるとき，第三法則は

$$\frac{\mathrm{d}}{\mathrm{d}t}(m_1\boldsymbol{v}_1)+\frac{\mathrm{d}}{\mathrm{d}t}(m_2\boldsymbol{v}_2) = 0 \tag{1.134}$$

を意味する．N 個の質点からなる系でも同様であるから，

$$\sum_{i=1}^{N} m_i\boldsymbol{v}_i = \text{定数ベクトル}. \tag{1.135}$$

これは，**運動量保存の法則**として知られている．

以上の法則が何故に質量と力を定義したことになるかというと次の通りである．まず，質点の運動がユークリッド空間 E^3 の中で起こることを認めるのであるから，その中で各質点の位置 $\boldsymbol{r}_i(t)$，速度 $\boldsymbol{v}_i(t)=\mathrm{d}\boldsymbol{r}_i(t)/\mathrm{d}t$，**加速度** $\boldsymbol{a}_i(t)=\mathrm{d}\boldsymbol{v}_i(t)/\mathrm{d}t$ は正確に観測可能であることを前提とする．そうすれば，各質点に働く力の総和 $\boldsymbol{f}_i$ は(1.130)により比例定数である質量 m_i を除いて定まる．

次に，力 $\boldsymbol{f}_i$ は，i 番目の質点の質量 m_i を変化させたときも変らずに働くことを認める．こうすれば，m_i を標準の質量 m_0 ととりかえたときの運動と比較して，m_i と m_0 の比 m_i/m_0 がわかる．$m_0=1$ と定義し，この比によって質量 m_i を定義する．こうすれば，(1.130)によって力 $\boldsymbol{f}$ も定義される．

標準質量をもつ質点を実現することは不可能であるが，以下に述べるように質点系の重心は質点と同じ振舞いをするので，標準質量をもつ物体の重心の運動と比較すればよい．Newton の 3 法則を基礎とする限り，質量は絶対的には定まらず，比例定数因子の差が残る．各国が質量原器を保有して質量を定義しているのもここに理由がある．

さて，位置 $\boldsymbol{r}_i$ にある質量 m_i の質点からなる質点系の**重心** $\overline{\boldsymbol{r}}$ を

$$\overline{\boldsymbol{r}}=\frac{1}{m}\sum_{i=1}^{N}m_i\boldsymbol{r}_i \tag{1.136}$$

で定義する．ここで，

$$m=\sum_{i=1}^{N}m_i \tag{1.137}$$

は全質量である．容易にわかるように，重心は位置ベクトルの原点 **0** のとり方によらずに定まる．$m_i\boldsymbol{r}_i$ を質点 m_i の**質量ベクトル**ということがある．上の定義からわかるように，質点系の質量ベクトルの総和は，重心に全質量がある質点の質量ベクトルと同じである．

同じことは，これを時刻について 1 回ないし 2 回微分した量についてもなりたつから，質点系の運動量の総和は重心に全質量のある質点の運動量に等しく，質点系に働く力の総和は重心に全質量のある質点の運動量の変化率に等しい．

ここで，質点 m_i に働く力を，この質点系の他の質点 m_j が及ぼす**内力** $\boldsymbol{f}_{ij}$ とそれ以外の**外力** $\boldsymbol{f}_i$ の和 $\sum_{j=1}^{N}\boldsymbol{f}_{ij}+\boldsymbol{f}_i$ に分けると，第三法則により $\boldsymbol{f}_{ij}+\boldsymbol{f}_{ji}=0$ であるから内力同士は打消し合い，重心の運動量変化に寄与しない．したがって

$$\frac{\mathrm{d}}{\mathrm{d}t}(m\overline{\boldsymbol{v}}) = \sum_{i=1}^{N} \boldsymbol{f}_i \tag{1.138}$$

が成立する．ここで，$\overline{\boldsymbol{v}}$ は重心の速度，$m\overline{\boldsymbol{v}}$ は重心の運動量を表わす．これを質点の運動方程式(1.130)と比較すれば，重心はあたかも外力の総和が重心に働く質点として運動することがわかる．

位置ベクトルの原点 $\mathbf{0}$ を指定したとき，位置ベクトル $\boldsymbol{r}$ と運動量ベクトル $m\boldsymbol{v}$ の外積

$$\boldsymbol{h} = \boldsymbol{r}\times(m\boldsymbol{v}) \tag{1.139}$$

を $\mathbf{0}$ のまわりの**角運動量**という．

一般に，$\boldsymbol{a}(t), \boldsymbol{b}(t)$ が1変数 t の C^1 級のベクトル値関数であるとき，その内積 $\boldsymbol{a}(t)\cdot\boldsymbol{b}(t)$ および外積 $\boldsymbol{a}(t)\times\boldsymbol{b}(t)$ はそれぞれ C^1 級の関数および C^1 級のベクトル値関数であって，それらの導関数について

$$\frac{\mathrm{d}}{\mathrm{d}t}(\boldsymbol{a}(t)\cdot\boldsymbol{b}(t)) = \frac{\mathrm{d}\boldsymbol{a}(t)}{\mathrm{d}t}\cdot\boldsymbol{b}(t) + \boldsymbol{a}(t)\cdot\frac{\mathrm{d}\boldsymbol{b}(t)}{\mathrm{d}t} \tag{1.140}$$

$$\frac{\mathrm{d}}{\mathrm{d}t}(\boldsymbol{a}(t)\times\boldsymbol{b}(t)) = \frac{\mathrm{d}\boldsymbol{a}(t)}{\mathrm{d}t}\times\boldsymbol{b}(t) + \boldsymbol{a}(t)\times\frac{\mathrm{d}\boldsymbol{b}(t)}{\mathrm{d}t} \tag{1.141}$$

が成立する．これは成分ごとに微分に関する Leibniz の法則を適用すれば直ちにわかることである．

さて，角運動量に対して(1.141)を適用すれば，

$$\frac{\mathrm{d}\boldsymbol{h}}{\mathrm{d}t} = \boldsymbol{v}\times(m\boldsymbol{v}) + \boldsymbol{r}\times\frac{\mathrm{d}}{\mathrm{d}t}(m\boldsymbol{v}).$$

この第1項は同じ方向の二つのベクトルの外積として消える．また $\boldsymbol{f} = \mathrm{d}(m\boldsymbol{v})/\mathrm{d}t$ はこの質点に働く力であるから，角運動量の変化に対して

$$\frac{\mathrm{d}\boldsymbol{h}}{\mathrm{d}t} = \boldsymbol{r}\times\boldsymbol{f} \tag{1.142}$$

が成立する．この右辺を $\mathbf{0}$ のまわりの**力のモーメント**という．力 $\boldsymbol{f}$ の方向が位置ベクトル $\boldsymbol{r}$ と同じとき，この力を**中心力**という．中心力 $\boldsymbol{f}$ のモーメントは0であるから，中心力が働くとき，角運動量は変化しない．これを**角運動量保存の法則**という．

原点 $\mathbf{0}$ を中心とする中心力の下で運動する一つの質点 m の軌道を考えれば，(1.139)において $\boldsymbol{h}$ が定数ベクトルであることから，軌道 $\{\boldsymbol{r}(t)\}$ は $\mathbf{0}$ を通り $\boldsymbol{h}$

と直交する一つの平面上にあることがわかる．$\boldsymbol{h}$ の正の向きを z 軸にとれば，軌道は (x, y) 平面にあり，位置 $\boldsymbol{r}$，速度 $\boldsymbol{v}$ および角運動量 $\boldsymbol{h}$ は右手系をなす．したがって，質点は原点からみて (x, y) 平面を正の向きに，すなわち，反時計方向に回転する．極座標を用いて

$$\boldsymbol{r} = r(t)\cos\theta(t)\,\boldsymbol{i} + r(t)\sin\theta(t)\,\boldsymbol{j} \tag{1.143}$$

と表わしたとき，

$$\omega(t) = \frac{\mathrm{d}}{\mathrm{d}t}\theta(t) \tag{1.144}$$

を質点の $\mathbf{0}$ のまわりの**角速度**という．位置ベクトル $\boldsymbol{r}(t)$ と速度ベクトル

$$\boldsymbol{v}(t) = \frac{\mathrm{d}r}{\mathrm{d}t}(\cos\theta\,\boldsymbol{i}+\sin\theta\,\boldsymbol{j}) + r\omega(-\sin\theta\,\boldsymbol{i}+\cos\theta\,\boldsymbol{j})$$

の外積は，$\boldsymbol{v}(t)$ の第1項と $\boldsymbol{r}(t)$ が同じ方向をもち，第2項は直交するから

$$\boldsymbol{r}(t)\times\boldsymbol{v}(t) = r^2(t)\,\omega(t)\,\boldsymbol{k} \tag{1.145}$$

となる．この右辺のベクトルの大きさは原点 $\mathbf{0}$ と $\boldsymbol{r}(t)$ を結ぶ線分が $\boldsymbol{r}(t)$ と共に動いて作る平面図形の面積の増加率の2倍に等しい．したがって，このベクトルが一定であるという角運動量保存の法則は，軌道のなす面積速度が不変であることを意味する．

周知のように，J. Kepler(1609, 1619年)は Tycho Brahe の観測記録を注意深く研究して，地動説の下では惑星の運動が次の3法則にまとめられることを示した．

Kepler の第一法則：惑星の軌道は太陽を一つの焦点とする楕円である．

Kepler の第二法則：太陽から惑星にひかれた動径で画かれる面積は，それに要した時間に比例する．

Kepler の第三法則：惑星の一周期時間の2乗は，軌道の長径の3乗に比例する．

第一法則のうち太陽を含む一平面上で運動するという部分と第二法則を合せたものは角運動量保存の法則に他ならない．

Newton の「自然哲学の数学的諸原理」は，太陽を不動の質点 M，他に一つの質点である惑星 m が，第一，第二法則に従って運動するならば，惑星には太

陽からの距離 r の2乗に反比例する中心引力が作用しており，さらに第三法則を認めるならば，この引力は質量 m に比例すること，逆にこのような重力の下では，すべての質点は中心である太陽を一つの焦点とする円錐曲線を軌道とすることを示した．さらに，この重力が Mm/r^2 に比例するとするならば，地球と月の運動および彗星の運動もほぼ正確に説明できることを示し，力学と万有引力の法則を確立したのであった．この本の中で，角運動量保存の法則は第一命題第一定理という栄誉を荷なっている．

万有引力の下での2質点系の運動は第5章で改めて論ずることとし，ここでは Kepler の法則から万有引力の法則が導かれることのみを示そう．

まず，角運動量保存の法則から力が中心力であることが導かれる．(1.142)において，右辺が0であることから，$\boldsymbol{r}$ と $\boldsymbol{f}$ は平行でなければならないからである．

力が引力であることは明らかである．第一，第二法則から，その大きさが太陽からの距離 $r(t)$ の2乗に反比例することを示そう．Newton は解析学の元祖なのであるから，彼は解析的にこれを証明したと思われるかもしれないが，彼の本では解析的な表現はほとんど一切用いられず，代りに図と初等幾何学的

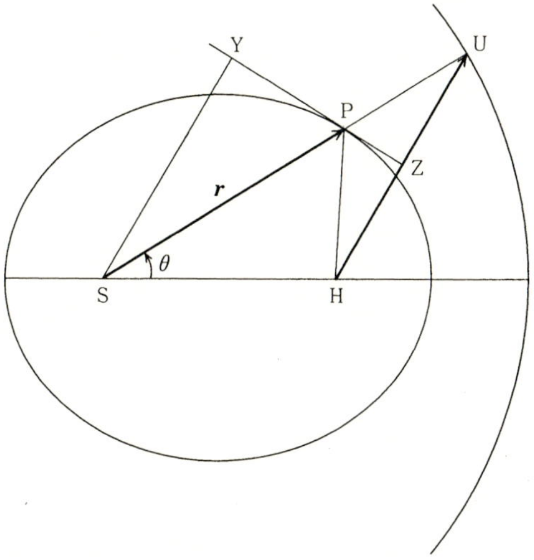

図1.19 ホドグラフ

な計算といくらかの極限操作によって一切が証明されている．Newton の論法はわかりづらいので，W. R. Hamilton が導入したホドグラフ法による Maxwell の証明を紹介する．**ホドグラフ**というのは，速度ベクトル $\boldsymbol{v}(t)=\mathrm{d}\boldsymbol{r}(t)/\mathrm{d}t$ をグラフに表わした図である(図 1.19)．

太陽 S を一つの焦点，H をもう一つの焦点とする楕円軌道を動く惑星 P を考える．楕円の長軸および短軸の半径をそれぞれ a および b とする．S を中心とする半径 $2a$ の円と線分 SP の延長の交点を U とする．楕円の定義により PU＝PH．2 等辺 3 角形 PHU の頂角の 2 等分線は P における楕円の接線になっている．したがって，P における速度ベクトル $\boldsymbol{v}$ はこの 2 等分線と同じ方向をもつ．有向線分 $\overrightarrow{\mathrm{HU}}$ はこれに直交する．これの 2 等分点 Z は H から接線におろした垂線の足でもある．もう一つの焦点 S から接線へおろした垂線の足を Y とする．楕円に関する主要定理の一つは

$$\mathrm{SY}\cdot\mathrm{HZ} = b^2 \tag{1.146}$$

である．$v=|\boldsymbol{v}|$ を P における惑星の速さとするとき，S のまわりの角運動量の大きさ h は

$$h = \mathrm{SY}\cdot(mv) \tag{1.147}$$

で与えられる．したがって，

$$mv = \frac{1}{2}\frac{h}{b^2}\cdot\mathrm{HU} \tag{1.148}$$

が成立する．これは運動量ベクトル $m\boldsymbol{v}$ がベクトル $\overrightarrow{\mathrm{HU}}$ を 90° 左に回転したものに比例することを示している．このようなベクトルの軌跡もホドグラフという．結局 S を中心とする半径 $2a$ の円を H に中心をうつしかえたものが惑星 P のホドグラフとなる．

これを時間で微分すれば，導関数は原点のとり方に依存しないので，力の大きさ f について

$$f = \frac{1}{2}\frac{h}{b^2}(2a\omega) = \frac{ah^2}{b^2mr^2} \tag{1.149}$$

が成立する．ここで，ω は P の S のまわりの角速度であり，式(1.145)の両辺に質量 m を掛けたものが角運動量 $\boldsymbol{h}$ になることを用いた．こうして，Kepler の第一および第二法則に従って運動する惑星には，太陽からの距離の 2 乗に反

比例する中心引力が働くことが示された．

ところで，一周期 T の間に太陽から惑星への動径が画く面積は πab であるから，角運動量の一周期積分は

$$m\pi ab = Th \tag{1.150}$$

これから角運動量の大きさ h を求め(1.149)に代入すれば

$$f = \frac{\pi^2 ma^3}{r^2 T^2} \tag{1.151}$$

が得られる．Kepler の第三法則によれば a^3/T^2 は惑星によらない定数である．したがって，g を定数として

$$f = g\frac{m}{r^2} \tag{1.152}$$

が成立する．こうして Kepler の法則から**万有引力の法則**が導かれた．(1.146)の証明は容易であるので省略する． ∎

質点の運動を考えるときは時刻 t を径数とするベクトル値関数 $\boldsymbol{r}(t)$ を用いるのが自然であるが，これを単にユークリッド空間 E^3 の中の曲線と考えるときは弧長 s を径数にとった表示 $\boldsymbol{\rho}(s)$ を用いるのが自然である．t の関数として

$$s = s(t) \tag{1.153}$$

と表わされているならば，

$$\boldsymbol{r}(t) = \boldsymbol{\rho}\circ s(t) = \rho(s(t)). \tag{1.154}$$

$s(t)$ は積分(1.108)において $p=t$ としたものであるから，弧長 $s(t)$ の時刻に関する導関数は速度の大きさ

$$\frac{\mathrm{d}}{\mathrm{d}t}s(t) = \left|\frac{\mathrm{d}\boldsymbol{r}(t)}{\mathrm{d}t}\right| = v(t) \tag{1.155}$$

すなわち，**速さ**に等しい．

速度，すなわち，$\boldsymbol{r}(t)$ のベクトルとしての導関数は

$$\boldsymbol{v}(t) = \frac{\mathrm{d}\boldsymbol{r}(t)}{\mathrm{d}t} = \frac{\mathrm{d}\boldsymbol{\rho}}{\mathrm{d}s}\frac{\mathrm{d}s}{\mathrm{d}t} = v(t)\boldsymbol{t}(t) \tag{1.156}$$

と表わされる．ここで，

$$\boldsymbol{t}(t) = \left.\frac{\mathrm{d}\boldsymbol{\rho}(s)}{\mathrm{d}s}\right|_{s=s(t)} \tag{1.157}$$

は単位接ベクトルである．

このように表示したとき，$\boldsymbol{v}(t)$ の導関数，すなわち**加速度** $\boldsymbol{a}(t)$ は

$$\boldsymbol{a}(t) = \frac{\mathrm{d}\boldsymbol{v}(t)}{\mathrm{d}t} = \frac{\mathrm{d}v(t)}{\mathrm{d}t}\boldsymbol{t}(t) + v(t)\frac{\mathrm{d}\boldsymbol{t}(t)}{\mathrm{d}t} \tag{1.158}$$

と分解される．$\boldsymbol{t}(t)\cdot\boldsymbol{t}(t)=1$ を微分すれば

$$2\boldsymbol{t}(t)\cdot\frac{\mathrm{d}\boldsymbol{t}(t)}{\mathrm{d}t} = 0$$

となるため，$\mathrm{d}\boldsymbol{t}(t)/\mathrm{d}t$ は接ベクトルと直交するベクトルである．

$\boldsymbol{t}(t)$ を弧長 s の関数として表わしたものを $\boldsymbol{\tau}(s)$ とする．すなわち，

$$\boldsymbol{t}(t) = \boldsymbol{\tau}\circ s(t) = \boldsymbol{\tau}(s(t)). \tag{1.159}$$

単位接ベクトル $\boldsymbol{\tau}(s)$ の弧長 s に関する導関数を長さ $\kappa_1(s) \geqq 0$ と単位ベクトル $\boldsymbol{\nu}(s)$ の積

$$\frac{\mathrm{d}\boldsymbol{\tau}(s)}{\mathrm{d}s} = \kappa_1(s)\boldsymbol{\nu}(s) \tag{1.160}$$

の形に表わして，κ_1 を**曲率**，$\boldsymbol{\nu}$ を**単位主法線ベクトル**という．曲率の逆数 $1/\kappa_1$ を**曲率半径**という．曲線が半径 R の円弧の場合，容易に R が曲率半径になることが示される．一般にも，問題の点 P を起点として単位主法線ベクトルの方向に曲率半径だけ離れた点を中心として P を通る円を画けば，これは P の近くで曲線と 2 次以上の接触をする．特に，曲率 0 の曲線は直線である．

時刻 t を径数とするときは

$$\boldsymbol{n}(t) = \boldsymbol{\nu}\circ s(t) = \boldsymbol{\nu}(s(t)) \tag{1.161}$$

とする．このとき (1.158) は

$$\boldsymbol{a}(t) = \frac{\mathrm{d}v(t)}{\mathrm{d}t}\boldsymbol{t}(t) + v^2(t)\kappa_1(s(t))\boldsymbol{n}(t) \tag{1.162}$$

となる．すなわち，質点 $\boldsymbol{r}(t)$ の加速度は速さの微分の大きさをもつ接ベクトル成分と速さの 2 乗を曲率半径で割った大きさをもつ主法線ベクトル成分の和に分解される．後の成分を力とみたものを**遠心力**という．

以下，弧長 s を径数として表わした空間曲線

$$\boldsymbol{\rho}(s) = \xi(s)\boldsymbol{i} + \eta(s)\boldsymbol{j} + \zeta(s)\boldsymbol{k} \tag{1.163}$$

を考える．単位接ベクトル $\boldsymbol{\tau}(s)$ および単位主法線ベクトル $\boldsymbol{\nu}(s)$ を上のように定義した後

$$\boldsymbol{\beta}(s) = \boldsymbol{\tau}(s) \times \boldsymbol{\nu}(s) \tag{1.164}$$

によって**単位陪法線ベクトル** $\boldsymbol{\beta}(s)$ を定義する．これは動点Pにおいて2次以上の接触をする円を含む平面と直交する単位ベクトルであり，このベクトルの向きを上とすれば，上からみて曲線は左向きにまわる．

$\boldsymbol{\nu}(s)$ の s に関する導関数は，正規直交基底 $\boldsymbol{\tau}(s), \boldsymbol{\nu}(s), \boldsymbol{\beta}(s)$ の1次結合で表わされるが，$\boldsymbol{\nu}(s)\cdot\boldsymbol{\nu}(s)=1$ から上と同じ理由で $\boldsymbol{\nu}(s)$ の成分は0となる．$\boldsymbol{\tau}(s)$ に関する成分は

$$0 = \frac{\mathrm{d}}{\mathrm{d}s}(\boldsymbol{\tau}\cdot\boldsymbol{\nu}) = \frac{\mathrm{d}\boldsymbol{\tau}}{\mathrm{d}s}\cdot\boldsymbol{\nu} + \boldsymbol{\tau}\cdot\frac{\mathrm{d}\boldsymbol{\nu}}{\mathrm{d}s} = \kappa_1 + \boldsymbol{\tau}\cdot\frac{\mathrm{d}\boldsymbol{\nu}}{\mathrm{d}s}$$

より $-\kappa_1$ であることがわかる．残る $\boldsymbol{\beta}(s)$ の成分 κ_2 を**振率**，その逆数 $1/\kappa_2$ を**振率半径**という．振率が恒等的に0であるための必要十分条件は曲線がある平面に含まれることである．

最後に，単位陪法線ベクトル $\boldsymbol{\beta}(s)$ の導関数の $\boldsymbol{\tau}(s), \boldsymbol{\nu}(s), \boldsymbol{\beta}(s)$ 成分を計算すれば，上と同様にして $\boldsymbol{\nu}(s)$ 成分は $-\kappa_2$, $\boldsymbol{\beta}(s)$ 成分は0であることがわかる．$\boldsymbol{\tau}\cdot\boldsymbol{\beta}=0$ を用いれば，$\boldsymbol{\tau}(s)$ 成分がないことも示される．以上をまとめれば

$$\begin{cases} \dfrac{\mathrm{d}\boldsymbol{\tau}}{\mathrm{d}s} = \phantom{-\kappa_1\boldsymbol{\tau}} \quad \kappa_1\boldsymbol{\nu} \\ \dfrac{\mathrm{d}\boldsymbol{\nu}}{\mathrm{d}s} = -\kappa_1\boldsymbol{\tau} \qquad\quad + \kappa_2\boldsymbol{\beta} \\ \dfrac{\mathrm{d}\boldsymbol{\beta}}{\mathrm{d}s} = \qquad -\kappa_2\boldsymbol{\nu} \end{cases} \tag{1.165}$$

となる．これを **Frenet-Serret の公式**という．

演習問題

1.1　直線間の平行という関係が推移律をみたすことを証明せよ．

1.2　任意の自然数 n に対して，n 次元ユークリッド空間の公理系を作ってみよ．特に，$n=1, 2$ の場合は特別の注意が必要である．

1.3　実数の公理および公理 V_{10}(§1.5)がなくても，正3角形，正5角形，正17角形は作図可能であることを示せ．

1.4　余弦法則(§1.6)の証明を完成せよ．

1.5　区分的に C^1 級のベクトル値関数を用いて径数表示される曲線について，

§1. 8 で定義された曲線の長さが§1. 11 の積分(1. 108)と一致することを示せ.

1. 6　楕円に関する公式(1. 146)を証明せよ.

1. 7　弧長 s に関する C^3 級の関数 $\xi(s), \eta(s), \zeta(s)$ を用いて式(1. 163)で定義される空間曲線 $\boldsymbol{r}=\boldsymbol{\rho}(s)$ に対して，その曲率 $\kappa_1(s)$ および捩率 $\kappa_2(s)$ が

$$\kappa_1 = \sqrt{\left(\frac{\mathrm{d}^2\xi}{\mathrm{d}s^2}\right)^2+\left(\frac{\mathrm{d}^2\eta}{\mathrm{d}s^2}\right)^2+\left(\frac{\mathrm{d}^2\zeta}{\mathrm{d}s^2}\right)^2},$$

$$\kappa_2 = \frac{1}{\left(\frac{\mathrm{d}^2\xi}{\mathrm{d}s^2}\right)^2+\left(\frac{\mathrm{d}^2\eta}{\mathrm{d}s^2}\right)^2+\left(\frac{\mathrm{d}^2\zeta}{\mathrm{d}s^2}\right)^2}\begin{vmatrix} \frac{\mathrm{d}\xi}{\mathrm{d}s} & \frac{\mathrm{d}\eta}{\mathrm{d}s} & \frac{\mathrm{d}\zeta}{\mathrm{d}s} \\ \frac{\mathrm{d}^2\xi}{\mathrm{d}s^2} & \frac{\mathrm{d}^2\eta}{\mathrm{d}s^2} & \frac{\mathrm{d}^2\zeta}{\mathrm{d}s^2} \\ \frac{\mathrm{d}^3\xi}{\mathrm{d}s^3} & \frac{\mathrm{d}^3\eta}{\mathrm{d}s^3} & \frac{\mathrm{d}^3\zeta}{\mathrm{d}s^3} \end{vmatrix}$$

で与えられることを示せ.

第2章

3次元のベクトル解析

ベクトルとは，方向と大きさをもつ量である．第1章ではより厳密に，3次元ユークリッド空間 E^3 の中の有向線分の類としてベクトルを定義し，それに線形演算，内積および外積を導入した．E^3 の中に正規直交座標系 (O, I, J, K) を定め，$\boldsymbol{i}, \boldsymbol{j}, \boldsymbol{k}$ をこれによって定まる正規直交ベクトル系とすれば，E^3 の中のベクトルとは，結局，実係数の1次結合 $\boldsymbol{a}=a_1\boldsymbol{i}+a_2\boldsymbol{j}+a_3\boldsymbol{k}$ に他ならない．座標 (x, y, z) をもつ点Pも，$\overrightarrow{\mathrm{OP}}$ で代表される位置ベクトル $\boldsymbol{r}=x\boldsymbol{i}+y\boldsymbol{j}+z\boldsymbol{k}$ で表わせる．しかし，これは原点Oのとり方に依存する点，本来のベクトルとは少しく趣きを異にする．

ベクトル解析とは，個々のベクトルではなく，ベクトルを値とする関数，すなわち空間の各点 $\boldsymbol{r}$ に成分をもつ量 $\boldsymbol{v}(\boldsymbol{r})=(v_1(\boldsymbol{r}), v_2(\boldsymbol{r}), v_3(\boldsymbol{r}))$ が定められている，いわゆる**ベクトル場**を対象とする解析である．弾性体において，静止状態にあるときの点 $\boldsymbol{r}$ が，ある力の場による変形をうけて $\boldsymbol{r}+\boldsymbol{v}(\boldsymbol{r})$ に動いたとしたとき，変位 $\boldsymbol{v}(\boldsymbol{r})$ はこのような例となっている．この場合 $\boldsymbol{v}(\boldsymbol{r})$ は明らかに単位ベクトル $\boldsymbol{i}, \boldsymbol{j}, \boldsymbol{k}$ を用いて $\boldsymbol{v}(\boldsymbol{r})=v_1(\boldsymbol{r})\boldsymbol{i}+v_2(\boldsymbol{r})\boldsymbol{j}+v_3(\boldsymbol{r})\boldsymbol{k}$ と展開できる．しかし，このような例はむしろ例外であって，ベクトル解析の対象となるベクトル場のほとんどは，無限小の量を表わすベクトルであり，本章の諸例で示すように，その意味もまちまちである．したがって，それらが座標系によって定まる単位ベクトル $\boldsymbol{i}, \boldsymbol{j}, \boldsymbol{k}$ の1次結合で表わされるかどうかも自明ではない．

O. Heaviside は，このような微妙な点には目をつむり，すべてのベクトルは

$\boldsymbol{i}, \boldsymbol{j}, \boldsymbol{k}$ の1次結合で表わされ，成分をもたない量であるスカラーは実数であるとして，ベクトルとしての演算の他に Hamilton の微分作用素

$$\nabla = \boldsymbol{i}\frac{\partial}{\partial x}+\boldsymbol{j}\frac{\partial}{\partial y}+\boldsymbol{k}\frac{\partial}{\partial z}$$

のみを用いて，3次元のベクトル解析を展開し，Maxwell の電磁場理論の簡潔な定式化に成功した．これはあまりに著しい成功であって，以後の物理学者達はこれを自明のものとうけとり，Heaviside の貢献はまったく忘れられてしまったようである．

しかし，物事にはすべて二面がある．Heaviside 流のベクトル解析は大変便利であるが，この方式で定式化された電磁場の理論では，なぜ Maxwell が電場 $\boldsymbol{E}$ と電気変位 $\boldsymbol{D}$，磁場 $\boldsymbol{H}$ と磁束密度 $\boldsymbol{B}$ を区別したか理解できなくなる．

本章では，この Heaviside 流のベクトル解析を解説するが，上記のことおよび第3章以後とのつながりを考慮し，個々のベクトルの意味づけになるべく注意を払いながら行うことにする．

§2.1　速度の場と勾配

無限小量の意味で最も簡単なベクトル場は，3次元の空間を流れる流体の**速度の場**である(図 2.1)．初期時刻 t_0 のとき位置 $\boldsymbol{r}_0$ にあった流体の1点が，時刻 t には $\boldsymbol{r}=\boldsymbol{r}(t, \boldsymbol{r}_0)$ に動くとすると，時刻 t，位置 $\boldsymbol{r}$ における速度の場 $\boldsymbol{v}(\boldsymbol{r})$ は時刻に関する導関数

$$\boldsymbol{v} = \frac{\partial \boldsymbol{r}}{\partial t} = \left(\frac{\partial r_1}{\partial t}, \frac{\partial r_2}{\partial t}, \frac{\partial r_3}{\partial t}\right) \tag{2.1}$$

で与えられる．

初期位置 $\boldsymbol{r}_0$ を固定したときの流体の運動 $\boldsymbol{r}=\boldsymbol{r}(t)$ を**流線**という．速度ベクトル $\boldsymbol{v}(\boldsymbol{r})$ は時刻 t において点 $\boldsymbol{r}$ を通る流線の接ベクトルである．これは，時刻 t から $t+\Delta t$ にいたる間の変位 $\Delta\boldsymbol{r}=\boldsymbol{r}(t+\Delta t)-\boldsymbol{r}(t)$ と Δt の比の極限であり，その成分 (v_1, v_2, v_3) は，単位ベクトル $\boldsymbol{i}, \boldsymbol{j}, \boldsymbol{k}$ で展開される変位の成分 $(\Delta r_1, \Delta r_2, \Delta r_3)$ とスカラー量 Δt の比の極限として，自然に $\boldsymbol{i}, \boldsymbol{j}, \boldsymbol{k}$ で展開される成分としての意味をもつ．

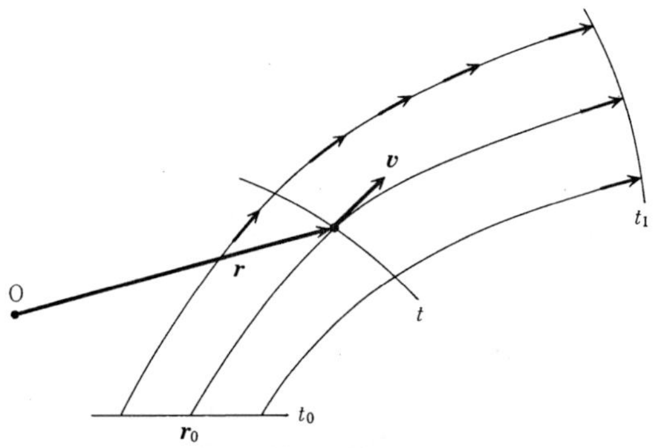

図 2.1　速度の場と流線

以上では，流体の運動が与えられたとして(2.1)によって速度の場 $\boldsymbol{v}(t, \boldsymbol{r})$ を定めたが，逆に速度の場 $\boldsymbol{v}=\boldsymbol{v}(t, \boldsymbol{r})$ が与えられたとき，(2.1)を位置 $\boldsymbol{r}$ に関する微分方程式と見做してこれを解けば流体の運動が定まる．常微分方程式の解の存在定理によれば，$\boldsymbol{v}$ の成分がすべて $t, \boldsymbol{r}$ の C^1 級の関数，すなわち，微分可能かつすべての1階の導関数が連続な関数であるならば，各点 $\boldsymbol{r}_0$ および各時刻 t_0 の近傍で $\boldsymbol{r}_0=\boldsymbol{r}(t_0, \boldsymbol{r}_0)$ となる(2.1)の解 $\boldsymbol{r}=\boldsymbol{r}(t, \boldsymbol{r}_0)$ が唯一つ存在する．ただし，(2.1)は一般に位置 $\boldsymbol{r}$ に関する非線形微分方程式であるから，あらゆる $t>0$(または $t<0$)まで解が存在するとは限らない．もし存在する場合には，この速度の場は正の向きに(または負の向きに)完備であるという．正の向きにも負の向きにも完備なとき単に**完備**という．

$\boldsymbol{v}=\boldsymbol{v}(t, \boldsymbol{r})$ を正の向きに完備な速度の場とする．$t>t_0$ を二つの時刻とするとき，$\boldsymbol{r}(t_0)=\boldsymbol{r}_0$ となる(2.1)の解 $\boldsymbol{r}(t)$ を $T_t^{t_0}(\boldsymbol{r}_0)$ と書くと，$T_t^{t_0}$ は初期値 $\boldsymbol{r}_0 \in E^3$ を時刻 t の位置 $\boldsymbol{r}(t)$ にうつす変換となっている．方程式(2.1)の解の一意性により，この変換の族 $T_t^{t_0}$ は鎖条件とよばれる次の条件

$$T_t^{t_1} \circ T_{t_1}^{t_0} = T_t^{t_0}, \quad t_0 < t_1 < t \tag{2.2}$$

をみたす．ただし左辺の丸印は変換の合成を表わす．

特に，速度の場 $\boldsymbol{v}(t, \boldsymbol{r})$ が時刻 t に依存しない場合は，$T_t^{t_1}=T_{t-t_1}^0$ がなりたつ．したがって，$T_t=T_t^0, t>0$，T_0=恒等変換 としたとき，(2.2)は

$$T_t \circ T_s = T_{t+s}, \quad t, s \geqq 0 \tag{2.3}$$

となる．この T_t を $\boldsymbol{v}(\boldsymbol{r})$ が生成する**1径数変換半群**という．

$\boldsymbol{v}=\boldsymbol{v}(t, \boldsymbol{r})$ が(負の向きに)完備な速度の場のときは(2.2)および(2.3)は，それぞれ，任意の $t_0, t_1, t\,(t_0>t_1>t)$ および任意の $t, s\,(t, s\leqq 0)$ に対してなりたつ．$\boldsymbol{v}$ が完備なとき，T_t を**1径数変換群**という．

微分方程式(2.1)の解の一意性およびすべての時刻での解の存在(すなわち $\boldsymbol{v}$ の完備性)は必ずしも保障されていないが，この点を大目に見れば，速度の場 $\boldsymbol{v}$ を与えることと，(2.2)または(2.3)をみたす空間の点の変換の族 $T_t^{t_0}$ または T_t を与えることは同等である．すなわち，$\boldsymbol{v}(t, \boldsymbol{r})$ は $T_t^{t_0}(\boldsymbol{r}_0)$ を t で微分して，$\boldsymbol{r}=T_t^{t_0}(\boldsymbol{r}_0)$ で評価したものであり，$T_t^{t_0}(\boldsymbol{r}_0)$ は初期値 $T_{t_0}^{t_0}(\boldsymbol{r}_0)=\boldsymbol{r}_0$ をみたす(2.1)の解である．この意味で速度の場を**無限小変換**ともいう．

さて，速度の場 $\boldsymbol{v}$ に完備性がないときも，各時刻 t_0，各点 $\boldsymbol{r}_0$ の近傍では，$T_{t_0}^{t_0}=$恒等写像 となる(2.1)の解 $\boldsymbol{r}(t)=T_t^{t_0}(\boldsymbol{r}(t_0))$ が存在する．

このとき，$f(\boldsymbol{r})$ を $\boldsymbol{r}_0$ の近傍で定義された C^1 級の関数とし，これを局所変換 $T_t^{t_0}$ を施した後で評価した $f(T_t^{t_0}(\boldsymbol{r}_0))$ を時刻 t の関数として微分すれば

$$\frac{\partial}{\partial t}f(T_t^{t_0}(\boldsymbol{r}_0)) = v_1\frac{\partial f}{\partial x}+v_2\frac{\partial f}{\partial y}+v_3\frac{\partial f}{\partial z} \tag{2.4}$$

を得る．ただし，右辺は $\boldsymbol{r}=T_t^{t_0}(\boldsymbol{r}_0)$ で評価するものとする．これは関数 f を流れ $T_t^{t_0}(\boldsymbol{r}_0)$ に沿って微分した導関数の意味をもつ．(2.4)が示すように速度の場 $\boldsymbol{v}$ から直接計算できることに注意する．これを f の**流れ $\boldsymbol{v}$ に沿っての導関数**という．

E^3(の領域上)の C^1 級の関数 $f(\boldsymbol{r})$ に対してその**勾配**(gradient)とよばれるベクトル場 grad f を

$$\operatorname{grad} f = \frac{\partial f}{\partial x}\boldsymbol{i}+\frac{\partial f}{\partial y}\boldsymbol{j}+\frac{\partial f}{\partial z}\boldsymbol{k} \tag{2.5}$$

によって定義する．**ナブラ**ともよばれる **Hamilton の微分作用素** ∇ を形式的に

$$\nabla = \frac{\partial}{\partial x}\boldsymbol{i}+\frac{\partial}{\partial y}\boldsymbol{j}+\frac{\partial}{\partial z}\boldsymbol{k} \tag{2.6}$$

で定義すれば，

$$\operatorname{grad} f = \nabla f \tag{2.7}$$

と表わすことができる.

これらの記号を用いれば，(2.4)の右辺はベクトル場 $\boldsymbol{v}$ と勾配 $\mathrm{grad}\, f$ の内積 $\boldsymbol{v}\cdot\mathrm{grad}\, f$ になる.

C^1 級の関数 $f(\boldsymbol{r})$ についてある点 $\boldsymbol{r}_0$ で $\mathrm{grad}\, f=0$ となることは，その点で1階の導関数 $\partial f/\partial x, \partial f/\partial y, \partial f/\partial z$ がいずれも0となることであり，関数 $f(\boldsymbol{r})$ はその点で停留する. この場合を除けば，$\mathrm{grad}\, f(\boldsymbol{r}_0)$ は，$\boldsymbol{r}_0$ で f の等高面 $f(\boldsymbol{r})=f(\boldsymbol{r}_0)$ と直交する法線方向のベクトルであり，その大きさは，f の増加する方向の単位法線ベクトルに沿っての f の導関数に等しい.

実際，$\boldsymbol{v}$ を任意の単位ベクトルとし，これをベクトル場と見做して(2.4)を解釈すれば，$\boldsymbol{v}$ に沿っての微分係数は

$$\boldsymbol{v}\cdot\mathrm{grad}\, f(\boldsymbol{r}_0) = \cos\theta\, |\mathrm{grad}\, f(\boldsymbol{r}_0)|$$

で与えられる. ここで θ は $\boldsymbol{v}$ と $\mathrm{grad}\, f$ のなす角度である. これが最大となるのは $\theta=0$ となる場合であり，0となるのは $\theta=\pm\pi/2$ となる場合である. 後の場合は $\boldsymbol{v}$ が等高面に接する場合であるから，$\mathrm{grad}\, f(\boldsymbol{r}_0)$ は法線方向のベクトルであり(図2.2)，その大きさは，単位法線ベクトルに沿っての f の導関数に等しい.

一方，$\boldsymbol{v}\cdot\mathrm{grad}\, f$ はスカラーの1階微分作用素

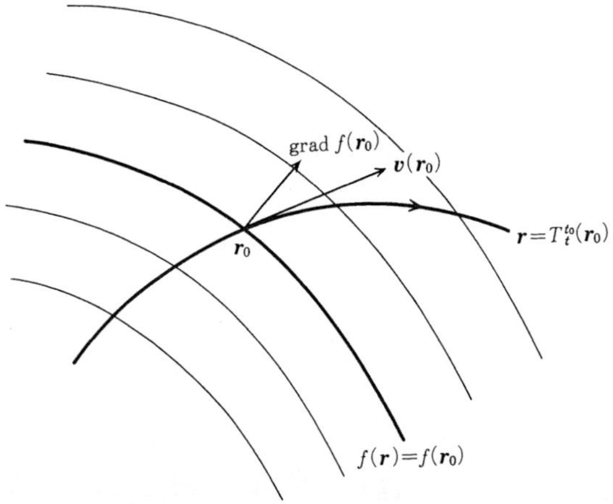

図2.2 速度の場と $\mathrm{grad}\, f$

$$\boldsymbol{v}\cdot\nabla = v_1(\boldsymbol{r})\frac{\partial}{\partial x}+v_2(\boldsymbol{r})\frac{\partial}{\partial y}+v_3(\boldsymbol{r})\frac{\partial}{\partial z} \tag{2.8}$$

を関数 f に施したものと解釈することもできる．

§2.2　流束の場

速度の場 $\boldsymbol{v}(\boldsymbol{r})$ にその点における流体の密度 $\rho(\boldsymbol{r})$ を掛算した

$$\begin{aligned}\boldsymbol{l}(\boldsymbol{r}) &= \rho(\boldsymbol{r})\,\boldsymbol{v}(\boldsymbol{r})\\ &= \rho(\boldsymbol{r})\,v_1(\boldsymbol{r})\,\boldsymbol{i}+\rho(\boldsymbol{r})\,v_2(\boldsymbol{r})\,\boldsymbol{j}+\rho(\boldsymbol{r})\,v_3(\boldsymbol{r})\,\boldsymbol{k}\end{aligned} \tag{2.9}$$

を**流束の場**または**流束密度の場**という．これは単位面積を単位時間当りに通過する流体の質量の大きさを表わすベクトル場である．

はじめに簡単のため，$\boldsymbol{v}, \rho$ が位置 $\boldsymbol{r}$ に依存しない場合を考える．このとき，ある2次元の面 S を単位時間に通過する流体の質量は，S を $\boldsymbol{v}$ に沿ってずらせてできる立体 V の体積に密度 ρ を掛けて得られる．S が平面に含まれるとき，V の体積は，S の面積に，V の高さ，すなわち，S の単位法線ベクトル $\boldsymbol{n}$ と $\boldsymbol{v}$ の内積を掛けたものに等しい．S には二つの面があるので，一つの面を正の面とし，法線ベクトル $\boldsymbol{n}$ を正の向きに向くようにとれば，結局 $\boldsymbol{l}\cdot\boldsymbol{n}|S|$ が S の正の向きに流れる単位時間当りの流量になる．ここで，$|S|$ は S の面積を表わす．

流束 $\boldsymbol{l}(\boldsymbol{r})$ が $\boldsymbol{r}$ に依存し，S が曲面の場合も，S が向きづけられた滑らかな曲面であるならば，S の各点の小さな近傍では，よい近似で上と同じことがなりたつ．したがって，S の正の向きに流れる単位時間当りの流量 L はこれらを加え合せた積分

$$L = \int_S \boldsymbol{l}(\boldsymbol{r})\cdot\boldsymbol{n}\,\mathrm{d}S \tag{2.10}$$

で与えられる．ここで，$\boldsymbol{n}$ は S の各点での正の向きの単位法線ベクトル，$\mathrm{d}S$ は面積要素を表わす．

この積分を実行するため，S が単位区間 $I=[0,1]$ を動く二つの径数 p, q の C^1 級関数 $x(p,q), y(p,q), z(p,q)$ によって径数表示されている場合

$$S : \boldsymbol{r} = x(p,q)\,\boldsymbol{i}+y(p,q)\,\boldsymbol{j}+z(p,q)\,\boldsymbol{k} \tag{2.11}$$

を考える．簡単のため，この対応によって正方形 I^2 に属する点 (p, q) と S の上の点は1対1に対応し，かつ I^2 の各点で (x, y, z) の (p, q) に関する勾配からなる **Jacobi 行列**

$$\begin{pmatrix} \dfrac{\partial x}{\partial p} & \dfrac{\partial x}{\partial q} \\ \dfrac{\partial y}{\partial p} & \dfrac{\partial y}{\partial q} \\ \dfrac{\partial z}{\partial p} & \dfrac{\partial z}{\partial q} \end{pmatrix} \tag{2.12}$$

の階数が2であると仮定する．

後の仮定は，S 上の接ベクトル

$$\boldsymbol{t} = \frac{\partial x}{\partial p}\boldsymbol{i} + \frac{\partial y}{\partial p}\boldsymbol{j} + \frac{\partial z}{\partial p}\boldsymbol{k}, \quad \boldsymbol{u} = \frac{\partial x}{\partial q}\boldsymbol{i} + \frac{\partial y}{\partial q}\boldsymbol{j} + \frac{\partial z}{\partial q}\boldsymbol{k} \tag{2.13}$$

が1次独立ということと同じである．さらに，単位法線ベクトル $\boldsymbol{n}$ の向きは $(\boldsymbol{t}, \boldsymbol{u}, \boldsymbol{n})$ が右手系をなすように定まっているとする．すなわち，$(\boldsymbol{t}, \boldsymbol{u}, \boldsymbol{n})$ の成分からなる行列式が正になるように $\boldsymbol{n}$ の向きを定める．この仮定がみたされない場合は，p と q をとりかえればよい．

このような $\boldsymbol{n}$ は外積

$$\boldsymbol{t}\times\boldsymbol{u} = \begin{vmatrix} \dfrac{\partial x}{\partial p} & \dfrac{\partial x}{\partial q} & \boldsymbol{i} \\ \dfrac{\partial y}{\partial p} & \dfrac{\partial y}{\partial q} & \boldsymbol{j} \\ \dfrac{\partial z}{\partial p} & \dfrac{\partial z}{\partial q} & \boldsymbol{k} \end{vmatrix}$$

を用いて

$$\boldsymbol{n} = \frac{\boldsymbol{t}\times\boldsymbol{u}}{|\boldsymbol{t}\times\boldsymbol{u}|} \tag{2.14}$$

と表わされる．

一方，$(p, p+\mathrm{d}p)\times(q, q+\mathrm{d}q)$ に対応する曲面 S の面積は

$$\mathrm{d}S = |\boldsymbol{t}\times\boldsymbol{u}|\,\mathrm{d}p\mathrm{d}q$$

で与えられる．したがって，問題の積分(2.10)は

$$\int_S \boldsymbol{l}(\boldsymbol{r})\cdot\boldsymbol{n}\,\mathrm{d}S = \int_{I^2} \boldsymbol{l}(\boldsymbol{r})\cdot(\boldsymbol{t}\times\boldsymbol{u})\mathrm{d}p\mathrm{d}q$$

$$= \int_{I^2} \left\{ l_1 \begin{vmatrix} \dfrac{\partial y}{\partial p} & \dfrac{\partial y}{\partial q} \\ \dfrac{\partial z}{\partial p} & \dfrac{\partial z}{\partial q} \end{vmatrix} + l_2 \begin{vmatrix} \dfrac{\partial z}{\partial p} & \dfrac{\partial z}{\partial q} \\ \dfrac{\partial x}{\partial p} & \dfrac{\partial x}{\partial q} \end{vmatrix} + l_3 \begin{vmatrix} \dfrac{\partial x}{\partial p} & \dfrac{\partial x}{\partial q} \\ \dfrac{\partial y}{\partial p} & \dfrac{\partial y}{\partial q} \end{vmatrix} \right\} \mathrm{d}p\mathrm{d}q \tag{2.15}$$

と表わされる．ここで，l_1, l_2, l_3 はベクトル $\boldsymbol{l}(\boldsymbol{r}(p, q))$ の成分を表わす．

以上では，径数表示(2.11)が正方形 I^2 から S の上への1対1対応であり，かつ接ベクトルについて $\boldsymbol{t}\times\boldsymbol{u}\neq 0$ となることを仮定したが，後の仮定がなりたたない点 $(p, q)\in I^2$ があっても，そのような点全体の集合の上での(2.15)の積分は0であるから，これを含めてもやはり等式(2.15)がなりたつ．また，1対1の仮定がなりたたないときも，重なる部分の積分は，I^2 上の表の面が S の表に対応する重複度が，S の裏に対応する重複度$+1$となれば，それぞれの積分が互いに打ち消し，結局等式(2.15)がなりたつ．

曲面 S が1組の径数 $(p, q)\in I^2$ だけで表示できないときは，S を有限個の曲面の和に分割し，それぞれを(2.15)で計算して加え合せればよい．

ところで，S の1点で

$$\frac{\partial(y, z)}{\partial(p, q)} = \begin{vmatrix} \dfrac{\partial y}{\partial p} & \dfrac{\partial y}{\partial q} \\ \dfrac{\partial z}{\partial p} & \dfrac{\partial z}{\partial q} \end{vmatrix} \neq 0 \tag{2.16}$$

がなりたつとき，陰関数の定理により，この点の近傍 S_1 では (y, z) を径数に選んで S を表示することができる．すなわち，ある領域 D_1 上の C^1 級関数 $\xi(y, z)$ があり

$$S_1 : \boldsymbol{r} = \xi(y, z)\,\boldsymbol{i} + y\boldsymbol{j} + z\boldsymbol{k}, \quad (y, z)\in D_1 \tag{2.17}$$

と表わされる．

D_1 に対応する (p, q) の領域を I_1 とすれば，積分の変数変換公式により

$$\int_{I_1} l_1 \frac{\partial(y, z)}{\partial(p, q)} \mathrm{d}p\mathrm{d}q = \pm\int_{D_1} l_1 \mathrm{d}y\mathrm{d}z \tag{2.18}$$

となる．ただし，複号は二つの座標 (p, q) および (y, z) の対応が向きを保存するかしないかに応じて，すなわち $\partial(y, z)/\partial(p, q)$ の符号に応じて $+$ または $-$ をとる．これは，法線ベクトル $\boldsymbol{n}$ の x 成分の符号でもある．

このように，曲面 S_1 上の積分(2.18)は点集合としての曲面ばかりでなく，それがどのように向きづけられているかに依存する．一方，等式(2.18)は，向きを変えないかぎり，曲面がどのように径数表示されていようと積分の値は変わらないことを示している．この積分を向きづけられた曲面 S_1 上の $l_1\mathrm{d}y\mathrm{d}z$ の積分と定義する．

以上では(2.16)を仮定したが，(2.15)式からわかるように，$\partial(y,z)/\partial(p,q)=0$ となる点全体の上の積分は元来 0 であるので，S のこの部分上の積分は 0 と定義する．他の成分についても同様の計算をして，結局

$$\int_S \boldsymbol{l}(\boldsymbol{r})\cdot\boldsymbol{n}\,\mathrm{d}S = \int_S \{l_1\mathrm{d}y\mathrm{d}z + l_2\mathrm{d}z\mathrm{d}x + l_3\mathrm{d}x\mathrm{d}y\} \tag{2.19}$$

を得る．ここで，左辺の S は集合としての曲面であるが，右辺の S は法線ベクトル $\boldsymbol{n}$ によって定まる向きづけを与えた曲面を表わす．

§2.3　発散と Gauss の公式

V を，区分的に C^1 級の閉曲面 S で囲まれた 3 次元の有界閉領域とする．V の外側に単位法線ベクトル $\boldsymbol{n}$ をとり S を向きづける．このとき，流束の場 $\boldsymbol{l}$ の S 上の積分

$$\int_S \boldsymbol{l}\cdot\boldsymbol{n}\,\mathrm{d}S \tag{2.20}$$

は，単位時間当り S の外側に流れ出る流量を表わす．

V を，共通の境界 S_0 以外互いに交わらない二つの閉領域 V_1, V_2 に分割したとき，V_1, V_2 の境界 S_1, S_2 のうち，共通部分 S_0 では互いに反対の向きづけをもつから，その上での積分は互いに打ち消しあって和の公式

$$\int_S \boldsymbol{l}\cdot\boldsymbol{n}\,\mathrm{d}S = \int_{S_1} \boldsymbol{l}\cdot\boldsymbol{n}\,\mathrm{d}S + \int_{S_2} \boldsymbol{l}\cdot\boldsymbol{n}\,\mathrm{d}S$$

がなりたつ．すなわち，流出率(2.20)は領域 V の分割に関して加法的である．これを V 上の積分として表わすのが Gauss の公式である．

ベクトル場

$$\boldsymbol{l}(\boldsymbol{r}) = l_1(\boldsymbol{r})\,\boldsymbol{i} + l_2(\boldsymbol{r})\,\boldsymbol{j} + l_3(\boldsymbol{r})\,\boldsymbol{k} \tag{2.21}$$

の成分 $l_i(\boldsymbol{r})$ が C^1 級の関数であるとき，$\boldsymbol{l}(\boldsymbol{r})$ の**発散**(divergence)とよばれる

スカラー場 $\operatorname{div} \boldsymbol{l}(\boldsymbol{r})$ を

$$\operatorname{div} \boldsymbol{l}(\boldsymbol{r}) = \nabla\cdot\boldsymbol{l}(\boldsymbol{r}) = \frac{\partial l_1}{\partial x}+\frac{\partial l_2}{\partial y}+\frac{\partial l_3}{\partial z} \tag{2.22}$$

で定義する．

定理 2.1(Gauss の公式) $V, S, \boldsymbol{l}(\boldsymbol{r})$ が上の仮定をみたすとき，

$$\int_S \boldsymbol{l}\cdot\boldsymbol{n}\,\mathrm{d}S = \int_V \operatorname{div}\boldsymbol{l}\,\mathrm{d}V \tag{2.23}$$

ただし，$\mathrm{d}V$ は体積要素 $\mathrm{d}x\mathrm{d}y\mathrm{d}z$ を表わす．

［証明］ (2.19)を用いれば，(2.23)は

$$\int_S \{l_1\mathrm{d}y\mathrm{d}z+l_2\mathrm{d}z\mathrm{d}x+l_3\mathrm{d}x\mathrm{d}y\} = \int_V\left\{\frac{\partial l_1}{\partial x}+\frac{\partial l_2}{\partial y}+\frac{\partial l_3}{\partial z}\right\}\mathrm{d}x\mathrm{d}y\mathrm{d}z \tag{2.24}$$

となる．この第1成分について

$$\int_S l_1\mathrm{d}y\mathrm{d}z = \int_V \frac{\partial l_1}{\partial x}\mathrm{d}x\mathrm{d}y\mathrm{d}z \tag{2.25}$$

を示せば，他も同様に証明できる．

V が，(y,z) 平面上の領域 D_1 で定義された C^1 級の関数 $\xi_0(y,z), \xi_1(y,z)$ を用いて

$$V = \{(x,y,z)\,;\,(y,z)\in D_1,\ \xi_0(y,z)\leqq x\leqq \xi_1(y,z)\}$$

と表わせるときは，微積分学の基本定理により

$$\int_{\xi_0(y,z)}^{\xi_1(y,z)}\frac{\partial l_1}{\partial x}\mathrm{d}x = l_1(\xi_1(y,z),y,z)-l_1(\xi_0(y,z),y,z)$$

これを D_1 上で積分すれば，(2.25)になる．右側の境界 $S_1=\{(\xi_1(y,z),y,z)\,;\,(y,z)\in D_1\}$ の向きづけは D_1 のものと一致し，左側の境界 $S_0=\{(\xi_0,y,z)\}$ の向きづけは反対となるためである(図2.3(a))．

V がこのような領域の有限和に分割できるときも，節のはじめの議論により(2.25)が成立する．特に，座標軸に平行な稜をもつ立方体の有限和の場合に成立する．V が一般の場合は，このような領域で内から近似することによって証明する．まず，全空間を境界面の座標が整数である単位立方体に分割し，V に含まれる単位立方体の合併を V_0 とする(図2.3(b))．同様に，各 $n=1,2,\cdots$ に対して，境界面の座標が $2^{-n}\times$整数となる立方体に分割して，V に含まれるもの全体の合併を V_n, V_n の境界を S_n とする．V_n は単調に増大して，V に収束

するから

$$\int_{S_n} l_1 \mathrm{d}y\mathrm{d}z = \int_{V_n} \frac{\partial l_1}{\partial x}\mathrm{d}x\mathrm{d}y\mathrm{d}z$$

の右辺は(2. 25)の右辺に収束する．左辺についてはもうすこし面倒な考察を必要とするが，これも(2. 25)の右辺に収束し，(2. 25)が成立する． ∎

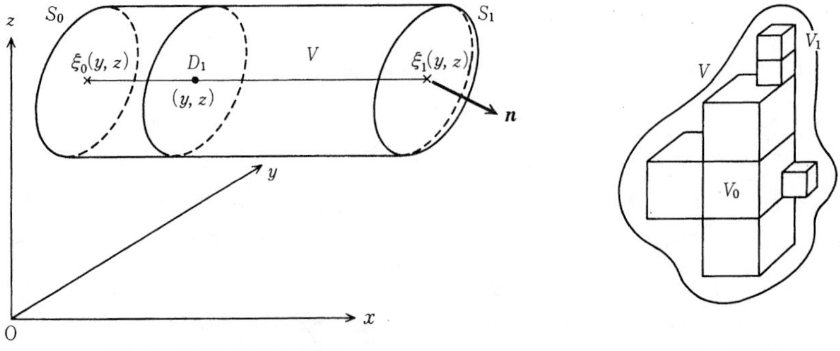

図 2. 3　Gauss の公式

Gauss の公式は C. F. Gauss (1839 年)以前に G. Green (1828 年), M. V. Ostrogradskii (1831 年)も発表していたので，**Green の公式**または **Ostrogradskii の公式**ともいう．

流体の質量が保存される流束の場合，立体 V の表面 S から流れ出る質量は V の密度変化で補わなければならない：

$$\frac{\mathrm{d}}{\mathrm{d}t}\int_V \rho\,\mathrm{d}V + \int_V \mathrm{div}(\rho \boldsymbol{v})\mathrm{d}V = 0.$$

これが任意の V に対してなりたつのであるから

$$\frac{\partial \rho}{\partial t} + \mathrm{div}(\rho \boldsymbol{v}) = 0 \qquad (2.26)$$

でなければならない．これを**連続の方程式**または **Euler の方程式**という．

質量が必ずしも保存されない場合

$$\frac{D\rho}{Dt} = \frac{\partial \rho}{\partial t} + \mathrm{div}(\rho \boldsymbol{v}) \qquad (2.27)$$

が実質上の密度の増減を表わす．これを**流れに沿っての密度の時間微分**という．

速度の場 $\boldsymbol{v}$ と流束の場 $\boldsymbol{l}=\rho\boldsymbol{v}$ の内積の半分

$$\frac{1}{2}\boldsymbol{v}\cdot\boldsymbol{l}=\frac{1}{2}\rho\boldsymbol{v}^2 \tag{2.28}$$

はこの流れの**運動エネルギー密度**を表わす．

§2.4 力の場

質量 m の質点に対する Newton の運動法則

$$m\frac{\mathrm{d}^2\boldsymbol{r}}{\mathrm{d}t^2}=\boldsymbol{f} \tag{2.29}$$

の右辺である力 $\boldsymbol{f}$ は，重力や静電力などの重要な問題の場合，質点の位置 $\boldsymbol{r}$（および時刻 t）のみによって定まる．このように位置 $\boldsymbol{r}$ の関数として与えられたベクトル $\boldsymbol{f}(\boldsymbol{r})$ を**力の場**という．

相対論的効果が現われるような高速の運動を除いて，質量 m は定数と見做されるから，速度をもう一度時間で微分した加速度に比例する力の場は速度の場と同様の性質をもつと想像される．しかし，重力，静電力など物理的法則として現われる力の場の場合には，これとはまったく異なった一面を見せる．

すなわち，このような力の場の場合，ある時刻 t_0 に位置 $\boldsymbol{r}_0=\boldsymbol{r}(t_0)$ にあった質点が力の場 $\boldsymbol{f}(\boldsymbol{r})$ の下で時刻 t_1 までに位置 $\boldsymbol{r}_1=\boldsymbol{r}(t_1)$ まで動いたとき，この力の場が質点に及ぼした**仕事**

$$\int_{t_0}^{t_1}\boldsymbol{f}(\boldsymbol{r}(t))\cdot\frac{\mathrm{d}\boldsymbol{r}}{\mathrm{d}t}\mathrm{d}t \tag{2.30}$$

は径路 $\boldsymbol{r}(t)$ に依存せず，始点 $\boldsymbol{r}_0$ と終点 $\boldsymbol{r}_1$ のみによって定まるという性質がある．Newton の運動法則は2階の常微分方程式であるから，初期値 $\boldsymbol{r}_0=\boldsymbol{r}(t_0)$ を与えても，運動は一通りには定まらず，$\boldsymbol{r}_1$ にいたる運動は多数あるのが普通であるが，ここではさらに一般に，他の力が働いて質点が運動法則(2.29)に従わない運動をしたときも同じことがなりたつと仮定する．このとき，力の場 $\boldsymbol{f}(\boldsymbol{r})$ を**保存力**という．

一般に，空間内の曲線 C が，単位区間 I 上の C^1 級関数 $x(p), y(p), z(p)$ によって径数表示されていて

$$C:\boldsymbol{r}=x(p)\boldsymbol{i}+y(p)\boldsymbol{j}+z(p)\boldsymbol{k} \tag{2.31}$$

と表わされる場合，ベクトル場 $\boldsymbol{f}(\boldsymbol{r})$ の C に沿っての**線積分**を

$$\int_C \boldsymbol{f}(\boldsymbol{r})\cdot\mathrm{d}\boldsymbol{r} = \int_0^1 \boldsymbol{f}(\boldsymbol{r}(p))\cdot\frac{\mathrm{d}\boldsymbol{r}}{\mathrm{d}p}\mathrm{d}p$$

で定義する．§2.2 の面積分の場合と同様の考察を行えば，これは

$$\int_C \boldsymbol{f}(\boldsymbol{r})\cdot\boldsymbol{t}\,\mathrm{d}s \quad \text{あるいは} \quad \int_C \{f_1\mathrm{d}x + f_2\mathrm{d}y + f_3\mathrm{d}z\} \tag{2.32}$$

と表わすこともできる．ここで，左の積分の $\boldsymbol{t}$ は曲線 C の単位接線ベクトル，$\mathrm{d}s$ は C に沿っての長さの要素，右の積分は，それぞれ x, y, z を独立変数として C の向きを考察して符号を定めた積分を意味する．右の積分の第1項は，Riemann 積分の定義を拡張して，曲線 C の径数表示(2.31)において，区間 [0, 1] を

$$\varDelta : 0 = p_0 < p_1 < \cdots < p_n = 1$$

と分割，$p_{j-1} \leqq p_j' \leqq p_j$ ととったときの和

$$\sum_{j=1}^{n} f_1(\boldsymbol{r}(p_j'))(x(p_j) - x(p_{j-1}))$$

の，分割 $\varDelta$ を細かくしていったときの極限とも一致する．このことから，上の積分は，向きづけを変えないかぎり，曲線 C の径数表示に依存しないことがわかる．さらに，$x(p), y(p), z(p)$ が有界変動であるような曲線 C に対してもこの和は収束するから，ベクトル場の曲線 C に沿っての線積分は，曲線 C が長さのある曲線のときも定義できることに注意する．

さて，力の場 $\boldsymbol{f}(\boldsymbol{r})$ が保存力である場合に，曲線 C の始点 $\boldsymbol{r}_0$ を固定，終点 $\boldsymbol{r}$ を変数と見做した積分

$$\varPhi(\boldsymbol{r}) = \int_{\boldsymbol{r}_0}^{\boldsymbol{r}} \boldsymbol{f}(\boldsymbol{r})\cdot\mathrm{d}\boldsymbol{r} \tag{2.33}$$

を考える．これが積分曲線によらないのであるから，$\boldsymbol{r}$ の近くで，x 軸の方向に積分曲線を選べば，単位接線ベクトル $\boldsymbol{t}=\boldsymbol{i}$ となり，左辺は

$$\text{定数} + \int_{x_0}^{x} \boldsymbol{f}_1(s, y, z)\mathrm{d}s$$

と表わされる．したがって，両辺を x で微分して

$$f_1(x, y, z) = \frac{\partial\varPhi(x, y, z)}{\partial x}$$

を得る．他の成分についても同様の計算をして

$$\boldsymbol{f}(\boldsymbol{r}) = \mathrm{grad}\,\Phi(\boldsymbol{r}) \tag{2.34}$$

となることがわかる．逆に次の定理がなりたつ．

定理 2.2 $\Phi(\boldsymbol{r})$ が C^1 級の実数値関数のとき，(2.34)で定義されるベクトル場の曲線 C に沿っての線積分は C の始点 $\boldsymbol{r}_0$ と終点 $\boldsymbol{r}_1$ にのみ依存し，

$$\int_C \mathrm{grad}\,\Phi(\boldsymbol{r})\cdot \mathrm{d}\boldsymbol{r} = \Phi(\boldsymbol{r}_1) - \Phi(\boldsymbol{r}_0) \tag{2.35}$$

と表わされる．

［証明］ C が C^1 級関数を用いて(2.31)のように径数表示できるとき，左辺は

$$\int_0^1 \left\{\frac{\partial \Phi}{\partial x}\frac{\mathrm{d}x}{\mathrm{d}p} + \frac{\partial \Phi}{\partial y}\frac{\mathrm{d}y}{\mathrm{d}p} + \frac{\partial \Phi}{\partial z}\frac{\mathrm{d}z}{\mathrm{d}p}\right\}\mathrm{d}p$$

に等しい．この被積分関数は $\Phi(\boldsymbol{r}(p))$ を1変数 p の関数として微分して得られた導関数に等しいから，微積分学の基本定理により，この積分は $\Phi(\boldsymbol{r}(1)) - \Phi(\boldsymbol{r}(0))$ に等しい． ∎

$\boldsymbol{f}(\boldsymbol{r})$ が保存力の場であるとき，$\boldsymbol{f}(\boldsymbol{r})$ の不定積分 $\Phi(\boldsymbol{r})$ に -1 を掛けたものを $\boldsymbol{f}(\boldsymbol{r})$ の**ポテンシャル**という．これを $V(\boldsymbol{r})$ と表わせば，(2.34)は

$$\boldsymbol{f}(\boldsymbol{r}) = -\mathrm{grad}\,V(\boldsymbol{r}) \tag{2.36}$$

となる．

重力のように逆2乗法則に従う力の場の場合，その源の質点 M が原点にあるとすれば，

$$\boldsymbol{f}(\boldsymbol{r}) = -gmM\frac{\boldsymbol{r}}{|\boldsymbol{r}|^3}, \quad V(\boldsymbol{r}) = -gmM\frac{1}{|\boldsymbol{r}|} \tag{2.37}$$

となる．ただし，g は重力定数である．さらに一般に，$\boldsymbol{a}_1, \boldsymbol{a}_2, \cdots, \boldsymbol{a}_n$ の位置に質量 $M_1, M_2, \cdots, M_n$ の質点があるとすれば，質量 m の質点に働く重力は $\boldsymbol{a}_1, \cdots, \boldsymbol{a}_n$ を除く点 $\boldsymbol{r}$ において

$$V(\boldsymbol{r}) = -gm\left(\frac{M_1}{|\boldsymbol{r}-\boldsymbol{a}_1|} + \cdots + \frac{M_n}{|\boldsymbol{r}-\boldsymbol{a}_n|}\right) \tag{2.38}$$

で与えられるポテンシャルをもつ．

保存力の場 $\boldsymbol{f}(\boldsymbol{r}) = -\mathrm{grad}\,V(\boldsymbol{r})$ の下で Newton の法則(2.29)に従って運動する質点に対し，その**運動エネルギー**を $\frac{1}{2}m\left(\frac{\mathrm{d}\boldsymbol{r}}{\mathrm{d}t}\right)^2$，**位置エネルギー**を $V(\boldsymbol{r})$，それらの和で**全エネルギー**を定義したとき，全エネルギーの時間変化

$$\frac{\mathrm{d}}{\mathrm{d}t}\left\{\frac{1}{2}m\left(\frac{\mathrm{d}\boldsymbol{r}}{\mathrm{d}t}\right)^2+V(\boldsymbol{r})\right\}$$
$$=\left(m\frac{\mathrm{d}^2\boldsymbol{r}}{\mathrm{d}t^2}+\mathrm{grad}\ V\right)\cdot\frac{\mathrm{d}\boldsymbol{r}}{\mathrm{d}t}=0. \tag{2.39}$$

すなわち，全エネルギーは保存される．これが保存力の名の由来である．

§2.5　積分可能条件

この節では，連続関数 $f_1(\boldsymbol{r}), f_2(\boldsymbol{r}), f_3(\boldsymbol{r})$ を成分とするベクトル場

$$\boldsymbol{f}(\boldsymbol{r}) = f_1(\boldsymbol{r})\boldsymbol{i}+f_2(\boldsymbol{r})\boldsymbol{j}+f_3(\boldsymbol{r})\boldsymbol{k} \tag{2.40}$$

が，あるスカラー値関数 $\varPhi(\boldsymbol{r})$ の勾配 grad $\varPhi(\boldsymbol{r})$ に等しいための条件，すなわち，$\boldsymbol{f}(\boldsymbol{r})$ を力の場としたとき，これが保存力の場であるための条件を求める．

前節で示した通り，(2.33)で表わされる積分 $\varPhi(\boldsymbol{r})$ が，$\boldsymbol{r}_0$ から $\boldsymbol{r}$ にいたる積分曲線によらずに定まることがこのための必要十分条件である．これはまた，任意の閉曲線 C に沿っての積分が 0 となること

$$\oint_C \boldsymbol{f}(\boldsymbol{r})\cdot\mathrm{d}\boldsymbol{r}=0 \tag{2.41}$$

と言いなおすことができる．C_1, C_2 を $\boldsymbol{r}_0$ から $\boldsymbol{r}_1$にいたる二つの積分路とするとき，C を，$0\leqq p\leqq 1/2$ に対しては $2p$ を径数として C_1 を動き，$1/2\leqq p\leqq 1$ に対しては $1-2p$ を径数として C_2 を逆向きに動く曲線とすれば，

$$\int_{C_1}\boldsymbol{f}\cdot\mathrm{d}\boldsymbol{r}-\int_{C_2}\boldsymbol{f}\cdot\mathrm{d}\boldsymbol{r}=\int_C\boldsymbol{f}\cdot\mathrm{d}\boldsymbol{r}=0$$

となるからである．ただし，すべての閉曲線 C に対する条件では直接には確かめようがない．

さて，$\varPhi(\boldsymbol{r})$ が C^2 級のスカラー値関数，すなわち，2 階までの導関数がすべて連続である関数であるとき，この 2 階の偏導関数に対して

$$\frac{\partial^2\varPhi}{\partial x\partial y}=\frac{\partial^2\varPhi}{\partial y\partial x},\quad \frac{\partial^2\varPhi}{\partial y\partial z}=\frac{\partial^2\varPhi}{\partial z\partial y},\quad \frac{\partial^2\varPhi}{\partial z\partial x}=\frac{\partial^2\varPhi}{\partial x\partial z}$$

が成立する．ベクトル場 $\boldsymbol{f}(\boldsymbol{r})=\mathrm{grad}\ \varPhi(\boldsymbol{r})$ に対して，この条件は

$$\frac{\partial f_1}{\partial y}=\frac{\partial f_2}{\partial x},\quad \frac{\partial f_2}{\partial z}=\frac{\partial f_3}{\partial y},\quad \frac{\partial f_3}{\partial x}=\frac{\partial f_1}{\partial z} \tag{2.42}$$

となる．$\boldsymbol{f}(\boldsymbol{r})$ の成分 $f_1(\boldsymbol{r}), f_2(\boldsymbol{r}), f_3(\boldsymbol{r})$ が C^1 級の関数であって，(2.41)がみ

たされる場合，積分 $\Phi(\boldsymbol{r})$ が C^2 級の関数となることはすぐにわかることであるから，これから次の補題の前半がわかる．

補題 2.1　C^1 級の成分をもつベクトル場 $\boldsymbol{f}(\boldsymbol{r})$ がスカラー値関数 $\Phi(\boldsymbol{r})$ の勾配 grad $\Phi(\boldsymbol{r})$ に等しいならば，その成分は(2.42)をみたす．

逆に，各稜が座標軸に平行な直方体 V において定義された C^1 級のベクトル場 $\boldsymbol{f}(\boldsymbol{r})$ が(2.42)をみたすならば，$\boldsymbol{f}(\boldsymbol{r})$ は V で定義された C^2 級のスカラー値関数 $\Phi(\boldsymbol{r})$ の勾配 grad $\Phi(\boldsymbol{r})$ に等しい．　□

V に対する条件はすぐ後でゆるめる．この後半を証明するには，Gauss の公式の2次元版である次の補題を用いる．この証明は Gauss の公式と同じである．

補題 2.2(Cauchy-Green の公式)　D を区分的に C^1 級の閉曲線 C で囲まれた平面 $\mathbf{R}^2$ の中の有界閉領域とする．曲線 C を進行方向の左に D があるように向きづける．$P(x,y), Q(x,y)$ を D 上の C^1 級関数とするとき，

$$\int_C \{P\mathrm{d}x+Q\mathrm{d}y\} = \int_D \left\{\frac{\partial Q}{\partial x}-\frac{\partial P}{\partial y}\right\}\mathrm{d}x\mathrm{d}y. \tag{2.43}$$
□

[補題 2.1 の証明]　$P=f_1, Q=f_2$ としてこの公式を適用すれば，$z=$定数 で定義される平面に含まれる V の中の長方形の辺 C に対して(2.41)がなりたつことがわかる．同様にして，$x=$定数 あるいは $y=$定数 で定義される平面に含まれる V の中の長方形の辺に対しても(2.41)がなりたつ．

V の内部に1点 $\boldsymbol{r}_0$ をとり，

$$\Phi(\boldsymbol{r}) = \int_{\boldsymbol{r}_0}^{\boldsymbol{r}} \boldsymbol{f}(\boldsymbol{r}')\cdot\mathrm{d}\boldsymbol{r}' \tag{2.44}$$

によって関数 $\Phi(\boldsymbol{r})$ を定義する．ここで，積分路としては，$\boldsymbol{r}_0$ と $\boldsymbol{r}$ を頂点とし，座標軸に平行な稜をもつ直方体の三つの稜からなる路をとる．この積分がこのような積分路のとり方によらないことは，この直方体の各面で Cauchy-Green の公式を適用することによってわかる．

積分路の最後を，それぞれ x, y, z 軸に平行にとることによって，$\boldsymbol{f}(\boldsymbol{r})=$ grad $\Phi(\boldsymbol{r})$ であることが示される．　■

領域 V が**単連結**であるとは，その中の任意の閉曲線が V の中で連続的に1点に縮められることと定義する．すなわち，単位区間 $I=[0,1]$ 上で定義され，

V の中の値をもつ連続関数 $\boldsymbol{C}(p)$ が $\boldsymbol{C}(0)=\boldsymbol{C}(1)$ をみたすとき，これが必ず正方形 $I\times I$ 上で定義され，V の中に値をもつ連続関数 $\boldsymbol{C}(p,q)$ であって，条件

$$\begin{cases} \boldsymbol{C}(p,0) = \boldsymbol{C}(p), & 0\leqq p\leqq 1 \\ \boldsymbol{C}(0,q) = \boldsymbol{C}(1,q), & 0\leqq q\leqq 1 \\ \boldsymbol{C}(p,1) = \boldsymbol{C}(0,1), & 0\leqq p\leqq 1 \end{cases} \tag{2.45}$$

をみたすものに拡張できることをいう．

E^3 から1直線を取り去った領域は単連結でない．しかし，E^3 から1点，半直線ないしは球を取り去った領域は単連結である．平面 $\mathbf{R}^2$ 上の領域 D については，D が単連結であることと，それが穴をもたないこと，すなわち，D の余集合 $\mathbf{R}^2\setminus D$ がコンパクトな連結成分をもたないことは同等である．

一般の領域 V において(2.42)をみたす C^1 級のベクトル場 $\boldsymbol{f}(\boldsymbol{r})$ が与えられたとき，補題2.1は任意に1点 $\boldsymbol{r}_0\in V$ をとれば，その近傍で $\boldsymbol{f}=\mathrm{grad}\,\Phi$ となることを示す．このように各点の近傍に制限してなりたつ性質を**局所的**な性質という．しかし，V 上定義された関数 Φ があってその勾配になるかどうかはわからない．実際，E^3 より $x=y=0$ で定義される直線を除いた領域 V 上で定義されたベクトル場

$$\boldsymbol{f}(\boldsymbol{r}) = \frac{-y}{x^2+y^2}\boldsymbol{i}+\frac{x}{x^2+y^2}\boldsymbol{j} \tag{2.46}$$

は(2.42)をみたすが，その不定積分 Φ は

$$\Phi(\boldsymbol{r}) = \arg(x+\mathrm{i}y)+\mathrm{const.} \tag{2.47}$$

となり，1価関数としては定まらない．ただし，arg は複素数の偏角を表わす．

次の定理は，V が単連結ならば，局所的な仮定から大域的な結論，すなわち V 上の1価関数であって $\boldsymbol{f}=\mathrm{grad}\,\Phi$ となるものの存在が導かれることを示す．

定理2.3　単連結領域 V 上で定義されたベクトル場 $\boldsymbol{f}(\boldsymbol{r})$ が各点の近傍で $\boldsymbol{f}(\boldsymbol{r})=\mathrm{grad}\,\Phi(\boldsymbol{r})$ と表わすことができるならば，V 上の任意の(長さのある)閉曲線 C に沿っての積分が0となる：

$$\oint_C \boldsymbol{f}(\boldsymbol{r})\cdot \mathrm{d}\boldsymbol{r} = 0. \tag{2.48}$$

したがって，V 上定義された C^1 級の関数 $\Phi(\boldsymbol{r})$ があり，

$$\boldsymbol{f}(\boldsymbol{r}) = \mathrm{grad}\,\Phi(\boldsymbol{r}) \tag{2.49}$$

と表わすことができる．$\boldsymbol{f}$ の成分が C^m 級ならば，Φ は C^{m+1} 級の関数である．

［証明］ $\boldsymbol{r}=\boldsymbol{C}(p), p\in I$，を閉曲線 C の方程式とし，C に沿っての積分(2.48)が 0 でないと仮定する．単連結の仮定により(2.45)をみたし，V に値をもつ $I\times I$ 上の連続関数 $\boldsymbol{C}(p,q)$ が存在する．

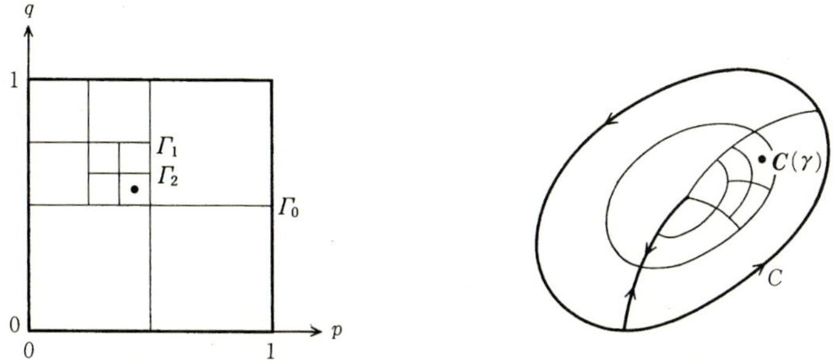

図 2.4　ベクトル場 $\boldsymbol{f}(\boldsymbol{r})$ の閉曲線 C に沿っての積分

C に沿っての積分は，$\boldsymbol{C}(p,q)$ において (p,q) が $I\times I$ の境界 Γ_0 を動くときの積分に等しい(図 2.4)．この積分は，$I\times I$ の各辺を等分してできる四つの正方形の境界を (p,q) が動くときの積分の和に等しい．これが 0 でないのであるから，ある 4 等分正方形の境界 Γ_1 を動くときの積分が 0 でない．この正方形の各辺を等分して四つに分ける．このうちの一つの境界 Γ_2 を動くときの積分は 0 でない．以下同じことをくりかえす．このとき Γ_n は 1 点 $\gamma=(p_0,q_0)$ に収束する．$\boldsymbol{C}(\gamma)$ は V の点であるから，仮定により，ある近傍 V_0 があってその上では $\boldsymbol{f}(\boldsymbol{r})=\mathrm{grad}\,\Phi(\boldsymbol{r})$ と表わされる．n が十分大となれば，$\boldsymbol{C}(\Gamma_n)$ は V_0 に含まれる．定理 2.2 によれば，$\boldsymbol{C}(\Gamma_n)$ に沿っての積分は 0 でなければならない．これは矛盾である．したがって，はじめの C に沿っての積分が 0 でなければならない．

厳密にいえば以上の証明はそのままでは正しくない．曲線に沿っての積分が定義できるためには，その曲線は少なくとも長さのある曲線でなければならないが，単連結の定義で存在が保証されている $\boldsymbol{C}(p,q)$ は連続関数にすぎないからである．この証明を救うには，$\boldsymbol{C}(p,q)$ が有界変動関数にとりかえられることを示すか，連続曲線に対して積分を定義するかしなければならない．ここでは後の道を選ぶ．

$\boldsymbol{r}=\boldsymbol{C}(p), p\in I$，を連続曲線 C の方程式とする．ベクトル場 $\boldsymbol{f}(\boldsymbol{r})$ は局所的に勾配として表わされているから，区間 $[0,1]$ の分割 $0=p_0<p_1<\cdots<p_n=1$ を十分細かくとると，区間 $[p_{j-1}, p_j]$ の近傍 V_j 上の関数 Φ_j があって $\boldsymbol{f}(\boldsymbol{r})=\mathrm{grad}\,\Phi_j(\boldsymbol{r})$ と表わせる．このとき，定理 2.2 の結論を拡張して

$$\int_C \boldsymbol{f}(\boldsymbol{r})\cdot \mathrm{d}\boldsymbol{r} = \sum_{j=1}^{n}(\Phi_j(\boldsymbol{C}(p_j))-\Phi_j(\boldsymbol{C}(p_{j-1})))$$

によって積分を定義する．これが，p_j, V_j および Φ_j のとり方によらないことは，同じ領域 W で定義された二つの関数 $\Phi(\boldsymbol{r})$ と $\Psi(\boldsymbol{r})$ が $\mathrm{grad}\,\Phi=\mathrm{grad}\,\Psi$ をみたすならば，両者の差は定数であり，したがって W の中の 2 点での関数の値の差は同一であることからわかる．

定理 2.3 の微分可能性についての命題は明らかである．■

補題 2.1 で示したように，$\boldsymbol{f}(\boldsymbol{r})$ が C^1 級で，(2.42) をみたすならば，局所的に $\boldsymbol{f}(\boldsymbol{r})=\mathrm{grad}\,\Phi(\boldsymbol{r})$ であるという仮定はみたされる．この補題の根拠となったのは長方形に対する Cauchy-Green の公式 (2.43) であった．この部分を工夫することにより，C^1 級であるという仮定を少しばかりゆるめることができる．

関数 $f(\boldsymbol{r})$ が点 $\boldsymbol{r}_0=(x_0, y_0, z_0)$ で**全微分可能**とは，定数 f_x, f_y, f_z が存在し，$\Delta\boldsymbol{r}=(\Delta x, \Delta y, \Delta z)$ が 0 に近づくとき

$$f(\boldsymbol{r}_0+\Delta\boldsymbol{r}) = f(\boldsymbol{r}_0)+f_x\Delta x+f_y\Delta y+f_z\Delta z+o(\Delta\boldsymbol{r}) \qquad (2.50)$$

となることをいう．ここで $o(\Delta\boldsymbol{r})$ は $|R(\Delta\boldsymbol{r})|/|\Delta\boldsymbol{r}|\to 0$ となる残余項 $R(\Delta\boldsymbol{r})$ を意味する．

$f(\boldsymbol{r})$ が $\boldsymbol{r}_0$ で全微分可能ならば，明らかにこの点で偏微分可能で $f_x=\partial f/\partial x$ 等が成立する．逆に，$f(\boldsymbol{r})$ が $\boldsymbol{r}_0$ の近傍で連続な偏導関数 $\partial f/\partial x$ 等をもてば，$f(\boldsymbol{r})$ は $\boldsymbol{r}_0$ で全微分可能である．

補題 2.1 の後半は，$\boldsymbol{f}(\boldsymbol{r})$ が V の各点で全微分可能かつ (2.42) をみたす場合にも成立する．これを証明するには，2 変数の関数 $P(x, y), Q(x, y)$ が閉長方形 D の各点で全微分可能かつ $\partial Q/\partial x=\partial P/\partial y$ がなりたつとして (2.43) の左辺である D の境界 C 上の積分が 0 になることを示せばよい．もし，この積分が 0 でないと仮定し，その絶対値を $\delta>0$ とすれば，定理 2.3 の証明同様 D を次々に 4 等分することにより，1 辺の長さが C の 1 辺の長さの 2^{-n} の直方形の

境界 C_n であって C_n 上の積分の絶対値が $4^{-n}\delta$ より小さくないものがあることになる．C_n の極限点を $c=(x_0, y_0)$ とすれば，ここで P, Q は共に全微分可能であるから，

$$P(x, y) = P(x_0, y_0)+P_x(x-x_0)+P_y(y-y_0)+o(|x-x_0|+|y-y_0|),$$
$$Q(x, y) = Q(x_0, y_0)+Q_x(x-x_0)+Q_y(y-y_0)+o(|x-x_0|+|y-y_0|)$$

と表わされる．簡単な計算により

$$\int_{C_n}\mathrm{d}x = \int_{C_n}\mathrm{d}y = \int_{C_n}(x-x_0)\,\mathrm{d}x = \int_{C_n}(y-y_0)\,\mathrm{d}y$$
$$= \int_{C_n}(y-y_0)\,\mathrm{d}x+\int_{C_n}(x-x_0)\,\mathrm{d}y = 0$$

となることがわかるから，C_n 上の積分は結局，剰余項の積分になる．したがって

$$\left|\int_{C_n}\{P\mathrm{d}x+Q\mathrm{d}y\}\right| = o(2^{-n+1}\times 2^{-n}) = o(4^{-n}).$$

これは $\left|\int_{C_n}\right|\geqq 4^{-n}\delta$ に矛盾する． ■

閉曲線に沿っての積分が0となるという性質は，ベクトル場の成分が一様収束した極限でも保たれる性質であるが，全微分可能な関数列の一様収束極限は必ずしも全微分可能ではないので，補題2.1の仮定を上のようにゆるめてもまだ必要条件にはなっていない．

V 上の連続関数 $f_1(x, y, z), f_2(x, y, z)$ が**超関数の意味で**方程式 $\partial f_1/\partial y=\partial f_2/\partial x$ をみたすとは，V の中にコンパクトな台をもつ任意の C^∞ 級関数 $\varphi(x, y, z)$ に対して

$$-\int_V f_1(x, y, z)\frac{\partial\varphi(x, y, z)}{\partial y}\mathrm{d}x\mathrm{d}y\mathrm{d}z = -\int_V f_2(x, y, z)\frac{\partial\varphi(x, y, z)}{\partial x}\mathrm{d}x\mathrm{d}y\mathrm{d}z \tag{2.51}$$

がなりたつことであると定義する．両辺はそれぞれ，$\int\partial f_1/\partial y\cdot\varphi\mathrm{d}V$ と $\int\partial f_2/\partial x\cdot\varphi\,\mathrm{d}V$ を形式的に部分積分したものである．したがって，f_1, f_2 が C^1 級の関数であって方程式をみたすならば，超関数の意味でも方程式をみたす．

定理 2.4 領域 V 上の連続関数を成分とするベクトル場 $\boldsymbol{f}(\boldsymbol{r})$ が，V の各点のある近傍の上で C^1 級関数 Φ を用いて $\boldsymbol{f}(\boldsymbol{r})=\mathrm{grad}\,\Phi(\boldsymbol{r})$ と表わされるための必要十分条件は，その成分が超関数の意味で(2.42)をみたすことである．

［証明］　ここでは証明を省略するが，超関数の意味で微分方程式をみたすという性質は局所的である．すなわち，各点に対しその点の近傍があってその近傍の上で超関数の意味で解となっているならば，全領域上で超関数の意味での解となる．したがって，条件が必要であることを示すには V 上で $\boldsymbol{f}(\boldsymbol{r})=\mathrm{grad}\,\Phi(\boldsymbol{r})$ と表わされているとしてよい．このとき，V の中にコンパクトな台をもつ任意の C^∞ 級関数 $\varphi(x)$ に対して部分積分により

$$\int_V f_1\frac{\partial\varphi}{\partial y}\mathrm{d}V=\int\frac{\partial\Phi}{\partial x}\frac{\partial\varphi}{\partial y}\mathrm{d}V=-\int\Phi\frac{\partial^2\varphi}{\partial x\partial y}\mathrm{d}V$$

$$=-\int\Phi\frac{\partial^2\varphi}{\partial y\partial x}\mathrm{d}V=\int\frac{\partial\Phi}{\partial y}\frac{\partial\varphi}{\partial x}\mathrm{d}V=\int f_2\frac{\partial\varphi}{\partial x}\mathrm{d}V.$$

これは，(2.42)の第1式が超関数の意味でなりたつことを示している．他の式も同様にして証明できる．

逆に，$\boldsymbol{f}(\boldsymbol{r})$ が超関数の意味で(2.42)をみたしているとする．このとき，$\boldsymbol{f}(\boldsymbol{r})$ の **正則化**を考える．すなわち，E^3 の原点を中心とする単位球の中に台のある C^∞ 級の関数 $\varphi(\boldsymbol{r})$ で，$\varphi(\boldsymbol{r})\geqq 0$ かつ

$$\int_{E^3}\varphi(\boldsymbol{r})\mathrm{d}x\mathrm{d}y\mathrm{d}z=1 \tag{2.52}$$

をみたすものをとり，$\varepsilon>0$ に対して

$$\varphi_\varepsilon(\boldsymbol{r})=\frac{1}{\varepsilon^3}\varphi\left(\frac{\boldsymbol{r}}{\varepsilon}\right)$$

とおいて，$\boldsymbol{f}(\boldsymbol{r})$ の**正則化** $\boldsymbol{f}_\varepsilon(\boldsymbol{r})$ を

$$f_{1\varepsilon}(\boldsymbol{r})=\varphi_\varepsilon*f_1(\boldsymbol{r})=\int\varphi_\varepsilon(\boldsymbol{r}-\boldsymbol{r}')f_1(\boldsymbol{r}')\mathrm{d}x'\mathrm{d}y'\mathrm{d}z'$$

等を成分とするベクトル場とする．これは V の中で境界までの距離が ε 以上ある点全体 V_ε の上で定義された C^∞ 級のベクトル場となる．

$$\frac{\partial}{\partial y}f_{1\varepsilon}=\frac{\partial\varphi_\varepsilon}{\partial y}*f_1$$

等がなりたつことから，(2.51)により $\boldsymbol{f}_\varepsilon(\boldsymbol{r})$ は(2.42)をみたすことがわかる．したがって定理2.3により，V_ε に含まれる単連結部分領域に含まれる(長さのある)閉曲線 C に対し

$$\oint_C\boldsymbol{f}_\varepsilon(\boldsymbol{r})\cdot\mathrm{d}\boldsymbol{r}=0$$

が成立する．ここで $\varepsilon\to 0$ とすれば $\boldsymbol{f}_\varepsilon(\boldsymbol{r})$ の成分は $\boldsymbol{f}(\boldsymbol{r})$ の成分に広義一様収束するので

$$\oint_C \boldsymbol{f}(\boldsymbol{r})\cdot \mathrm{d}\boldsymbol{r} = 0$$

が成立する．V に含まれる閉直方体は十分小さい $\varepsilon>0$ に対して V_ε に含まれる．したがってこの直方体の内部に含まれる閉曲線 C に対して成立する． ▮

§2.6 回転と Stokes の公式

C^1 級の関数を成分とするベクトル場

$$\boldsymbol{f}(\boldsymbol{r}) = f_1(\boldsymbol{r})\,\boldsymbol{i}+f_2(\boldsymbol{r})\,\boldsymbol{j}+f_3(\boldsymbol{r})\,\boldsymbol{k} \tag{2.53}$$

に対してその**回転**(rotation)とよばれるベクトル場 rot $\boldsymbol{f}$ を

$$\begin{aligned}\mathrm{rot}\,\boldsymbol{f}(\boldsymbol{r}) &= \nabla\times\boldsymbol{f}(\boldsymbol{r})\\ &=\left(\frac{\partial f_3}{\partial y}-\frac{\partial f_2}{\partial z}\right)\boldsymbol{i}+\left(\frac{\partial f_1}{\partial z}-\frac{\partial f_3}{\partial x}\right)\boldsymbol{j}+\left(\frac{\partial f_2}{\partial x}-\frac{\partial f_1}{\partial y}\right)\boldsymbol{k}\end{aligned} \tag{2.54}$$

によって定義する．Heaviside は同じものを curl と名づけ，curl $\boldsymbol{f}$ と表わした．この記号は今でも時どき用いられている．

$\boldsymbol{f}(\boldsymbol{r})$ が局所的に勾配 grad $\varPhi(\boldsymbol{r})$ と表わされるための必要十分条件(2.42)は rot $\boldsymbol{f}=0$ と同じである．特に，任意の(C^2 級)スカラー値関数 $f(\boldsymbol{r})$ に対して

$$\mathrm{rot\,grad}\,f(\boldsymbol{r}) = 0 \tag{2.55}$$

が成立する．

この節の目的は Cauchy-Green の公式が曲面の上でも成立することを意味

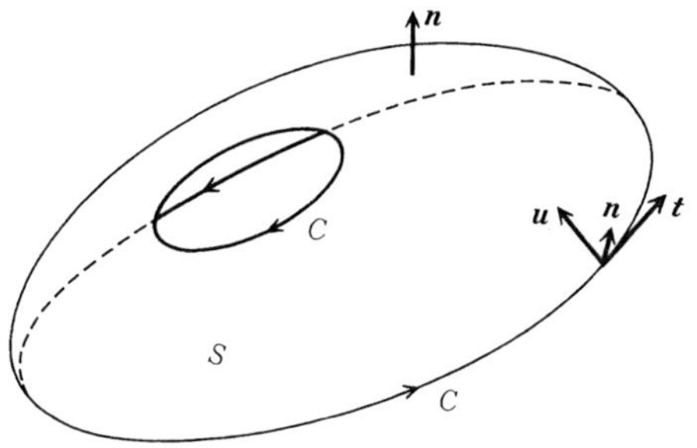

図 2.5 Stokes の公式

する次の定理の証明である．

定理 2.5(Stokes の公式)　S を向きづけられた有界な曲面，C を S の境界である向きづけられた閉曲線，$\boldsymbol{f}$ を S の近傍で定義された C^1 級のベクトル場とする(図 2.5)．このとき次式がなりたつ．

$$\int_C \boldsymbol{f}\cdot \mathrm{d}\boldsymbol{r} = \int_S \mathrm{rot}\, \boldsymbol{f}\cdot\boldsymbol{n}\,\mathrm{d}S. \tag{2.56}$$ □

ここで S が向きづけられた曲面であるとは，§2.2 と同様点集合としての曲面 S に単位法線ベクトルの一方 $\boldsymbol{n}$ が指定されていることをいう．$\boldsymbol{n}$ は S の各点上連続に定まっているとする．

Gauss の公式で扱ったような閉領域の境界 S についてはこれはいつも可能であるが，3 次元空間にある一般の幾何学的な曲面に対しては可能であるとは限らないことに注意する．

リボン状の細長い長方形を半回転ねじって二つの短辺を張り合せたものを **Möbius の帯**という(図 2.6)．この帯の 1 箇所で法線ベクトルの向きを定めたとき，長軸方向に従って点を動かしていくと，長軸を 1 回転したところで法線ベクトルの方向は反対になってしまう．

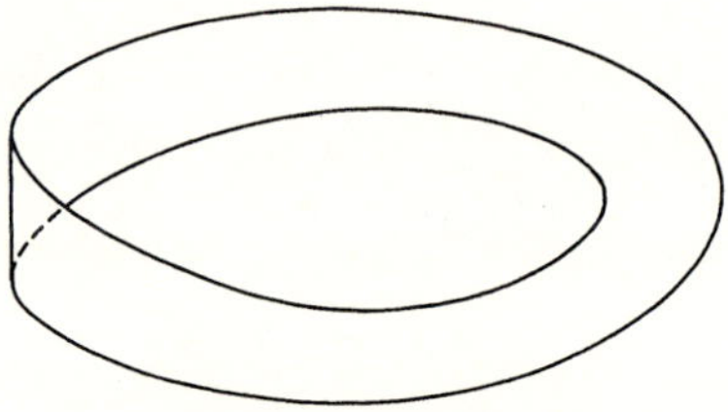

図 2.6　Möbius の帯

また，S の境界である閉曲線 C は，C の正の向きの接線ベクトルを $\boldsymbol{t}$，S の内部に向かう S の中での C の法線ベクトルを $\boldsymbol{u}$，S の法線ベクトルを $\boldsymbol{n}$ としたとき $(\boldsymbol{t}, \boldsymbol{u}, \boldsymbol{n})$ が右手系をなすように向きづけを与える．C は連結とは限らず，一般にはいくつかの単純閉曲線の和となる．

前節の主要な結果は，単連結領域で $\mathrm{rot}\,\boldsymbol{f}=0$ となるベクトル場 $\boldsymbol{f}$ と任意の閉曲線 C に対して，(2.56)の左辺の積分が 0 となることであった．単連結領域においては任意の閉曲線 C がある曲面 S の境界として表わされるから，

Stokesの公式を認めればこれは自明な結果となる．しかし正方形 I^2 からの連続像としての曲面 S に対して右辺の積分の意味を与えることは一般に不可能である．前節で示したことは，$\mathrm{rot}\,\boldsymbol{f}=0$ となるベクトル場に対しては特別にこれが可能となることであって，その結果右辺が消えることが証明された．また，$z=$定数 で与えられる平面上の閉領域 S に対して，法線ベクトル $\boldsymbol{n}$ として z 方向の単位ベクトルをとれば，(2.56)は Cauchy-Green の公式(2.43)と同じになることに注意する．

［定理2.5の証明］ 曲面 S が正方形 I^2 上の C^2 級関数 $x(p,q)$, $y(p,q)$, $z(p,q)$ を用いて(2.11)で表わされている場合，§2.2と同様の仮定の下で(2.56)の右辺を計算すれば，

$$\int_{I^2}\left\{\left(\frac{\partial f_3}{\partial y}-\frac{\partial f_2}{\partial z}\right)\frac{\partial(y,z)}{\partial(p,q)}+\left(\frac{\partial f_1}{\partial z}-\frac{\partial f_3}{\partial x}\right)\frac{\partial(z,x)}{\partial(p,q)}+\left(\frac{\partial f_2}{\partial x}-\frac{\partial f_1}{\partial y}\right)\frac{\partial(x,y)}{\partial(p,q)}\right\}\mathrm{d}p\mathrm{d}q \tag{2.57}$$

に等しいことがわかる．ただし，$\partial(y,z)/\partial(p,q)$ 等は(2.16)で定義される Jacobi 行列式である．一方，左辺は

$$\int_{\partial I^2}\left\{\left(f_1\frac{\partial x}{\partial p}+f_2\frac{\partial y}{\partial p}+f_3\frac{\partial z}{\partial p}\right)\mathrm{d}p+\left(f_1\frac{\partial x}{\partial q}+f_2\frac{\partial y}{\partial q}+f_3\frac{\partial z}{\partial q}\right)\mathrm{d}q\right\} \tag{2.58}$$

に等しい．ただし，∂I^2 は正方形 I^2 の境界を表わす．そこで

$$P = f_1\frac{\partial x}{\partial p}+f_2\frac{\partial y}{\partial p}+f_3\frac{\partial z}{\partial p}$$

$$Q = f_1\frac{\partial x}{\partial q}+f_2\frac{\partial y}{\partial q}+f_3\frac{\partial z}{\partial q}$$

を p,q の関数として，Cauchy-Green の公式(2.43)の右辺に現われる $\partial Q/\partial p-\partial P/\partial q$ を計算すれば，容易に(2.57)の被積分関数となることが示される．したがって，積分(2.57)は積分(2.58)に等しい．すなわち，上のように表示される曲面 S とその境界 C に対し Stokes の公式(2.56)が証明された．

以上では，S を正方形 I^2 で径数表示されるとしたが，証明の根拠となったのは積分の変数変換の公式と Cauchy-Green の公式だけであったから，I^2 にかえて3角形あるいはもっと一般の平面領域で径数表示される曲面に対しても Stokes の公式はなりたつ．S が一つの径数表示で表わされない場合は，これをいくつかの曲面に分割して，その各々でこのような径数表示ができればよい．

新たにできる境界上の積分は曲線の向きが反対となるため互いに打ち消すからである．

(2.32), (2.19)のように表示すれば，Stokes の公式は次のように書き表わすこともできる：

$$\int_C \{f_1 \mathrm{d}x + f_2 \mathrm{d}y + f_3 \mathrm{d}z\}$$

$$= \int_S \left\{ \left(\frac{\partial f_3}{\partial y} - \frac{\partial f_2}{\partial z} \right) \mathrm{d}y \mathrm{d}z + \left(\frac{\partial f_1}{\partial z} - \frac{\partial f_3}{\partial x} \right) \mathrm{d}z \mathrm{d}x + \left(\frac{\partial f_2}{\partial x} - \frac{\partial f_1}{\partial y} \right) \mathrm{d}x \mathrm{d}y \right\}. \tag{2.59}$$

Jacobi 行列(2.12)の階数が下がる場合の注意については§2.2に準ずる．　■

$\boldsymbol{v}(\boldsymbol{r})$ が流体の速度の場であるとき，rot $\boldsymbol{v}(\boldsymbol{r})$ を**渦度**という．また閉曲線 C についての線積分 $\int_C v(\boldsymbol{r})\cdot \mathrm{d}\boldsymbol{r}$ を C に沿っての(単位時間当りの)**循環**という．Stokes の公式は，C が向きづけられた曲面 S の境界として表わされるとき，C に沿っての循環は渦度の S 上の積分に等しいことを示している．

渦度 rot $\boldsymbol{v}=0$ となる流れを**渦なし**という．一方，発散 div $\boldsymbol{v}=0$ となる流れを**湧き出しなし**または**管状**(solenoidal)の流れという．

§2.7　ベクトル・ポテンシャル

$\boldsymbol{f}$ が C^2 級の成分をもつベクトル場の場合，簡単な計算で

$$\mathrm{div}\,\mathrm{rot}\,\boldsymbol{f}(\boldsymbol{r}) = 0 \tag{2.60}$$

となることがわかる．逆に，次の補題が成立する：

補題 2.3　各稜が座標軸に平行な直方体 V で定義された C^1 級のベクトル場 $\boldsymbol{f}(\boldsymbol{r})$ が

$$\mathrm{div}\,\boldsymbol{f}(\boldsymbol{r}) = 0 \tag{2.61}$$

をみたすならば，$\boldsymbol{f}(\boldsymbol{r})$ は V で定義された C^1 級のベクトル場 $\boldsymbol{a}(\boldsymbol{r})$ を用いて

$$\boldsymbol{f}(\boldsymbol{r}) = \mathrm{rot}\,\boldsymbol{a}(\boldsymbol{r}) \tag{2.62}$$

と表わされる．　□

このようなベクトル場 $\boldsymbol{a}(\boldsymbol{r})$ を $\boldsymbol{f}(\boldsymbol{r})$ の**ベクトル・ポテンシャル**という．

［証明］　(i)　$f_3 \equiv 0$ の場合．

$$P(\boldsymbol{r}) = -f_2(\boldsymbol{r}), \quad Q(\boldsymbol{r}) = f_1(\boldsymbol{r})$$

によって関数 $P(\boldsymbol{r}), Q(\boldsymbol{r})$ を定義すれば，平面 z=定数 上の2次元のベクトル場 $P(\boldsymbol{r})\boldsymbol{i}+Q(\boldsymbol{r})\boldsymbol{j}$ は Cauchy-Green の条件

$$\frac{\partial Q}{\partial x}-\frac{\partial P}{\partial y} = 0$$

をみたす．したがって，補題2.1と同様にして

$$P = \frac{\partial \Psi}{\partial x}, \quad Q = \frac{\partial \Psi}{\partial y}$$

となる関数 $\Psi(\boldsymbol{r})$ が V 上で存在することがわかる．そこで

$$\boldsymbol{a}(\boldsymbol{r}) = \Psi(\boldsymbol{r})\boldsymbol{k}$$

によってベクトル場 $\boldsymbol{a}(\boldsymbol{r})$ を定義すれば，(2.62)が成立する．

(ii) f_3 が一般の場合．x に関する不定積分により

$$f_3(\boldsymbol{r}) = \frac{\partial R(\boldsymbol{r})}{\partial x}$$

をみたす関数 $R(\boldsymbol{r})$ が作られる．このとき

$$\boldsymbol{f}(\boldsymbol{r})-\mathrm{rot}(R(\boldsymbol{r})\boldsymbol{j})$$

は(i)の条件をみたす． ■

同じ湧き出しなしのベクトル場 $\boldsymbol{f}(\boldsymbol{r})$ を表わすベクトル・ポテンシャル $\boldsymbol{a}(\boldsymbol{r})$ のとり方はいろいろある．スカラー・ポテンシャルの場合には，二つのポテンシャルの差は局所的には定数であったが，ベクトル・ポテンシャルの場合は，渦なしのベクトル場の差が許される．補題2.1が示すように，rot $\boldsymbol{a}=0$ から局所的に $\boldsymbol{a}=\mathrm{grad}\,\phi$ となるスカラー値関数 $\phi(\boldsymbol{r})$ が(定数の差を除いて一意的に)定まるから，1個の任意関数の自由度があるといってよい．上の補題の証明によれば，局所的には一つの成分 $a_1(\boldsymbol{r})\equiv 0$ となるベクトル・ポテンシャルが存在することもわかる．このような事情もあって大局的なベクトル・ポテンシャルの構成は一般にめんどうである．次の事実が知られている．

定理2.6 領域 V で定義された C^∞ 級のベクトル場 $\boldsymbol{f}(\boldsymbol{r})$ が，V 上で定義された C^∞ 級のベクトル・ポテンシャル $\boldsymbol{a}(\boldsymbol{r})$ を用いて(2.62)のように表わされるための必要十分条件は，V の中の任意の向きづけられた閉曲面 S に対して

$$\int_S \boldsymbol{f}(\boldsymbol{r})\cdot\boldsymbol{n}\,\mathrm{d}S = 0 \tag{2.63}$$

がなりたつことである. □

ここでSが**閉曲面**とは，有界な曲面であって境界がないことを意味する．このような曲面は必ず向きづけられることが知られている．

これが必要条件であることはStokesの公式からただちにわかる．境界Cが空なのであるから，その上でのベクトル・ポテンシャルの積分は0でなければならない．

十分条件であることは次節で述べるde Rhamの理論の主要な結論の一つである．これに対し本書で完全な証明を与えることはできないが，1931年に発表されたG. de Rhamの最初の論文に従い，その証明のアイディアを紹介しよう．

まず，閉曲面SがVの中の閉領域Dの境界である場合，条件(2.63)はGaussの公式により

$$\int_D \mathrm{div}\,\boldsymbol{f}\,\mathrm{d}V = 0$$

と同等である．これが任意のDについて成立するのであるから，div $\boldsymbol{f}=0$でなければならない．

次に，Gaussの公式の証明に用いたような1辺が2^{-n}の立方体の合併として表わされる閉部分領域V_nを考える．V_nを構成する立方体の頂点Pの近傍で補題2.3を用いて$\boldsymbol{f}=\mathrm{rot}\,\boldsymbol{a}$となるベクトル場$\boldsymbol{a}$を作り，Pの近傍では1であるが，他の頂点の近傍では0になるような，$\boldsymbol{a}$の定義域の中にコンパクトな台をもつC^∞級関数χを掛算した$\chi\boldsymbol{a}$を$\boldsymbol{a}_\mathrm{P}$とし，これをすべての頂点について加え合わせた$\sum\boldsymbol{a}_\mathrm{P}$を$\boldsymbol{a}_0$とする．$\boldsymbol{a}_0$は$V_n$の近傍で定義された$C^\infty$級ベクトル場であり，その回転rot $\boldsymbol{a}_0$は，すべての頂点Pの近傍で$\boldsymbol{f}$と一致する．

今度は，V_nを構成する立方体の各稜Iを考える．$\boldsymbol{f}-\mathrm{rot}\,\boldsymbol{a}_0$は$I$の端点の近傍で0となる湧き出しなしのベクトル場である．このようなベクトル場は，Iの近傍で，同じくIの端点で消えるベクトル場$\boldsymbol{a}$を用いてrot $\boldsymbol{a}$と表わすことができる．実際，Iの方向が$\boldsymbol{z}$軸と平行としたとき，補題2.3で構成したベクトル場$\boldsymbol{a}$はそのようになっている．その成分を計算する積分はx軸またはy軸に平行な線分の上の積分に限られているからである．頂点のときと同様，I

の近傍で1であるようなコンパクトな台の C^∞ 級関数 χ を掛けた $\chi\boldsymbol{a}$ を $\boldsymbol{a}_I$ とし，これをすべての稜 I に関してたし合せたものを $\boldsymbol{a}_1$ とする．$\boldsymbol{a}_1$ も V_n の近傍で定義された C^∞ 級ベクトル場であり，$\boldsymbol{f}-\mathrm{rot}(\boldsymbol{a}_0+\boldsymbol{a}_1)$ は V_n を構成する立方体のすべての稜の近傍で0となる．

次が最も肝腎な部分であるが，このベクトル場 $\boldsymbol{f}-\mathrm{rot}(\boldsymbol{a}_0+\boldsymbol{a}_1)$ が定理の条件をみたすことを用いて，V_n を構成する立方体の各面 S の近傍で定義され，その辺の近傍で0となるベクトル場 $\boldsymbol{a}$ であって $\mathrm{rot}\,\boldsymbol{a}$ が $\boldsymbol{f}-\mathrm{rot}(\boldsymbol{a}_0+\boldsymbol{a}_1)$ と一致するものを構成する．この部分の de Rham の証明は，多面体複体のホモロジー群に関する Poincaré の双対定理に基づいており，残念ながらここで再現することはできない．これができれば，これまで同様，S の近傍で1となる小さな台をもつ C^∞ 級関数を掛けて $\boldsymbol{a}_S$ を作り，$\boldsymbol{a}_2=\sum\boldsymbol{a}_S$ とする．

このとき，$\boldsymbol{f}-\mathrm{rot}(\boldsymbol{a}_0+\boldsymbol{a}_1+\boldsymbol{a}_2)$ は V_n を構成する各立方体 C の面の近傍で0となる，湧き出しなしのベクトル場となる．これが C 上，同じく表面の近傍で0となるベクトル場 $\boldsymbol{a}$ の回転 $\mathrm{rot}\,\boldsymbol{a}$ となることは，比較的容易に証明することができる．

このようにして，V_n の近傍上で定義されたベクトル場 $\boldsymbol{a}$ を用いて $\boldsymbol{f}=\mathrm{rot}\,\boldsymbol{a}$ となることがわかる．はじめの定義域 V 上でこのようなベクトル場 $\boldsymbol{a}$ が存在することを示すには，各 V_n で作ったベクトル場 $\boldsymbol{a}$ が，V_n が単調に増大して V に近づくとき，C^∞ 級ベクトル場として収束するようにとれることを示さなければならない．各 V_n で上のベクトル場 $\boldsymbol{a}_0, \boldsymbol{a}_1$ を作る過程は n と無関係にできる．難しいのは $\boldsymbol{a}_2$ の構成である．V のコンパクト集合 K を任意にとったとき，十分 n を大きくすれば，$\boldsymbol{a}_2$ が K 上一定にとれることを示せばよいが，これには Poincaré の双対定理の証明をこの目的に合うよう注意深く行っておく必要がある．■

湧き出しなしのベクトル場 $\boldsymbol{f}$ は必ずしも定理2.6の条件(2.63)をみたさない．重力ないしは Coulomb 力のポテンシャル $V=-|\boldsymbol{r}|^{-1}$ の勾配として表わされるベクトル場

$$\boldsymbol{f}(\boldsymbol{r}) = \frac{\boldsymbol{r}}{|\boldsymbol{r}|^3} \tag{2.64}$$

は原点O以外で定義された C^∞ 級のベクトル場であって，容易な計算により

$$\operatorname{div} \boldsymbol{f} = \operatorname{div} \operatorname{grad}\left(-\frac{1}{|\boldsymbol{r}|}\right) = \Delta\left(-\frac{1}{|\boldsymbol{r}|}\right) = 0$$

となることがわかる．ここで Δ は **Laplace 作用素**

$$\Delta = \frac{\partial^2}{\partial x^2}+\frac{\partial^2}{\partial y^2}+\frac{\partial^2}{\partial z^2} \tag{2.65}$$

を表わす．

S を向きづけられた曲面とするとき，積分

$$\int_S \frac{\boldsymbol{r}}{|\boldsymbol{r}|^3}\cdot\boldsymbol{n}\,\mathrm{d}S \tag{2.66}$$

は，S を原点から見て単位球に射影した像 S_1 の向きづけられた曲面としての面積の意味をもつ．実際，$S, -S_1$ および S の境界と S_1 の境界を結ぶ原点からの射線からなる面 R で囲まれた領域 V で Gauss の公式を適用すれば，R での法線は射線の方向 $\boldsymbol{r}$ と直交することより，R 上の積分の寄与はなく，

$$\int_S \frac{\boldsymbol{r}}{|\boldsymbol{r}|^3}\cdot\boldsymbol{n}\,\mathrm{d}S = \int_{S_1} \frac{\boldsymbol{r}}{|\boldsymbol{r}|^3}\cdot\boldsymbol{n}\,\mathrm{d}S = \int_{S_1} \operatorname{sign} \boldsymbol{r}\cdot\boldsymbol{n}\,\mathrm{d}S$$

となる．これを S を原点から見たときの(Gauss の)**立体角**という．

特に，S として原点を内部に含む球面をとれば，外向きの法線によって向きづけたとき，その立体角は単位球面の面積 4π に等しい．したがって，(2.64)で定義されるベクトル場 $\boldsymbol{f}$ を原点を除く全空間 $E^3\setminus\{0\}$ 上で rot $\boldsymbol{a}$ として表わすことはできない．

定理 2.6 は，任意の領域 V で定義された湧き出しなしのベクトル場がベクトル・ポテンシャルをもつための必要十分条件を与えたが，次の定理は定理 2.3 に相当して，領域 V 上の湧き出しなしのベクトルが常にベクトル・ポテンシャルをもつために領域 V がみたすべき条件を与える．

定理 2.7 3 次元ユークリッド空間 E^3 の中の領域 V で定義された C^∞ 級のベクトル場 $\boldsymbol{f}(\boldsymbol{r})$ が $\operatorname{div} \boldsymbol{f}(\boldsymbol{r})=0$ をみたすとき，常にある C^∞ 級のベクトル場 $\boldsymbol{a}(\boldsymbol{r})$ が V 上に存在して $\boldsymbol{f}(\boldsymbol{r})=\operatorname{rot} \boldsymbol{a}(\boldsymbol{r})$ と表わされるための必要十分条件は，V が穴をもたないこと，すなわち，V の補集合 $E^3\setminus V$ がコンパクトな連結成分をもたないことである． □

V が穴 K をもつ場合，K の中の 1 点 $\boldsymbol{p}$ をとり，$\boldsymbol{p}$ からみた立体角を測るベクトル場 $(\boldsymbol{r}-\boldsymbol{p})/|\boldsymbol{r}-\boldsymbol{p}|^3$ をとれば，これは V 上ベクトル・ポテンシャルをも

てない．K から V の K 以外の境界までの距離を δ とするとき，E^3 全体を1辺が $\delta/4$ の立方体の和として表わし，K と交わる立方体に対しその中心から2倍に拡大した立方体を作り，それらの合併として表わされる図形 D の境界を S とすれば，S は V に含まれる閉曲面であって，上のベクトル場の S 上の積分は 4π となるからである．D は1辺が $\delta/4$ の立方体の単純な合併となり，S 上の積分はこれらの立方体の境界上の積分の和に等しい．あとの積分は $\boldsymbol{p}$ が内部に含まれるか否かによって 4π あるいは0となる．

十分性を証明するには，定理2.6により任意の閉曲面 S 上の積分が0になることを示せばよい．S がある閉領域の境界となっている場合はGaussの公式によりこれは成立する．したがって，V が定理の条件をみたすとき，V の中の任意の向きづけられた閉曲面 S がある閉部分領域 D の境界になっていることが示されれば，証明できたことになる．これは普通Alexanderの双対定理と呼ばれる位相幾何学の結果から導くのであるが，V の補集合の形状に何も条件を付けないときはAlexanderの双対定理そのものの証明が難しくなる．

ここでは，解析学を用いた別証明のあらすじを述べるに留めよう．Ω^0, Ω^3 を V 上の C^∞ 級関数全体のなす線形空間，Ω^1, Ω^2 を V 上の C^∞ 級ベクトル場全体のなす線形空間とする．これらにL. Schwartsの超関数論のように各成分の各導関数が V の各コンパクト集合上一様収束するとき収束するとして位相を入れる．C_0, C_3 を V 上のコンパクト台の超関数全体のなす線形空間，C_1, C_2 を V 上のコンパクト台の超関数を成分とするベクトル場全体の線形空間とする．Ω^i と C_i は互いに他の空間上の連続線形汎関数全体となっている．C_i はde Rhamのいう i 次元の**カレント**の空間である．これらの空間の間には，Ω^i と C_i の間の双対関係の他，次のような連続線形写像grad, rot, divが定まっている：

$$\begin{array}{ccccccc} \Omega^0 & \xrightarrow{\text{grad}} & \Omega^1 & \xrightarrow{\text{rot}} & \Omega^2 & \xrightarrow{\text{div}} & \Omega^3 \\ \updownarrow & & \updownarrow & & \updownarrow & & \updownarrow \\ C_0 & \xleftarrow{-\text{div}} & C_1 & \xleftarrow{\text{rot}} & C_2 & \xleftarrow{-\text{grad}} & C_3 \end{array} \tag{2.67}$$

ここで上，下の線形写像は次のような意味で互いの双対写像となっている．

$$\int \text{grad}\, f \cdot \boldsymbol{c}\, \mathrm{d}V = \int f(-\text{div}\, \boldsymbol{c})\, \mathrm{d}V, \quad f \in \Omega^0, \boldsymbol{c} \in C_1 \tag{2.68}$$

$$\int \mathrm{rot}\, \boldsymbol{f}\cdot \boldsymbol{c}\, \mathrm{d}V = \int \boldsymbol{f}\cdot \mathrm{rot}\, \boldsymbol{c}\, \mathrm{d}V, \quad \boldsymbol{f} \in \Omega^1, \boldsymbol{c} \in C_2 \tag{2.69}$$

$$\int \mathrm{div}\, \boldsymbol{f}\cdot c\, \mathrm{d}V = \int \boldsymbol{f}\cdot (-\mathrm{grad}\, c)\, \mathrm{d}V, \quad \boldsymbol{f} \in \Omega^2, c \in C_3. \tag{2.70}$$

われわれの目的は(2.66)の上の行が Ω^2 の位置で**完合的**(exact)であること，すなわち，div を施して消える $\boldsymbol{f} \in \Omega^2$ は rot の像 rot $\boldsymbol{a}$, $\boldsymbol{a} \in \Omega^1$，と書けることである．関数解析を用いれば，これは下の行が C_2 の位置で完合的であることと，rot の値域が C_1 の中の閉部分空間になることに帰着される．

C_2, C_3 を V の中にコンパクトな台をもつ C^∞ 級の関数を成分とするベクトル場および同様の関数の空間とするとき，はじめの条件は V の仮定よりただちに従う．すなわち，$\boldsymbol{c}$ をコンパクトな台をもつ C^∞ 級ベクトル場であって，rot $\boldsymbol{c}=0$ をみたすとする．補題 2.1 をそこでの領域 V を E^3 全体として適用すれば，E^3 全体で定義された C^∞ 級の関数 $\varphi(\boldsymbol{r})$ があり，$\boldsymbol{c}=\mathrm{grad}\,\varphi$ となることがわかる．積分(2.38)の起点 $\boldsymbol{r}_0$ を十分遠方にとっておけば，φ の台は E^3 の中でコンパクトとなる．さらに，$E^3\setminus V$ がコンパクトな連結成分をもたないという V に対する仮定より，φ の台は V の中でもコンパクトであることがわかる．$\boldsymbol{c}$ に φ を対応させる写像が超関数の位相に関して連続であることにより，この結果は $\boldsymbol{c}$ がコンパクト台の超関数を成分とするベクトル場の場合にまで拡張される．

rot(C_2) が C_1 の中で閉じていることは，次節で述べるホモロジー群 $H_1(V)$ がたかだか可算次元であることから従うのであるが，ここではその詳細に立ち入らない． ∎

平面領域 V については単連結と $E^2\setminus V$ がコンパクトな連結成分をもたないことが同等であるが，3 次元領域に対する定理 2.7 の条件は単連結性と独立である．V が C^∞ 級の可縮領域，すなわち $[0,1]\times V$ から V への C^∞ 級写像 $\boldsymbol{u}(t,\boldsymbol{r})$ が存在し，$\boldsymbol{u}(0,\boldsymbol{r})=\boldsymbol{r}$, $\boldsymbol{u}(1,\boldsymbol{r})=\boldsymbol{r}_0$ 一定がなりたつとき，この二つの条件は共に成立する．この場合の定理 2.3 と 2.7 の結論の証明は，後に第 4 章で与える．

図式(2.67)において，同方向の線形写像を続けて二度施した

$$\mathrm{rot}\,\mathrm{grad} = 0, \quad \mathrm{div}\,\mathrm{rot} = 0 \tag{2.71}$$

はすでに示したことである．さらに，上下の空間を同一視し，上の写像で行って下の写像で帰ったものと下の写像で行って上の写像で帰ったものの和が，各成分の-1倍にLaplace作用素Δを施したものになることに注意する．すなわち，次の恒等式が成立する：

$$\mathrm{div}\,\mathrm{grad} = \Delta, \tag{2.72}$$

$$\mathrm{grad}\,\mathrm{div} - \mathrm{rot}\,\mathrm{rot} = \Delta. \tag{2.73}$$

ここでは詳しい証明を与えないが，任意の領域$V \subset E^3$上の任意のC^∞級ベクトル場$\boldsymbol{f}$に対し

$$\Delta \boldsymbol{u} = \boldsymbol{f} \tag{2.74}$$

となるV上のC^∞級のベクトル場$\boldsymbol{u}$が存在する．これに(2.73)を適用すれば，任意のベクトル場$\boldsymbol{f}$が

$$\boldsymbol{f} = \mathrm{grad}\,\mathrm{div}\,\boldsymbol{u} - \mathrm{rot}\,\mathrm{rot}\,\boldsymbol{u} \tag{2.75}$$

と表わせる．ここでgrad div $\boldsymbol{u}$は渦なしのベクトル場であり，rot rot $\boldsymbol{u}$は湧き出しなしのベクトル場である．この事実を**Helmholtzの定理**という．このとき$-\mathrm{div}\,\boldsymbol{u}$および$-\mathrm{rot}\,\boldsymbol{u}$をそれぞれベクトル場$\boldsymbol{f}$の**ポテンシャル**および**ベクトル・ポテンシャル**ということがある．

ベクトル場$\boldsymbol{f}$がE^3全体で定義され，かつ遠方で十分速く0に収束するならば，**Poisson方程式**(2.74)の解$\boldsymbol{u}$の一つは積分

$$\boldsymbol{u}(\boldsymbol{r}) = \frac{-1}{4\pi}\int \frac{1}{|\boldsymbol{r}-\boldsymbol{r}'|}\boldsymbol{f}(\boldsymbol{r}')\mathrm{d}V' \tag{2.76}$$

で与えられる．一般にはこの積分が発散するので，Vをとりつくすコンパクト集合の増大列K_nをとり，K_nの上でのみ積分した式(2.76)の積分$\boldsymbol{u}_n$から適当にV上の調和関数からなるベクトル場$\boldsymbol{h}_n$を引き去り，$\boldsymbol{u}_n - \boldsymbol{h}_n$があるベクトル場$\boldsymbol{u}$に収束するようにして，Poisson方程式の解$\boldsymbol{u}$を構成する． ∎

Poisson方程式(2.74)の解uの存在は，もちろんfがスカラー値C^∞級関数のときもなりたつので，V上の任意のC^∞級関数$f(\boldsymbol{r})$はC^∞級関数$u(\boldsymbol{r})$を用いて

$$f = \mathrm{div}\,\mathrm{grad}\,u \tag{2.77}$$

と表わすことができる．

§2.8　ホモロジー群とコホモロジー群

§2.5では，3次元ユークリッド空間 E^3 の中の領域 V で定義されたベクトル場 $\boldsymbol{f}(\boldsymbol{r})$ が，V 上のある関数 $\Phi(\boldsymbol{r})$ の勾配 $\mathrm{grad}\,\Phi(\boldsymbol{r})$ と表わされるための必要十分条件は(2.41)であり，このとき $\mathrm{rot}\,\boldsymbol{f}(\boldsymbol{r})=0$，かつ V が単連結領域ならばこれが十分条件になることを示した．前節§2.7の結果もこれに似ていて，$\boldsymbol{f}(\boldsymbol{r})=\mathrm{rot}\,\boldsymbol{a}(\boldsymbol{r})$ と表わされるための必要十分条件は(2.63)であり，このとき $\mathrm{div}\,\boldsymbol{f}(\boldsymbol{r})=0$，かつ領域 V の余集合がコンパクトな連結成分をもたなければこれが十分条件になる．

この節では，領域 V が一般の場合，$\mathrm{rot}\,\boldsymbol{f}(\boldsymbol{r})=0$ をみたすベクトル場 $\boldsymbol{f}(\boldsymbol{r})$ の積分(2.41)，および $\mathrm{div}\,\boldsymbol{f}(\boldsymbol{r})=0$ をみたすベクトル場 $\boldsymbol{f}(\boldsymbol{r})$ の積分(2.63)についての de Rham の理論のあらましを述べる．

まず，$\boldsymbol{f}(\boldsymbol{r})$ が $\mathrm{rot}\,\boldsymbol{f}(\boldsymbol{r})=0$ をみたす渦なしベクトル場の場合を考える．このベクトル場の閉曲線 C に沿っての積分(2.41)，すなわち

$$\oint_C \boldsymbol{f}(\boldsymbol{r})\cdot\mathrm{d}\boldsymbol{r} \tag{2.78}$$

は必ずしも0でないが，ここではこれを閉曲線 C の関数として考える．

二つの閉曲線 C_0 と C_1 が互いに**ホモトープ**とは，C_0 を V の中で連続的に変形して C_1 に変えることができること，すなわち，$I\times I$ から V への連続写像 $\boldsymbol{C}(p,q)$ であって次の条件をみたすものが存在することをいう：

$$\begin{cases} \boldsymbol{C}(p,0), & 0\leqq p\leqq 1, \quad \text{は } C_0 \text{ の方程式} \\ \boldsymbol{C}(0,q)=\boldsymbol{C}(1,q), & 0\leqq q\leqq 1 \\ \boldsymbol{C}(p,1), & 0\leqq p\leqq 1, \quad \text{は } C_1 \text{ の方程式.} \end{cases} \tag{2.79}$$

定理2.3の証明は C_1 が1点に退化する場合であるが，まったく同じ証明で，このとき

$$\oint_{C_0} \boldsymbol{f}(\boldsymbol{r})\cdot\mathrm{d}\boldsymbol{r}=\oint_{C_1} \boldsymbol{f}(\boldsymbol{r})\cdot\mathrm{d}\boldsymbol{r} \tag{2.80}$$

がなりたつことがわかる．

閉曲線が互いにホモトープであるという関係は，容易に示されるように，同

値律をみたす．この同値関係によって類別した類を閉曲線の**ホモトピー類**という．上の結果は積分(2.78)が閉曲線 C のホモトピー類のみによって定まることを示している．単連結領域ではこのホモトピー類がただ一つしかなく，1点のみからなる閉曲線を含むから，積分は常に0である．これが定理2.3の内容であった．

ところで，等式(2.80)がなりたつために C_0, C_1 がみたすべき同値条件はもっとゆるめることができる．もし，S が V の中の向きづけられた曲面であって，その境界が C_0 を逆向きに向きづけた閉曲線と C_1 の和となっているならば，Stokesの公式により

$$\int_{C_1} \boldsymbol{f}\cdot\mathrm{d}\boldsymbol{r} - \int_{C_0} \boldsymbol{f}\cdot\mathrm{d}\boldsymbol{r} = \int_S \mathrm{rot}\ \boldsymbol{f}\cdot\boldsymbol{n}\,\mathrm{d}S = 0$$

となる．さらに一般に上のホモトピー不変性を含む形にするならば，V とは別に，二つの円周 $-I_0$ と I_1 を境界とする向きづけられた曲面 S があり S から V への連続写像であって，I_0 の像が C_0，I_1 の像が C_1 となるものがあればよい．C_0 と C_1 がホモトープとは，茶筒状の曲面 $S^1\times I$ が S の役割を果たすことである(図2.7)．

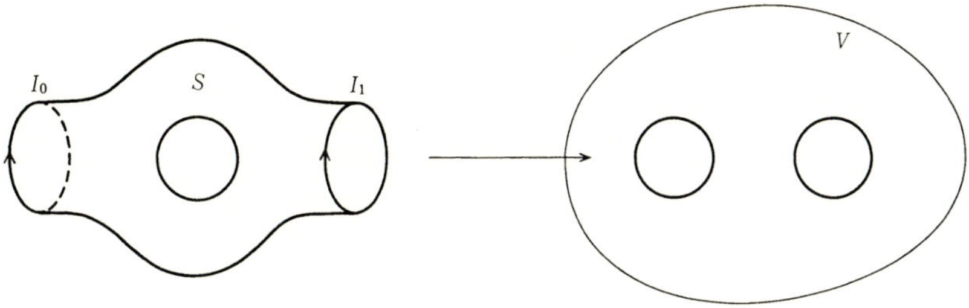

図2.7　差が曲面の境界となる場合

以上では曲面 S の定義が必ずしも明確でないが，これをより厳密に抽象的に定義して得られる C_0 と C_1 の関係がホモローグの関係である．

ホモローグの定義をするため，まず，V における各次元の**鎖**(chain)の定義をする．簡単のため係数環として実数体 $\mathbf{R}$ をとる．

0次元の鎖とは，V の点 P_i に抽象的に実数 a_i を掛けたもの有限個の和

$$a_1P_1+a_2P_2+\cdots+a_nP_n \tag{2.81}$$

のことである．二つの0次元の鎖の和とは，各点の係数を加えて得られる鎖である．(2.81)の鎖が0とはどの二つの点 P_i も互いに異なるように簡約したとき，それぞれの係数が0となることをいう．

1次元の鎖とは，V の中の向きづけられた曲線 C_i に実数 b_i を掛けたもの有限個の和

$$b_1C_1+\cdots+b_nC_n \tag{2.82}$$

である．ここで向きづけられた曲線 C_i の定義としては実はさまざまなものを取り得る．最も頑固な定義は，単位区間 I から V への連続写像一つ一つをそれぞれ一つの向きづけられた曲線とするものである．しかし，普通は径数表示の違いは無視して，連続写像 $C: I\to V$ が定義する曲線と，I における順序を変えない同相写像 $\iota: I\to I$ を結合させた $\boldsymbol{C}\circ\iota: I\to V$ が定義する曲線とを同一視する．さらに，連続写像 $\boldsymbol{C}: I\to V$ も C^∞ 級のものに限るとき，あるいは1次写像に限るときがある．このように曲線の定義をかえれば，当然，鎖の定義も変わるのであるが，最終的にホモロジー群にまで至ればこれらの差違はなくなることが知られている．

最も頑固な立場をとるのではない場合，曲線 C を定義する連続関数 $\boldsymbol{C}: I\to V$ の径数の順序を変えた連続関数 $\boldsymbol{C}(p)=\boldsymbol{C}(1-p)$ で定義される曲線 C' を C の向きを逆転した曲線といい，$-C$ で表わす．1次元の鎖の和の定義は0次元の場合に準ずる．ただし，向きを逆転した曲線 $-C$ はもとの曲線 C の -1 倍と見做す．

2次元の鎖も上と同様 V の中の向きづけられた曲面 S_i の実係数の1次結合

$$a_1S_1+\cdots+a_nS_n \tag{2.83}$$

と定義する．もととなる曲面 S としては，3角形

$$\varDelta^2=\{(p,q)\in\mathbf{R}^2\,;\,p\geqq 0,\,q\geqq 0,\,p+q\leqq 1\} \tag{2.84}$$

から V の中への連続写像，または $\varDelta^2$ における向きを変えない同相写像を右から施した相異を無視して得られる連続写像の類をとる．連続写像を C^∞ 級写像あるいは1次写像に制限することがあるのも上と同様である．このとき $\varDelta^2$ の向きを変えない同相写像とは Jacobi 行列式が正となる同相写像のことである．向きを変える同相写像を右から施した曲面を S の向きを逆転させた曲面といい，$-S$ で表わすことも1次元の場合と同様である．

3角形にかえて4面体

$$\Delta^3 = \{(p, q, r) \in \mathbf{R}^3 ; p \geqq 0, q \geqq 0, r \geqq 0, p+q+r \leqq 1\} \quad (2.85)$$

をとれば**3次元の鎖**が定義される．2次元以上の鎖の定義で Δ^2, Δ^3 に代えて正方形 I^2，立方体 I^3 をとることもできるが，次に述べる境界の定義が複雑になるのでここでは考えない．

領域 V における i 次元の鎖全体のなす集合を $C_i(V)$ と書く．$C_i(V)$ は上で定義した加法と，すべての係数に一斉に乗数を掛ける乗法によって実数体 $\mathbf{R}$ 上の無限次元の線形空間をなす．これに対して，**境界作用素**と呼ばれる次元を1下げる線形作用素 $\partial : C_i(V) \to C_{i-1}(V)$ を次のように定義する：

1次元の鎖(2.82)に対しては

$$\begin{aligned}\partial(a_1C_1+\cdots+a_nC_n) &= a_1\partial C_1+\cdots+a_n\partial C_n \\ &= a_1C_1(1)-a_1C_1(0)+\cdots+a_nC_n(1)-a_nC_n(0).\end{aligned}$$

ここで，$C_i(0)$ および $C_i(1)$ は C_i の起点および終点を表わす．すなわち，曲線 C_i が，連続写像 $\boldsymbol{C} : I \to V$ によって表わされるとき，$C_i(0) = \boldsymbol{C}(0)$，$C_i(1) = \boldsymbol{C}(0)$ とする．これが曲線 C_i の径数表示によらないことは明らかである．

2次元の鎖の場合，S が(2.84)で定義される3角形 Δ^2 から V の中への連続写像 $\boldsymbol{S}(p, q)$ で代表される向きづけられた曲面であるとき，S の境界 ∂S を，Δ^2 の境界を三つに分けて $\boldsymbol{S}(p, q)$ をそれぞれに制限して得られる曲線の和

$$\partial S = C_1+C_2+C_3$$

と定義する．ここで，C_1, C_2, C_3 は，径数 p が単位区間 I を動くとき，それぞれ連続写像 $\boldsymbol{S}(p, 0), \boldsymbol{S}(1-p, p), \boldsymbol{S}(0, 1-p)$ で代表される曲線である(図2.8)．

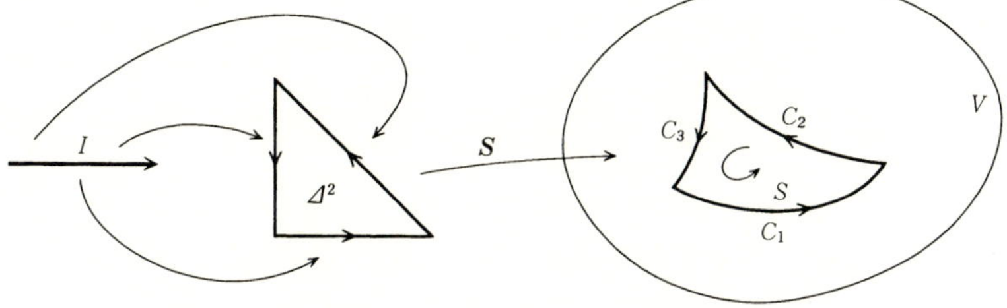

図2.8　2次元鎖の境界作用素

鎖(2.83)に対しては

$$\partial(a_1S_1+\cdots+a_nS_n) = a_1\partial S_1+\cdots+a_n\partial S_n$$

で定義する．

3次元の鎖に対する境界の定義も同様である．(2.85)で定義される4面体 Δ^3 は四つの3角形からなる境界をもつから，D が連続写像 $\boldsymbol{D}:\Delta^3\to V$ で代表される向きづけられた閉領域のとき，その境界 ∂D を $\boldsymbol{D}$ を四つの3角形に制限した写像で代表される曲面の和として定義する．このとき，Δ^3 の境界面の向きづけは，境界面の第1座標の方向ベクトル，第2座標の方向ベクトルと外向きの法線ベクトルが右手系をなすようにきめる(図2.9)．

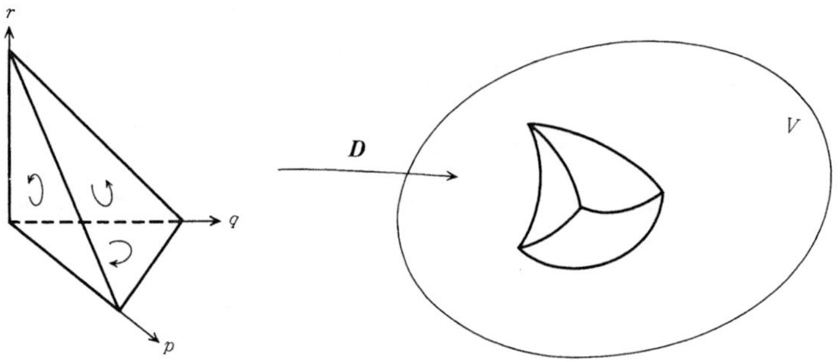

図 **2.9** 3次元鎖の境界作用素

境界作用素 ∂ を施して $\partial c=0$ となる鎖を**輪**(cycle)という．1次元のときは閉曲線の1次結合，2次元の場合は閉曲面の1次結合となることに他ならない．1次元高い鎖 c に境界作用素を施した ∂c の形に表わされる鎖を**境界**(boundary)という．境界作用素を二度続けて施すと常に $\partial^2 c=0$ となるから，すべての境界は輪である．

単連結領域では1次元の輪はすべて境界の形に表わせる．また，3次元の穴をもたない領域では，2次元の輪はすべて境界である．これらの条件をみたさない領域では境界として表わせない輪がある．このくいちがいをホモロジー群という．もう少し正確に述べるならば，

$$Z_i(V) = \{c\in C_i(V)\,;\,\partial c=0\} \tag{2.86}$$

$$B_i(V) = \{\partial c\,;\,c\in C_{i+1}(V)\} \tag{2.87}$$

をそれぞれ i 次元の輪全体の線形空間および i 次元の境界全体の線形空間とするとき，商線形空間

$$H_i(V) = Z_i(V)/B_i(V) \tag{2.88}$$

を V の i 次元の**ホモロジー群**と定義する．特に，鎖の空間 $C_i(V)$ の基底として，$\{0\}, I, \varDelta^2, \varDelta^3$ からの任意の連続写像をとったことを明確にするためにはこれを i 次元の**特異ホモロジー群**という．なお，鎖の定義の際実数を係数としたことを明示するには，このホモロジー群を**実係数ホモロジー群**といい，$H_i(V, \mathbf{R})$ と書く．

二つの輪 c_1 と c_2 の差 c_1-c_2 が境界であるとき，c_1 と c_2 は互いに**ホモローグ**であるという．ホモローグの関係は同値関係であり，この同値類が**ホモロジー類**である．ホモロジー類の間には輪ないしは鎖の演算から自然に定まる加法およびスカラー乗法が定義できる．これらの演算をもつ i 次元のホモロジー類全体の線形空間が i 次元のホモロジー群 $H_i(V)$ である．

われわれは係数として実数全体を許したので，輪の空間 $Z_i(V)$，境界の空間 $B_i(V)$ は実数体上の線形空間であり，$Z_i(V)$ は $B_i(V)$ を線形部分空間として含む．したがって，$Z_i(V)$ の中には，線形部分空間 $\bar{H}_i(V)$ があり，$Z_i(V)$ は $B_i(V)$ と $\bar{H}_i(V)$ の直和 $B_i(V) \oplus \bar{H}_i(V)$ として表わすことができる．このとき，商空間 $H_i(V)$ は $\bar{H}_i(V)$ と線形空間として同型であるので，$\bar{H}_i(V)$ を i 次元ホモロジー群と見做すこともできる．$\bar{H}_i(V)$ の線形空間としての基底 $c^i{}_j(\in Z_i(V))$ を**基本輪**という．

ところで，以上の境界作用素，ホモロジー群の定義は，上で最も頑固な立場といった $\varDelta^i$ からの任意の連続写像の1次結合という鎖の定義をとるときはよいが，より柔軟に，向きづけられた曲面，閉領域の1次結合として鎖を定義するときは問題が生ずる．同じ曲面 S に対し二つの径数表示をしたとき，上の境界の定義は径数のとり方に依存しているので，∂S は二つの異なる表示をもつ．これらは直観的には等しいのであるが，これが1次元下った鎖の空間の中で等しいことを厳密に表現しようとすれば，二つの径数表示に応じ，$\varDelta^2$ の境界を最大六つの線分に分けて，それぞれの線分の上では1次元の変数変換によって同一視するという手続きをふまなければならない．3次元の鎖では，$\varDelta^3$ の境界を二つの径数表示に応じて独立に四つの3角形に分けたとき，双方の共通の分割は無限個になり得る．したがって，2次元の鎖の空間では無限和も許さなければ境界 ∂c の同一性が定義できないことになってしまう．

このような技術的な困難さのために，普通は向きづけられた曲面，閉領域の1次結合として鎖を定義することはしない．しかし，具体的な領域 V のホモロジー群を計算しようとするときは，柔軟な定義の方がはるかに便利である．この目的のためには，$\varDelta^i$ からの写像を1次写像に限ってもよい．このときには上の無限和の困難は現われない．さらに，V を Gauss の公式の証明に使ったように，立方体の無限和に表わし，各立方体を六つの4面体に分割し，鎖として $\varDelta^i$ からこれらの4面体の頂点，稜，面および4面体自身の上への1次写像のみの1次結合をとることもできる．このように鎖を減らしても最終的に定義されるホモロジー群は同じになる．i 次元空間の中の $i+1$ 面体 $\varDelta^i$ は最も単純な多面体であるので**単体**と総称する．V を単体の和に分けることを単体分割といい，これによって計算するホモロジー群を**単体的ホモロジー群**という．

ホモロジー群ははじめ H. Poincaré (1895, 99年)により単体的ホモロジー群として定義されたが，これが単体分割に依存しないことを証明するには長い時間がかかった．種々のホモロジー理論がすべて同型となることは最終的には1945年 S. Eilenberg と N. E. Steenrod が証明した．この証明は代数的位相幾何学の教科書を見られたい．

ホモロジー群と双対的な概念がコホモロジー群である．これにもさまざまな定義があり，それらがすべて同型となるのであるが，ここでは de Rham のコホモロジー群のみについて解説する．

はじめに，定理2.7の証明に用いた C^∞ 級関数および C^∞ 級ベクトル場の空間 $\Omega^i(V)$ と連続線形写像 grad，rot，div を少々違った言葉を用いて復習する．まず，

$$\Omega^0(V) = \{f(\boldsymbol{r}) \in C^\infty(V)\} \tag{2.89}$$

は V 上の普通の C^∞ 級関数全体の空間である．前節での Ω^1 は V 上の C^∞ 級ベクトル場

$$\boldsymbol{f}(\boldsymbol{r}) = f_1(\boldsymbol{r})\boldsymbol{i} + f_2(\boldsymbol{r})\boldsymbol{j} + f_3(\boldsymbol{r})\boldsymbol{k} \tag{2.90}$$

全体の空間であったが，同じベクトル場を

$$\boldsymbol{f}(\boldsymbol{r}) = f_1(\boldsymbol{r})\mathrm{d}x + f_2(\boldsymbol{r})\mathrm{d}y + f_3(\boldsymbol{r})\mathrm{d}z \tag{2.91}$$

と書き，V 上の C^∞ 級の**1次微分形式**という．そして

$$\Omega^1(V) = \{f_1(\boldsymbol{r})\mathrm{d}x + f_2(\boldsymbol{r})\mathrm{d}y + f_3(\boldsymbol{r})\mathrm{d}z \,;\, f_i(\boldsymbol{r}) \in C^\infty(V)\} \tag{2.92}$$

と定義する．

$f \in \Omega^0(V)$ に対してその**全微分**を

$$\mathrm{d}f(\boldsymbol{r}) = \frac{\partial f}{\partial x}\mathrm{d}x + \frac{\partial f}{\partial y}\mathrm{d}y + \frac{\partial f}{\partial z}\mathrm{d}z \tag{2.93}$$

によって定義し，これを1次微分形式と見做す．これを(2.91)と(2.90)の同一視によってベクトル場と同一視すれば

$$\mathrm{d}f = \mathrm{grad}\, f, \quad f \in \Omega^0(V) \tag{2.94}$$

となることに注意する．

次に，(2.90)で与えられるベクトル場 $\boldsymbol{f}(\boldsymbol{r})$ を

$$\boldsymbol{f}(\boldsymbol{r}) = f_1(\boldsymbol{r})\mathrm{d}y\mathrm{d}z + f_2(\boldsymbol{r})\mathrm{d}z\mathrm{d}x + f_3(\boldsymbol{r})\mathrm{d}x\mathrm{d}y \tag{2.95}$$

とも書き，C^∞ 級の**2次微分形式**という．この全体を

$$\Omega^2(V) = \{f_1\mathrm{d}y\mathrm{d}z + f_2\mathrm{d}z\mathrm{d}x + f_3\mathrm{d}x\mathrm{d}y\,;\, f_i \in C^\infty(V)\} \tag{2.96}$$

で表わす．

最後に，C^∞ 級関数 $f(\boldsymbol{r})$ を**3次微分形式**

$$f(\boldsymbol{r})\mathrm{d}x\mathrm{d}y\mathrm{d}z \tag{2.97}$$

と同一視し，この全体を

$$\Omega^3(V) = \{f(\boldsymbol{r})\mathrm{d}x\mathrm{d}y\mathrm{d}z\,;\, f(\boldsymbol{r}) \in C^\infty(V)\} \tag{2.98}$$

と書く．

以上からわかるように，一般に**微分形式**とは関数と関数の全微分のいくつかの積の1次結合である．積に対して，結合則と関数との積に対する可換則はなりたつが，関数 f, g の全微分 $\mathrm{d}f, \mathrm{d}g$ どうしでは反可換則

$$\mathrm{d}f\mathrm{d}g + \mathrm{d}g\mathrm{d}f = 0 \tag{2.99}$$

がなりたつとする．さらに，全微分の公式(2.93)を認める．これから，微分形式は関数と $\mathrm{d}x, \mathrm{d}y, \mathrm{d}z$ の積の1次結合になることがわかる．(2.99)より $\mathrm{d}x\mathrm{d}x = \mathrm{d}y\mathrm{d}y = \mathrm{d}z\mathrm{d}z = 0$ となるから，すべての微分形式はどれかの $\Omega^i(V)$ に入る項の和として表わすことができる．

全微分

$$\mathrm{d} : \Omega^0(V) \to \Omega^1(V)$$

はすでに定義したが，$i \geqq 1$ に対し**外微分**とよばれる線形写像

$$\mathrm{d} : \Omega^i(V) \to \Omega^{i+1}(V) \tag{2.100}$$

を，f が C^∞ 級の関数，ω が全微分の積として表わされている微分形式のとき，

$$\mathrm{d}(f\omega) = \mathrm{d}f\omega \tag{2.101}$$

として定義する．特に，

$$\mathrm{d}^2 = 0 \tag{2.102}$$

がなりたつ．簡単な計算で

$$\mathrm{d}\boldsymbol{f} = \mathrm{rot}\ \boldsymbol{f},\quad f \in \Omega^1(V) \tag{2.103}$$

$$\mathrm{d}\boldsymbol{f} = \mathrm{div}\ \boldsymbol{f},\quad f \in \Omega^2(V) \tag{2.104}$$

となることがわかる．これにより定理 2.7 の証明に用いた図式(2.67)は

$$0 \to \Omega^0(V) \xrightarrow{\mathrm{d}} \Omega^1(V) \xrightarrow{\mathrm{d}} \Omega^2(V) \xrightarrow{\mathrm{d}} \Omega^3(V) \xrightarrow{\mathrm{d}} 0 \tag{2.105}$$

と書き改められる．ここで 0 は 0 のみからなる線形空間を表わす．

これはホモロジー群を定義したときの鎖の空間と境界作用素 ∂ のなす列

$$0 \leftarrow C_0(V) \xleftarrow{\partial} C_1(V) \xleftarrow{\partial} C_2(V) \xleftarrow{\partial} C_3(V) \leftarrow 0 \tag{2.106}$$

と矢印の方向が逆である以外まったく同じである．そこで，

$$Z^i(V) = \{\omega \in \Omega^i(V)\,;\mathrm{d}\omega = 0\} \tag{2.107}$$

$$B^i(V) = \{\mathrm{d}\omega\,;\omega \in \Omega^{i-1}(V)\} \tag{2.108}$$

によって，それぞれ**双対輪**(cocycle)および**双対境界**(coboundary)の空間を定義し，これらの商空間

$$H^i(V) = Z^i(V)/B^i(V) \tag{2.109}$$

として i 次の**コホモロジー群**を定義する．他の定義によるコホモロジー群と区別するためには，**de Rham のコホモロジー群**という．

双対輪の微分形式 $\omega \in Z^i(V)$ を**閉微分形式**，双対境界の微分形式 $\omega = \mathrm{d}\eta \in B^i(V)$ を**完全微分形式**ともいう．定理 2.3 および定理 2.7 では，これらが常に一致するための条件，すなわち，それぞれ $H^1(V)=0$ および $H^2(V)=0$ となるための条件を領域 V に対する条件として与えた．これはまたホモロジー群 $H_i(V)$ に対する条件として述べることもできる．また，閉形式 $\omega \in Z^i(V)$ が完全であるための条件(2.35)および(2.63)は輪 $c \in Z_i(V)$ の上の積分が 0 となることと同じである．De Rham はホモロジー群と de Rham コホモロジー群の双対定理としてこの辺の事情を明確にした．

De Rham の定理を定式化するため，まず微分形式の鎖の上の積分を定義す

る．

$$c = a_1 S_1 + \cdots + a_n S_n \tag{2.110}$$

を C^∞ 級の写像 $\boldsymbol{S}_j : \Delta^i \to V$ によって代表される i 次元の曲面 S_j の1次結合として表わされる i 次元の鎖とする．このとき，i 次の微分形式 $\omega \in \Omega^i(V)$ に対して c 上の積分を

$$\int_c \omega = a_1 \int_{S_1} \omega + \cdots + a_n \int_{S_n} \omega \tag{2.111}$$

によって定義する．ここで S_j 上での積分は，$i=2$ および1の場合は，それぞれ§2.2および§2.4で定義した通りである．$i=3$ のときもこれに準ずる．$i=0$ の場合は関数 ω の点 S_j における値と定義する．念のため，2次元の場合を復習すれば，写像 $\boldsymbol{S}_j : \Delta^2 \to V$ が

$$\boldsymbol{S}_j(p, q) = x(p, q)\,\boldsymbol{i} + y(p, q)\,\boldsymbol{j} + z(p, q)\,\boldsymbol{k}$$

で，2次微分形式 ω が

$$\omega = f_1(\boldsymbol{r})\,\mathrm{d}y\mathrm{d}z + f_2(\boldsymbol{r})\,\mathrm{d}z\mathrm{d}x + f_3(\boldsymbol{r})\,\mathrm{d}x\mathrm{d}y$$

であるとき，

$$\int_{S_j} \omega = \int_{\Delta^2} \left\{ f_1 \frac{\partial(y, z)}{\partial(p, q)} + f_2 \frac{\partial(z, x)}{\partial(p, q)} + f_3 \frac{\partial(x, y)}{\partial(p, q)} \right\} \mathrm{d}p\mathrm{d}q$$

である．ここで，$f_i = f_i(\boldsymbol{S}(p, q))$．

外微分 d を用いれば，定理2.2，Stokes の公式および Gauss の公式は

$$\int_{\partial c} \omega = \int_c \mathrm{d}\omega \tag{2.112}$$

と一つの式に書くことができる．

この**一般 Stokes の公式**より，$\omega \in Z^i(V)$，$c \in B_i(V)$ または $\omega \in B^i(V)$，$c \in Z_i(V)$ ならば，

$$\int_c \omega = 0$$

となることがわかる．

これから，$[\omega] \in H^i(V)$ が閉形式 $\omega \in Z^i(V)$ で代表されるコホモロジー類，$[c] \in H_i(V)$ が輪 $c \in Z_i(V)$ で代表されるホモロジー類であるとき，

$$\langle [\omega], [c] \rangle = \int_c \omega \tag{2.113}$$

は代表元 ω および c のとり方によらないことがわかる．これをコホモロジー

類 $[\omega]$ とホモロジー類 $[c]$ の内積という．

定理 2.8(de Rham の定理)　上で定義した内積により i 次元のホモロジー群 $H_i(V)$ と i 次のコホモロジー群 $H^i(V)$ は互いに他の双対線形空間をなす．　□

この内容をより詳しく述べれば以下のようになる．i 次元のホモロジー群 $H_i(V)$ はたかだか可算次元の線形空間であり，その基底を代表する基本輪 $c^i{}_j \in Z_i(V)$ を選べば，i 次元の任意の輪 $c \in Z_i(V)$ は，有限個の基本輪 $c^i{}_j$ の1次結合とホモローグである：

$$c \sim a_{j_1} c^i{}_{j_1} + \cdots + a_{j_m} c^i{}_{j_m}. \tag{2.114}$$

ここで $\sim$ はホモローグの関係，すなわち両辺の差が境界であることを示す．

i 次の閉微分形式 $\omega \in Z^i(V)$ が完全であるための必要十分条件は，i 次元の任意の輪 c 上，あるいは同じことであるが任意の基本輪 $c^i{}_j$ 上の積分が0となることである：

$$\omega = \mathrm{d}\eta \Longleftrightarrow \int_c \omega = 0, \quad c \in Z_i(V). \tag{2.115}$$

これはすでに述べた．

基本輪 $c^i{}_j$ に応じて任意に実数 $b^i{}_j$ を与えたとき，

$$\int_{c^i{}_j} \omega = b^i{}_j \tag{2.116}$$

をみたす i 次の閉微分形式 $\omega \in Z^i(V)$ が存在する．(2.115)により，この条件をみたす ω は互いにコホモローグであり，一つのコホモロジー類をなす．

特に，

$$\int_{c^i{}_j} \omega^i{}_k = \delta_{jk} \tag{2.117}$$

をみたす i 次閉微分形式 $\omega^i{}_j \in Z^i(V)$ が存在する．これを i 次の**基本閉微分形式**という．

i 次元の輪 $c \in Z_i(V)$ が境界であるための必要十分条件は，任意の i 次閉微分形式 $\omega \in Z^i(V)$ の c 上の積分が消えることである：

$$c = \partial b \Longleftrightarrow \int_c \omega = 0, \quad \omega \in Z^i(V). \tag{2.118}$$

i 次元の輪 $c \in Z_i(V)$ に対して

$$\int_c \omega^i{}_j = a_j \tag{2.119}$$

は有限個の j を除いて 0 であり，このとき，

$$c \sim \sum a_j c^i{}_j \tag{2.120}$$

ここで，右辺は $a_j \neq 0$ となる項の有限和を表わす．逆に，有限個の j を除いて 0 となる実数 a_j を与えたとき，(2.120)の右辺で定まる輪 c は条件(2.119)をみたす．さらに，この条件をみたす i 次元の輪 c は互いにホモローグであり，一つのホモロジー類をなす．

基本輪が無限個あり，$H_i(V)$ が可算次元の線形空間をなすとき，コホモロジー群 $H^i(V)$ は実数体の無限直積 $\mathbf{R}^{\mathrm{N}}$ として表わされる線形空間であって，超可算次元となる．したがって，任意の閉微分形式を基本閉微分形式の有限 1 次結合として表わすことは必ずしもできない．この場合にも，ホモロジー群 $H_i(V)$ をコホモロジー群 $H^i(V)$ の双対空間，すなわち線形汎関数全体と見做すためには，コホモロジー群 $H^i(V)$ に位相を与えて，$H_i(V)$ を連続線形汎関数の空間としてとらえる必要がある．

実際，i 次微分形式全体の空間 $\Omega^i(V)$ には，各成分の導関数がすべて V 上広義一様収束するとき微分形式が収束すると定義して，Fréchet 空間(完備な距離づけ可能な局所凸線形位相空間)の構造を入れることができ，$Z^i(V)$, $B^i(V)$ はその中の閉線形部分空間として再び Fréchet 空間をなす．この結果，コホモロジー群 $H^i(V)$ も Fréchet 空間になり，$H_i(V)$ はその上の連続線形汎関数全体と同一視することができる．

定理 2.6 について述べたように，de Rham の最初の証明は V の単体分割に基づくものであったが，後に彼自身が定理 2.7 の証明のような解析的な別証明を与えた．(2.106)において，鎖の空間 $C_i(V)$ を，カレントの空間，すなわち，コンパクトな台をもつ超関数を係数とする $(3-i)$ 次微分形式全体の空間におきかえる．L. Schwartz の超関数論によれば，$\omega \in \Omega^i(V)$ と $c \in C_i(V)$ の内積を

$$\langle \omega, c \rangle = \int_V \omega c \tag{2.121}$$

で定義することにより，$\Omega^i(V)$ と $C_i(V)$ は互いに他の双対線形位相空間にな

る．さらに，(2.106)において境界作用素∂を左から$-\mathrm{d}, \mathrm{d}, -\mathrm{d}$におきかえれば，(2.105)と(2.106)は互いに双対な図式となる．ホモロジー論の一意性により，(2.106)から定義されるホモロジー群は単体分割に基づくホモロジー群と同型であり，特にたかだか可算次元の線形空間である．これから，DFS空間の閉グラフ定理を用いることにより(2.106)の境界作用素∂の値域が閉であることがわかる．そこでS. Banachに由来するFréchet空間の間の連続線形作用素とその双対作用素に関する一般論を適用すれば，(2.105)で定義されるコホモロジー群$H^i(V)$と(2.106)で定義されるホモロジー群$H_i(V)$が互いに他の双対線形位相空間となることが導かれる． ∎

閉微分形式ωと輪cに対して積分$\int_c \omega$をωのcに沿っての**周期**ともいう．対数関数，逆3角関数，楕円積分などの複素積分では，この値が逆関数の周期になることに由来する．

§2.9　ベクトル場の座標変換

本章ではこれまで，3次元ユークリッド空間E^3の領域Vで定義された関数およびベクトル場に対して，微分を含む演算grad, rot, divを定義し，利用してきた．微分形式の言葉を用いるならば，外微分dとしてまとめられるが，これらの演算の定義では，一つの正規直交座標系が与えられたものとして，その座標に関する偏微分を用いて定義した．それぞれの演算の意味するところは毎度説明してきた通りであり，それによって，これらの演算が座標系に依存せずに定まることは明らかであろうが，決して自明ではない．厳密にいうならば，この座標不変性は，向きが同じ正規直交座標系の下でのみなりたつ．さらに一般の座標変換である向きを変える正規直交座標変換，相似座標変換，あるいはアフィン座標変換等の下ではもはやベクトル場としての不変性は保たれない．それぞれのベクトル場は，一般の座標変換の下で，E^3の本来のベクトルの変換と深く関連はするが，一般には異なる振舞いをするのが普通である．そしてこの座標変換に関する共変性を組込めば，それぞれの演算の不変性が回復する．

§2.8では，(2.90)で与えられるベクトル場$\boldsymbol{f}(\boldsymbol{r})$を，1次微分形式(2.91)とも，2次微分形式(2.94)とも同一視したが，回転rot $\boldsymbol{f}$は，$\boldsymbol{f}$を1次微分形式，rot $\boldsymbol{f}$

を2次微分形式と見做したときのみ一般座標変換に関する不変性をもつ．実は，このようにすれば，アフィン座標変換ばかりでなく，曲線座標変換の下でも不変になるのであるが，それは第4章での主題である．

最も単純な場合として，**密度の場** $\rho(\boldsymbol{r})$ を考える．Heavisideの立場では，これはスカラー場であって関数と変わるところはない．しかし，密度関数は各点に，第1章で定義したような線分の比としての絶対的な数を対応させる通常の関数とは明らかに違う．密度 $\rho(\boldsymbol{r})$ を閉部分領域 $D\subset V$ で積分したものは D における質量 m である：

$$m = \int_D \rho(\boldsymbol{r})\,\mathrm{d}V. \tag{2.122}$$

したがって，密度の場を考えるときは，スカラー値関数 $\rho(\boldsymbol{r})$ そのものより，これに対応する3次微分形式

$$\omega = \rho(\boldsymbol{r})\,\mathrm{d}x\mathrm{d}y\mathrm{d}z \tag{2.123}$$

を考える方がより自然であろう．そうすれば，質量の公式(2.122)は ω を，E^3 の本来の向きづけをもつ鎖 D の上で積分したものと解釈することができる．

アフィン座標変換(1.35)の下では

$$\begin{pmatrix}\mathrm{d}x'\\ \mathrm{d}y'\\ \mathrm{d}z'\end{pmatrix} = \begin{pmatrix}u_{11} & u_{12} & u_{13}\\ u_{21} & u_{22} & u_{23}\\ u_{31} & u_{32} & u_{33}\end{pmatrix}\begin{pmatrix}\mathrm{d}x\\ \mathrm{d}y\\ \mathrm{d}z\end{pmatrix} \tag{2.124}$$

と変換され，反可換則(2.99)によって展開すれば

$$\mathrm{d}x'\mathrm{d}y'\mathrm{d}z' = \det U\,\mathrm{d}x\mathrm{d}y\mathrm{d}z \tag{2.125}$$

となる．ただし，$U=(u_{ij})$ である．

したがって，新しい座標系 (O′, E′, F′, G′) の下での密度関数 $\rho'(\boldsymbol{r}')$ を

$$\rho'(\boldsymbol{r}') = (\det U)^{-1}\rho(\boldsymbol{r}), \quad \boldsymbol{r}' = \boldsymbol{r}+\boldsymbol{t} \tag{2.126}$$

で定義すれば，3次微分形式としての等式

$$\rho'(\boldsymbol{r}')\,\mathrm{d}x'\mathrm{d}y'\mathrm{d}z' = \rho(\boldsymbol{r})\,\mathrm{d}x\mathrm{d}y\mathrm{d}z \tag{2.127}$$

がなりたつ．

$a>0$ を相似比とする原点をかえない相似座標変換

$$\begin{pmatrix}x'\\ y'\\ z'\end{pmatrix} = \begin{pmatrix}a & 0 & 0\\ 0 & a & 0\\ 0 & 0 & a\end{pmatrix}\begin{pmatrix}x\\ y\\ z\end{pmatrix}$$

の下で(2.126)は

$$\rho'(\boldsymbol{r}) = a^{-3}\rho(\boldsymbol{r}) \tag{2.128}$$

となる．(x, y, z) を m を単位とする座標系，(x', y', z') を cm を単位とする座標系とするならば，$a=100$ であり，g/cm^3 を単位とする密度 $\rho'(\boldsymbol{r})$ は g/m^3 を単位とする密度 $\rho(\boldsymbol{r})$ の 10^{-6} 倍となる．

ところで，一般に密度 $\rho(\boldsymbol{r})$ は

$$\rho(\boldsymbol{r}) = \lim_{D\to\boldsymbol{r}} \frac{1}{|D|}\int_D \rho(\boldsymbol{r})\,\mathrm{d}V \tag{2.129}$$

で定義される．ここで，積分は閉部分領域 D における質量の意味にとる．また，$|D|$ は D の体積を表わし，D は 1 点 $\boldsymbol{r}$ に近づくものとする．積分論によれば，D として，$\boldsymbol{r}$ を含む，方向をかえない相似形の閉領域をとったときの極限(2.129)が各点 $\boldsymbol{r}$ で存在し，極限 $\rho(\boldsymbol{r})$ が $\boldsymbol{r}$ の連続関数となるならば，一般の閉部分領域 D における質量 m が積分(2.122)で表わされる．そして，積分を連続関数 $\rho(\boldsymbol{r})$ の積分の意味にとって極限公式(2.129)が成立する．

D として本来の座標系 (O, I, J, K) の座標軸に平行な稜をもつ立方体および新しい座標系 (O′, E′, F′, G′) での同様な立方体に相当する平行 6 面体をとって上の結果を適用すれば(2.126)ではなくて，実は

$$\rho'(\boldsymbol{r}') = |\det U|^{-1}\rho(\boldsymbol{r}), \quad \boldsymbol{r}' = \boldsymbol{r}+\boldsymbol{t} \tag{2.130}$$

がなりたつことがわかる．

向きを変えないアフィン座標変換，すなわち，Jacobi 行列式 $\det U$ が正ならば，両者は同じであるが，向きを変えるときには-1 倍の違いを生ずる．

この違いは，§1.9 で触れたスカラーと擬スカラーあるいはベクトルと擬ベクトルの違いと同じで，**パリティー**という．一般に，$\det U/|\det U|=\pm 1$ に応じて同じ符号の変化をおこす量をパリティーが**奇**または-1 であるといい，変化をおこさない量をパリティーが**偶**または$+1$ であるという．この用語を用いれば，密度関数 $\rho(\boldsymbol{r})$ はパリティーが偶の量であるが，E^3 における 3 次微分形式の係数はパリティー奇の量である．

特に，正規直交座標変換の下では，$\det U=\pm 1$ であるから，

$$\rho'(\boldsymbol{r}') = \rho(\boldsymbol{r}) \tag{2.131}$$

がなりたつ．すなわち，この意味で密度 $\rho(\boldsymbol{r})$ はスカラー関数である．また，向

きを変えない(正規直交)座標変換の下では，これを3次微分形式の係数と見做すことができる．§1.9同様，ここでは向きを変えない正規直交座標変換のみを考えることとし，パリティーの違いにはあまりこだわらないことにする．

次に，ベクトル場 $\boldsymbol{v}(\boldsymbol{r})$ を速度の場であるとする．(O, I, J, K) と (O′, I′, J′, K′) が二つの正規直交座標系(あるいは二つのアフィン座標系)であるとき，同じ点 $\boldsymbol{r}'=\boldsymbol{r}+\boldsymbol{t}$ で，このベクトルを

$$\begin{aligned} \boldsymbol{v}(\boldsymbol{r}) &= v_1(\boldsymbol{r})\,\boldsymbol{i}+v_2(\boldsymbol{r})\,\boldsymbol{j}+v_3(\boldsymbol{r})\,\boldsymbol{k} \\ = \boldsymbol{v}'(\boldsymbol{r}') &= v_1'(\boldsymbol{r}')\,\boldsymbol{i}'+v_2'(\boldsymbol{r}')\,\boldsymbol{j}'+v_3'(\boldsymbol{r}')\,\boldsymbol{k}' \end{aligned} \tag{2.132}$$

と二通りに展開したとき，これらの成分は E^3 に伴うベクトル空間 V^3 の成分と同じ座標変換

$$\begin{pmatrix} v_1'(\boldsymbol{r}') \\ v_2'(\boldsymbol{r}') \\ v_3'(\boldsymbol{r}') \end{pmatrix} = \begin{pmatrix} u_{11} & u_{12} & u_{13} \\ u_{21} & u_{22} & u_{23} \\ u_{31} & u_{32} & u_{33} \end{pmatrix} \begin{pmatrix} v_1(\boldsymbol{r}) \\ v_2(\boldsymbol{r}) \\ v_3(\boldsymbol{r}) \end{pmatrix} \tag{2.133}$$

をうける．これはその意味から明らかであろう．

しかし，同じベクトル場といっても，C^1 級関数 $f(\boldsymbol{r})$ の勾配として表わされる

$$\operatorname{grad} f(\boldsymbol{r}) = \frac{\partial f(\boldsymbol{r})}{\partial x}\boldsymbol{i}+\frac{\partial f(\boldsymbol{r})}{\partial y}\boldsymbol{j}+\frac{\partial f(\boldsymbol{r})}{\partial z}\boldsymbol{k} \tag{2.134}$$

の成分が同じ変換をうけるかどうかは計算してみなければわからない．合成関数の微分の公式によれば

$$\left(\frac{\partial f}{\partial x}, \frac{\partial f}{\partial y}, \frac{\partial f}{\partial z}\right) = \left(\frac{\partial f}{\partial x'}, \frac{\partial f}{\partial y'}, \frac{\partial f}{\partial z'}\right) \begin{pmatrix} \dfrac{\partial x'}{\partial x} & \dfrac{\partial x'}{\partial y} & \dfrac{\partial x'}{\partial z} \\ \dfrac{\partial y'}{\partial x} & \dfrac{\partial y'}{\partial y} & \dfrac{\partial y'}{\partial z} \\ \dfrac{\partial z'}{\partial x} & \dfrac{\partial z'}{\partial y} & \dfrac{\partial z'}{\partial z} \end{pmatrix} \tag{2.135}$$

$$= \left(\frac{\partial f}{\partial x'}, \frac{\partial f}{\partial y'}, \frac{\partial f}{\partial z'}\right) U.$$

ここで，$U=(u_{ij})$ は座標変換(1.35)の小行列である．これとベクトルの変換公式(2.133)(あるいは(2.124))と比較すれば，縦ベクトルが横ベクトルになっているほか，新成分と旧成分が入れかわっている．両辺に U^{-1} を掛けて転置すれば

$$\begin{pmatrix} \dfrac{\partial f}{\partial x'} \\ \dfrac{\partial f}{\partial y'} \\ \dfrac{\partial f}{\partial z'} \end{pmatrix} = (U^{-1})' \begin{pmatrix} \dfrac{\partial f}{\partial x} \\ \dfrac{\partial f}{\partial y} \\ \dfrac{\partial f}{\partial z} \end{pmatrix} \tag{2.136}$$

となる．U が直交行列ならば，$(U^{-1})'=(U')'=U$ ゆえ，これはベクトルの変換法則と同じになる．したがって，正規直交座標系のみを考えるとき，勾配 $\mathrm{grad}\, f$ の成分はベクトルとして振舞う．これが $\mathrm{grad}\, f$ を，定義に用いた正規直交座標系と無関係に，ベクトル場として扱えた理由である．

しかし，アフィン座標変換の下では(2.136)は一般にベクトルの成分の変換と同じでない．アフィン座標系 (O, E, F, G) と (O′, E′, F′, G′) の下でのベクトル

$$\boldsymbol{a} = (\boldsymbol{e}, \boldsymbol{f}, \boldsymbol{g}) \begin{pmatrix} a_1 \\ a_2 \\ a_3 \end{pmatrix} = (\boldsymbol{e}', \boldsymbol{f}', \boldsymbol{g}') \begin{pmatrix} a_1' \\ a_2' \\ a_3' \end{pmatrix}$$

の変換公式(1.30)，(1.31)と比較すれば，(2.135)はベクトル空間の基底 $(\boldsymbol{e}, \boldsymbol{f}, \boldsymbol{g})$ の変換公式(1.31)と同じ変換法則に従っていることがわかる．これに因んで，旧い成分の横ベクトルが新しい成分の横ベクトルに右から変換行列 U を掛けたものになっているものを**共変ベクトル**という．この言葉を用いるならば勾配 $\mathrm{grad}\, f$ は共変ベクトルである．

他方，本来のベクトルの成分の変換法則，すなわち新しい成分の縦ベクトルが変換行列 U に旧い成分の縦ベクトルを掛けたものになっているものを**反変ベクトル**という．本来のベクトルの意味からすれば，共変と反変が逆になっている気がするが，伝統であるので従わざるをえない．速度の場のベクトルは，この意味で反変ベクトルである．

共変ベクトルの成分からなる横ベクトルに右から反変ベクトルの成分からなる縦ベクトルを掛けて得られる数は，アフィン座標系によらないスカラーである．特に，速度の場と勾配の内積

$$\boldsymbol{v}\cdot \mathrm{grad}\, f = v_1(\boldsymbol{r})\frac{\partial f}{\partial x} + v_2(\boldsymbol{r})\frac{\partial f}{\partial y} + v_3(\boldsymbol{r})\frac{\partial f}{\partial z} \tag{2.137}$$

は座標系に依存しないスカラー値関数である．

ただし，正規直交座標系の下では反変ベクトルと共変ベクトルを区別する必要はない．

(2.136)はまた，正規直交座標変換の下で，微分作用素を成分とするベクトルについて

$$\begin{pmatrix} \dfrac{\partial}{\partial x'} \\ \dfrac{\partial}{\partial y'} \\ \dfrac{\partial}{\partial z'} \end{pmatrix} = U \begin{pmatrix} \dfrac{\partial}{\partial x} \\ \dfrac{\partial}{\partial y} \\ \dfrac{\partial}{\partial z} \end{pmatrix} \tag{2.138}$$

という変換法則がなりたつことを示している．これは(2.6)で定義される Hamilton の微分作用素 ∇ がベクトルとして振舞うことを意味しているから，

$$\mathrm{rot} = \nabla\times \quad \text{および} \quad \mathrm{div} = \nabla\cdot$$

も向きを変えない正規直交座標系の下で座標系によらない不変性をもつ．

最後に，外微分

$$\mathrm{d}: \Omega^i(V) \longrightarrow \Omega^{i+1}(V), \quad i = 1, 2$$

のアフィン座標変換の下での不変性を示すには，まず，i 次微分形式の係数からなるベクトルの座標変換公式を調べ，次に，外微分が定義する係数の間の関係が座標変換と共変性をもつことを示さなければならないが，詳しいことは第4章にゆずり，ここでは次数 i に関わらず，外微分 d が

$$\mathrm{d}\omega = \mathrm{d}x\frac{\partial}{\partial x}\omega + \mathrm{d}y\frac{\partial}{\partial y}\omega + \mathrm{d}z\frac{\partial}{\partial z}\omega$$

と表わされることに注意し，d の共変性は結局

$$\mathrm{d}x\frac{\partial}{\partial x} + \mathrm{d}y\frac{\partial}{\partial y} + \mathrm{d}z\frac{\partial}{\partial z} = \left(\frac{\partial}{\partial x}, \frac{\partial}{\partial y}, \frac{\partial}{\partial z}\right)\begin{pmatrix} \mathrm{d}x \\ \mathrm{d}y \\ \mathrm{d}z \end{pmatrix}$$

の不変性に帰着できることを注意するにとどめる．ここで微分形式 ω に $\partial/\partial x$ を施すとは，ω の係数に $\partial/\partial x$ を施すことを意味する．

§2.10　電磁場

はじめに述べたように，3次元のベクトル解析は Hamilton,　Heaviside,

Gibbs らが力学および電磁気学をわかりやすく表現するために考案した工夫であるが，逆に，Gauss, Stokes の公式などのベクトル解析の基本定理は，S. D. Poisson, Green, Gauss などの電磁気学研究から生まれた．ベクトル場，ポテンシャルなどの概念も，はじめは力学の問題を解くための便法として導入されたのであるが，M. Faraday および J. C. Maxwell(1873 年)による電磁気学の集大成と共に，物理的実体としての性格をもつようになって，今日に及んでいる．ここでは，電磁気学の基本法則である Maxwell の方程式の定式化に，ベクトル解析がどのように使われたか簡単に紹介することにしたい．

電磁気学の主役は電磁場である．電磁場は，普通，**電場**または**電場の強さ**と呼ばれるベクトル場 $\boldsymbol{E}(t, \boldsymbol{r})$ と**磁束密度**または**磁気誘導**と呼ばれるベクトル場 $\boldsymbol{B}(t, \boldsymbol{r})$ の組 $(\boldsymbol{E}, \boldsymbol{B})$ で表わされる．これらは，点 $\boldsymbol{r}$ において微小な電荷 e をもつ点電荷が速度 $\boldsymbol{v}$ で運動しているとき，この点電荷が受ける力

$$\boldsymbol{f} = e\boldsymbol{E} + e\boldsymbol{v}\times\boldsymbol{B} \tag{2.139}$$

によって定義される．この力を**ローレンツ力**という．

静電磁場，すなわち時間変化のない電磁場において電場の原因となるのは，他の電荷である．C. A. Coulomb(1785-6 年)は，真空中に孤立してある二つの点電荷の間には

$$\boldsymbol{f} = \frac{ee'}{4\pi\varepsilon_0}\frac{\boldsymbol{r}}{|\boldsymbol{r}|^3} \tag{2.140}$$

という力が働くことを見出した．ここで，e, e' はそれぞれの電荷，$\boldsymbol{r}$ は観測する点電荷を他方の点電荷から見た位置ベクトルである．ε_0 は**真空の誘電率**と呼ばれる定数であり，電荷の単位としてクーロン＝アンペア秒，長さの単位として m，力の単位としてニュートンをとったとき，

$$\varepsilon_0 \fallingdotseq 8.854\times 10^{-12} \tag{2.141}$$

となる．(2.139)により，電場の単位はニュートン/クーロンであるが，これをボルト/m とおき，電場のポテンシャルである**電位**の単位ボルトを定める．

Coulomb の法則(2.140)は定数の違いと，電荷が正，負の量をとれることを除けば，重力の法則(1.152)と同じである．Faraday が**誘電体**と呼んだ，空気，ガラス等の絶縁体の中でも，定数 ε_0 を物質に特有の定数 ε におきかえて同じ力の式が成立する．この定数も**誘電率**と呼ぶ．したがって，誘電率 ε の物質の

中では，原点にある電荷 e の点電荷は

$$\boldsymbol{E} = \frac{e}{4\pi\varepsilon}\frac{\boldsymbol{r}}{|\boldsymbol{r}|^3} \tag{2.142}$$

という電場を生ずる．Maxwell はこれをさらに物質によらない因子

$$\boldsymbol{D} = \frac{e}{4\pi}\frac{\boldsymbol{r}}{|\boldsymbol{r}|^3} \tag{2.143}$$

とよる因子

$$\boldsymbol{D} = \varepsilon\boldsymbol{E} \tag{2.144}$$

に分解した．一般に，$\boldsymbol{a}_1, \boldsymbol{a}_2, \cdots, \boldsymbol{a}_n$ の位置に電荷 $e_1, e_2, \cdots, e_n$ の点電荷があるときは，$\boldsymbol{D}$ を

$$\boldsymbol{D} = \frac{e_1}{4\pi}\frac{\boldsymbol{r}-\boldsymbol{a}_1}{|\boldsymbol{r}-\boldsymbol{a}_1|^3}+\cdots+\frac{e_n}{4\pi}\frac{\boldsymbol{r}-\boldsymbol{a}_n}{|\boldsymbol{r}-\boldsymbol{a}_n|^3} \tag{2.145}$$

に，空間に電荷密度 $\rho(\boldsymbol{r})$ の電荷が分布しているときは

$$\boldsymbol{D} = \frac{1}{4\pi}\int_{E^3}\frac{\boldsymbol{r}-\boldsymbol{r}'}{|\boldsymbol{r}-\boldsymbol{r}'|^3}\rho(\boldsymbol{r}')\,\mathrm{d}V' \tag{2.146}$$

におきかえ，(2.144) によって $\boldsymbol{E}$ を定義すれば，これがこの電荷分布によって生ずる電場となる．ただし，(2.146)での電荷密度 $\rho(\boldsymbol{r})$ はこの積分が収束する程度に遠方で十分速く 0 に収束するものとする．

このベクトル場 $\boldsymbol{D}$ を**電束密度**あるいは**電気変位**という．ベクトル場(2.142)は，Gauss の立体角を定義するときに用いたベクトル場(2.64)と係数 $e/4\pi$ を除いて同じであるから，有界閉領域 V の境界 $S=\partial V$ が原点を通らないとき，

$$\int_S \boldsymbol{D}\cdot\boldsymbol{n}\,\mathrm{d}S = \begin{cases} e, & \boldsymbol{0} \in V, \\ 0, & \boldsymbol{0} \notin V, \end{cases} \tag{2.147}$$

がなりたつ．このような積分の和または積分として，(2.145)および(2.146)で定義されるベクトル場 $\boldsymbol{D}$ に対してそれぞれ

$$\int_S \boldsymbol{D}\cdot\boldsymbol{n}\,\mathrm{d}S = \sum_{\boldsymbol{a}_i \in V} e_i, \tag{2.148}$$

$$\int_S \boldsymbol{D}\cdot\boldsymbol{n}\,\mathrm{d}S = \int_V \rho(\boldsymbol{r})\,\mathrm{d}V \tag{2.149}$$

が成立する．$\rho(\boldsymbol{r})$ が C^1 級の関数であって，$|\boldsymbol{r}|\to\infty$ のとき十分速く 0 に収束するならば，積分(2.146)は C^1 級のベクトル場 $\boldsymbol{D}$ を定める．これに対して Stokes の公式を適用すれば，任意の有界閉領域 V に対して

$$\int_V \mathrm{div}\,\boldsymbol{D}\,\mathrm{d}V = \int_V \rho\,\mathrm{d}V$$

がなりたつことがわかる．すなわち，

$$\mathrm{div}\,\boldsymbol{D} = \rho. \tag{2.150}$$

以上では，電荷密度 $\rho(\boldsymbol{r})$ が滑らかな関数であって，$\boldsymbol{D}$ は積分(2.146)で定義されるとして，この式を導いたが，$\rho(\boldsymbol{r})$ が超関数であっても，積分(2.146)および微分作用素 div を超関数の意味に解釈すれば，等式(2.150)が成立する．特に $\rho(\boldsymbol{r})$ が Dirac の δ 関数の平行移動 $\delta(\boldsymbol{r}-\boldsymbol{a})$ の1次結合のときが(2.145)の和の場合になる．L. Schwartz の超関数の原語 distribution はこのような電荷分布を頭に画いて命名したものと思われる．

方程式(2.150)を積分で表わした(2.149)は，ベクトル場 $\boldsymbol{D}$ を流束の場と考えたとき，密度 ρ で新たに流れが産み出されていることを意味する．$\boldsymbol{D}$ を電束密度の場というのはこの解釈による．面積分(2.149)によって電荷量が定まるのであるから，電束密度の単位はクーロン/m^2 である．

クーロン力(2.142)は保存力であるから

$$\mathrm{rot}\,\boldsymbol{E} = \boldsymbol{0} \tag{2.151}$$

がなりたつ．

以上では，電場 $\boldsymbol{E}$，電束密度 $\boldsymbol{D}$ および電荷密度 ρ の方程式(2.144)，(2.150)および(2.151)を，全空間での電荷分布 $\rho(\boldsymbol{r})$ を与えて，クーロン力によってそれが作る電場および電束密度の方程式として導いたのであるが，Faraday の思想を数式化した Maxwell の立場はこれとは逆で，電場 $\boldsymbol{E}$ が主役であって，これによって電気変位 $\boldsymbol{D}$ がひきおこされ，その湧き出しとして電荷密度 ρ が定まると考える．二つの電荷の間のクーロン力も，二つの電荷が直接力を及ぼすのではなく，これらの電荷が作る電場が媒介して作用すると考える．

この二つの立場にたって，静電場のエネルギーを計算してみよう．点電荷ではエネルギーが無限大となるので，有限個の，大きさのある有界な導体に電荷を与えてできる静電場を考える．(2.151)により，この電場はポテンシャル V をもつ．今の場合，$|\boldsymbol{r}|\to\infty$ のとき $V(\boldsymbol{r})\to 0$ となる V が唯一つ定まり，

$$\boldsymbol{E}(\boldsymbol{r}) = -\mathrm{grad}\,V(\boldsymbol{r}) \tag{2.152}$$

と表わすことができる．ローレンツ力(2.139)による電場の定義からわかるよ

うに，このポテンシャル $V(\boldsymbol{r})$ は，微小な電荷 δe をもつ点電荷を無限遠から位置 $\boldsymbol{r}$ まで動かしたとき，この点電荷が費す力学エネルギーが $V(\boldsymbol{r})\delta e$ となるスカラー関数として定まる．$\boldsymbol{r}$ を一つの導体の表面とすれば，この結果この導体の全電荷ははじめの電荷 e から δe だけ増加し，この導体に由来するポテンシャルは $1+\delta e/e$ 倍される．上の力学エネルギーは電場のエネルギーに転換されたと解釈される．したがって，はじめすべての導体の電荷が0のときから出発して，各導体に同じ比率で電荷を与えてゆくと，$0<\theta<1$ として θ 倍までの電荷を与えたとき，ポテンシャルも $\theta V(\boldsymbol{r})$ となるので，最終的な電場のエネルギーは

$$\begin{aligned} W &= \Sigma\left(\int V\mathrm{d}e\right) \\ &= \Sigma Ve\int_0^1 \theta\mathrm{d}\theta = \frac{1}{2}\Sigma Ve \end{aligned} \tag{2.153}$$

となる．ここで e は各導体の電荷，V はそこでのポテンシャルを表わす．これを超関数の意味で次の積分形に表わし，(2.150)を用いて，部分積分を施せば

$$\begin{aligned} W &= \frac{1}{2}\int V(\boldsymbol{r})\mathrm{div}\,\boldsymbol{D}(\boldsymbol{r})\mathrm{d}V \\ &= \frac{-1}{2}\int \mathrm{grad}\ V(\boldsymbol{r})\cdot\boldsymbol{D}(\boldsymbol{r})\mathrm{d}V \\ &= \frac{1}{2}\int \boldsymbol{E}(\boldsymbol{r})\cdot\boldsymbol{D}(\boldsymbol{r})\mathrm{d}V \end{aligned} \tag{2.154}$$

となる．すなわち，静電場のエネルギーは $\frac{1}{2}\boldsymbol{E}(\boldsymbol{r})\cdot\boldsymbol{D}(\boldsymbol{r})$ を体積積分したものになる．

式(2.153)は各電荷 e のもつエネルギーの総和と解釈することが可能であるが，同じものが $\frac{1}{2}\boldsymbol{E}(\boldsymbol{r})\cdot\boldsymbol{D}(\boldsymbol{r})$ というエネルギー密度をもつ電場のエネルギーとも解釈できるわけである．

Maxwell は電場と電気変位の関係(2.144)を弾性体における応力とその結果生ずる歪みになぞらえた．このとき，$\frac{1}{2}\boldsymbol{E}\cdot\boldsymbol{D}$ は歪みのエネルギー密度と一致する．誘電体の場合も，弾性体の場合も異方性をもつ物質の場合，$\boldsymbol{D}$ は $\boldsymbol{E}$ の斉次1次関数ではあるが，スカラー倍という簡単な関係にはないときがあるが，その場合も上の議論はそのまま成立して $\frac{1}{2}\boldsymbol{E}\cdot\boldsymbol{D}$ がエネルギー密度になる．

Faraday は電束密度 $\boldsymbol{D}$ の流線を**電気力線**と名づけ，磁場に対する相当物である**磁力線**とあわせ用いて，電磁現象の一切を解釈した．彼は電気力線を実体としてとらえ，電気双極子のつながりと考えたようである．**双極子**とは δ 関数の 1 階の導関数

$$-\boldsymbol{p}\cdot\mathrm{grad}\,\delta(\boldsymbol{r}-\boldsymbol{a}) = -\left(p_1\frac{\partial}{\partial x}+p_2\frac{\partial}{\partial y}+p_3\frac{\partial}{\partial z}\right)\delta(\boldsymbol{r}-\boldsymbol{a}) \qquad (2.155)$$

を，**電気双極子**とはこれを密度関数 $\rho(\boldsymbol{r})$ とする電荷分布を意味する．簡単のため $\boldsymbol{a}=\boldsymbol{0}$ とすれば，これによって

$$-(\boldsymbol{p}\cdot\mathrm{grad})\left(\frac{1}{4\pi}\frac{\boldsymbol{r}}{|\boldsymbol{r}|^3}\right) = \frac{3(\boldsymbol{p}\cdot\boldsymbol{r})\boldsymbol{r}-|\boldsymbol{r}|^2\boldsymbol{p}}{4\pi|\boldsymbol{r}|^5} \qquad (2.156)$$

という電束密度をもつ電場が生じる．ここでベクトル $\boldsymbol{p}$ をこの双極子の**双極子モーメント**という．(2.156)は，点 $\boldsymbol{p}h$ に電荷 $1/h$，点 $\boldsymbol{0}$ に電荷 $-1/h$ をおいたときの電束密度(2.145)においてスカラー h を 0 に近づけたときの極限である．

後に Ampère の磁殻に関連して触れるように，双極子の空間分布を数式に表わすことは思ったよりむつかしいことであるが，ここでは単純に，点 $\boldsymbol{r}$ の近くの体積 $\mathrm{d}V$ での双極子モーメントが $\boldsymbol{p}(\boldsymbol{r})\mathrm{d}V$ であるような双極子分布に対する電束密度を積分

$$\boldsymbol{D}(\boldsymbol{r}) = \int-(\boldsymbol{p}(\boldsymbol{r}')\cdot\mathrm{grad}_{r})\left(\frac{1}{4\pi}\frac{\boldsymbol{r}-\boldsymbol{r}'}{|\boldsymbol{r}-\boldsymbol{r}'|^3}\right)\mathrm{d}V' \qquad (2.157)$$

で定義することにする．$\boldsymbol{p}(\boldsymbol{r})$ が C^1 級のベクトル場であり，遠方で十分速く 0 に収束するならば，この積分は部分積分により

$$= \int(\boldsymbol{p}(\boldsymbol{r}')\cdot\mathrm{grad}_{r'})\left(\frac{1}{4\pi}\frac{\boldsymbol{r}-\boldsymbol{r}'}{|\boldsymbol{r}-\boldsymbol{r}'|^3}\right)\mathrm{d}V'$$

$$= -\int\mathrm{div}\,\boldsymbol{p}(\boldsymbol{r}')\left(\frac{1}{4\pi}\frac{\boldsymbol{r}-\boldsymbol{r}'}{|\boldsymbol{r}-\boldsymbol{r}'|^3}\right)\mathrm{d}V' \qquad (2.158)$$

となる．これは $-\mathrm{div}\,\boldsymbol{p}(\boldsymbol{r})$ を電荷密度 $\rho(\boldsymbol{r})$ とする電荷分布に対する電束密度(2.146)と同じである．

電荷密度 $\rho(\boldsymbol{r})$ が C^1 級の関数で，$|\boldsymbol{r}|\to\infty$ のとき十分速く 0 に収束し，かつ

$$\int\rho(\boldsymbol{r})\mathrm{d}V = 0 \qquad (2.159)$$

をみたせば，積分(2.146)で定義される電束密度 $\boldsymbol{D}(\boldsymbol{r})$ は，(2.158)を導く際 $\boldsymbol{p}(\boldsymbol{r})$ に課した条件をみたす．したがって，(2.157)，(2.158)において $\boldsymbol{p}(\boldsymbol{r}')$ に

$-\boldsymbol{D}(\boldsymbol{r}')$ を代入すれば，$-\mathrm{div}\,\boldsymbol{p}=\rho$ となり，

$$\boldsymbol{D}(\boldsymbol{r}) = \int\left(\boldsymbol{D}(\boldsymbol{r}')\cdot\mathrm{grad}_r\right)\left(\frac{1}{4\pi}\frac{\boldsymbol{r}-\boldsymbol{r}'}{|\boldsymbol{r}-\boldsymbol{r}'|^3}\right)\mathrm{d}V' \tag{2.160}$$

が成立する．すなわちこのような電荷分布に対する電束密度 $\boldsymbol{D}(\boldsymbol{r})$ は，$-\boldsymbol{D}(\boldsymbol{r})$ を双極子分布とする電気双極子分布の作る電束密度と一致する．このようなわけで，Faraday の考えで，静電場を説明することは一応可能である．

Maxwell もこれに従い，彼の電気変位 $\boldsymbol{D}(\boldsymbol{r})$ を双極子分布と同一視したようである．しかし，上のようにして電束密度を計算すると $-\boldsymbol{D}(\boldsymbol{r})$ となってしまうため，導体で囲まれた有界領域にある誘電体のみを考え，境界である導体上では端の双極子の二つの対電荷の真中で切れるため反対の電荷が現われるという苦しい解釈をした．電磁場を他の実体におきかえて説明するという試みは常に失敗するようである．しかし，Maxwell はこの考えによって後に述べる変位電流の着想を得たと思われるので，着想の源としては重要であった．

現実には，物質を形成する分子は電場 $\boldsymbol{E}(\boldsymbol{r})$ の下で $\chi>0$ を比例定数とする電気双極子分布

$$\boldsymbol{P}(\boldsymbol{r}) = \chi\varepsilon_0\boldsymbol{E}(\boldsymbol{r}) \tag{2.161}$$

をもつようになる．これは $-\mathrm{div}\,\boldsymbol{P}$ という電荷分布をもつ電場を作るから，与えられた $\boldsymbol{E}(\boldsymbol{r})$ という電場をとりもどすには，これをうち消す $\boldsymbol{P}(\boldsymbol{r})$ という項を加えた

$$\boldsymbol{D} = \varepsilon_0\boldsymbol{E}+\boldsymbol{P} = (1+\chi)\,\varepsilon_0\boldsymbol{E} \tag{2.162}$$

を電束密度とする電荷分布を与えなければならない．これが物質中では誘電率 ε が真空中より増加する理由である．$\boldsymbol{P}$ を**電気分極**または**誘電分極**という．

静磁場の原因となるのは電流である．A. M. Ampère は，z 軸を正の方向に流れる一様な電流は

$$\boldsymbol{B}(\boldsymbol{r}) = \frac{\mu J}{2\pi}\left(\frac{-y}{x^2+y^2}\boldsymbol{i}+\frac{x}{x^2+y^2}\boldsymbol{j}\right) \tag{2.163}$$

という磁束密度をもつ磁場を生ずることを実証した．ここで，J はアンペアを単位とする電流の強さ，μ は空間を占める物質の**透磁率**と呼ばれる定数である．通常は**真空の透磁率**

$$\mu_0 = 4\pi\times10^{-7} \tag{2.164}$$

にきわめて近い．磁束密度の単位をテスラという．ニュートン/アンペア m に相当する．以前は ガウス $=10^{-4}$ テスラ が単位であった．

電場の場合と同様，磁場についても

$$\boldsymbol{B} = \mu \boldsymbol{H} \tag{2.165}$$

とおいて，物質によらないベクトル場 $\boldsymbol{H}$ を導入する．また，(2.162)と類似して，

$$\boldsymbol{B} = \mu_0 \boldsymbol{H} + \mu_0 \boldsymbol{M} \tag{2.166}$$

と表わして，$\boldsymbol{H}$ を**磁場**または**磁場の強さ**，$\boldsymbol{M}$ を**磁化の強さ**という．磁場の単位はアンペア/m である．誘電分極の場合と異なって磁化の機構は複雑であり，$\boldsymbol{M}$ の向きが $\boldsymbol{H}$ と反対のこともあれば，鉄のようにきわめて大きい磁化 $\boldsymbol{M}$ をもち $\boldsymbol{H}$ と比例関係にないこともある．

さて，(2.163)式の括弧の中のベクトル場は(2.46)で定義したものと同じである．そこで注意したように，このベクトル場 $\boldsymbol{f}$ は z 軸を除いた領域で rot $\boldsymbol{f}$ $=\boldsymbol{0}$ をみたすベクトル場であるが，その不定積分 $\Phi(\boldsymbol{r})=\arg(x+iy)$ は 1 価関数でない．これを 1 価にするため，$x<0, y=0$ で定義される半平面 S に切れ目を入れてこの外で考えると，$\Phi(\boldsymbol{r})$ は $\boldsymbol{r}$ から見た向きづけられた半平面 S の立体角の半分に等しい．ただし，S の向きづけは y 軸方向を正にとる．このとき，S の境界の正の向きは z 軸と反対の向きになることに注意する．

Ampère(1826 年)はこの事実を一般化して，向きづけられた曲面 S の境界 C を正の向きに一様に流れる J アンペアの電流は，$\Phi(\boldsymbol{r})$ を $\boldsymbol{r}$ から見た S の立体角として，

$$\boldsymbol{H}(\boldsymbol{r}) = \frac{-J}{4\pi} \operatorname{grad} \Phi(\boldsymbol{r}) \tag{2.167}$$

という磁場 $\boldsymbol{H}$ を発生させると主張した．ここで C の向きづけは，Stokes の公式(定理 2.7)と同じにとる(図 2.10)．

これは任意の曲面 S を含む命題であり，実験によって確かめることは不可能と思われるかも知れないが，Ampère は Gauss の公式あるいは Stokes の公式の証明と似た次の工夫により，無限に小さい平面回路の場合に帰着させた．すなわち，S を正方形 I^2 からの滑らかな写像による像として表わしておき，I^2 の各辺を 2^n 等分し，S を $(2^n)^2$ 個の小さい曲面 S_j の和に分ける．S の境界 C

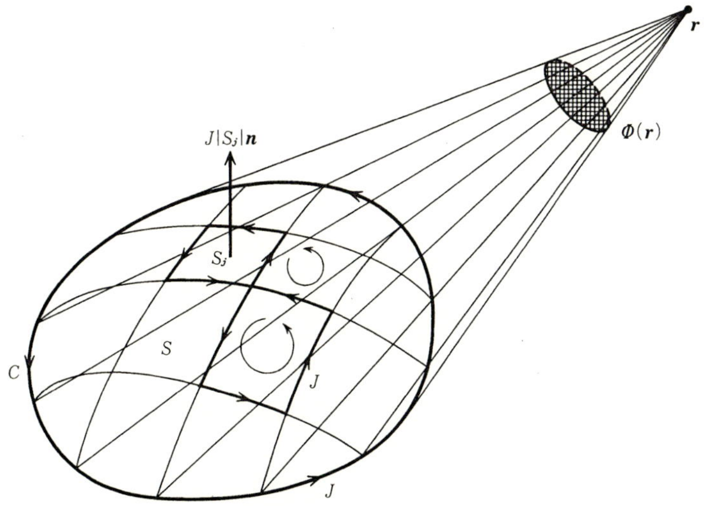

図 2.10　Ampère の磁殻

もこれに応じて，$(2^n)^2$ 個の小さい閉曲線の和に表わして，各々に正の向きに J アンペアの電流を流す．C 以外の辺の電流は二つずつ逆向きに流れるので加えたものは 0 になる．小さい曲面はいくらでも接平面に近づくので，その境界は小さな平面回路でいくらでも近似することができる．

ここで，原点を通る小さな向きづけられた平面図形 S' の境界 C を正の向きに流れる J アンペアの電流を考える．$\boldsymbol{n}$ を S' の正の向きの単位法線ベクトルとすると，原点から十分離れた点 $\boldsymbol{r}$ からみた S' の立体角は $|S'|\boldsymbol{n}\cdot\boldsymbol{r}/|\boldsymbol{r}|^3$ にほぼ等しい．これを $\boldsymbol{\Phi}(\boldsymbol{r})$ として，(2.167)に従って右辺を計算すると

$$\boldsymbol{H}(\boldsymbol{r}) = \frac{J|S'|}{4\pi}\frac{3(\boldsymbol{n}\cdot\boldsymbol{r})\boldsymbol{r}-|\boldsymbol{r}|^2\boldsymbol{n}}{|\boldsymbol{r}|^5}$$

となって

$$\boldsymbol{p} = J|S'|\boldsymbol{n} \qquad (2.168)$$

を双極子モーメントとする式(2.156)と同じになる．そうして，このような電流が原点から離れたところで実際 $\boldsymbol{p}$ を双極子モーメントとする双極子磁場を作ることは，Ampère, W. Weber らの数多くの実験で確かめられた．

以上の Ampère の解析は，曲面 S の境界 C を流れる電流 J は，S 上正の法線の向きに強さ J をもつ磁気双極子を一様に分布させたものと同じ磁場をも

つことを示している．磁化 $\boldsymbol{M}$ に由来する磁場も，外から与える電流とは異なるが，物質内の電流によってひきおこされると考えるべきであるから，磁場は磁気双極子を素材としてできているといってよい．しかし，電荷の分布と異なり，磁気双極子の分布は一意的には定まらない．Ampère の扱った環状電流の場合も，同じ境界 C をもつ曲面 S のとり方はさまざまであり，磁気双極子はその中のどの曲面の上にのっているとしてもよいからである．

電気と磁気の方程式はほとんど同じ形をしているため，電荷に相当する磁気単極子をさがそうという試みは数多くなされたが，ことごとく失敗した．この事実は，任意の向きづけられた閉曲面 S に対し

$$\int_S \boldsymbol{B}\cdot\boldsymbol{n}\,\mathrm{d}S = 0, \tag{2.169}$$

がなりたつことと同じである．Gauss の公式を用いれば

$$\mathrm{div}\,\boldsymbol{B} = 0 \tag{2.170}$$

と微分形で表わされる．

Ampère の研究では線状の電流のみを扱ったが，一般の定常電流はこれを重ね合わせたものと考えることができる．流束と同じに考えて，一般に**電流密度**のベクトル場を $\boldsymbol{J}$ で表わすことにする．$\boldsymbol{J}$ が時間によらない定常電流であることは，磁束密度と同じく

$$\mathrm{div}\,\boldsymbol{J} = 0 \tag{2.171}$$

と表現できる．

Ampère の式(2.167)に現われる立体角 $\boldsymbol{\Phi}(\boldsymbol{r})$ の，$\boldsymbol{r}$ が表から S の1点Pに近づいたときの極限値は，裏から同じ点に近づいたときの極限値に 4π を加えたものになる．S が平面図形のときはそれぞれの極限値が $\pm 2\pi$ であり，S からPの近傍を除いた曲面の立体角はPで同じ極限値をもつからである．$\boldsymbol{\Phi}$ は $-4\pi\boldsymbol{H}/J$ の不定積分でもあるので，電流の外で $\boldsymbol{H}$ を電流の進行方向を基準として右ねじの向きに1まわり線積分すれば電流の強さ J が得られる．一般の定常電流 $\boldsymbol{J}$ のときは，この結果を重ね合わせたものとなるので

$$\int_{\partial S} \boldsymbol{H}(\boldsymbol{r})\cdot\mathrm{d}\boldsymbol{r} = \int_S \boldsymbol{J}\cdot\boldsymbol{n}\,\mathrm{d}S \tag{2.172}$$

がなりたつ．ここで S は任意の向きづけられた曲面である．Stokes の定理を

用いれば，これは

$$\mathrm{rot}\,\boldsymbol{H} = \boldsymbol{J} \tag{2.173}$$

と同等である．以上一連の公式を **Ampère の法則**という．

静磁場と定常電流からなる系のエネルギーを計算することは静電場と電荷分布の場合ほど簡単でないが，Ampère, Gauss, Weber, Maxwell らが計算し，Maxwell はこれが $\frac{1}{2}\boldsymbol{H}\cdot\boldsymbol{B}$ の体積積分に等しいことを示した．

以上の静電磁場の場合，電場と磁場は独立しており，相互の間に何の関係もない．Faraday, Maxwell および Heaviside の功績は，時間変化を伴う非定常の場合に電場と磁場の関係を明らかにしたことである．

まず，電荷の総量が不変なことは，質量の保存以上に確実なことであって，これを数式として表せば連続の方程式

$$\mathrm{div}\,\boldsymbol{J} + \frac{\partial \rho}{\partial t} = 0 \tag{2.174}$$

になる．

静電磁場の方程式のうち発散系統の方程式

$$\mathrm{div}\,\boldsymbol{D} = \rho, \tag{2.175}$$

$$\mathrm{div}\,\boldsymbol{B} = 0 \tag{2.176}$$

はそのままなりたつとする．

電磁気の動力学での困難は Ampère の法則(2.173)が電荷の保存法則(2.174)と両立しないことであった．実際，$\mathrm{div}\,\mathrm{rot} = 0$ ゆえ $\partial\rho/\partial t = 0$ となり，電荷の増減が許されないことになってしまう．Maxwell(1864年)は，(2.173)を

Maxwell の法則

$$\mathrm{rot}\,\boldsymbol{H} = \boldsymbol{J} + \frac{\partial \boldsymbol{D}}{\partial t} \tag{2.177}$$

におきかえることを提案した．新しくつけ加わった項 $\partial\boldsymbol{D}/\partial t$ を**変位電流**という．

Faraday をついだ Maxwell の考えは，電気変位 $\boldsymbol{D}$ は電場の双極子分布なのだから，その時間変化は電流だというのであるが，これを文字通りに解釈することができないことはすでに示した通りである．素直に真空の性質と理解すべきであろう．なお，(2.177)の両辺の発散をとり，(2.175)を用いるならば，

逆に電荷保存則(2.174)が導き出されることに注意する.

最後に，磁電誘導に関する**Faradayの法則**

$$\mathrm{rot}\,\boldsymbol{E} = -\frac{\partial \boldsymbol{B}}{\partial t} \tag{2.178}$$

が加わって電磁気学の基本法則が完成する. 以上四つの法則を合せて**Maxwellの方程式**という.

これに，静電磁場の場合と同様

$$\boldsymbol{D} = \varepsilon \boldsymbol{E}, \tag{2.179}$$

$$\boldsymbol{B} = \mu \boldsymbol{H}, \tag{2.180}$$

および**Ohmの法則**

$$\boldsymbol{J} = \sigma \boldsymbol{E} \tag{2.181}$$

を連立させて，問題に応じた境界条件の下で解くことができれば，電磁気に関するすべての問題に解答することができる.

Faraday(1831-51年)は磁電誘導の法則を(2.178)と同等な

$$\int_{\partial S} \boldsymbol{E}(\boldsymbol{r})\cdot \mathrm{d}\boldsymbol{r} = -\frac{\mathrm{d}}{\mathrm{d}t}\int_S \boldsymbol{B}\cdot\boldsymbol{n}\,\mathrm{d}S \tag{2.182}$$

の形で与えた. Faradayは数学的な訓練を受けなかった科学者で，彼の研究論文にはほとんど数学的表現がない. その珍らしい例外がこの法則であったのである. Maxwellは1873年に発表した著書の目的をFaradayの考えを数式化することだと宣言している. しかし，不思議なことに，Faradayの法則を言葉としては再録しながら，数式としては(2.178)の形でも，(2.182)の形でも明言していない. しかしながら，磁束密度$\boldsymbol{B}$のベクトル・ポテンシャル$\boldsymbol{A}$を用いたより間接的な形ではFaradayの法則を定式化しており，他の三つの法則と合せて得た結論の一つとして真空中を光の速さ

$$c = \frac{1}{\sqrt{\varepsilon_0\mu_0}} \doteqdot 2.998\times 10^8\ \mathrm{m/秒} \tag{2.183}$$

で進む電磁波の存在を予言した.

実は，Faradayの法則(2.178)式はMaxwellも1861年の論文で発表していたのであるが，直後の1864年彼自身が上の複雑な定式化に改めたために忘れられてしまった. この式を電磁気学の基礎方程式の一つとしたのはHeavisideの1885年の論文が最初と思われる.

なお，Maxwell は，非定常な場合も，電磁気に関するエネルギーを電磁場のみで表わしたものが

$$w = \frac{1}{2}\boldsymbol{E}\cdot\boldsymbol{D}+\frac{1}{2}\boldsymbol{H}\cdot\boldsymbol{B} \tag{2.184}$$

の体積積分になることを示したが，J. H. Poynting(1884 年)はこの解釈の下でベクトル場

$$\boldsymbol{S} = \boldsymbol{E}\times\boldsymbol{H} \tag{2.185}$$

がエネルギーの流れを表わすことを示した．これを**Poynting のベクトル**という．実際

$$\begin{aligned}\mathrm{div}\,\boldsymbol{S} &= -\boldsymbol{E}\cdot\mathrm{rot}\,\boldsymbol{H}+\mathrm{rot}\,\boldsymbol{E}\cdot\boldsymbol{H}\\ &= -\boldsymbol{E}\cdot\boldsymbol{J}-\boldsymbol{E}\cdot\frac{\partial\boldsymbol{D}}{\partial t}-\boldsymbol{H}\cdot\frac{\partial\boldsymbol{B}}{\partial t}\end{aligned}$$

ゆえ，任意の有界閉領域 V に対して

$$-\frac{\mathrm{d}}{\mathrm{d}t}\int_V w\,\mathrm{d}V = \int_V \boldsymbol{E}\cdot\boldsymbol{J}\,\mathrm{d}V+\int_{\partial V}\boldsymbol{S}\cdot\boldsymbol{n}\,\mathrm{d}S \tag{2.186}$$

がなりたつ．右辺の第1項は，帯電物体の運動に伴う電流に対してはローレンツ力により電磁場が物体に与える力学エネルギーを，Ohm の法則に従う伝導電流に対してはジュール熱として失われるエネルギーを表わす．少し遅れて，Heaviside も独立に同じことを発見したという．

この頃をもって電磁気学は一応の完成をみたといってよい．直後に H. Hertz(1887 年)は，電磁波の発生と検出により，Maxwell 理論の正しさを劇的に実証してみせた．

演習問題

2.1　$\varphi(\boldsymbol{r}), \psi(\boldsymbol{r})$ が C^1 級の関数，$\boldsymbol{f}(\boldsymbol{r}), \boldsymbol{g}(\boldsymbol{r})$ が C^1 級のベクトル場であるとき，次の等式がなりたつことを示せ：

$$\mathrm{grad}(\varphi\psi) = \psi\,\mathrm{grad}\,\varphi+\varphi\,\mathrm{grad}\,\psi, \tag{1}$$

$$\mathrm{rot}(\varphi\boldsymbol{f}) = \mathrm{grad}\,\varphi\times\boldsymbol{f}+\varphi\,\mathrm{rot}\,\boldsymbol{f}, \tag{2}$$

$$\mathrm{div}(\varphi\boldsymbol{f}) = \mathrm{grad}\,\varphi\cdot\boldsymbol{f}+\varphi\,\mathrm{div}\,\boldsymbol{f}, \tag{3}$$

$$\begin{aligned}\mathrm{rot}(\boldsymbol{f}\times\boldsymbol{g}) &= -(\mathrm{div}\,\boldsymbol{f})\,\boldsymbol{g}+\boldsymbol{f}\,(\mathrm{div}\,\boldsymbol{g}) \\ &\quad -(\boldsymbol{f}\cdot\nabla)\,\boldsymbol{g}+(\boldsymbol{g}\cdot\nabla)\,\boldsymbol{f},\end{aligned} \tag{4}$$

$$\mathrm{div}(\boldsymbol{f}\times\boldsymbol{g}) = \mathrm{rot}\,\boldsymbol{f}\cdot\boldsymbol{g}-\boldsymbol{f}\cdot\mathrm{rot}\,\boldsymbol{g}. \tag{5}$$

ただし，(4)の2行目第1項は(2.8)で定義される微分作用素 $(\boldsymbol{f}\cdot\nabla)$ を $\boldsymbol{g}$ の各成分に施したものを意味する．

2.2 定理2.2を C が単に長さのある曲線の場合に証明せよ．

2.3 2次元の領域 $V\subset\mathbf{R}^2$ で定義された2次元のベクトル場

$$\boldsymbol{f}(x\boldsymbol{i}+y\boldsymbol{j}) = v(x,y)\,\boldsymbol{i}+u(x,y)\,\boldsymbol{j} \tag{6}$$

を考える．$u(x,y), v(x,y)$ が V 上の C^1 級実数値関数であるとき，$\boldsymbol{f}$ が条件

$$\mathrm{div}\,\boldsymbol{f} = 0, \tag{7}$$

$$\mathrm{rot}\,\boldsymbol{f} = 0 \tag{8}$$

をみたすことと，V 上の複素数値関数

$$F(x+\mathrm{i}y) = u(x,y)+\mathrm{i}v(x,y) \tag{9}$$

が複素変数 $x+\mathrm{i}y$ の正則関数であることが同等であることを示せ．

2.4 (6)で与えられる2次元のベクトル場 $\boldsymbol{f}$ の成分 u, v が単に連続である場合も，定理2.4にならって，$\boldsymbol{f}$ が超関数の意味で(7)，(8)をみたすならば，(9)で定義される関数 F が正則になることを示せ．この条件は，V の中にコンパクトな台をもつ任意の C^∞ 級実数値関数 $\varphi(x,y)$ に対して

$$\int_V F(x+\mathrm{i}y)\left(\frac{\partial\varphi}{\partial x}+\mathrm{i}\frac{\partial\varphi}{\partial y}\right)\mathrm{d}x\mathrm{d}y = 0 \tag{10}$$

がなりたつことと同じである．

2.5 定理2.6の証明で用いた次の命題に証明を与えよ．V を座標軸に平行な稜をもつ立方体とする．$\boldsymbol{f}$ が V で定義された C^∞ 級のベクトル場で(7)をみたし，かつ V の境界面の近傍で0となるならば，微分方程式

$$\mathrm{rot}\,\boldsymbol{u} = \boldsymbol{f} \tag{11}$$

は，同じく V で定義された C^∞ 級のベクトル場であって，V の境界面の近傍で0となる解 $\boldsymbol{u}$ をもつ．

2.6 $a(s)$ が任意の C^1 級の1変数関数，$\boldsymbol{t}, \boldsymbol{n}, \boldsymbol{b}$ が右手系をなす正規直交ベクトルであるとき，

$$\boldsymbol{E}(t,\boldsymbol{r}) = a(\boldsymbol{t}\cdot\boldsymbol{r}-ct)\,\boldsymbol{n}, \tag{12}$$

$$\boldsymbol{B}(t,\boldsymbol{r}) = \frac{1}{c}a(\boldsymbol{t}\cdot\boldsymbol{r}-ct)\,\boldsymbol{b} \tag{13}$$

が，電荷も電流もない真空中のMaxwellの方程式の解となることを示せ．ただし，

c は(2.183)で与えられる光速度である．この解について Maxwell のエネルギー密度(2.184)および Poynting のベクトル(2.185)を計算し，実際この電磁波は光速度でエネルギーを運ぶと解釈できることを確認せよ．

2.7 電荷も電流もない真空中の静電磁場は共に(7)，(8)の解として与えられる．整関数に対する Liouville の定理の拡張として，全空間で有界な静電磁場は定数ベクトル場であることを証明せよ．特に，$|\boldsymbol{r}|\to\infty$ のとき $\boldsymbol{E}(\boldsymbol{r})\to 0, \boldsymbol{B}(\boldsymbol{r})\to 0$ となるならば，$\boldsymbol{E}(\boldsymbol{r})=0, \boldsymbol{B}(\boldsymbol{r})=0$ がなりたつ．

第3章

テンソル代数とグラスマン代数

3次元のベクトル解析がうまく展開できたのは，3次元ベクトル空間 V^3 には内積と外積という二つの積が定義できたことによる．このうち内積 $\boldsymbol{a}\cdot\boldsymbol{b}$ は何次元のベクトル空間 V^n であっても3次元の場合と同じように定義することができ，その性質も変らない．しかし，外積 $\boldsymbol{a}\times\boldsymbol{b}$ は3次元という特殊性を用いてはじめて定義できる積であって，これを他の次元のベクトル空間 V^n にまで，ベクトルの対をベクトルにうつす演算として拡張することはできない．ただし，§2.8で3次元ユークリッド空間 E^3 での微分形式を導入した際に述べたように，ベクトルとベクトルの積をもはやベクトルと見做さないことにすれば，ベクトルとベクトルの積についての反可換則を保ちながら，任意次元のベクトル空間 V^n にまでその定義を拡張することができる．この積も外積という．任意のベクトル空間 V に対し，そのベクトルに次々に外積を施して得られる元の1次結合として表わされる元全体のなす代数系が本質的に唯一つ定まる．これを V 上の**外積代数**あるいは創始者 H. G. Grassmann の名をとって**グラスマン代数**という．本文で述べるように，グラスマン代数の定義，すなわち，その元をいかなるものと理解するかについてはいくつかの立場がある．その一つは，V の双対空間 V^* 上の反対称多重1次関数と見做すというものであって，微分形式の形式という言葉はグラスマン代数のこのような定義に由来する．

反対称多重1次関数の代りに対称多重1次関数を考えれば，V の基底 $\boldsymbol{e}_1, \cdots, \boldsymbol{e}_n$ を変数とする多項式全体が得られる．また，対称性について何の制限もおかなければ，さらに一般の積が定義された代数系ができる．これを V 上の**テンソ**

ル代数とよび，その元を**テンソル**という．

ここで代数という言葉は，代数学の代数の意味ではなく，積の定義されているベクトル空間の意味で用いた．以上の代数では積が結合則に従う．他方，3次元ベクトル空間の外積に対しては結合則がなりたたず，代りに反可換則とJacobi則がなりたつ．このような代数を**リー代数**という．本章では結合則をみたす代数，すなわち結合的代数のみを考える．

本章では，この他，非退化対称双線形形式あるいは非退化反対称双線形形式を不変にする変換群によって定義される種々の線形幾何を考察する．直交群など古典的なリー群はすべてこのような幾何の変換群である．

最後にテンソル場の例として弾性体および電磁場の応力テンソルを扱い，電磁場を4次元テンソル場に書き改めてMaxwell方程式のローレンツ群の下での不変性を示す．

§3.1　ベクトル空間のテンソル積

本章では，V, W 等で一般の次元をもつベクトル空間を表わす．特に断らないとき，係数体は実数体 $\mathbf{R}$ であるとする．しかし，多くの結果は係数体が一般の可換体の場合にもそのままなりたつ．

n 次元のベクトル空間 V は，第1章の公理を修正して，実数体を係数体とする n 次元のアフィン空間 A^n を定義し，その中の有向線分の類として定義することもできるが，次元が一般の場合にはわずらわしくなるので§1.2で述べた代数的な定義を採用する．**次元** n は V の中の1次独立なベクトルの最大個数である．本章では有限次元のベクトル空間 V のみを考える．次元と同じ個数の1次独立なベクトルの組 $(\boldsymbol{e}_1, \cdots, \boldsymbol{e}_n)$ はベクトル空間 V の**基底**とよばれ，任意のベクトル $\boldsymbol{a} \in V$ は $a_1, \cdots, a_n \in \mathbf{R}$ を用いて

$$\boldsymbol{a} = a_1\boldsymbol{e}_1 + \cdots + a_n\boldsymbol{e}_n \tag{3.1}$$

と一意的に表わすことができる．スカラーの組 $(a_1, \cdots, a_n)$ を $\boldsymbol{a}$ の基底 $(\boldsymbol{e}_1, \cdots, \boldsymbol{e}_n)$ に関する**成分**という．

ベクトルと成分の関係(3.1)を行列で表わすときは，成分を縦ベクトルで表わし

$$\boldsymbol{a} = (\boldsymbol{e}_1, \cdots, \boldsymbol{e}_n)\begin{pmatrix} a_1 \\ \vdots \\ a_n \end{pmatrix} \tag{3.2}$$

とするのが習慣である．

この節の目的は，二つのベクトル空間 V, W に対して，最も一般な積

$$V \times W \longrightarrow V \otimes W \tag{3.3}$$

を定義することである．ここで，$V \times W$ はベクトル $\boldsymbol{a} \in V$, $\boldsymbol{b} \in W$ の対 $(\boldsymbol{a}, \boldsymbol{b})$ 全体の集合を表わす．また，$V \otimes W$ はベクトル空間であり，(3.3) は対 $(\boldsymbol{a}, \boldsymbol{b})$ に対し積 $\boldsymbol{a} \otimes \boldsymbol{b}$ を対応させる写像を表わす．これに対し，積 $\boldsymbol{a} \otimes \boldsymbol{b}$ は $\boldsymbol{a} \in V$ に関しても $\boldsymbol{b} \in W$ に関しても線形であって，この性質をもつ積として最も一般であることを要求する．すなわち，任意の $\boldsymbol{a}, \boldsymbol{c} \in V$, $\boldsymbol{b}, \boldsymbol{d} \in W$, $k, l \in \mathbf{R}$ に対して

$$(k\boldsymbol{a} + l\boldsymbol{c}) \otimes \boldsymbol{b} = k(\boldsymbol{a} \otimes \boldsymbol{b}) + l(\boldsymbol{c} \otimes \boldsymbol{b}) \tag{3.4}$$

$$\boldsymbol{a} \otimes (k\boldsymbol{b} + l\boldsymbol{d}) = k(\boldsymbol{a} \otimes \boldsymbol{b}) + l(\boldsymbol{a} \otimes \boldsymbol{d}) \tag{3.5}$$

がなりたち，さらに，他に上の $\otimes$ を $\odot$ におきかえたベクトル空間 E に値をもつ積 $\odot$

$$V \times W \longrightarrow E \tag{3.6}$$

があれば，これが常に唯一つの線形写像 $h: V \otimes W \to E$ を用いて

$$V \times W \xrightarrow{\otimes} V \otimes W \xrightarrow{h} E \tag{3.7}$$

と分解できることを要求する．(3.4)，(3.5) を**双線形則**という．

以下に示すように，このような性質をもつベクトル空間 $V \otimes W$ と双線形写像 $\otimes$ は本質的に唯一つ存在する．このベクトル空間 $V \otimes W$ をベクトル空間 V と W の**テンソル積**，積 $\boldsymbol{a} \otimes \boldsymbol{b}$ をベクトル $\boldsymbol{a}$ と $\boldsymbol{b}$ の**テンソル積**という．

以下 3 つの方法でテンソル積を構成する．

最も原始的であるが，最もわかりやすい方法は V と W の基底を用いるものである．$(\boldsymbol{e}_1, \cdots, \boldsymbol{e}_m)$ を V の基底，$(\boldsymbol{f}_1, \cdots, \boldsymbol{f}_n)$ を W の基底とするとき，$(\boldsymbol{e}_i \otimes \boldsymbol{f}_j)_{1 \leq i \leq m, 1 \leq j \leq n}$ を基底とする mn 次元のベクトル空間 $V \otimes W$ を新たに考える．そして，

$$\boldsymbol{a} = \sum_{i=1}^{m} a_i \boldsymbol{e}_i \in V, \quad \boldsymbol{b} = \sum_{j=1}^{n} b_j \boldsymbol{f}_j \in W \tag{3.8}$$

のテンソル積を

$$\boldsymbol{a}\otimes\boldsymbol{b}=\sum_{i=1}^{m}\sum_{j=1}^{n}a_ib_j\,\boldsymbol{e}_i\otimes\boldsymbol{f}_j \tag{3.9}$$

と定義する．ここで，$\boldsymbol{e}_i\otimes\boldsymbol{f}_j$ ははじめは単なる記号であるが，この基底の成分のみが1で他の基底の成分が0であるベクトルと同じと見做せば，ベクトル $\boldsymbol{e}_i$ と $\boldsymbol{f}_j$ のテンソル積と解釈することができる．

(3.9)で定義されるテンソル積 $\otimes$ が双線形則をみたすことは明らかである．さらに，双線形写像(3.6)が与えられたとき，$C_{ij}\in\mathbf{R}$ を成分とする $V\otimes W$ のベクトルに対し

$$h\left(\sum_{i=1}^{m}\sum_{j=1}^{n}C_{ij}\,\boldsymbol{e}_i\otimes\boldsymbol{f}_j\right)=\sum_{i=1}^{m}\sum_{j=1}^{n}C_{ij}\,\boldsymbol{e}_i\odot\boldsymbol{f}_j$$

で線形写像 $h: V\times W\to E$ を定義すれば，(3.6)は(3.7)のように分解される．線形写像 h のとり方がこれ以外にないことも明らかである．

テンソル積の一意性は次のようにして証明される．

［証明］ $(V\otimes W,\otimes)$ を上のようにして定義したテンソル積，$(V\otimes' W,\otimes')$ をテンソル積の公理をみたす別のベクトル空間と双線形写像とする．このとき，上で構成した線形写像 $i: V\otimes W\to V\otimes' W$ と，$(V\otimes' W,\otimes')$ がテンソル積の公理をみたすことから導かれる線形写像 $i': V\otimes' W\to V\otimes W$ は互いの逆写像となっていることがわかる．写像の積 $i'\circ i: V\otimes W\to V\otimes W$ および $i\circ i'$: $V\otimes' W\to V\otimes' W$ は，自分自身に対する(3.7)の線形写像 h として恒等写像でなければならないからである．したがって，ベクトル空間 $V\otimes W$ と $V\otimes' W$ はベクトル空間として同型である．しかも，この同型は双線形写像の分解(3.7)を保つ．すなわち，図式

$$\begin{array}{ccccc} & \overset{\otimes}{\nearrow} & V\otimes W & \overset{h}{\searrow} & \\ V\times W & & i\downarrow\ \uparrow i' & & E \\ & \underset{\otimes'}{\searrow} & V\otimes' W & \underset{h'}{\nearrow} & \end{array} \tag{3.10}$$

において，任意に出発点および終点をきめて，矢印に従って出発点から終点に至る写像の合成を作ったとき，道すじによらない同じ写像が得られる．例えば，$h=h'\circ i$ は，$h'\circ i$ も(3.7)の分解を与える線形写像となることから，このような線形写像の一意性により h に等しいことがわかる．∎

このような図式を**可換図式**という．この可換図式は二つのテンソル積 $V\otimes W$ と $V\otimes' W$ が機能の上でも同型であることを示している．数学で何と何が同じか厳密に定めるのは案外むつかしいが，テンソル積程度に同型になるものは，この同型によって同一視し，一つのものと見做すのが健全な立場である．以下，表現の違いを無視し，同一の記号 ($V\otimes W, \otimes$) でもって表わす．

E をもう一つのベクトル空間とするとき，$L(V, E)$ および $L(V, W; E)$ により，それぞれ V から E への線形写像全体および $V\times W$ から E への双線形写像全体からなるベクトル空間を表わす．そうすれば(3.7)の分解の一意性はベクトル空間としての自然な同型

$$L(V, W; E) \cong L(V\otimes W, E) \tag{3.11}$$

として表現することができる．この記号の L は，しばしば，**準同型写像** (homomorphism)の最初の3文字をとって Hom とも書かれる．

ベクトル空間 V 上の**線形形式**，すなわち係数体への線形写像 $\boldsymbol{x}: V\to\mathbf{R}$ 全体を V^* で表わし，V の**双対ベクトル空間**あるいは単に**双対空間**という：

$$V^* = L(V, \mathbf{R}). \tag{3.12}$$

$\boldsymbol{x}\in V^*$ の $\boldsymbol{a}\in V$ における値 $\boldsymbol{x}(\boldsymbol{a})$ は，$\boldsymbol{a}$ を固定したとき，V^* 上の線形形式を与える．したがって，$V\to(V^*)^*$ という自然な線形写像が定まる．有限次元ベクトル空間 V に関する基本的な結果の一つはこれが自然な同型となることである：

$$V = (V^*)^*. \tag{3.13}$$

このことは，($\boldsymbol{e}_i$) を V の基底とするとき，

$$\boldsymbol{e}^*{}_i(\boldsymbol{e}_j) = \delta_{ij} \tag{3.14}$$

をみたす V^* の基底 ($\boldsymbol{e}^*{}_j$) があることから証明される．($\boldsymbol{e}^*{}_j$) を ($\boldsymbol{e}_i$) の**双対基底**という．

$\boldsymbol{a}\in V$ を(3.2)のように成分で表わすときは，$\boldsymbol{x}\in V^*$ の成分は横ベクトルで表わし

$$\boldsymbol{x} = (x_1, \cdots, x_n)\begin{pmatrix} \boldsymbol{e}^*{}_1 \\ \vdots \\ \boldsymbol{e}^*{}_n \end{pmatrix} \tag{3.15}$$

とするのが都合がよい．こうすれば $\boldsymbol{x}$ の $\boldsymbol{a}$ における値 $\boldsymbol{x}(\boldsymbol{a})$ は

$$\boldsymbol{x}(\boldsymbol{a}) = (x_1, \cdots, x_n)\begin{pmatrix} a_1 \\ \vdots \\ a_n \end{pmatrix} \tag{3.16}$$

という自然な行列表示をもつ．

これを Dirac は $\langle \boldsymbol{x}|\boldsymbol{a}\rangle$ と書き，$\boldsymbol{x}=\langle \boldsymbol{x}|$ を**ブラベクトル**，$\boldsymbol{a}=|\boldsymbol{a}\rangle$ を**ケットベクトル**とよんだ．しかし，多くの数学者は同じものを $\langle \boldsymbol{a}, \boldsymbol{x}\rangle$ と書き，$\boldsymbol{a}\in V$ と $\boldsymbol{x}\in V^*$ の**内積**という．この本では後の記号を用いる．

自然な同型(3.11)をもととして，ベクトル空間 V, W 等に伴って定義される多くのベクトル空間が，V, W や双対空間 V^*, W^* 等のテンソル積と自然な同型関係にあることが導かれる．まず，

(i) $$\mathbf{R}\otimes V \cong V. \tag{3.17}$$

［証明］ $(k, \boldsymbol{a})$ を $k\boldsymbol{a}$ にうつす写像は $\mathbf{R}\times V$ を V にうつす双線形写像であるから，$i(k\otimes\boldsymbol{a})=k\boldsymbol{a}$ となる線形写像 $i:\mathbf{R}\otimes V\to V$ が存在する．これが同型であることを示せばよい．$(\boldsymbol{e}_i)$ が V の基底であれば，$\mathbf{R}\otimes V$ は $(1\otimes\boldsymbol{e}_i)$ を基底とするベクトル空間であり，$i(1\otimes\boldsymbol{e}_i)=\boldsymbol{e}_i$ なのであるから，i は同型である． ∎

(ii) $$V^*\otimes W \cong L(V, W). \tag{3.18}$$

［証明］ $\boldsymbol{x}\in V^*, \boldsymbol{b}\in W$ の組 $(\boldsymbol{x}, \boldsymbol{b})$ に対して

$$h(\boldsymbol{a}) = \boldsymbol{x}(\boldsymbol{a})\,\boldsymbol{b}, \quad \boldsymbol{a}\in V,$$

で定義される $h\in L(V, W)$ を対応させる写像は明らかに双線形である．したがって(3.11)により線形写像 $h: V^*\otimes W\to L(V, W)$ がひきおこされる．これが同型であることを示せばよい．$L(V, W)$ の行列表示を考えれば，$L(V, W)$ の基底として

$$h_{ij}(\boldsymbol{a}) = \boldsymbol{e}^*{}_j(\boldsymbol{a})\,\boldsymbol{f}_i$$

で定義される h_{ij} がとれることがわかる．ただし，$(\boldsymbol{e}^*{}_j)$ は V の基底 $(\boldsymbol{e}_j)$ の双対基底，$(\boldsymbol{f}_i)$ は W の基底である．明らかに $h(\boldsymbol{e}^*{}_j\otimes\boldsymbol{f}_i)=h_{ij}$ であるから，上の h はベクトル空間の同型である． ∎

(iii)
$$V^*\otimes W^* \cong (V\otimes W)^*. \tag{3.19}$$

［証明］ $\boldsymbol{x}\in V^*, \boldsymbol{y}\in W^*$ のとき，
$$\boldsymbol{z}(\boldsymbol{a}, \boldsymbol{b}) = \boldsymbol{x}(\boldsymbol{a})\boldsymbol{y}(\boldsymbol{b}), \quad \boldsymbol{a}\in V, \boldsymbol{b}\in W, \tag{3.20}$$
は $V\times W$ 上の双線形形式である．$E=\mathbf{R}$ とする同型(3.11)で両辺を同一視すれば，$\boldsymbol{z}$ は $(V\otimes W)^*$ の元と見做せる．対 $(\boldsymbol{x}, \boldsymbol{y})$ に対して $\boldsymbol{z}$ を対応させる写像は明らかに双線形である．したがって，再び同型(3.11)によって線形写像 φ: $V^*\otimes W^*\to(V\otimes W)^*$ がひきおこされる．この φ が同型写像であることを示せばよい．$(V\otimes W)^*$ の基底として，$V\otimes W$ の基底 $(\boldsymbol{e}_i\otimes\boldsymbol{f}_j)$ の双対基底をとることができる．$V^*\otimes W^*$ の基底 $(\boldsymbol{e}^*{}_i\otimes\boldsymbol{f}^*{}_j)$ の φ による像を考えると，
$$\varphi(\boldsymbol{e}^*{}_i\otimes\boldsymbol{f}^*{}_j)(\boldsymbol{e}_k\otimes\boldsymbol{f}_l)=\boldsymbol{e}^*{}_i(\boldsymbol{e}_k)\boldsymbol{f}^*{}_j(\boldsymbol{f}_l) = \delta_{ik}\delta_{jl}$$
であって，ちょうど $(V\otimes W)^*$ の双対基底と1対1に対応することがわかる． ■

(3.19)と(3.13)を合わせると
$$V\otimes W \cong (V^*\otimes W^*)^*. \tag{3.21}$$
この右辺は同型(3.11)により $L(V^*, W^*; \mathbf{R})$ と同型である．こうしてテンソル積 $V\otimes W$ のもう一つの定義
$$V\otimes W = L(V^*, W^*; \mathbf{R}) \tag{3.22}$$
が得られる．すなわち，$V\otimes W$ は双対ベクトル空間の積 $V^*\times W^*$ 上の**双線形形式**全体と見做される．このとき $\boldsymbol{a}\in V$ と $\boldsymbol{b}\in W$ のテンソル積 $\boldsymbol{a}\otimes\boldsymbol{b}$ は
$$(\boldsymbol{a}\otimes\boldsymbol{b})(\boldsymbol{x}, \boldsymbol{y}) = \boldsymbol{x}(\boldsymbol{a})\boldsymbol{y}(\boldsymbol{b}), \quad \boldsymbol{x}\in V^*, \boldsymbol{y}\in W^*, \tag{3.23}$$
で定義される．

ベクトル空間 V が V^* の双対空間であるという事実(3.13)は V が V^* 上の同次1次関数全体と見做せるということである．上の定義は，テンソル積 $V\otimes W$ を $V^*\times W^*$ 上の関数であって，各変数に関して同次1次関数となるもの全体であるとする．これも自然な定義である．**形式**という言葉は一般に同次多項式を意味する．

念のため，以上の結果を定理の形で述べておく．

定理 3.1 任意のベクトル空間 V, W に対し，同型を除いて唯一つのベクトル空間 $V\otimes W$ および双線形写像 $\otimes$: $V\times W\to V\otimes W$ が存在し，任意の双線形写像 $V\times W\to E$ は唯一つの線形写像 h: $V\otimes W\to E$ を用いて $\otimes$ と h の合

成 $h(\boldsymbol{a}\otimes\boldsymbol{b})$ と表わされ，ベクトル空間としての同型(3.11)が成立する．

ベクトル空間のテンソル積 $V\otimes W$ およびベクトルのテンソル積 $\boldsymbol{a}\otimes\boldsymbol{b}$ の一つの実現は，$V^*\times W^*$ 上の双線形形式全体(3.22)および基本線形形式の積(3.23)として与えられる．　□

テンソル積 $V\otimes W$ の第3の定義は，すべての対 $(\boldsymbol{a}, \boldsymbol{b})$, $\boldsymbol{a}\in V$, $\boldsymbol{b}\in W$ を基底とするベクトル空間を考え，その中で，$(k\boldsymbol{a}+l\boldsymbol{c}, \boldsymbol{b})-k(\boldsymbol{a}, \boldsymbol{b})-l(\boldsymbol{c}, \boldsymbol{b})$ および $(\boldsymbol{a}, k\boldsymbol{b}+l\boldsymbol{d})-k(\boldsymbol{a}, \boldsymbol{b})-l(\boldsymbol{a}, \boldsymbol{d})$，$\boldsymbol{a}, \boldsymbol{c}\in V$，$\boldsymbol{b}, \boldsymbol{d}\in W$，$k, l\in\mathbf{R}$ 全体で生成される線形部分空間による商空間と定義するものである．

この定義は，ベクトル空間より一般に，一般の(可換)環を係数環とする加群 V, W に対して通用する利点があるが，商空間の考えになじみのない人もいると思われるのでこれ以上論じない．

さらに，同型(3.18)および(3.13)を用いれば，

$$V\otimes W \cong L(V^*, W) \tag{3.24}$$

という同型が得られる．また，容易に示されるように同型

$$V\otimes W \cong W\otimes V \tag{3.25}$$

がなりたつから，

$$V\otimes W \cong L(W^*, V) \tag{3.26}$$

という同型も成立する．したがって，これらの同型を用いてテンソル積 $V\otimes W$ を定義することも一応可能である．しかし，普通は(3.24)，(3.26)の両辺を同一視するまではしない．

$(\boldsymbol{e}_i)_{1\leq i\leq m}$, $(\boldsymbol{f}_j)_{1\leq j\leq n}$ をそれぞれ V, W の基底とするとき，$V\otimes W$ の元 $\boldsymbol{C}$ の基底 $(\boldsymbol{e}_i\otimes\boldsymbol{f}_j)$ に関する成分 (C_{ij}) を行列

$$C=\begin{pmatrix} C_{11} & C_{12} & \cdots & C_{1n} \\ C_{21} & & & \vdots \\ \vdots & & & \vdots \\ C_{m1} & \cdots & \cdots & C_{mn} \end{pmatrix} \tag{3.27}$$

の形に表わしておけば，$\boldsymbol{C}$ を同型(3.22)によって $V^*\times W^*$ 上の双線形形式と見做したものは

$$\boldsymbol{C}(\boldsymbol{x}, \boldsymbol{y}) = (x_1, \cdots, x_m)\begin{pmatrix} C_{11} & \cdots & C_{1n} \\ \vdots & & \vdots \\ C_{m1} & \cdots & C_{mn} \end{pmatrix}\begin{pmatrix} y_1 \\ \vdots \\ y_n \end{pmatrix} \tag{3.28}$$

となる．ここで，$(x_1, \cdots, x_m)$ および $(y_1, \cdots, y_n)$ はそれぞれ $\boldsymbol{x} \in V^*$ および $\boldsymbol{y} \in W^*$ の双対基底 $(\boldsymbol{e}^*_i)$ および $(\boldsymbol{f}^*_j)$ に関する成分を表わす．

また，(3.24)で $\boldsymbol{C}$ に対応する線形写像 $V^* \to W$ は C の転置行列 C' を基底 $(\boldsymbol{e}^*_i), (\boldsymbol{f}_j)$ に関する行列表示とし，(3.26)で対応する線形写像 $W^* \to V$ は行列 C を $(\boldsymbol{f}^*_j), (\boldsymbol{e}_i)$ に関する行列表示とする．

M, N をベクトル空間，$s: V \to M$，$t: W \to N$ を線形写像とするとき，ベクトルの対 $(\boldsymbol{a}, \boldsymbol{b}) \in V \times W$ をテンソル積 $s(\boldsymbol{a}) \otimes t(\boldsymbol{b}) \in M \otimes N$ にうつす写像は双線形であるから，$u(\boldsymbol{a} \otimes \boldsymbol{b}) = s(\boldsymbol{a}) \otimes t(\boldsymbol{b})$ をみたす線形写像 $u: V \otimes W \to M \otimes N$ が唯一つ決まる．これを**線形写像** s, t **のテンソル積**といい，$s \otimes t$ で表わす．すなわち，写像のテンソル積 $s \otimes t: V \otimes W \to M \otimes N$ は

$$(s \otimes t)(\boldsymbol{a} \otimes \boldsymbol{b}) = s(\boldsymbol{a}) \otimes t(\boldsymbol{b}), \quad \boldsymbol{a} \in V, \boldsymbol{b} \in W, \tag{3.29}$$

をみたす唯一つの線形写像である．

$(\boldsymbol{g}_k)_{1 \leq k \leq p}, (\boldsymbol{h}_l)_{1 \leq l \leq q}$ をそれぞれ M と N の基底とし，行列 $S = (s_{ki})$, $T = (t_{lj})$ をそれぞれ線形写像 s, t の基底 $(\boldsymbol{e}_i), (\boldsymbol{g}_k)$ および $(\boldsymbol{f}_j), (\boldsymbol{h}_l)$ に関する行列表示とする．このとき

$$(s \otimes t)\left(\sum_{i,j} C_{ij}\, \boldsymbol{e}_i \otimes \boldsymbol{f}_j\right) = \sum_{i,j} C_{ij} \sum_{k,l} s_{ki} t_{lj} \boldsymbol{g}_k \otimes \boldsymbol{h}_l.$$

したがって，$\boldsymbol{C} \in V \otimes W$ の成分 C_{ij} を(3.27)の行列 C で表わせば，$(s \otimes t)(\boldsymbol{C})$ の成分は行列

$$SCT' = (s_{ki})(C_{ij})(t_{lj})' \tag{3.30}$$

で表わされる．ここで T' は T の転置行列を表わす．

また，$V \otimes W$ および $M \otimes N$ の基底 $(\boldsymbol{e}_i \otimes \boldsymbol{f}_j)$ および $(\boldsymbol{g}_k \otimes \boldsymbol{h}_l)$ を辞書式に $(\boldsymbol{e}_1 \otimes \boldsymbol{f}_1, \boldsymbol{e}_1 \otimes \boldsymbol{f}_2, \cdots, \boldsymbol{e}_1 \otimes \boldsymbol{f}_n, \boldsymbol{e}_2 \otimes \boldsymbol{f}_1, \cdots, \boldsymbol{e}_m \otimes \boldsymbol{f}_n)$ 等と並べてテンソル積 $s \otimes t$ を行列表示すれば，

$$S\otimes T = \begin{pmatrix} s_{11}T & \cdots & s_{1n}T \\ s_{21}T & & \vdots \\ \vdots & & \vdots \\ s_{p1}T & \cdots & s_{pn}T \end{pmatrix} \tag{3.31}$$

となる．この行列を**行列 S, T のテンソル積**または**クロネッカー積**という．

特に，$s: V\to V$, $t: W\to W$ が正則線形変換の場合は，§1.3 で論じたのと同様，これをテンソル積の空間 $V\otimes W$ における座標変換の公式と考えることもできる．すなわち，$(\boldsymbol{g}_i)$, $(\boldsymbol{h}_j)$ が V, W の別の基底であるとき，

$$(\boldsymbol{e}_1, \cdots, \boldsymbol{e}_m) = (\boldsymbol{g}_1, \cdots, \boldsymbol{g}_m)S, \quad (\boldsymbol{f}_1, \cdots, \boldsymbol{f}_n) = (\boldsymbol{h}_1, \cdots, \boldsymbol{h}_n)T$$

と，古い基底 $(\boldsymbol{e}_i)$, $(\boldsymbol{f}_j)$ を新しい基底 $(\boldsymbol{g}_i)$, $(\boldsymbol{h}_j)$ の1次結合として表わしておけば，古い基底 $(\boldsymbol{e}_i\otimes\boldsymbol{f}_j)$ に関して成分 C_{ij} をもつ元 $\boldsymbol{C}\in V\otimes W$ の新しい基底 $(\boldsymbol{g}_i\otimes\boldsymbol{h}_j)$ に関する成分は，C_{ij} を行列(3.27)の形に表わしたときは式(3.30)で，C_{ij} を辞書式の順序に一つの縦ベクトルとして表わしたときは $(S\otimes T)(C_{ij})$ で与えられる．

三つのベクトル空間 U, V, W のテンソル積 $U\otimes V\otimes W$ も，二つの場合と同様に，最も一般な3重線形写像

$$U\times V\times W\to U\otimes V\otimes W$$

を実現するベクトル空間および3重線形写像として定義することができる．U の基底を $(\boldsymbol{d}_h)_{1\leq h\leq l}$ とすれば，$(\boldsymbol{d}_h\otimes\boldsymbol{e}_i\otimes\boldsymbol{f}_j)_{1\leq h\leq l, 1\leq i\leq m, 1\leq j\leq n}$ を基底とする lmn 次元のベクトル空間になる．これはまた，二つのベクトル空間のテンソルの積の組合せ $(U\otimes V)\otimes W$，あるいは $U\otimes(V\otimes W)$ とも同型である．普通，これらの同型によって，三つのベクトル空間を同一のものと見做す：

$$(U\otimes V)\otimes W = U\otimes(V\otimes W) = U\otimes V\otimes W. \tag{3.32}$$

さらに，これは3重線形形式 $U^*\times V^*\times W^*\to\mathbf{R}$ 全体の空間 $L(U^*, V^*, W^*; \mathbf{R})$ とも同型である．この同型も，同じもの

$$U\otimes V\otimes W = L(U^*, V^*, W^*; \mathbf{R}) \tag{3.33}$$

の二つの表示と見做す．

他方，(3.25)，

$$U\otimes V\otimes W \cong U\otimes W\otimes V \cong \cdots$$

等も自然な同型であるが，これらによって二つのテンソル積空間を同一のものと見做すことはしない．一般に，

$$\boldsymbol{a}\otimes\boldsymbol{b} \neq \boldsymbol{b}\otimes\boldsymbol{a}, \quad \boldsymbol{a}\otimes\boldsymbol{b}\otimes\boldsymbol{c} \neq \boldsymbol{a}\otimes\boldsymbol{c}\otimes\boldsymbol{b}.$$

n 重テンソル積も同様に定義され，

$$\begin{aligned} V_1 \otimes \cdots \otimes V_n &= (V_1 \otimes V_2)\otimes\cdots\otimes V_n = \cdots \\ &= L(V_1{}^*, V_2{}^*, \cdots, V_n{}^*; \mathbf{R}) \end{aligned} \tag{3.34}$$

と見做す．$L(V_1{}^*, \cdots, V_n{}^*; \mathbf{R})$ は $V_1{}^*\times\cdots\times V_n{}^*$ 上の n 重線形形式全体の空間を表わす．

§3.2　テンソルとテンソル代数

V をベクトル空間としたとき，$\mathbf{R}$, V, V^* からいくつかのテンソル積を作って得られる空間 $V\otimes V\otimes V^*\otimes V\otimes V^*$ 等の元を V 上の**テンソル**といい，本書では大文字のボールド体 $\boldsymbol{C}$ 等で表わす．そして，属するテンソル積の空間に従って型に分け，例えば，いまの例の場合は $[1, 1, -1, 1, -1]$ 型であるという．

しかし，普通は，V と V^* のテンソル積は同型(3.25)を用いて

$$V\otimes V^* = V^*\otimes V \tag{3.35}$$

と見做し，例の場合はこのテンソル積の空間を $V\otimes V\otimes V\otimes V^*\otimes V^*$ と同一視する．こうして，いくつの V といくつの V^* のテンソル積の空間に入るかだけを区別して(3, 2)型のテンソル等という．ただし，この同一視に際して，V 同志，V^*同志は交換可能でないと考える．すなわち，$\boldsymbol{a}, \boldsymbol{b}\in V$，$\boldsymbol{x}\in V^*$ のとき，

$$\boldsymbol{a}\otimes\boldsymbol{x}\otimes\boldsymbol{b} = \boldsymbol{a}\otimes\boldsymbol{b}\otimes\boldsymbol{x} \neq \boldsymbol{b}\otimes\boldsymbol{a}\otimes\boldsymbol{x}.$$

V 上の (p, q) 型のテンソル全体を $\mathsf{T}^p_q(V)$ と書く．

$\mathsf{T}^0_0(V)=\mathbf{R}$ の元を**スカラー**，$\mathsf{T}^1_0(V)=V$ の元を**反変ベクトル**，$\mathsf{T}^0_1(V)=V^*$ の元を**共変ベクトル**とよぶことは，§2.9 で述べた 3 次元の場合と同じである．これに合せて，(p, q) 型のテンソルを**p 階反変 q 階共変テンソル**ともいう．特に，$(p, 0)$ 型のテンソルを **p 階反変テンソル**，$(0, q)$ 型のテンソルを **q 階共変テンソル**ともいう．p, q 共に 0 でないとき，(p, q) 型テンソルを**混合テンソル**とよぶ．

V の基底 $(\boldsymbol{e}_i)_{1\leq i\leq n}$ を選んだとき，この双対基底 $(\boldsymbol{e}^*{}_i)_{1\leq i\leq n}$ をテンソルの計

算では $(\boldsymbol{e}^i)_{1\leq i\leq n}$ と書く．このとき，(p, q) 型のテンソル $\boldsymbol{C}$ は $C^{i_1\cdots i_p}_{j_1\cdots j_q}\in\mathbf{R}$ を用いて唯一通りに

$$\boldsymbol{C} = \sum_{i_1,\cdots,j_q=1}^{n} C^{i_1\cdots i_p}_{j_1\cdots j_q}\boldsymbol{e}_{i_1}\otimes\cdots\otimes\boldsymbol{e}_{i_p}\otimes\boldsymbol{e}^{j_1}\otimes\cdots\otimes\boldsymbol{e}^{j_q} \tag{3.36}$$

と表わすことができる．このスカラーの組 $C^{i_1\cdots i_p}_{j_1\cdots j_q}$ を**テンソル $\boldsymbol{C}$ の**基底 $(\boldsymbol{e}_i)$ に関する**成分**という．ただし，(3.35)の同一視をしないで $[1, -1, -1]$ 型等であることを明らかにしたいときは，$C^{i_1\cdot\cdot}_{\cdot j_1 j_2}$ または $C^{i_1}{}_{j_1 j_2}$ 等と書く．特に，反変ベクトル，すなわち，本来のベクトル $\boldsymbol{a}$ の成分は肩に添字をつけて a^i と表わし，

$$\boldsymbol{a} = \sum_{i=1}^{n} a^i\boldsymbol{e}_i \tag{3.37}$$

と展開する．

このように，上つきの添字と下つきの添字を選ぶのは，(3.36)，(3.37)のような和で，上，下に同じ添字が一つずつ現われるようにするためである．Einstein はこのとき総和記号 Σ なしで総和を表わすとした．例えば，(3.37)を $\boldsymbol{a}=a^i\boldsymbol{e}_i$ と書く．これを **Einstein の規約**という．

V の基底として新たに $(\tilde{\boldsymbol{e}}_k)$ をとり，

$$\boldsymbol{e}_i = \sum_{k=1}^{n} u^k{}_i\tilde{\boldsymbol{e}}_k, \tag{3.38}$$

$$\tilde{\boldsymbol{e}}_k = \sum_{i=1}^{n} \check{u}^i{}_k\boldsymbol{e}_i \tag{3.39}$$

によって変換行列 $(u^k{}_i)$ とその逆行列 $(\check{u}^i{}_k)$ を定める．このとき，双対基底 $(\boldsymbol{e}^j)$ と $(\tilde{\boldsymbol{e}}^l)$ については

$$\boldsymbol{e}^j = \sum_{l=1}^{n} \check{u}^j{}_l\tilde{\boldsymbol{e}}^l, \tag{3.40}$$

$$\tilde{\boldsymbol{e}}^l = \sum_{j=1}^{n} u^l{}_j\boldsymbol{e}^j \tag{3.41}$$

がなりたつ．実際，(3.41)の右辺で $\tilde{\boldsymbol{e}}^l$ を定義すれば，(3.14)および

$$\sum_{i=1}^{n} u^l{}_i\check{u}^i{}_k = \delta^l{}_k \tag{3.42}$$

より

$$\langle\tilde{\boldsymbol{e}}_k, \tilde{\boldsymbol{e}}^l\rangle = \sum_{i=1}^{n}\sum_{j=1}^{n}\check{u}^i{}_k u^l{}_j\langle\boldsymbol{e}_i, \boldsymbol{e}^j\rangle = \delta^l{}_k$$

が従う．(3.40)の証明も同様である．§1.3，§1.11 と同様，(3.38)，(3.40)を行列で表示したものは

$$(\boldsymbol{e}_1, \cdots, \boldsymbol{e}_n) = (\tilde{\boldsymbol{e}}_1, \cdots, \tilde{\boldsymbol{e}}_n)\begin{pmatrix} u^1{}_1 & \cdots & u^1{}_n \\ \vdots & & \vdots \\ u^n{}_1 & \cdots & u^n{}_n \end{pmatrix}, \qquad (3.38')$$

$$\begin{pmatrix} \boldsymbol{e}^1 \\ \vdots \\ \boldsymbol{e}^n \end{pmatrix} = \begin{pmatrix} \check{u}^1{}_1 & \cdots & \check{u}^1{}_n \\ \vdots & & \vdots \\ \check{u}^n{}_1 & \cdots & \check{u}^n{}_n \end{pmatrix}\begin{pmatrix} \tilde{\boldsymbol{e}}^1 \\ \vdots \\ \tilde{\boldsymbol{e}}^n \end{pmatrix} \qquad (3.40')$$

となる．

(3.36)に(3.38)，(3.40)を代入すれば，

$$\begin{aligned}\boldsymbol{C} &= \sum_{(i)(j)} C^{i_1\cdots i_p}_{j_1\cdots j_q}(\sum u^{k_1}{}_{i_1}\tilde{\boldsymbol{e}}_{k_1})\cdots(\sum u^{k_p}{}_{i_p}\tilde{\boldsymbol{e}}_{k_p})(\sum \check{u}^{j_1}{}_{l_1}\tilde{\boldsymbol{e}}^{l_1})\cdots(\sum \check{u}^{j_q}{}_{l_q}\tilde{\boldsymbol{e}}^{l_q}) \\ &= \sum_{(k)(l)}\left(\sum_{(i)(j)} u^{k_1}{}_{i_1}\cdots u^{k_p}{}_{i_p}\check{u}^{j_1}{}_{l_1}\cdots\check{u}^{j_q}{}_{l_q}C^{i_1\cdots i_p}_{j_1\cdots j_q}\right)\tilde{\boldsymbol{e}}_{k_1}\cdots\tilde{\boldsymbol{e}}_{k_p}\tilde{\boldsymbol{e}}^{l_1}\cdots\tilde{\boldsymbol{e}}^{l_q}\end{aligned}$$

となり，テンソル $\boldsymbol{C}$ の $\tilde{e}_k$ に関する成分 $\tilde{C}^{k_1\cdots k_p}_{l_1\cdots l_q}$ は

$$\tilde{C}^{k_1\cdots k_p}_{l_1\cdots l_q} = \sum_{(i)(j)} u^{k_1}{}_{i_1}\cdots u^{k_p}{}_{i_p}\check{u}^{j_1}{}_{l_1}\cdots\check{u}^{j_q}{}_{l_q}C^{i_1\cdots i_p}_{j_1\cdots j_q} \qquad (3.43)$$

で与えられる．これを**テンソル成分の変換公式**という．ただし，上の計算ではテンソル積の記号 ⊗ を省略した．

逆に，V の基底 $(\boldsymbol{e}_i)$ を定めるに従って n^{p+q} 個のスカラーの組 $C^{i_1\cdots i_p}_{j_1\cdots j_p}$ が定まり，これが式(3.38)によって基底をとりかえたとき式(3.43)で定まる変換をうけるならば，この組 $C^{i_1\cdots i_p}_{j_1\cdots j_p}$ は(3.36)で定義される (p, q) 型のテンソル $\boldsymbol{C}$ の成分である．

古くは (p, q) 型のテンソルをこのような座標変換をうける数の組 $C^{i_1\cdots i_p}_{j_1\cdots j_q}$ として定義した．(3.35)の同一視を行い，テンソルを (p, q) 型までしか分類しないのも，同じ変換法則に従うテンソルを同じ型のテンソルと見做したなごりである．

テンソルのもう一つの定義は(3.34)の同型を用い，これを多重線形写像として定義するものである．すなわち，V 上の (p, q) 型のテンソル $\boldsymbol{C}$ を，p 個の双対空間 V^* と q 個の V の積空間の上の多重線形形式

$$\boldsymbol{C}(\boldsymbol{x}_1, \cdots, \boldsymbol{x}_p, \boldsymbol{a}_1, \cdots, \boldsymbol{a}_q) : \underbrace{V^*\times\cdots\times V^*}_{p\,個}\times\underbrace{V\times\cdots\times V}_{q\,個} \to \mathbf{R} \qquad (3.44)$$

として定義する．

(p, q) 型のテンソル $\boldsymbol{C}$ の成分を $C^{i_1\cdots i_p}_{j_1\cdots j_q}$ とするとき，$\boldsymbol{C}$ を多重線形形式と見做したものは，x_{ki} を成分とする $\boldsymbol{x}_k$, a_l^j を成分とする $\boldsymbol{a}_l$ に対して，

$$\begin{aligned}
&\boldsymbol{C}(\boldsymbol{x}_1, \cdots, \boldsymbol{x}_p, \boldsymbol{a}_1, \cdots, \boldsymbol{a}_q)\\
&= \sum_{(i)(j)} C^{i_1\cdots i_p}_{j_1\cdots j_q} \boldsymbol{e}_{i_1}\otimes\cdots\otimes\boldsymbol{e}_{i_p}\otimes\boldsymbol{e}^{j_1}\otimes\cdots\otimes\boldsymbol{e}^{j_q}(\boldsymbol{x}_1, \cdots, \boldsymbol{x}_p, \boldsymbol{a}_1, \cdots, \boldsymbol{a}_q)\\
&= \sum_{(i)(j)} C^{i_1\cdots i_p}_{j_1\cdots j_q} \langle \boldsymbol{e}_{i_1}, \boldsymbol{x}_1\rangle\cdots\langle \boldsymbol{e}_{i_p}, \boldsymbol{x}_p\rangle\langle \boldsymbol{a}_1, \boldsymbol{e}^{j_1}\rangle\cdots\langle \boldsymbol{a}_q, \boldsymbol{e}^{j_q}\rangle\\
&= \sum_{(i)(j)} C^{i_1\cdots i_p}_{j_1\cdots j_q} x_{1i_1}\cdots x_{pi_p} a_1{}^{j_1}\cdots a_q{}^{j_q} \qquad (3.45)
\end{aligned}$$

という値をとる．ここで，第2行から第3行への計算には(3.23)の一般化を用いた．逆に，任意の多重線形形式(3.44)が唯一通りに(3.45)の形に表わされることも容易に示される．

(p, q) 型のテンソル全体の空間 $\overbrace{V\otimes\cdots\otimes V}^{p\,個}\otimes\overbrace{V^*\otimes\cdots\otimes V^*}^{q\,個}$ はベクトル空間であるから，同じ型のテンソルを加えたり，引いたりすることができる．また，スカラー倍することもできる．それらの成分は，成分の和，差およびスカラー倍となる．もっと細かく $[1, -1, \cdots, 1]$ 型等と分類したときも同様である．

$[\varepsilon_1, \cdots, \varepsilon_r]$ 型のテンソル $\boldsymbol{C}$ と $[\varepsilon_1', \cdots, \varepsilon_s']$ 型のテンソル $\boldsymbol{D}$ があるとき，テンソル積 $\boldsymbol{C}\otimes\boldsymbol{D}$ を作れば，これは $[\varepsilon_1, \cdots, \varepsilon_r, \varepsilon_1', \cdots, \varepsilon_s']$ 型のテンソルとなる．この積を記号 $\otimes$ を略して $\boldsymbol{CD}$ と書き，単にテンソル $\boldsymbol{C}$ と $\boldsymbol{D}$ の**積**ということがある．テンソル積の結合則(3.32)により，この積は結合則をみたす．しかし，一般に交換則には従わない．$\boldsymbol{C}$ の成分が $C^{i_1}{}_{j_1j_2}$, $\boldsymbol{D}$ の成分が $D_j{}^i$ であるとき，$\boldsymbol{E}=\boldsymbol{C}\otimes\boldsymbol{D}$ の成分は $E^{i_1}{}_{j_1j_2j_3}{}^{i_2} = C^{i_1}{}_{j_1j_2}D_{j_3}{}^{i_2}$ である．

(p, q) 型だけに注目するときは，上のようにしてテンソル積を作った後で(3.35)の同一視により，反変ベクトルと共変ベクトルの積は交換可能として積の順序を変えて得られるものをテンソル $\boldsymbol{C}, \boldsymbol{D}$ の**積**と定義し，同じく $\boldsymbol{C}\otimes\boldsymbol{D}$ または $\boldsymbol{CD}$ と書く．このとき，(p, q) 型テンソルと (r, s) 型テンソルの積は $(p+r, q+s)$ 型テンソルである．例えば，$C^{i_1}_{j_1j_2}$ を成分とするテンソルと D^i_j を成分とするテンソルの積は $E^{i_1i_2}_{j_1j_2j_3}=C^{i_1}_{j_1j_2}D^{i_2}_{j_3}$ を成分とするテンソルである．この積も結合則をみたすが，一般に可換則には従わない．

V と V^* の内積

$$\langle \boldsymbol{a}, \boldsymbol{x}\rangle = \boldsymbol{x}(\boldsymbol{a}) = \sum_{i=1}^{n} x_i a^i \qquad (3.46)$$

は $V\times V^*$ 上の双線形形式であるから，線形形式

$$\mathrm{tr}: V\otimes V^* \to \mathbf{R} \tag{3.47}$$

をひきおこす．(3.46)からわかるように，これはテンソル

$$\boldsymbol{C} = \sum_{i,j=1}^{n} C^i_j \boldsymbol{e}_i \otimes \boldsymbol{e}^j \tag{3.48}$$

に対して，

$$\mathrm{tr}\ \boldsymbol{C} = \sum_{i=1}^{n} C^i_i \tag{3.49}$$

を対応させる関数である．これをテンソル $\boldsymbol{C}$ の**トレース**という．このトレースは同型(3.24), (3.26)で $\boldsymbol{C}$ に対応する行列 C および C' のトレースでもある．

本質的にはこのトレースと恒等写像のテンソル積として，(p, q) 型の混合テンソルを $(p-1, q-1)$ 型のテンソルにうつす線形写像が定まる．すなわち，$1\leqq r\leqq p, 1\leqq s\leqq q$ であるとき，r 番目の反変添字と s 番目の共変添字に関する**縮約** $c^r_s: \mathsf{T}^p_q(V)\to \mathsf{T}^{p-1}_{q-1}(V)$ を

$$\begin{aligned}
&c^r_s\left(\sum C^{i_1\cdots i_p}_{j_1\cdots j_q} \boldsymbol{e}_{i_1}\otimes\cdots\otimes \boldsymbol{e}_{i_p}\otimes \boldsymbol{e}^{j_1}\otimes\cdots\otimes \boldsymbol{e}^{j_q}\right)\\
&= \sum\left(\sum_{i=1}^{n} C^{i_1\cdots i_{r-1} i i_{r+1}\cdots i_p}_{j_1\cdots j_{s-1} i j_{s+1}\cdots j_q} \boldsymbol{e}_{i_1}\otimes\cdots\otimes \boldsymbol{e}_{i_{r-1}}\otimes \boldsymbol{e}_{i_{r+1}}\otimes\cdots\otimes \boldsymbol{e}_{i_p}\right.\\
&\qquad \left.\otimes \boldsymbol{e}^{j_1}\otimes\cdots\otimes \boldsymbol{e}^{j_{s-1}}\otimes \boldsymbol{e}^{j_{s+1}}\otimes\cdots\otimes \boldsymbol{e}^{j_q}\right)
\end{aligned} \tag{3.50}$$

で定義する．これが基底 $\boldsymbol{e}_i$ によらないことは，トレースが基底によらないことからわかる．

線形写像 $t: V\to V, s: V\to V$ を同型(3.18)によりテンソル $\boldsymbol{T}, \boldsymbol{S}$ に対応させたとき，合成 $u=s\circ t: V\to V$ に対応するテンソル $\boldsymbol{U}$ は

$$\boldsymbol{U} = c^2_1(\boldsymbol{S}\otimes\boldsymbol{T})$$

とテンソルの積と縮約によって得られる．成分で書けば，

$$U^i_j = \sum_{k=1}^{n} S^i_k T^k_j.$$

ベクトル $\boldsymbol{a}=\sum a^i \boldsymbol{e}_i$ に t を施した $\boldsymbol{b}=t(\boldsymbol{a})$ も

$$\boldsymbol{b} = c^2_1(\boldsymbol{Ta})$$

と表わされる．

これらを一般化して，テンソル $\boldsymbol{C}, \boldsymbol{D}$ の積 $\boldsymbol{C}\otimes\boldsymbol{D}$ にある縮約を施したものをテンソル $\boldsymbol{C}, \boldsymbol{D}$ の**合成**という．

同型(3.19)，(3.13)および(3.35)により

$$\begin{aligned}(\mathsf{T}^p_q(V))^* &= (\overbrace{V\otimes\cdots\otimes V}^{p}\otimes\overbrace{V^*\otimes\cdots\otimes V^*}^{q})^* \\ &\cong V^*\otimes\cdots\otimes V^*\otimes V\otimes\cdots\otimes V \qquad (3.51)\\ &\cong V\otimes\cdots\otimes V\otimes V^*\otimes\cdots\otimes V^* = \mathsf{T}^q_p(V).\end{aligned}$$

以後，この同型によって $\mathsf{T}^p_q(V)$ の双対空間と $\mathsf{T}^q_p(V)$ を同一視する．$\boldsymbol{C}\in\mathsf{T}^p_q(V)$ と $\boldsymbol{Z}\in\mathsf{T}^q_p(V)$ の内積 $\langle \boldsymbol{C}, \boldsymbol{Z}\rangle$ は，積 $\boldsymbol{C}\otimes\boldsymbol{Z}$ を作り，$\boldsymbol{C}$ の反変添字と $\boldsymbol{Z}$ の共変添字について前から順次縮約を行い，次に $\boldsymbol{C}$ の共変添字と $\boldsymbol{Z}$ の反変添字について前から順次縮約を行って得られるスカラーである．

これは (p,q) 型テンソルと (q,p) 型テンソルの間の内積であるが，$0\leqq r\leqq p, 0\leqq s\leqq q$ のとき，(p,q) 型のテンソル $\boldsymbol{E}$ と (s,r) 型のテンソル $\boldsymbol{Z}$ の成分について $i_{p-r+1},\cdots,i_p, j_{q-s+1},\cdots,j_q$ についての和

$$C^{i_1\cdots i_{p-r}}_{j_1\cdots j_{q-s}} = \sum E^{i_1\cdots i_p}_{j_1\cdots j_q} Z^{j_{q-s+1}\cdots j_q}_{i_{p-r+1}\cdots i_p}$$

を作ったものは $(p-r, q-s)$ 型テンソル $\boldsymbol{C}$ の成分となる．これを $\boldsymbol{E}$ と $\boldsymbol{Z}$ の**部分内積**という．

特に，$C^{i_1\cdots i_{p-r}}_{j_1\cdots j_{q-s}}$ が基底を定めるごとに定まるスカラーの組であって，0 でない (s,r) 型のテンソル $\boldsymbol{D}$ の成分との積 $C^{i_1\cdots i_{p-r}}_{j_1\cdots j_{q-s}} D^{i_{p-r+1}\cdots i_p}_{j_{q-s+1}\cdots j_q}$ が (p,q) 型のテンソルの成分となるならば，$C^{i_1\cdots i_{p-r}}_{j_1\cdots j_{q-s}}$ は $(p-r, q-s)$ 型のテンソルの成分である．これを**テンソルの商法則**という．

以上では，型 (p,q) を指定したテンソルのみを考えたが，これらのテンソルの形式的な1次結合全体，すなわちベクトル空間としての直和

$$\mathsf{T}(V, V^*) = \bigoplus_{p,q=0}^{\infty} \mathsf{T}^p_q(V) \qquad (3.52)$$

の元 $\boldsymbol{C}=\sum_{p,q}\boldsymbol{C}^p_q$, $\boldsymbol{D}=\sum_{p,q}\boldsymbol{D}^p_q$, $\boldsymbol{C}^p_q, \boldsymbol{D}^p_q\in\mathsf{T}^p_q(V)$，に対して，項別の積

$$\boldsymbol{C}\otimes\boldsymbol{D} = \sum_{pqrs}\boldsymbol{C}^p_q\otimes\boldsymbol{D}^r_s$$

によって積 $\boldsymbol{C}\otimes\boldsymbol{D}$ を定義する．このようにして，和，スカラー倍および積が定義された $\mathsf{T}(V, V^*)$ を V 上の**テンソル代数**という．

一般に，ベクトル空間 A に双線形な積

$$A\times A \longrightarrow A$$

が定義されている代数系 A を**代数**または**多元環**という．代数が積に関して結合則をみたすとき，**結合的代数**という．テンソル代数 $\mathsf{T}(V, V^*)$ は結合的である．

さらに，

$$\mathsf{T}(V) = \bigoplus_{p=0}^{\infty} \mathsf{T}^p(V) \tag{3.53}$$

$$\mathsf{T}(V^*) = \bigoplus_{q=0}^{\infty} \mathsf{T}_q(V) \tag{3.54}$$

も結合的代数をなす．これらをそれぞれ V 上の**反変テンソル代数**および**共変テンソル代数**という．以上の代数はベクトル空間としては無限次元である．

$u: V \to W$ をベクトル空間 V, W の間の正則線形写像，

$$\check{u} = (u^*)^{-1} : V^* \longrightarrow W^*$$

を u の**反傾写像**，すなわち，$u, \check{u}$ はベクトル空間としての同型であり，

$$\langle \boldsymbol{a}, \boldsymbol{x} \rangle = \langle u(\boldsymbol{a}), \check{u}(\boldsymbol{x}) \rangle, \quad \boldsymbol{a} \in V, \boldsymbol{x} \in V^*, \tag{3.55}$$

が成立するとする．このとき，線形写像のテンソル積

$$u^p_q = \overbrace{u \otimes \cdots \otimes u}^{p} \otimes \overbrace{\check{u} \otimes \cdots \otimes \check{u}}^{q} : \mathsf{T}^p_q(V) \longrightarrow \mathsf{T}^p_q(W) \tag{3.56}$$

は (p, q) 型テンソルの空間の間の正則線形写像である．V, W の基底 $(\boldsymbol{e}_i)$，$(\boldsymbol{f}_k)$ を用いて u を

$$u(\boldsymbol{e}_i) = \sum_{k=1}^{n} u^k{}_i \boldsymbol{f}_k \tag{3.57}$$

と行列表示したとき，$\tilde{\boldsymbol{C}} = u^p_q(\boldsymbol{C})$ の成分は，テンソル成分の変換公式と同じく式(3.43)で与えられる．この同型は縮約とも可換である．$\boldsymbol{C} = \sum_{p,q} \boldsymbol{C}^p_q \in \bigoplus \mathsf{T}^p_q(V)$ に対し，$u(\boldsymbol{C}) = \sum u^p_q(\boldsymbol{C}^p_q)$ として，$u: \mathsf{T}(V, V^*) \to \mathsf{T}(W, W^*)$ を定義すれば，これはテンソル代数の間の代数としての同型写像になる．

特に，反変テンソル代数 $\mathsf{T}(V)$ のみを考えるときは，$u: V \to W$ が単に線形写像であるときも，これを代数としての**準同型写像** $u: \mathsf{T}(V) \to \mathsf{T}(W)$ に拡張することができる．すなわち，u を線形写像であると共に積を保つ写像として拡張することができる．

一つの方法は，$\boldsymbol{C} \in \mathsf{T}^p(V)$ を $V^* \times \cdots \times V^*$ 上の p 重線形形式と見做して

$$(u(\boldsymbol{C}))(\boldsymbol{y}_1, \cdots, \boldsymbol{y}_p) = \boldsymbol{C}(u^*(\boldsymbol{y}_1), \cdots, u^*(\boldsymbol{y}_p)) \tag{3.58}$$

によって $\boldsymbol{u}(\boldsymbol{C})$ を定義するものである．ここで，$u^*: W^* \to V^*$ は

$$\langle u(\boldsymbol{a}), \boldsymbol{y}\rangle = \langle \boldsymbol{a}, u^*(\boldsymbol{y})\rangle, \quad \boldsymbol{a} \in V, \boldsymbol{y} \in W^*, \tag{3.59}$$

で定義される u の**双対写像**である．

実はもっと一般に次の定理がなりたつ．

定理 3.2 V がベクトル空間，A が単位元 1 をもつ代数であって，$f: V \to A$ が線形写像であるならば，これを唯一通りに代数としての準同型 $h: \mathsf{T}(V) \to A$ に拡張することができる．ただし，スカラー $k \in \mathsf{T}(V)$ に対しては $h(k) = k1$ がなりたつものとする．

［証明］ 任意の $\boldsymbol{a}_1, \cdots, \boldsymbol{a}_p \in V$ に対して

$$h(\boldsymbol{a}_1 \otimes \cdots \otimes \boldsymbol{a}_p) = f(\boldsymbol{a}_1) \cdots f(\boldsymbol{a}_p)$$

となる他ないから，準同型 h への拡張は一通りしかあり得ない．

逆に，この右辺で V 上の p 重線形写像を定めれば，p 重線形写像に対する定理 3.1 により，上の等式をみたす線形写像 $h: \mathsf{T}^p(V) \to A$ が定まる．これらが積を保つことも明らかである． ■

この定理は V 上のテンソル代数 $\mathsf{T}(V)$ は V によって生成される代数として最も一般であることを示している．このような性質を一般に**普遍性**という．

$u: V \to W$ が線形写像のとき，共変テンソル代数 $\mathsf{T}(V^*)$ に対しては

$$(u^*(\boldsymbol{Y}))(\boldsymbol{a}_1, \cdots, \boldsymbol{a}_q) = \boldsymbol{Y}(u(\boldsymbol{a}_1), \cdots, u(\boldsymbol{a}_q)) \tag{3.60}$$

と定義することにより，逆向きの準同型 $u^*: \mathsf{T}(W^*) \to \mathsf{T}(V^*)$ が定まる．

§3.3 2次形式の標準形，ユークリッド幾何，ミンコフスキー幾何

この節と §3.4，§3.5 ではベクトル空間 V 上の双線形形式 $\boldsymbol{G}$ と，$\boldsymbol{G}$ を不変にする線形変換全体を変換群として定義される種々の幾何を考察する．$\boldsymbol{G}$ は 2 階共変テンソルであるが，本章の §3.6 以降ではまた主に反変テンソルを扱うため，そこでの記法に合わせ，この 3 節では反変ベクトルを $\boldsymbol{x}, \boldsymbol{y}$ と書く．

$V \times V$ 上の双線形形式

$$\boldsymbol{B}(\boldsymbol{x}, \boldsymbol{y}) = \sum_{i,j} B_{ij} x^i y^j, \quad \boldsymbol{x} = \sum x^i \boldsymbol{e}_i, \boldsymbol{y} = \sum y^i \boldsymbol{e}_i, \tag{3.61}$$

は，2 階の共変テンソル $\boldsymbol{B} = \sum B_{ij} \boldsymbol{e}^i \otimes \boldsymbol{e}^j \in \mathsf{T}_2(V)$ と同一視できるが，

$$\boldsymbol{B}(\boldsymbol{y},\boldsymbol{x}) = \boldsymbol{B}(\boldsymbol{x},\boldsymbol{y}) \quad \text{あるいは} \quad B_{ji} = B_{ij} \tag{3.62}$$

をみたすとき，**対称双線形形式**，また，

$$\boldsymbol{B}(\boldsymbol{y},\boldsymbol{x}) = -\boldsymbol{B}(\boldsymbol{x},\boldsymbol{y}) \quad \text{あるいは} \quad B_{ji} = -B_{ij} \tag{3.63}$$

をみたすとき**反対称双線形形式**あるいは**交代双線形形式**という．テンソルとしてはそれぞれ**対称テンソル**および**反対称テンソル**という．任意の双線形形式 $\boldsymbol{B}$ に対し，

$$\mathsf{S}\boldsymbol{B}(\boldsymbol{x},\boldsymbol{y}) = \frac{1}{2}(\boldsymbol{B}(\boldsymbol{x},\boldsymbol{y})+\boldsymbol{B}(\boldsymbol{y},\boldsymbol{x})), \tag{3.64}$$

$$\mathsf{A}\boldsymbol{B}(\boldsymbol{x},\boldsymbol{y}) = \frac{1}{2}(\boldsymbol{B}(\boldsymbol{x},\boldsymbol{y})-\boldsymbol{B}(\boldsymbol{y},\boldsymbol{x})) \tag{3.65}$$

は，それぞれ対称双線形形式，反対称双線形形式である．

対称双線形形式 $\boldsymbol{B}(\boldsymbol{x},\boldsymbol{y})$ において $\boldsymbol{x}=\boldsymbol{y}$ とおいた

$$\boldsymbol{B}(\boldsymbol{x}) = \boldsymbol{B}(\boldsymbol{x},\boldsymbol{x}) = \sum_{i,j} B_{ij}x^i x^j \tag{3.66}$$

を V 上の**2次形式**という．

2次形式はまた $\boldsymbol{x}\in V$ の成分 x^i に関する同次2次関数として定義することができる．あるいは，成分を使わず，任意の $\boldsymbol{x},\boldsymbol{y}\in V$ および $k\in\mathbf{R}$ に対し

$$\boldsymbol{B}(\boldsymbol{x}+\boldsymbol{y})+\boldsymbol{B}(\boldsymbol{x}-\boldsymbol{y}) = 2\boldsymbol{B}(\boldsymbol{x})+2\boldsymbol{B}(\boldsymbol{y}), \tag{3.67}$$

$$\boldsymbol{B}(k\boldsymbol{x}) = k^2\boldsymbol{B}(\boldsymbol{x}) \tag{3.68}$$

をみたす V 上の実数値連続関数として特徴づけることもできる．

2次形式 $\boldsymbol{B}(\boldsymbol{x})$ が与えられたとき，

$$\boldsymbol{B}(\boldsymbol{x},\boldsymbol{y}) = \frac{1}{4}\{\boldsymbol{B}(\boldsymbol{x}+\boldsymbol{y})-\boldsymbol{B}(\boldsymbol{x}-\boldsymbol{y})\} \tag{3.69}$$

が $\boldsymbol{x},\boldsymbol{y}$ に関する対称双線形形式となることは2次形式の表示(3.66)の後半から容易に導くことができる．しかも $\boldsymbol{B}(\boldsymbol{x})$ が対称双線形形式 $\boldsymbol{B}(\boldsymbol{x},\boldsymbol{y})$ から $\boldsymbol{x}=\boldsymbol{y}$ とおいて得られるものであるとき，こうして得られる双線形形式はもとの $\boldsymbol{B}(\boldsymbol{x},\boldsymbol{y})$ と一致する．これを2次形式 $\boldsymbol{B}(\boldsymbol{x})$ の**極形式**という．以上の関係で対称双線形形式と2次形式は1対1に対応する．

任意の2次形式 $\boldsymbol{B}(\boldsymbol{x})$ は，V の基底をとりなおせば

$$\boldsymbol{B}(\boldsymbol{x}) = (x^1)^2+\cdots+(x^p)^2-(x^{p+1})^2-\cdots-(x^{p+q})^2 \tag{3.70}$$

となる．**符号指数** (p,q) はこのような基底のとり方によらず $\boldsymbol{B}(\boldsymbol{x})$ のみによ

って定まる．これを **Sylvester の慣性則**という．

p が V の次元 n に等しい場合が特に重要である．そうなるための必要十分条件は

$$\boldsymbol{B}(\boldsymbol{x}) > 0, \quad \boldsymbol{x} \neq 0, \tag{3.71}$$

がなりたつことである．このとき $\boldsymbol{B}(\boldsymbol{x})$ は**正定符号**であるという．

正定符号2次形式 $\boldsymbol{G}(\boldsymbol{x})$ を一つ固定したベクトル空間 V を**ユークリッド・ベクトル空間**という．普通，$\boldsymbol{G}(\boldsymbol{x})$ を $|\boldsymbol{x}|^2$ と表わし，この平方根 $|\boldsymbol{x}|$ をベクトル $\boldsymbol{x}$ の**長さ**という．n 次元ユークリッド・ベクトル空間において原点 $\mathbf{0}$ の特殊性を忘れたものが **n 次元ユークリッド空間** E^n である．

n 次元のユークリッド・ベクトル空間 V^n の正則線形変換であって，ベクトルの長さを変えないものを**直交変換**という．直交変換全体 $\mathrm{O}(V^n)$ は群をなす．これを V^n の**直交群**という．n 次元ユークリッド空間 E^n においては，3次元の場合と同様，これに加えて V^n と同型な平行移動群が許される．E^n の座標，すなわち位置ベクトル $\boldsymbol{x}$ を用いて

$$T\boldsymbol{x} = U\boldsymbol{x}+\boldsymbol{t}, \quad U \in \mathrm{O}(V^n), \boldsymbol{t} \in V^n, \tag{3.72}$$

と表わされる**合同変換** T 全体 $\mathrm{Euc}(E^n)$ を**ユークリッド運動群**あるいは**合同変換群**という．ユークリッド空間内の図形 A, B は，ある合同変換 T によって $T(A)=B$ とうつせるとき，互いに**合同**であるという．

このようにして定義したユークリッド空間が3次元の場合第1章で定義したものと同型になることは解析幾何によって明らかであろうが，これを直接証明するには，基本2次形式 $|\boldsymbol{x}|^2$ の極形式として**内積**

$$\boldsymbol{x}\cdot\boldsymbol{y} = \frac{1}{4}(|\boldsymbol{x}+\boldsymbol{y}|^2-|\boldsymbol{x}-\boldsymbol{y}|^2) \tag{3.73}$$

を定義し，二つのベクトル $\boldsymbol{x}, \boldsymbol{y}$ のなす角度 θ を

$$\cos\theta = \frac{\boldsymbol{x}\cdot\boldsymbol{y}}{|\boldsymbol{x}|\,|\boldsymbol{y}|} \tag{3.74}$$

で定義した上で，二つの角は角度が等しいとき，そのときに限って合同であることを示せばよい．この詳細は読者にまかせるが，次節で長さの等しい二つの線分が合同であることのみ証明を与える．

標準形の2次形式および内積

$$|\boldsymbol{x}|^2 = (x^1)^2+\cdots+(x^n)^2, \tag{3.75}$$

$$\boldsymbol{x}\cdot\boldsymbol{y} = x^1y^1+\cdots+x^ny^n \tag{3.76}$$

をもつ数ベクトル空間 $\mathbf{R}^n$ の直交群は

$$U'U = UU' = I_n \tag{3.77}$$

をみたす**直交行列** U 全体である．ただし U' は転置行列を表わす．これを $\mathrm{O}(n)$ と書き n 次の**直交群**という．

符号指数(1, 3)をもつ2次形式 $\boldsymbol{G}(\boldsymbol{x})$ を一つ固定した4次元のベクトル空間 M を**ミンコフスキー・ベクトル空間**，同じものを原点 $\mathbf{0}$ を固定して考えないとき**ミンコフスキー空間**という．

ミンコフスキー・ベクトル空間 M では基本2次形式が

$$\boldsymbol{G}(\boldsymbol{x}) = (x^0)^2-(x^1)^2-(x^2)^2-(x^3)^2 \tag{3.78}$$

となるよう基底 $(\boldsymbol{e}_0, \boldsymbol{e}_1, \boldsymbol{e}_2, \boldsymbol{e}_3)$ をとることができる．このとき，M 全体は

(i) $\boldsymbol{G}(\boldsymbol{x}) > 0,\quad x^0 > 0,$ **未来時間的領域**

(ii) $\boldsymbol{G}(\boldsymbol{x}) > 0,\quad x^0 < 0,$ **過去時間的領域**

(iii) $\boldsymbol{G}(\boldsymbol{x}) < 0,$ **空間的領域**

という三つの領域と，それらの境界をなす

(iv) $\boldsymbol{G}(\boldsymbol{x}) = 0,$ **光錐**

に分割される(図3.1)．

ミンコフスキー・ベクトル空間 M の正則線形変換であって，基本2次形式 $\boldsymbol{G}(\boldsymbol{x})$ を変えないものを**ローレンツ変換**という．ローレンツ変換は時間的領域を時間的領域に，空間的領域を空間的領域に，光錐を光錐にうつすが，時間 x^0 の符号については，未来時間的領域を未来時間的領域にうつすものと，過去時間的領域にうつすものの2種類がある．未来時間的領域をそれ自身にうつすものを**順時的**という．順時的ローレンツ変換のみをローレンツ変換ということもある．(順次的)ローレンツ変換全体は群をなす．これを M の**ローレンツ群**という．原点を忘れたミンコフスキー空間においては，ユークリッド空間の場合と同様，ローレンツ変換 L に平行移動 $\boldsymbol{t}\in M$ を加えた**非斉次ローレンツ変換**

$$T\boldsymbol{x} = L\boldsymbol{x}+\boldsymbol{t} \tag{3.79}$$

が許される．非斉次ローレンツ変換全体も群をなす．この群を**非斉次ローレン**

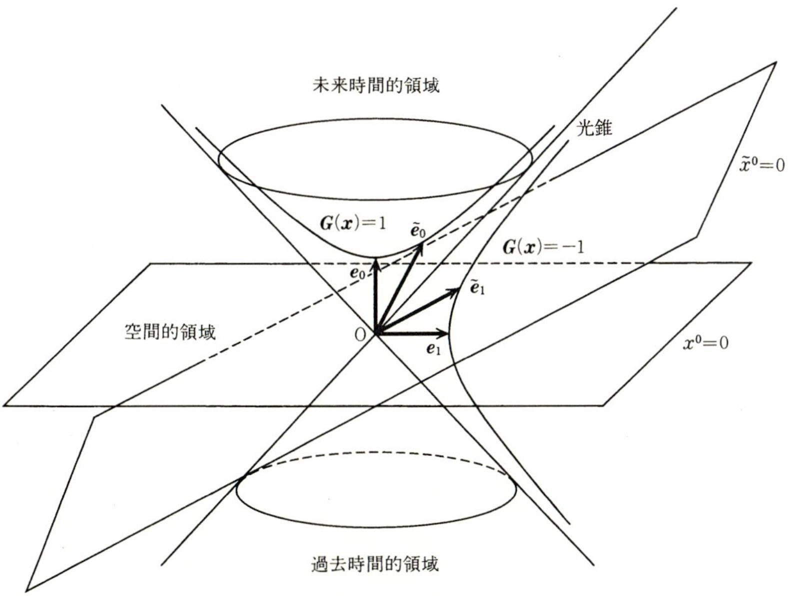

図 3.1　ミンコフスキー・ベクトル空間の各領域

ツ群あるいは**ポアンカレ群**という．

標準形(3.78)をもつ基底 $(\boldsymbol{e}_i)$ の第0番目の **単位時間ベクトル** $\boldsymbol{e}_0$ は，順時的ローレンツ変換 L によって，未来時間的領域における双曲面 $\boldsymbol{G}(\boldsymbol{x})=1$ 上に終点をもつベクトル $\tilde{\boldsymbol{e}}_0$ にうつされるが，逆に，このようなベクトル $\tilde{\boldsymbol{e}}_0$ を任意に与えたとき，$\boldsymbol{e}_0$ を $\tilde{\boldsymbol{e}}_0$ にうつす順時的ローレンツ変換 L が存在する．

実際，あらかじめ $\boldsymbol{e}_1, \boldsymbol{e}_2, \boldsymbol{e}_3$ で張られるユークリッド・ベクトル空間での直交変換を施すことにより，一般性を失うことなく

$$\tilde{\boldsymbol{e}}_0 = a\boldsymbol{e}_0+b\boldsymbol{e}_1, \quad a>0, \quad a^2-b^2=1 \tag{3.80}$$

としてよい．このとき

$$L(\boldsymbol{e}_0, \boldsymbol{e}_1, \boldsymbol{e}_2, \boldsymbol{e}_3) = (\boldsymbol{e}_0, \boldsymbol{e}_1, \boldsymbol{e}_2, \boldsymbol{e}_3)\begin{pmatrix} a & b & 0 & 0 \\ b & a & 0 & 0 \\ 0 & 0 & 1 & 0 \\ 0 & 0 & 0 & 1 \end{pmatrix}$$

によって線形変換 L を定義すれば，

$$\begin{pmatrix} a & b \\ b & a \end{pmatrix}\begin{pmatrix} 1 & 0 \\ 0 & -1 \end{pmatrix}\begin{pmatrix} a & b \\ b & a \end{pmatrix} = \begin{pmatrix} 1 & 0 \\ 0 & -1 \end{pmatrix}$$

ゆえ，L は $\boldsymbol{G}(\boldsymbol{x})$ を不変にし，$\tilde{\boldsymbol{e}}_0 = L\boldsymbol{e}_0$ となる．

このとき，M のベクトル $\boldsymbol{x}$ の新しい基底 $(\tilde{\boldsymbol{e}}_0, \tilde{\boldsymbol{e}}_1, \tilde{\boldsymbol{e}}_2, \tilde{\boldsymbol{e}}_3) = (L\boldsymbol{e}_0, L\boldsymbol{e}_1, L\boldsymbol{e}_2, L\boldsymbol{e}_3)$ に関する成分 $\tilde{x}^i$ は L の行列の逆を掛けて

$$\begin{pmatrix} \tilde{x}^0 \\ \tilde{x}^1 \\ \tilde{x}^2 \\ \tilde{x}^3 \end{pmatrix} = \begin{pmatrix} a & -b & 0 & 0 \\ -b & a & 0 & 0 \\ 0 & 0 & 1 & 0 \\ 0 & 0 & 0 & 1 \end{pmatrix}\begin{pmatrix} x^0 \\ x^1 \\ x^2 \\ x^3 \end{pmatrix} \qquad (3.81)$$

として得られる．

Einstein の**特殊相対性理論**(1905 年)は，時間と空間を含めた 4 次元の世界はミンコフスキー空間をなし，物理法則はポアンカレ群の作用によって不変であるという原理から導かれる物理法則である．この中でベクトル $\boldsymbol{x}$ の第 0 成分 x^0 は原点から測った時刻 t に光速 c を掛けた ct という意味をもつ．したがって，変換法則(3.81)は，古い時刻 t，空間座標 (x, y, z) をもつ世界点が，新しい座標の下では

$$\begin{cases} \tilde{t} = at - \dfrac{b}{c}x, \\ \tilde{x} = ax - bct, \\ \tilde{y} = y, \\ \tilde{z} = z \end{cases} \qquad (3.82)$$

をそれぞれ時刻 $\tilde{t}$，空間座標 $(\tilde{x}, \tilde{y}, \tilde{z})$ とすることを示している．

この第 2〜4 式は，新しい座標系での空間の原点が古い座標系で見て速度

$$v = bc/a \qquad (3.83)$$

で x 軸方向に一定速度で進んでいることを示している．(3.80)の最後の式と連立させれば，

$$|v| < c, \quad a = \frac{1}{\sqrt{1-\left(\dfrac{v}{c}\right)^2}}, \quad b = \frac{v}{c\sqrt{1-\left(\dfrac{v}{c}\right)^2}} \qquad (3.84)$$

が得られる．したがって，(3.82)の第 2 式は，x 方向に v の速度で等速運動する座標系の中で x 軸と平行におかれ，座標系に乗って動く長さ l の物体はもと

の座標系では長さが $\sqrt{1-(v/c)^2}l$ に縮んで見えることを示している．これを**ローレンツ収縮**という．H. A. Lorentz は1895年頃，電磁力を媒介すると考えられたエーテルに対する地球の運動を測定しようとした Michelson と Morrey の実験(1887年)で運動の効果が認められなかった事実を説明する仮説として，この収縮を提案し，1904年には，Maxwell 方程式のローレンツ群の下での共変性を証明し，その理由づけを与えた．

(3.82)の第1式によれば，等速運動する座標系にある時計も同じ $\sqrt{1-(v/c)^2}$ 倍の割合で遅れて進む．また時刻 $\tilde{t}$ が x 座標にも依存するため，動く時計で測った時刻は静止座標で見たとき，場所によって異なるものとなる．

特殊相対論の下での電磁気学は§3.10と§4.8で改めて論ずる．

(p,q), $p+q=n$, が$(1,3)$以外のときも，ミンコフスキー幾何と同様に，符号指数 (p,q) の2次形式 $\boldsymbol{G}(\boldsymbol{x})$ を不変にする幾何が考えられる．特に，標準形の2次形式

$$\boldsymbol{G}(\boldsymbol{x}) = (x^1)^2+\cdots+(x^p)^2-(x^{p+1})^2-\cdots-(x^{p+q})^2, \quad p+q = n$$

を不変にする正則線形変換全体を $\mathrm{O}(p,q)$ で表わす．この記号を使えば，ローレンツ群は$\mathrm{O}(1,3)$である．

§3.4　2次外形式の標準形，シンプレクティック幾何，ユニタリ幾何

対称双線形形式 $\boldsymbol{B}(\boldsymbol{x},\boldsymbol{y})$ と2次形式 $\boldsymbol{B}(\boldsymbol{x})$ は1対1に対応する．後者は座標 x^i の同次2次式であるから $(x^ix^j)_{1\leq i\leq j\leq n}$ を基底とする $n(n+1)/2$ 次元のベクトル空間をなす．他方，個々の2次形式 $\boldsymbol{B}(\boldsymbol{x})$ はそれに応じてベクトル空間 V の基底 $(\boldsymbol{e}_i)$ を選ぶことにより標準形(3.70)にすることができる．

同様の問題を反対称双線形形式 $\boldsymbol{B}(\boldsymbol{x},\boldsymbol{y})$ に対して考える．これを2階共変テンソルとして表わせば，

$$\boldsymbol{B} = \sum_{i,j} B_{ij}\,\boldsymbol{e}^i\otimes\boldsymbol{e}^j, \quad B_{ij}+B_{ji} = 0 \tag{3.85}$$

となる．特に，$B_{ii}=0$．次に，$i<j$ を異なる添字としたとき，$\boldsymbol{B}$ に含まれる

$$B_{ij}\,\boldsymbol{e}^i\otimes\boldsymbol{e}^j+B_{ji}\,\boldsymbol{e}^j\otimes\boldsymbol{e}^i = B_{ij}(\boldsymbol{e}^i\otimes\boldsymbol{e}^j-\boldsymbol{e}^j\otimes\boldsymbol{e}^i)$$

という項の $(\boldsymbol{x}, \boldsymbol{y})$ における値は

$$B_{ij}(\boldsymbol{e}^i \otimes \boldsymbol{e}^j - \boldsymbol{e}^j \otimes \boldsymbol{e}^i)(\boldsymbol{x}, \boldsymbol{y}) = B_{ij} \begin{vmatrix} x^i & y^i \\ x^j & y^j \end{vmatrix} \tag{3.86}$$

である．これは明らかに反対称双線形形式である．そこで

$$\boldsymbol{e}^i \wedge \boldsymbol{e}^j = \boldsymbol{e}^i \otimes \boldsymbol{e}^j - \boldsymbol{e}^j \otimes \boldsymbol{e}^i$$

と定義すれば，任意の反対称双線形形式 $\boldsymbol{B}$ が $n(n-1)/2$ 個の $\boldsymbol{e}^i \wedge \boldsymbol{e}^j, i<j$，の1次結合で表わされることがわかる．

V 上の双線形形式全体は明らかに n^2 次元のベクトル空間をなす．これを(3.64)，(3.65)により，対称双線形形式と反対称双線形形式の空間に分解して考える．これらには0以外共通部分がなく，前者は $n(n+1)/2$ 次元空間をなす．したがって，反対称双線形形式全体は $n(n-1)/2$ 次元のベクトル空間である．ところで，ちょうど同じ個数の $\boldsymbol{e}^i \wedge \boldsymbol{e}^j$ が反対称双線形形式全体を張るのであるから，これらは1次独立でなければならない．こうして $(\boldsymbol{e}^i \wedge \boldsymbol{e}^j)_{1 \leq i<j \leq n}$ が反対称双線形形式全体の空間の基底となることがわかった．

以上では，基底 $\boldsymbol{e}^i$ に対してのみ積 $\boldsymbol{e}^i \wedge \boldsymbol{e}^j$ を定義したが，一般にベクトル $\boldsymbol{a}$，$\boldsymbol{b}$ に対して，その**外積** $\boldsymbol{a} \wedge \boldsymbol{b}$ をテンソル

$$\boldsymbol{a} \wedge \boldsymbol{b} = \boldsymbol{a} \otimes \boldsymbol{b} - \boldsymbol{b} \otimes \boldsymbol{a} \tag{3.87}$$

として定義する．双線形形式としては

$$\begin{aligned} \boldsymbol{a} \wedge \boldsymbol{b}(\boldsymbol{x}, \boldsymbol{y}) &= \boldsymbol{a}(\boldsymbol{x})\boldsymbol{b}(\boldsymbol{y}) - \boldsymbol{b}(\boldsymbol{x})\boldsymbol{a}(\boldsymbol{y}) \\ &= \begin{vmatrix} \langle \boldsymbol{a}, \boldsymbol{x} \rangle & \langle \boldsymbol{a}, \boldsymbol{y} \rangle \\ \langle \boldsymbol{b}, \boldsymbol{x} \rangle & \langle \boldsymbol{b}, \boldsymbol{y} \rangle \end{vmatrix}. \end{aligned} \tag{3.88}$$

したがって，外積(3.87)は $V^* \times V^*$ から反対称双線形形式の空間への双線形写像であり，**反可換則**

$$\boldsymbol{b} \wedge \boldsymbol{a} = -\boldsymbol{a} \wedge \boldsymbol{b} \tag{3.89}$$

をみたす．

反対称テンソル $\boldsymbol{B}$ が成分 B_{ij} をもつとき，$\boldsymbol{B}$ は i, j すべての和

$$\boldsymbol{B} = \frac{1}{2} \sum_{i,j} B_{ij} \boldsymbol{e}^i \wedge \boldsymbol{e}^j \tag{3.90}$$

とも表わされることに注意する．このように，外積を用いた2次形式の形に表わされた反対称テンソル $\boldsymbol{B}$ を**2次外形式**または**2次交代形式**という．

次の定理は2次外形式の標準形を与える.

定理3.3　すべての2次外形式は$2p$個の1次独立なベクトル$\boldsymbol{a}^1, \cdots,$ $\boldsymbol{a}^{2p} \in V^*$を用いて

$$\boldsymbol{B} = \boldsymbol{a}^1 \wedge \boldsymbol{a}^2 + \boldsymbol{a}^3 \wedge \boldsymbol{a}^4 + \cdots + \boldsymbol{a}^{2p-1} \wedge \boldsymbol{a}^{2p} \tag{3.91}$$

と表わすことができる. この個数$2p$は$\boldsymbol{B}$のみによって定まり, $\boldsymbol{B}$の**階数**とよばれる.

[証明]　$\boldsymbol{B}$を(3.90)のように表わしたとき, 例えば成分$B_{12} \neq 0$とする. このとき

$$\boldsymbol{B} - \left(\boldsymbol{e}^1 + \frac{B_{23}}{B_{21}} \boldsymbol{e}^3 + \cdots + \frac{B_{2n}}{B_{21}} \boldsymbol{e}^n \right) \wedge \left(B_{12} \boldsymbol{e}^2 + B_{13} \boldsymbol{e}^3 + \cdots + B_{1n} \boldsymbol{e}^n \right)$$

は$\boldsymbol{e}^3, \boldsymbol{e}^4, \cdots, \boldsymbol{e}^n$の外積の成分しかもたない. したがって

$$\boldsymbol{a}^1 = \boldsymbol{e}^1 + \frac{B_{23}}{B_{21}} \boldsymbol{e}^3 + \cdots + \frac{B_{2n}}{B_{21}} \boldsymbol{e}^n, \quad \boldsymbol{a}^2 = B_{12} \boldsymbol{e}^2 + \cdots + B_{1n} \boldsymbol{e}^n$$

とすれば, $\boldsymbol{B} - \boldsymbol{a}^1 \wedge \boldsymbol{a}^2$は$n-2$次元のベクトル空間における2次外形式と見做せる. こうして, 厳密には次元に関する帰納法によって, (3.91)の分解が示される. 証明法により$\boldsymbol{a}^1, \cdots, \boldsymbol{a}^{2p}$の1次独立性も明らかである.

さて, 1次独立なベクトル$\boldsymbol{a}^1, \cdots, \boldsymbol{a}^{2p}$を用いて, 2次外形式$\boldsymbol{B}$が(3.91)の形に表わせたとき, $\boldsymbol{e}^i = \boldsymbol{a}^i, i \leq 2p,$となる基底$\boldsymbol{e}^i$を選んで, $\boldsymbol{B}$を双線形形式として(3.28)の形に行列表示したものは

$$\boldsymbol{B}(\boldsymbol{x}, \boldsymbol{y}) = (x_1, \cdots\cdots, x_n) \begin{bmatrix} 0 & 1 & & & & & & \\ -1 & 0 & & & & & & \\ & & 0 & 1 & & p & & \\ & & -1 & 0 & & & & \\ & & & & \ddots & & & \\ & & & & & 0 & 1 & \\ & & & & & -1 & 0 & \\ & & & & & & & O \end{bmatrix} \begin{bmatrix} y^1 \\ \vdots \\ \vdots \\ \vdots \\ y^n \end{bmatrix}$$

となる. ここで$\boldsymbol{B}$を表わす行列は対角線に2×2行列$\begin{pmatrix} 0 & 1 \\ -1 & 0 \end{pmatrix}$を$p$個並べた形をしている. $\boldsymbol{B}$の階数$2p$は, この行列の階数である. 行列の階数は$\boldsymbol{x}, \boldsymbol{y}$に独立の正則線形変換を施しても変らないのであるから, 同じ正則線形変換を施してももちろん変らない.

特に，階数 $2p$ が次元 n に等しいとき，この行列を J で表わす：

$$J=\begin{pmatrix} \begin{matrix} 0 & 1 \\ -1 & 0 \end{matrix} & & O \\ & \ddots & \\ O & & \begin{matrix} 0 & 1 \\ -1 & 0 \end{matrix} \end{pmatrix} \qquad (3.92)$$

階数 $2p$ が次元に等しい2次外形式を**シンプレクティック形式**といい，シンプレクティック形式 $\boldsymbol{J}(\boldsymbol{x},\boldsymbol{y})$ を一つ固定した実ベクトル空間を**実シンプレクティック・ベクトル空間**という．この場合 $p=n$ と書き，$2n$ を次元とするのが普通である．

実シンプレクティック・ベクトル空間においては，上の定理により，基本2次外形式 $\boldsymbol{J}(\boldsymbol{x},\boldsymbol{y})$ の行列表示が標準形 J またはこれと同等な行列

$$\tilde{J}=\begin{pmatrix} & & 1 & & \\ & & & \ddots & \\ & & & & 1 \\ -1 & & & & \\ & \ddots & & & \\ & & -1 & & \end{pmatrix} \qquad (3.92)'$$

になるように基底 $\boldsymbol{e}_i$ を定めることができる．これを**シンプレクティック基底**という．

実シンプレクティック・ベクトル空間において基本2次外形式を不変にする正則線形変換を**実シンプレクティック変換**という．シンプレクティック基底を一つ定めて行列表示すれば，U' を U の転置行列として，

$$U'JU=J \qquad (\text{または } U'\tilde{J}U=\tilde{J}) \qquad (3.93)$$

をみたす行列 U で表わされる正則線形変換が実シンプレクティック変換である．このような行列を**実シンプレクティック行列**という．$J^2=-1$ ゆえ，(3.93)をみたす行列は逆行列 $-JU'J$ をもち，常に正則である．この逆行列も(3.93)をみたすことは容易に証明できる．したがって，$2n$ 次の実シンプレクティック行列全体は群をなす．これを n 次の**実シンプレクティック群**といい，$\mathrm{Sp}(n,\mathbf{R})$ と書く．

定理3.3の証明には割算しか使われていないから，シンプレクティック・ベクトル空間およびシンプレクティック変換は任意の可換体 $\mathbf{K}$ を係数体とする

ベクトル空間で定義することができる．特に $\mathbf{K}$ が複素数体 $\mathbf{C}$ であるとき，**複素シンプレクティック・ベクトル空間，複素シンプレクティック変換**等という．$2n$ 次の複素シンプレクティック行列全体の群 $\mathrm{Sp}(n, \mathbf{C})$ を n 次の**複素シンプレクティック群**という．

任意の n 次元ベクトル空間 V に対して，その双対空間 V^* との直和ベクトル空間

$$E = V^* \oplus V \tag{3.94}$$

を作り，$\boldsymbol{a}, \boldsymbol{b} \in V$, $\boldsymbol{x}, \boldsymbol{y} \in V^*$ に対して

$$\boldsymbol{J}(\boldsymbol{x}\oplus\boldsymbol{a}, \boldsymbol{y}\oplus\boldsymbol{b}) = \langle \boldsymbol{b}, \boldsymbol{x}\rangle - \langle \boldsymbol{a}, \boldsymbol{y}\rangle \tag{3.95}$$

によって双線形形式 $\boldsymbol{J}$ を定義すれば，これは E における階数 $2n$ の反対称双線形形式となる．

［証明］ $\boldsymbol{J}$ が反対称双線形形式であることは明らかである．$\boldsymbol{J}$ の行列表示を求めるため，$(\boldsymbol{e}_1, \cdots, \boldsymbol{e}_n)$ を V の基底，$(\boldsymbol{e}^*_1, \cdots, \boldsymbol{e}^*_n)$ を V^* の双対基底とする．E の元 $0\oplus\boldsymbol{e}_i$ を $\boldsymbol{e}_i$ と，$\boldsymbol{e}^*_j\oplus 0$ を $\boldsymbol{e}^*_j$ と同一視することにすれば，$(\boldsymbol{e}_1, \cdots, \boldsymbol{e}_n, \boldsymbol{e}^*_1, \cdots, \boldsymbol{e}^*_n)$ が E の基底となり，これらに対し

$$\boldsymbol{J}(\boldsymbol{e}_i, \boldsymbol{e}_j) = 0\,; \tag{3.96}$$

$$\boldsymbol{J}(\boldsymbol{e}_i, \boldsymbol{e}^*_j) = -\boldsymbol{J}(\boldsymbol{e}^*_j, \boldsymbol{e}_i) = -\delta_{ij}\,;\quad \boldsymbol{J}(\boldsymbol{e}^*_i, \boldsymbol{e}^*_j) = 0 \tag{3.97}$$

がなりたつ．これは，すなわち，$(\boldsymbol{e}^*_1, \boldsymbol{e}_1, \boldsymbol{e}^*_2, \boldsymbol{e}_2, \cdots, \boldsymbol{e}^*_n, \boldsymbol{e}_n)$ を E の基底としたとき，$\boldsymbol{J}$ の行列表示が式(3.92)の J に，$(\boldsymbol{e}^*_1, \cdots, \boldsymbol{e}^*_n, \boldsymbol{e}_1, \cdots, \boldsymbol{e}_n)$ を E の基底としたときは，式(3.92)′ の $\tilde{\boldsymbol{J}}$ になることを示している． ∎

ここでは特別のシンプレクティック・ベクトル空間 E に対して，シンプレクティック基底のとり方を示したが，逆に，E がシンプレクティック形式 $\boldsymbol{J}$ をもつ任意のシンプレクティック・ベクトル空間であるとき，E のシンプレクティックの基底を適当に配列しなおせば，(3.96)，(3.97)が成立する．そして，$\boldsymbol{e}_1, \cdots, \boldsymbol{e}_n$ が生成する線形部分空間を V，$\boldsymbol{e}^*_1, \cdots, \boldsymbol{e}^*_n$ が生成する線形部分空間を V^* として，V と V^* の間に

$$\langle \boldsymbol{e}_i, \boldsymbol{e}^*_j\rangle = \delta_{ij}$$

によって内積を定義すれば，V と V^* は互いの双対空間となり，E は V から上のようにして作ったシンプレクティック・ベクトル空間と同型になる．この意味で，$V^*\oplus V$ はシンプレクティック・ベクトル空間のモデルである．今後，

シンプレクティック・ベクトル空間 E の**シンプレクティック基底**とは，(3.96)，(3.97)をみたす E の基底 $(\boldsymbol{e}_1, \cdots, \boldsymbol{e}_n,\ \boldsymbol{e}^*{}_1, \cdots, \boldsymbol{e}^*{}_n)$ を意味することにする．

$\boldsymbol{e}_i$ と $\boldsymbol{e}^*{}_i$ をとりかえて(3.97)の第1式の符号が反対になる方が自然と思われるかもしれないが，後に Poisson の括弧式の理論などに応用する都合でこの符号が選ばれている．

なお，$2n$ 次元のシンプレクティック・ベクトル空間 E で，(3.96)，(3.97)をみたす $2n$ 個のベクトル $\boldsymbol{e}_1, \cdots, \boldsymbol{e}_n,\ \boldsymbol{e}^*{}_1, \cdots, \boldsymbol{e}^*{}_n$ は常に1次独立であり，シンプレクティック基底をなすことを注意しておく．実際，k_j, l_j をスカラーとして

$$\boldsymbol{f} = \sum_j (k_j\boldsymbol{e}_j + l_j\boldsymbol{e}^*{}_j) = 0$$

がなりたつならば，

$$k_i = \boldsymbol{J}(\boldsymbol{e}^*{}_i, \boldsymbol{f}) = 0, \quad -l_i = \boldsymbol{J}(\boldsymbol{e}_i, \boldsymbol{f}) = 0$$

によりすべての係数が0となる．

シンプレクティック・ベクトル空間 E の任意のシンプレクティック変換は，はじめに固定したシンプレクティック基底の変換先であるシンプレクティック基底を指定することによってちょうど一つ定まる．したがって，すべてのシンプレクティック変換を求める問題は(3.96)，(3.97)をみたすベクトルの組 $(\boldsymbol{e}_1, \cdots, \boldsymbol{e}_n,\ \boldsymbol{e}^*{}_1, \cdots, \boldsymbol{e}^*{}_n)$ をすべて決定する問題に帰着される．

補題 3.1 E を $2n$ 次元シンプレクティック・ベクトル空間，$A, B \subset \{1, \cdots, n\}$ を部分集合とし，すべての $i \in A$ に対して $\boldsymbol{e}_i$，$j \in B$ に対して $\boldsymbol{e}^*{}_j$ が定まっており，これらは1次独立，かつ $\boldsymbol{e}_i, i \in A, \boldsymbol{e}^*{}_j, j \in B$，に対して(3.96)，(3.97)がなりたつとする．このとき，A に属さない i，B に属さない j に対する $\boldsymbol{e}_i$，$\boldsymbol{e}^*{}_j$ を補い，すべての i, j に対し，(3.96)，(3.97)がなりたつようにすることができる．

［証明］ A と B の共通部分を C とし，E_0 を $\{\boldsymbol{e}_i, \boldsymbol{e}^*{}_i\}_{i \in C}$ で生成される E の部分空間とすれば，E_0 はそれ自身でこれらのベクトルをシンプレクティック基底とするシンプレクティック・ベクトル空間になる．さらに

$$E_1 = \{\boldsymbol{z} \in E\,;\ \boldsymbol{J}(\boldsymbol{z}, \boldsymbol{e}_i) = \boldsymbol{J}(\boldsymbol{z}, \boldsymbol{e}^*{}_i) = 0, i \in C\}$$

とすれば，(3.96)，(3.97)をみたすベクトルの1次独立性の証明と同じ計算で，$E_0 \cap E_1 = \{0\}$ がわかる．E_1 を定義する方程式の数より，E_0 の次元と E_1 の次元

の和は $2n$ に等しい．したがって，ベクトル空間として，E は E_0 と E_1 の直和となる．さらに，$\boldsymbol{J}$ を E_1 に制限したものは E_1 上非退化反対称双線形形式である．実際，$\boldsymbol{J}$ が非退化であることにより，すべての $\boldsymbol{z}\in E_1$ に対して $\boldsymbol{J}(\boldsymbol{z},\boldsymbol{w})=0$ をみたす $\boldsymbol{w}\in E$ は E_0 に属さなければならないからである．すなわち，E_1 もシンプレクティック・ベクトル空間になる．

さらに，C に属さない添え字をもつ $\boldsymbol{e}_i, \boldsymbol{e}^*_j$ はすべて E_1 に属して，そこで(3.96)，(3.97)をみたす．それゆえ，A と B には共通部分がないと仮定して証明をすすめる．まず，$A\cup B$ の元の個数の和 d が n 未満のときは，$\boldsymbol{J}(\boldsymbol{z},\boldsymbol{e}_i)=0$ $(i\in A)$ および $\boldsymbol{J}(\boldsymbol{z},\boldsymbol{e}^*_j)=0$ $(j\in B)$ をみたす元 $\boldsymbol{z}$ 全体が $2n-d$ 次元の部分空間となるから，$\{\boldsymbol{e}_i\}_{i\in A}, \{\boldsymbol{e}^*_j\}_{j\in B}$ と1次独立な元を含む．それを $A\cup B$ に属さない添え字をもつ $\boldsymbol{e}_k$ または $\boldsymbol{e}^*_k$ とすれば，A, B の一方の個数を増すことができる．

次に，$A\cup B$ が $\{1,\cdots,n\}$ の分割の場合，$k\in A$ とすれば，$\boldsymbol{J}(\boldsymbol{z},\boldsymbol{e}_i)=0$ $(i\in A\backslash\{k\})$ および $\boldsymbol{J}(\boldsymbol{z},\boldsymbol{e}^*_j)=0$ $(j\in B)$ をみたす $\boldsymbol{z}$ 全体は $n+1$ 次元の部分空間となり，$\{\boldsymbol{e}_i\}_{i\in A}, \{\boldsymbol{e}^*_j\}_{j\in B}$ と1次独立な元 $\boldsymbol{z}$ を含む．$\boldsymbol{J}(\boldsymbol{z},\boldsymbol{e}^*_k)=0$ となることは許されないから，$\boldsymbol{z}$ の定数倍を $\boldsymbol{e}^*_k$ として B の元を一つ増やすことができる．ここで $C=\{k\}$ として証明のはじめにもどることができる．$k\in B$ の場合も同様である． ∎

任意のベクトル $\boldsymbol{e}_1\neq 0$ だけからなるベクトルの組は補題の条件をみたす．ゆえに，シンプレクティック・ベクトル空間 E に，二つの0でないベクトル $\boldsymbol{z}$, $\boldsymbol{w}$ が与えられたとき，$\boldsymbol{z}$ を $\boldsymbol{w}$ にうつすシンプレクティック変換が常に存在する．

上の E_0 に対する E_1 のように，シンプレクティック・ベクトル空間 E の線形部分空間 F に対し

$$F^J=\{\boldsymbol{z}\in E\,;\boldsymbol{J}(\boldsymbol{z},\boldsymbol{w})=0,\ \boldsymbol{w}\in F\} \tag{3.98}$$

で定義される線形部分空間 F^J を $\boldsymbol{J}$ に関する F の**零化空間**とよぶ．F の次元と F^J の次元の和は E の次元 $2n$ になるが，上の E_0, E_1，あるいはユークリッド・ベクトル空間の直交補空間のように E が常に F と F^J の直和になるわけではない．

$F^J\supset F$ のとき，すなわち，$\boldsymbol{z},\boldsymbol{w}\in F$ に対し $\boldsymbol{J}(\boldsymbol{z},\boldsymbol{w})=0$ がなりたつとき，F を**等方的部分空間**という．反対に，$F^J\subset F$ がなりたつとき，F を**包合的部分空**

間という．また，この両方の条件が成立して，$F^J=F$ となるとき，F を**ラグランジュ部分空間**という．$E=V^*\oplus V$ と直和分解したとき，V および V^* はラグランジュ部分空間である．

F が等方的ならば，$\dim F\leqq n$，包合的ならば，$\dim F\geqq n$，ラグランジュならば，$\dim F=n$ が成立する．ラグランジュ部分空間の線形部分空間は等方的である．補題3.1は，逆に，等方的部分空間はあるラグランジュ部分空間の線形部分空間になることを示している．零化空間をとると，包合的部分空間はあるラグランジュ部分空間を含む線形部分空間として特徴づけられる．

複素ベクトル空間 V においては，双線形形式の外，次の性質によって定義される半双線形形式が重要である．$V\times V$ 上定義された複素数値関数 $\boldsymbol{H}(\boldsymbol{z},\boldsymbol{w})$ が**半双線形形式**であるとは，$\boldsymbol{z}$ に関して線形，$\boldsymbol{w}$ に関して**半線形**，すなわち，任意の $\boldsymbol{z},\boldsymbol{w},\boldsymbol{t}\in V$ と，$k,l\in \mathrm{C}$ に対し

$$\boldsymbol{H}(\boldsymbol{z},k\boldsymbol{w}+l\boldsymbol{t}) = \overline{k}\,\boldsymbol{H}(\boldsymbol{z},\boldsymbol{w})+\overline{l}\,\boldsymbol{H}(\boldsymbol{z},\boldsymbol{t}) \qquad (3.99)$$

が成立することであると定義する．半双線形形式 $\boldsymbol{H}(\boldsymbol{z},\boldsymbol{w})$ が**対称**，あるいは**エルミート**であるとは

$$\boldsymbol{H}(\boldsymbol{w},\boldsymbol{z}) = \overline{\boldsymbol{H}(\boldsymbol{z},\boldsymbol{w})},\quad \boldsymbol{z},\boldsymbol{w}\in V, \qquad (3.100)$$

がなりたつことをいう．

対称半双線形形式 $\boldsymbol{H}(\boldsymbol{z},\boldsymbol{w})$ において，$\boldsymbol{z}=\boldsymbol{w}$ とおいて得られる V 上の実数値関数

$$\boldsymbol{H}(\boldsymbol{z}) = \boldsymbol{H}(\boldsymbol{z},\boldsymbol{z}) \qquad (3.101)$$

は，任意の $\boldsymbol{z},\boldsymbol{w}\in V$ および $k\in\mathrm{C}$ に対し

$$\boldsymbol{H}(\boldsymbol{z}+\boldsymbol{w})+\boldsymbol{H}(\boldsymbol{z}-\boldsymbol{w}) = 2\boldsymbol{H}(\boldsymbol{z})+2\boldsymbol{H}(\boldsymbol{w}), \qquad (3.102)$$

$$\boldsymbol{H}(k\boldsymbol{z}) = |k|^2\boldsymbol{H}(\boldsymbol{z}) \qquad (3.103)$$

をみたす．一般に，(3.102)，(3.103)をみたす V 上の実数値連続関数を**エルミート形式**という．

逆に，エルミート形式 $\boldsymbol{H}(\boldsymbol{z})$ が与えられたとき，

$$\boldsymbol{H}(\boldsymbol{z},\boldsymbol{w}) = \frac{1}{4}\{\boldsymbol{H}(\boldsymbol{z}+\boldsymbol{w})-\boldsymbol{H}(\boldsymbol{z}-\boldsymbol{w})+\mathrm{i}\boldsymbol{H}(\boldsymbol{z}+\mathrm{i}\boldsymbol{w})-\mathrm{i}\boldsymbol{H}(\boldsymbol{z}-\mathrm{i}\boldsymbol{w})\} \qquad (3.104)$$

によって，$V\times V$ 上の複素数値関数 $\boldsymbol{H}(\boldsymbol{z},\boldsymbol{w})$ を定めれば，これは対称半双線

形形式となり，(3.101)をみたす．この関係により，対称半双線形形式とエルミート形式は1対1に対応する．

V の基底 $\boldsymbol{e}_i$ を定めて成分で表わせば，$\boldsymbol{H}(\boldsymbol{z}, \boldsymbol{w})$ および $\boldsymbol{H}(\boldsymbol{z})$ は共にエルミート行列 (H_{ij}) を用いて

$$\boldsymbol{H}(\boldsymbol{z}, \boldsymbol{w}) = \sum H_{ij} z^i \overline{w^j}$$

$$\boldsymbol{H}(\boldsymbol{z}) = \sum H_{ij} z^i \overline{z^j}$$

と表わされる．実2次形式の場合と同様，任意のエルミート形式 $\boldsymbol{H}(\boldsymbol{z})$ は基底 $\boldsymbol{e}_i$ をとりなおして

$$\boldsymbol{H}(\boldsymbol{z}) = |z^1|^2 + \cdots + |z^p|^2 - |z^{p+1}|^2 - \cdots - |z^{p+q}|^2 \tag{3.105}$$

の形に表わすことができる．これも**Sylvester の慣性則**といい，(p, q) を $\boldsymbol{H}(\boldsymbol{z})$ の**符号指数**という．

$p=n$ となるための必要十分条件は

$$\boldsymbol{H}(\boldsymbol{z}) > 0, \quad \boldsymbol{z} \neq 0,$$

をみたすことであり，このとき $\boldsymbol{H}(\boldsymbol{z})$ を**正定符号**というのも実係数の場合と同じである．

正定符号エルミート形式 $\boldsymbol{G}(\boldsymbol{z})$ を指定した複素ベクトル空間を**ユニタリ・ベクトル空間**または**複素ユークリッド・ベクトル空間**という．

ユニタリ・ベクトル空間においても基本エルミート形式を $|\boldsymbol{z}|^2$ と書き，その平方根 $|\boldsymbol{z}|$ をベクトル $\boldsymbol{z}$ の**長さ**という．しかし，$|\boldsymbol{z}|^2$ に対応する対称半双線形形式は $(\boldsymbol{z}, \boldsymbol{w})_{\mathrm{C}}$ と書いて，実ユークリッド・ベクトル空間の内積 $\boldsymbol{x}\cdot\boldsymbol{y}$ と区別する．すぐ後でみるように，複素ベクトル空間を実ベクトル空間と見做して2次形式 $|\boldsymbol{z}|^2$ の極形式をとって得られる内積 $\boldsymbol{z}\cdot\boldsymbol{w}$ は $(\boldsymbol{z}, \boldsymbol{w})_{\mathrm{C}}$ と異なるためである．$(\boldsymbol{z}, \boldsymbol{w})_{\mathrm{C}}$ も $\boldsymbol{z}$ と $\boldsymbol{w}$ の**内積**という．

基本エルミート形式が標準形になるよう正規直交基底を選べば

$$|z|^2 = |z^1|^2 + \cdots + |z^n|^2 \tag{3.106}$$

$$(\boldsymbol{z}, \boldsymbol{w})_{\mathrm{C}} = z^1\overline{w^1} + \cdots + z^n\overline{w^n} \tag{3.107}$$

となる．

ユニタリ・ベクトル空間 V^n の複素正則線形変換であって，ベクトルの長さを変えないものを**ユニタリ変換**という．ユニタリ変換全体 $\mathrm{U}(V^n)$ も群をなす．これを V^n の**ユニタリ群**という．

(3.104) の表示式からわかるように，ユニタリ変換はエルミート形式 $|\boldsymbol{z}|^2$ ばかりでなく，対応する対称半双線形形式 $(\boldsymbol{z}, \boldsymbol{w})_{\mathrm{C}}$ をも不変にする．

標準形のエルミート形式(3.106)および対称半双線形形式(3.107)をもつ数ベクトル空間 $\mathbf{C}^n$ のユニタリ変換は

$$U^*U = UU^* = I_n \tag{3.108}$$

をみたす**ユニタリ行列** U で定まる複素線形変換である．この全体を $\mathrm{U}(n)$ と書き，n 次の**ユニタリ群**という．ここで $U^*=(\overline{U})'$ は U の成分の複素共役をとり，転置させた行列を表わす．

ところで，複素ベクトル $\boldsymbol{z}=\boldsymbol{x}+\mathrm{i}\boldsymbol{y}$, $\boldsymbol{w}=\boldsymbol{u}+\mathrm{i}\boldsymbol{v} \in \mathbf{C}^n$ を実部と虚部に分けて表わせば，

$$(\boldsymbol{z}, \boldsymbol{w})_{\mathrm{C}} = (\boldsymbol{x}\cdot\boldsymbol{u}+\boldsymbol{y}\cdot\boldsymbol{v})-\mathrm{i}(\boldsymbol{x}\cdot\boldsymbol{v}-\boldsymbol{y}\cdot\boldsymbol{u}).$$

したがって，複素ベクトル $\boldsymbol{z}=(z^1, \cdots, z^n)'$, $\boldsymbol{w}=(w^1, \cdots, w^n)'$ を実ベクトル $\boldsymbol{z}=(x^1, y^1, \cdots, x^n, y^n)'$, $\boldsymbol{w}=(u^1, v^1, \cdots, u^n, v^n)'$ と同一視すれば

$$(\boldsymbol{z}, \boldsymbol{w})_{\mathrm{C}} = \boldsymbol{z}\cdot\boldsymbol{w}-\mathrm{i}\boldsymbol{J}(\boldsymbol{z}, \boldsymbol{w}) \tag{3.109}$$

となる．ここで $\boldsymbol{J}(\boldsymbol{z}, \boldsymbol{w})$ は標準形(3.92)をもつ実シンプレクティック形式である．

複素数 $x+\mathrm{i}y$ に複素数 $a+\mathrm{i}b$ を掛ける演算は

$$\begin{pmatrix} a & -b \\ b & a \end{pmatrix}\begin{pmatrix} x \\ y \end{pmatrix} \tag{3.110}$$

と行列表示できるので，n 次の複素行列には上のような 2×2 のブロック分けをもつ $2n$ 次の実行列が対応する．この対応で n 次のユニタリ行列を $2n$ 次の実行列と見做したものは，(3.109)により，対称双線形形式 $\boldsymbol{z}\cdot\boldsymbol{w}$ と反対称双線形形式 $\boldsymbol{J}(\boldsymbol{z}, \boldsymbol{w})$ を共に不変にする．すなわち，n 次のユニタリ行列の実形は，$2n$ 次の直交行列であり，かつ $2n$ 次の実シンプレクティック行列である．

逆に，$U \in \mathrm{O}(2n) \cap \mathrm{Sp}(n, \mathbf{R})$ とすれば，(3.77)と(3.93)により

$$U^{-1}JU = U'JU = J.$$

これは，$JU=UJ$ を示しているが，この条件は U を 2×2 行列のブロックに分けたとき，各ブロックが(3.110)の形をしていることと同じである．すなわち，U は n 次の複素行列の実形であって，ベクトルの長さを変えない．これは U がユニタリ行列の実形ということである．こうして次の同型が示された：

$$\mathrm{U}(n) = \mathrm{O}(2n) \cap \mathrm{Sp}(n, \mathbf{R}). \tag{3.111}$$

同じような結果を複素シンプレクティック行列に対して得るため，4 元数体 $\mathbf{H}$ を係数体とする n 次元の数ベクトル空間 $\mathbf{H}^n$ を考える．すなわち，$\mathbf{H}^n$ は n 個の 4 元数 q^i を並べた縦ベクトル $\boldsymbol{q}=(q^i)'$ 全体であり，$(q^i)' \in \mathbf{H}^n$ に対して，

$$(q^i)'q = (q^i q)', \quad q \in \mathbf{H}, \tag{3.112}$$

によって，右から 4 元数 q を掛ける演算を定義する．これによって $\mathbf{H}^n$ は $\mathbf{H}$ 上の右ベクトル空間となり，任意の線形写像 $T : \mathbf{H}^n \to \mathbf{H}^n$ は 4 元数を成分とする行列 $(t^i{}_j)$ を用いて

$$T\begin{pmatrix} q^1 \\ \vdots \\ q^n \end{pmatrix} = (t^i{}_j)\begin{pmatrix} q^1 \\ \vdots \\ q^n \end{pmatrix} \tag{3.113}$$

と表わされる．

ユニタリ・ベクトル空間の場合に類似して

$$|\boldsymbol{q}|^2 = |q^1|^2 + \cdots + |q^n|^2 \tag{3.114}$$

$$\begin{aligned}(\boldsymbol{q}, \boldsymbol{p})_{\mathrm{H}} &= \overline{p^1} q^1 + \cdots + \overline{p^n} q^n \\ &= (\overline{p^1}, \cdots, \overline{p^n})\begin{pmatrix} q^1 \\ \vdots \\ q^n \end{pmatrix}\end{aligned} \tag{3.115}$$

とおく．$|\boldsymbol{q}|^2$ の平方根 $|\boldsymbol{q}|$ を $\boldsymbol{q}$ の**長さ**という．$n \times n$ 4 元数行列 T であって，すべての $\boldsymbol{q} \in \mathbf{H}^n$ に対して $|T\boldsymbol{q}|=|\boldsymbol{q}|$ となるものを n 次の**ユニタリ・シンプレクティック行列**，または単に**シンプレクティック行列**という．すぐ後で示すように，n 次のシンプレクティック行列全体は群をなす．この群を $\mathrm{Sp}(n)$ と書き，n 次の**ユニタリ・シンプレクティック群**，または**シンプレクティック群**という．以下

$$\mathrm{Sp}(n) = \mathrm{U}(2n) \cap \mathrm{Sp}(n, \mathbf{C}) \tag{3.116}$$

となる同型があることを証明する．

［証明］ このため，4 元数の $\boldsymbol{i}$ を虚数単位 i と同一視し，

$$\begin{aligned} q &= q_0 + q_1\boldsymbol{i} + q_2\boldsymbol{j} + q_3\boldsymbol{k} \\ &= (q_0 + q_1\mathrm{i}) + \boldsymbol{j}(q_2 - q_3\mathrm{i}) \\ &= z_0 + \boldsymbol{j}z_1, \quad z_0 = q_0 + q_1\mathrm{i},\ z_1 = q_2 - q_3\mathrm{i}, \end{aligned} \tag{3.117}$$

とおき，一つの4元数 q に対して二つの複素数の組 $(z_0, z_1)'$ を対応させる．このとき，q に左から4元数 $a+b\boldsymbol{i}+c\boldsymbol{j}+d\boldsymbol{k}$ を掛ける演算は

$$\begin{pmatrix} a+b\mathrm{i} & -c-d\mathrm{i} \\ c-d\mathrm{i} & a-b\mathrm{i} \end{pmatrix}\begin{pmatrix} z_0 \\ z_1 \end{pmatrix} \tag{3.118}$$

と行列表示される．(3.116)の同型は左辺の行列の各要素をこれによって2×2の複素行列におきかえることによって実現される．

二つのシンプレクティック行列の積がシンプレクティック行列になるのは明らかである．したがって，$\mathrm{Sp}(n)$ が群をなすことを示すには，任意のシンプレクティック行列 T が4元数を要素とする逆行列をもち，この逆もシンプレクティック行列になることを示せばよい．

$T:\mathbf{H}^n\to\mathbf{H}^n$ は $\mathbf{H}^n$ を上のように複素ベクトル空間 $\mathbf{C}^{2n}$ と見做したとき，1対1の複素線形写像となる．したがって，複素線形逆写像 $T^{-1}:\mathbf{H}^n\to\mathbf{H}^n$ をもつ．$\mathbf{H}^n$ の標準基底 $\boldsymbol{e}_i$ の T^{-1} による像を $(s^j{}_i)\in\mathbf{H}^n$ としたとき，4元数を要素とする行列 $(s^j{}_i)$ は T の逆行列になる．これがベクトル $\boldsymbol{q}$ の長さを変えないのは明らかである．

次に，シンプレクティック行列 T は4元数**内積** $(\boldsymbol{q}, \boldsymbol{p})_{\mathrm{H}}$ を不変にすること，すなわち，任意の $\boldsymbol{q}, \boldsymbol{p}\in\mathbf{H}^n$ に対し

$$(T\boldsymbol{q}, T\boldsymbol{p})_{\mathrm{H}} = (\boldsymbol{q}, \boldsymbol{p})_{\mathrm{H}} \tag{3.119}$$

がなりたつことを証明する．

まず，4元数 m を掛ける演算に対し内積は

$$(\boldsymbol{q}m, \boldsymbol{p})_{\mathrm{H}} = (\boldsymbol{q}, \boldsymbol{p})_{\mathrm{H}}m, \quad (\boldsymbol{q}, \boldsymbol{p}m)_{\mathrm{H}} = \overline{m}(\boldsymbol{q}, \boldsymbol{p})_{\mathrm{H}} \tag{3.120}$$

と振舞うことに注意する．また，内積の線形性により

$$|\boldsymbol{q}+\boldsymbol{p}|^2-|\boldsymbol{q}-\boldsymbol{p}|^2 = 2(\boldsymbol{q}, \boldsymbol{p})_{\mathrm{H}}+2(\boldsymbol{p}, \boldsymbol{q})_{\mathrm{H}}. \tag{3.121}$$

ここで，$\boldsymbol{p}$ に $\boldsymbol{p}\boldsymbol{i}$ を代入すれば(3.120)により

$$\boldsymbol{i}|\boldsymbol{q}+\boldsymbol{p}\boldsymbol{i}|^2-\boldsymbol{i}|\boldsymbol{q}-\boldsymbol{p}\boldsymbol{i}|^2 = 2(\boldsymbol{q}, \boldsymbol{p})_{\mathrm{H}}+2\boldsymbol{i}(\boldsymbol{p}, \boldsymbol{q})_{\mathrm{H}}\boldsymbol{i}. \tag{3.122}$$

$\boldsymbol{i}$ の代りに，$\boldsymbol{j}, \boldsymbol{k}$ を代入したものも成立する．4元数 q に対し

$$q+\boldsymbol{i}q\boldsymbol{i}+\boldsymbol{j}q\boldsymbol{j}+\boldsymbol{k}q\boldsymbol{k} = -2\overline{q} \tag{3.123}$$

が成立するから，(3.121)と(3.122)および，ここで $\boldsymbol{i}$ を $\boldsymbol{j}$ および $\boldsymbol{k}$ に代えた四つの式を加えれば，右辺は

$$8(\boldsymbol{q}, \boldsymbol{p})_{\mathrm{H}}-4\overline{(\boldsymbol{p}, \boldsymbol{q})}_{\mathrm{H}} = 4(\boldsymbol{q}, \boldsymbol{p})_{\mathrm{H}}$$

となる．したがって，

$$(\boldsymbol{q}, \boldsymbol{p})_{\mathrm{H}} = \frac{1}{4}\{|\boldsymbol{q}+\boldsymbol{p}|^2-|\boldsymbol{q}-\boldsymbol{p}|^2+\boldsymbol{i}\,|\boldsymbol{q}+\boldsymbol{p}\boldsymbol{i}|^2-\boldsymbol{i}\,|\boldsymbol{q}-\boldsymbol{p}\boldsymbol{i}|^2$$
$$+\boldsymbol{j}\,|\boldsymbol{q}+\boldsymbol{p}\boldsymbol{j}|^2-\boldsymbol{j}\,|\boldsymbol{q}-\boldsymbol{p}\boldsymbol{j}|^2+\boldsymbol{k}\,|\boldsymbol{q}+\boldsymbol{p}\boldsymbol{k}|^2-\boldsymbol{k}\,|\boldsymbol{q}-\boldsymbol{p}\boldsymbol{k}|^2\}. \tag{3.124}$$

ここで，$\boldsymbol{q}$ および $\boldsymbol{p}$ に $T\boldsymbol{q}$ および $T\boldsymbol{p}$ を代入して(3.119)を得る．

(3.119)は，4 元数を要素とする行列として $T^*=(\bar{T})'$ としたとき，

$$T^*T = I,\ したがって,\ TT^* = I \tag{3.125}$$

と同等であることに注意する．

$$q = z_0+\boldsymbol{j}z_1, \quad p = w_0+\boldsymbol{j}w_1$$

を複素数による 4 元数の表示(3.117)とすれば，

$$\bar{p}q = (\bar{w}_0-\boldsymbol{j}w_1)(z_0+\boldsymbol{j}z_1)$$
$$= (z_0\bar{w}_0+z_1\bar{w}_1)-\boldsymbol{j}(z_0w_1-z_1w_0)$$

となるから，4 元数ベクトル $\boldsymbol{q}=(q^1, \cdots, q^n)'$, $\boldsymbol{p}=(p^1, \cdots, p^n)'$ を複素数ベクトル $\boldsymbol{q}=(z_0{}^1, z_1{}^1, \cdots, z_0{}^n, z_1{}^n)'$, $\boldsymbol{p}=(w_0{}^1, w_1{}^1, \cdots, w_0{}^n, w_1{}^n)'$ と同一視すれば

$$(\boldsymbol{q}, \boldsymbol{p})_{\mathrm{H}} = (\boldsymbol{q}, \boldsymbol{p})_{\mathrm{C}}-\boldsymbol{j}\boldsymbol{J}_{\mathrm{C}}(\boldsymbol{q}, \boldsymbol{p}) \tag{3.126}$$

となる．ここで $\boldsymbol{J}_{\mathrm{C}}(\boldsymbol{q}, \boldsymbol{p})$ は複素シンプレクティック形式である．これからシンプレクティック行列 T の複素形は $\mathrm{U}(2n)\cap\mathrm{Sp}(n, \mathbf{C})$ に含まれることがわかる．

逆に，$U\in\mathrm{U}(2n)\cap\mathrm{Sp}(n, \mathbf{C})$ とすれば，U は(3.108)と(3.93)をみたす．これから

$$JU = \overline{U}J$$

が得られるが，これは U を 2×2 行列のブロックに分けたとき，各ブロックが(3.118)の行列の形をもつことと同等である．すなわち，U はある 4 元数行列 T の複素形であって，ベクトルの長さを変えない．こうして U がシンプレクティック行列の複素形であることが証明された． ∎

最後に，ユークリッド幾何でも，ユニタリ幾何でも，ユニタリ・シンプレクティック幾何でも長さの等しい線分はそれぞれの幾何において互いに合同であることを証明する．

［証明］ これには，任意の長さ 1 の数ベクトル $\boldsymbol{u}_1$ に対して，$U\boldsymbol{e}_1=\boldsymbol{u}_1$ となる

直交行列，ユニタリ行列，あるいはシンプレクティック行列 U があることを示せばよい．ただし，$\boldsymbol{e}_1$ は $(1, 0, \cdots, 0)'$ を表わす．U は $\boldsymbol{u}_1$ を第1列とする行列であって，$U^*U=1$ をみたすことが条件である．これは $U=(\boldsymbol{u}_1, \boldsymbol{u}_2, \cdots, \boldsymbol{u}_n)$ としたとき，各列 $\boldsymbol{u}_j$ が正規直交系をなすこと，すなわち，それぞれの内積 $(\boldsymbol{u}, \boldsymbol{v})_*$ に関して

$$(\boldsymbol{u}_i, \boldsymbol{u}_j)_* = \delta_{ij} \tag{3.127}$$

がなりたつことであるから，この条件に合うようベクトル $\boldsymbol{u}_2, \cdots, \boldsymbol{u}_n$ が選べればよい．$\boldsymbol{v}_2$ を $\boldsymbol{u}_1$ とは1次独立なベクトルとするとき

$$\boldsymbol{v}_2 - \boldsymbol{u}_1(\boldsymbol{v}_2, \boldsymbol{u}_1)_*$$

は0でないベクトルであって，$\boldsymbol{u}_1$ と内積をとったものが0となる．したがって，このベクトルをこのベクトルの長さで割ったものを $\boldsymbol{u}_2$ とすると，(3.127) が $1 \leqq i, j \leqq 2$ に対して成立する．$\boldsymbol{u}_m$ までが選ばれたとき，$\boldsymbol{u}_1, \cdots, \boldsymbol{u}_m$ と1次独立なベクトル $\boldsymbol{v}_{m+1}$ をとり，

$$\boldsymbol{v}_{m+1} - \boldsymbol{u}_1(\boldsymbol{v}_{m+1}, \boldsymbol{u}_1)_* - \cdots - \boldsymbol{u}_m(\boldsymbol{v}_{m+1}, \boldsymbol{u}_m)_*$$

を，このベクトルの長さで割ったものを $\boldsymbol{u}_{m+1}$ とすれば，(3.127) が $1 \leqq i, j \leqq m+1$ でなりたつ．この操作を $n-1$ 回行えば望みの $\boldsymbol{u}_2, \cdots, \boldsymbol{u}_n$ が求められる． ■

この方法を **Schmidt の直交化**という．

§3.5 添字の上げ下げとテンソルの大きさ

一般のベクトル空間 V 上のテンソルについては，型の違うものは座標変換に際し異なった振舞いをするため，それらが等しいということは意味をなさない．しかし，ユークリッド・ベクトル空間あるいは実シンプレクティック・ベクトル空間など，非退化な双線形形式 $G(\boldsymbol{x}, \boldsymbol{y})$ が一つ指定されており，この双線形形式を保存する線形変換のみがその幾何固有の変換として許される場合は事情が異なる．全階数が同じであれば型がちがうテンソルの間にも自然な同型関係があり，互いに同一視することが可能となる．

このようなベクトル空間でテンソルを論ずるには二つの立場がある．一つは，座標変換としてどのような正則線形変換も許すが，その中で指定された双線形形式は不変の意味をもつとするものであり，もう一つは，正規直交基底などそ

の幾何固有の座標のみを用い，座標変換も直交変換など幾何固有のもののみを許すものである．いわゆるテンソル解析では第一の立場をとる．

ここでも最初はこの立場に立って，2次形式 $\boldsymbol{G}(\boldsymbol{x})$，または同じことであるがその極形式である対称双線形形式 $\boldsymbol{G}(\boldsymbol{x}, \boldsymbol{y})$ を指定したベクトル空間 V を考える．**基本双線形形式**

$$\boldsymbol{G}(\boldsymbol{x}, \boldsymbol{y}) = \sum_{i,j=1}^{n} g_{ij} x^i y^j \tag{3.128}$$

を V 上の2階の対称共変テンソルと見做したものを**基本計量テンソル**という．この成分 g_{ij} は $\boldsymbol{x}, \boldsymbol{y}$ の座標 x^i, y^j を定めるために用いた V の基底 $(\boldsymbol{e}_i)$ により

$$g_{ij} = \boldsymbol{G}(\boldsymbol{e}_i, \boldsymbol{e}_j) \tag{3.129}$$

と表わせることに注意する．ミンコフスキー空間なども同時に扱うため，$\boldsymbol{G}(\boldsymbol{x}, \boldsymbol{y})$ は必ずしも正定符号でなくてよいが，**非退化**，すなわち，その符号指数 (p, q) について $p+q$ は V の次元に等しいと仮定する．これは，すべての $\boldsymbol{y}$ に対して $\boldsymbol{G}(\boldsymbol{x}, \boldsymbol{y})=0$ となる $\boldsymbol{x}$ は0に限るという仮定と同等であり，行列式

$$g = \det(g_{ij}) \tag{3.130}$$

が0でないこととも同等である．

このとき，ベクトル $\boldsymbol{y} \in V$ と線形形式 $\boldsymbol{G}(\cdot, \boldsymbol{y}) \in V^*$ は1対1に対応する．すなわち，双線形形式 $\boldsymbol{G}$ を仲だちとして，V 上の反変ベクトルと共変ベクトルは互いに1対1に対応する．これらを**同伴ベクトル**という．テンソル解析では，しばしば両者を同一視し，それぞれの基底 $(\boldsymbol{e}_i)$ に関する成分 y^i および双対基底 $(\boldsymbol{e}^*{}_i)$ に関する成分 y_i を同じベクトル $\boldsymbol{y}$ の**反変成分**および**共変成分**と見做す．(g_{ij}) の逆行列を (g^{ij}) とするとき，両者は

$$y_i = \sum_{j=1}^{n} g_{ij} y^j, \quad y^i = \sum_{j=1}^{n} g^{ij} y_j \tag{3.131}$$

という関係で互いに他にうつる．形の上では添字の位置のちがいだけであるから，この操作を**添字の下げ，上げ**という．ベクトル $\boldsymbol{x}$ の反変成分を x^i，共変成分を x_i としたとき

$$\boldsymbol{G}(\boldsymbol{x}, \boldsymbol{y}) = \sum_{i,j} g_{ij} x^i y^j = \sum_{i} x^i y_i = \sum_{j} x_j y^j = \sum_{i,j} g^{ij} x_i y_j \tag{3.132}$$

がなりたつ．

正規直交基底 $(\boldsymbol{e}_i)$ をもつユークリッド・ベクトル空間では $g_{ij}=g^{ij}=\delta_{ij}$ であ

るから，ベクトルの反変成分と共変成分は同じであり，基本双線形形式は標準形(3.76)をしている．これが，ユークリッド空間ではことさら反変成分と共変成分を区別する必要がなかった理由である．

このようにして V と V^* の同型が定まったのであるから，これらの空間をいくつか並べたものの上の多重線形形式であるテンソルの空間の間にも同型がひきおこされる．$C^{i_1\cdots i_p}_{j_1\cdots j_q}$ が (p, q) 型テンソルの成分であり，$p>0$ のとき，例えば

$$C^{i_1\cdots i_{p-1}}_{j_1\cdots j_q j_{q+1}} = \sum_{i_p=1}^{n} g_{j_{q+1} i_p} C^{i_1\cdots i_p}_{j_1\cdots j_q} \tag{3.133}$$

によって反変添字 i_p を共変添字 j_{q+1} に下げたものは $(p-1, q+1)$ 型テンソルの成分となる．これは，はじめのテンソルを(3.45)によって多重線形形式とみなしたとき，p 番目の共変ベクトル $\boldsymbol{x}_p$ の成分 $x_{p i_p}$ を反変ベクトル $\boldsymbol{a}_{q+1}$ の添字を下げたものにおきかえたものが(3.133)で定まる成分をもつ $(p-1, q+1)$ 型テンソルに対応する多重線形形式になるからである．

同様に，任意の反変添字は共変添字に下げることができ，共変添字は反変添字に上げることができる．この操作は何回でも繰りかえすことができる．しかし，この結果，反変添字同志，共変添字同志の順序が入れかわることも起こり得るので，添字の上げ下げを行うときはテンソルを (p, q) 型に分類するのでは不十分で，添字の絶対的位置を指定した $[\varepsilon_1, \varepsilon_2, \cdots, \varepsilon_{p+q}]$ 型の分類をする必要がある．このとき，$\varepsilon_i=\pm 1$ の符号が互いに変る．このようにして添字を上げ下げして得られるテンソルを互いに**同伴なテンソル**といい，しばしば相互に同一視し，同じ文字で表わす．

例えば，共変基本テンソル g_{ij} について

$$g^i{}_j = g_i{}^j = \delta_{ij} \tag{3.134}$$

がなりたつ．反変基本テンソル g^{ij} も同伴テンソルである．(3.133)の拡張として，同じ型のテンソル $\boldsymbol{C}, \boldsymbol{D}$ に対して等式

$$\sum g_{i_1 k_1}\cdots g^{j_1 l_1}\cdots C^{i_1\cdots i_p}_{j_1\cdots j_q} D^{k_1\cdots k_p}_{l_1\cdots l_q} = \sum C^{i_1\cdots i_p}_{j_1\cdots j_q} D^{j_1\cdots j_q}_{i_1\cdots i_p} = \cdots \tag{3.135}$$

がなりたつ．ここで，第2式の $D^{j_1\cdots j_q}_{i_1\cdots i_p}$ はもともとの添字の上，下をすべて入れかえたものを表わす．この値は $\boldsymbol{C}, \boldsymbol{D}$ を同時に同じ型の同伴テンソルにおきかえても変らない．これを基本双線形形式 $\boldsymbol{G}(\boldsymbol{x}, \boldsymbol{y})$ のこの型のテンソルへの拡

張といい，$\boldsymbol{G}(\boldsymbol{C}, \boldsymbol{D})$ で表わす．基本2次形式 $\boldsymbol{G}(\boldsymbol{x})$ が正定符号ならば，2次形式 $\boldsymbol{G}(\boldsymbol{C}, \boldsymbol{C})$ も正定符号である．このとき，この平方根 $\sqrt{\boldsymbol{G}(\boldsymbol{C}, \boldsymbol{C})}$ を**テンソル $\boldsymbol{C}$ の大きさ**といい，$|\boldsymbol{C}|$ と書く．同伴なテンソルは同じ大きさをもつ．

以上，同伴なベクトルおよびテンソルの間の1対1対応は基本2次形式 $\boldsymbol{G}(\boldsymbol{x})$ が座標系によらないスカラーであるという仮定のみから導かれたことに注意する．したがって，テンソル上の双線形形式の値 $\boldsymbol{G}(\boldsymbol{C}, \boldsymbol{D})$ も $\boldsymbol{G}(\boldsymbol{x})$ を不変にする線形変換の下で不変である．特に，ユークリッド・ベクトル空間において，テンソルの大きさ $|\boldsymbol{C}|$ は直交変換の下で不変であり，ミンコフスキー・ベクトル空間において $\boldsymbol{G}(\boldsymbol{C}, \boldsymbol{D})$ はローレンツ変換の下で不変である．さらに一般に，いくつかのテンソルに代数演算，縮約および添字の上げ下げを有限回施して得られるテンソルの成分が0に等しいという形に表わされた方程式は直交変換，ローレンツ変換等 $\boldsymbol{G}(\boldsymbol{x})$ を不変にする線形変換の下で不変な意味をもつ．このような方程式を一般に**テンソル方程式**という．

以上では，非退化な2次形式 $\boldsymbol{G}(\boldsymbol{x})$ または対称双線形形式 $\boldsymbol{G}(\boldsymbol{x}, \boldsymbol{y})$ を不変にする幾何の下でのテンソルを考えたが，これらにかえて非退化な2次外形式 $\boldsymbol{G}(\boldsymbol{x})$ または反対称双線形形式 $\boldsymbol{G}(\boldsymbol{x}, \boldsymbol{y})$ を不変にする実シンプレクティック幾何の下でも大略同じことが成立する．ただし，この場合，反変ベクトル $\boldsymbol{y} \in V$ に対して線形形式 $\boldsymbol{G}(\cdot, \boldsymbol{y})$ を対応させるか，$\boldsymbol{G}(\boldsymbol{y}, \cdot)$ を対応させるかによって対応する共変ベクトルの符号が違ってくるので注意が必要である．

上で示したように，ユークリッド・ベクトル空間の中で正規直交基底 $(\boldsymbol{e}_i)$ のみを考えるときは，ベクトルの反変成分と共変成分は常に等しい．もっと一般に，すべての同伴テンソルは同じ成分をもち，反変，共変の区別をする必要がなくなる．Gibbs(1901年)は向きづけられた3次元ユークリッド・ベクトル空間 E^3 の場合に，このようなテンソルの理論を作り，異方性をもつ誘電体での電気誘導などに応用した．この理論は実際の計算に便利なので簡単に紹介しておく．

Gibbsは二つのベクトル $\boldsymbol{a}, \boldsymbol{b} \in E^3$ のテンソル積 $\boldsymbol{a} \otimes \boldsymbol{b}$ を $\boldsymbol{ab}$ と書き，**ダイアド**(diad)とよび，ダイアドの和 $\boldsymbol{a}_1\boldsymbol{b}_1 + \boldsymbol{a}_2\boldsymbol{b}_2 + \cdots + \boldsymbol{a}_n\boldsymbol{b}_n$ を**ダイアディック**

(diadic)とよんだ．そして，ダイアディック

$$\boldsymbol{C} = \boldsymbol{a}_1\boldsymbol{b}_1+\cdots+\boldsymbol{a}_n\boldsymbol{b}_n \tag{3.136}$$

に対し，それぞれ右および左からベクトル $\boldsymbol{r}$ と**ドット積**を作る演算を

$$\boldsymbol{C}\cdot\boldsymbol{r} = \boldsymbol{a}_1(\boldsymbol{b}_1\cdot\boldsymbol{r})+\cdots+\boldsymbol{a}_n(\boldsymbol{b}_n\cdot\boldsymbol{r}) \tag{3.137}$$

$$\boldsymbol{r}\cdot\boldsymbol{C} = (\boldsymbol{r}\cdot\boldsymbol{a}_1)\boldsymbol{b}_1+\cdots+(\boldsymbol{r}\cdot\boldsymbol{a}_n)\boldsymbol{b}_n \tag{3.138}$$

で定義し，これによって E^3 におけるすべての線形写像が表現できることを示した．より正確にいえば，すべての線形写像がこのように表わせることを用いて，定理3.1の性質をもつテンソル積(ダイアディック)の存在を証明した．

特に，テンソル積 $\boldsymbol{C}$ に対応するドット積とクロス積

$$\boldsymbol{C}_{\cdot} = \boldsymbol{a}_1\cdot\boldsymbol{b}_1+\cdots+\boldsymbol{a}_n\cdot\boldsymbol{b}_n \tag{3.139}$$

$$\boldsymbol{C}_{\times} = \boldsymbol{a}_1\times\boldsymbol{b}_1+\cdots+\boldsymbol{a}_n\times\boldsymbol{b}_n \tag{3.140}$$

は $\boldsymbol{C}$ の表示(3.136)によらずに定まる．

E^3 の正規直交基底 $\boldsymbol{i}, \boldsymbol{j}, \boldsymbol{k}$ を用いれば，すべてのダイアディック $\boldsymbol{C}$ は9つのダイアド $\boldsymbol{ii}, \boldsymbol{ij}, \cdots$ の1次結合

$$\begin{aligned}\boldsymbol{C} = {} & a_{11}\boldsymbol{ii}+a_{12}\boldsymbol{ij}+a_{13}\boldsymbol{ik}\\ & +a_{21}\boldsymbol{ji}+a_{22}\boldsymbol{jj}+a_{23}\boldsymbol{jk}\\ & +a_{31}\boldsymbol{ki}+a_{32}\boldsymbol{kj}+a_{33}\boldsymbol{kk}\end{aligned} \tag{3.141}$$

の形に唯一通りに表わされ，この成分は $a_{11}=\boldsymbol{i}\cdot\boldsymbol{C}\cdot\boldsymbol{i}$ 等として計算できる．

さらに，別のダイアディック

$$\boldsymbol{D} = \boldsymbol{c}_1\boldsymbol{d}_1+\cdots+\boldsymbol{c}_m\boldsymbol{d}_m \tag{3.142}$$

との**ドット積**

$$\boldsymbol{C}\cdot\boldsymbol{D} = \boldsymbol{a}_1(\boldsymbol{b}_1\cdot\boldsymbol{c}_1)\boldsymbol{d}_1+\boldsymbol{a}_1(\boldsymbol{b}_1\cdot\boldsymbol{c}_2)\boldsymbol{d}_2+\cdots \tag{3.143}$$

も表示(3.136),(3.142)に依存することなく定まり，線形写像としての合成

$$(\boldsymbol{C}\cdot\boldsymbol{D})\cdot\boldsymbol{r} = \boldsymbol{C}\cdot(\boldsymbol{D}\cdot\boldsymbol{r}),\quad \boldsymbol{r}\cdot(\boldsymbol{C}\cdot\boldsymbol{D}) = (\boldsymbol{r}\cdot\boldsymbol{C})\cdot\boldsymbol{D} \tag{3.144}$$

を表わす．

ダイアディックとベクトルの**クロス積**も

$$\boldsymbol{C}\times\boldsymbol{r} = \boldsymbol{a}_1(\boldsymbol{b}_1\times\boldsymbol{r})+\cdots+\boldsymbol{a}_n(\boldsymbol{b}_n\times\boldsymbol{r}) \tag{3.145}$$

$$\boldsymbol{r}\times\boldsymbol{C} = (\boldsymbol{r}\times\boldsymbol{a}_1)\boldsymbol{b}_1+\cdots+(\boldsymbol{r}\times\boldsymbol{a}_n)\boldsymbol{b}_n \tag{3.146}$$

として表示(3.136)によらずに定まる．これら多くの積は多くの場合，結合的に作用し，$\boldsymbol{s}$ もベクトルとして

$$
\begin{aligned}
(\boldsymbol{r}\times\boldsymbol{C})\cdot\boldsymbol{D} &= \boldsymbol{r}\times(\boldsymbol{C}\cdot\boldsymbol{D}) = \boldsymbol{r}\times\boldsymbol{C}\cdot\boldsymbol{D},\\
(\boldsymbol{C}\cdot\boldsymbol{D})\times\boldsymbol{r} &= \boldsymbol{C}\cdot(\boldsymbol{D}\times\boldsymbol{r}) = \boldsymbol{C}\cdot\boldsymbol{D}\times\boldsymbol{r},\\
(\boldsymbol{r}\times\boldsymbol{C})\cdot\boldsymbol{s} &= \boldsymbol{r}\times(\boldsymbol{C}\cdot\boldsymbol{s}) = \boldsymbol{r}\times\boldsymbol{C}\cdot\boldsymbol{s}\\
(\boldsymbol{r}\cdot\boldsymbol{C})\times\boldsymbol{s} &= \boldsymbol{r}\cdot(\boldsymbol{C}\times\boldsymbol{s}) = \boldsymbol{r}\cdot\boldsymbol{C}\times\boldsymbol{s}\\
(\boldsymbol{r}\times\boldsymbol{C})\times\boldsymbol{s} &= \boldsymbol{r}\times(\boldsymbol{C}\times\boldsymbol{s}) = \boldsymbol{r}\times\boldsymbol{C}\times\boldsymbol{s}
\end{aligned}
\tag{3.147}
$$

など多くの公式が成立する．しかし，クロス積がベクトルとして両端にこない

$$\boldsymbol{C}\cdot(\boldsymbol{r}\times\boldsymbol{D}) \neq (\boldsymbol{C}\cdot\boldsymbol{r})\times\boldsymbol{D}$$

などについては結合則がなりたたない．

(3.136)で定義されるダイアディック $\boldsymbol{C}$ に対し

$$\boldsymbol{C}' = \boldsymbol{b}_1\boldsymbol{a}_1+\cdots+\boldsymbol{b}_n\boldsymbol{a}_n \tag{3.148}$$

を $\boldsymbol{C}$ と**共役なダイアディック**という．$\boldsymbol{C}'$ は任意のベクトル $\boldsymbol{r}$ に対し

$$\boldsymbol{C}\cdot\boldsymbol{r} = \boldsymbol{r}\cdot\boldsymbol{C}' \tag{3.149}$$

となる唯一つのダイアディックである．

$$\boldsymbol{S}' = \boldsymbol{S} \tag{3.150}$$

をみたすダイアディックを**対称**または**自己共役**という．対称なダイアディック $\boldsymbol{S}$ は正の向きの正規直交系 $\boldsymbol{i}', \boldsymbol{j}', \boldsymbol{k}'$ と実数 a, b, c を用いて

$$\boldsymbol{S} = a\boldsymbol{i}'\boldsymbol{i}'+b\boldsymbol{j}'\boldsymbol{j}'+c\boldsymbol{k}'\boldsymbol{k}' \tag{3.151}$$

と表わせる．すなわち，$\boldsymbol{S}$ を(3.137)または(3.138)によって線形変換とみなしたものは，ベクトル $\boldsymbol{r}$ の $\boldsymbol{i}', \boldsymbol{j}', \boldsymbol{k}'$ 成分をそれぞれ a, b, c 倍する線形変換である．$\boldsymbol{i}', \boldsymbol{j}', \boldsymbol{k}'$ 方向を $\boldsymbol{S}$ の**主軸**という．

他方，直交変換 $\boldsymbol{O}$ は，(任意の)正の向きの正規直交系 $\boldsymbol{i}'', \boldsymbol{j}'', \boldsymbol{k}''$(に対して)，正規直交系 $\boldsymbol{i}', \boldsymbol{j}', \boldsymbol{k}'$ を用いて

$$\boldsymbol{O} = \boldsymbol{i}'\boldsymbol{i}''+\boldsymbol{j}'\boldsymbol{j}''+\boldsymbol{k}'\boldsymbol{k}'' \tag{3.152}$$

と表わされるダイアディックである．$\boldsymbol{O}$ が向きを変えない直交変換であるための必要十分条件は $\boldsymbol{i}', \boldsymbol{j}', \boldsymbol{k}'$ が正の向きであることである．

一般のダイアディック $\boldsymbol{C}$ は正の向きの正規直交系 $\boldsymbol{i}'', \boldsymbol{j}'', \boldsymbol{k}''$，正規直交系 $\boldsymbol{i}', \boldsymbol{j}', \boldsymbol{k}'$，および実数 $a, b, c \geqq 0$ を用いて

$$\boldsymbol{C} = a\boldsymbol{i}'\boldsymbol{i}''+b\boldsymbol{j}'\boldsymbol{j}''+c\boldsymbol{k}'\boldsymbol{k}'' \tag{3.153}$$

と表わすことができる．Gibbs はこれを $\boldsymbol{C}$ の**正規形**とよんだ．この表示は，$\boldsymbol{C}$ が(3.151)で表わされる正値対称ダイアディック $\boldsymbol{S}$ と(3.152)で表わされる直

交ダイアディック $\boldsymbol{O}$ を用いて

$$\boldsymbol{C} = \boldsymbol{S}\cdot\boldsymbol{O} \tag{3.154}$$

と表わされることと同じである．この分解を $\boldsymbol{C}$ の**正規分解**あるいは**極表示**という．

以上，Gibbs のダイアディックの理論は，3 次元ユークリッド・ベクトル空間 V 上の 2 階のテンソルの空間 $\mathsf{T}^2(V) = V\otimes V$ を，ユークリッド・ベクトル空間の内積から導かれる同型 $V^* \cong V$ によって，

$$\begin{aligned} V\otimes V &\cong V^*\otimes V \cong L(V, V) \\ &\cong V\otimes V^* \cong L(V, V) \\ &\cong V^*\otimes V^* \cong (V\otimes V)^* \end{aligned} \tag{3.155}$$

と左，右の線形写像の空間および双線形形式の空間と同一視し，理論を展開したものである．応用に現われるテンソルは多くの場合 2 階であるから十分に役立つ．

Gibbs は $(\boldsymbol{ab})\times(\boldsymbol{cd}) = \boldsymbol{a}(\boldsymbol{b}\times\boldsymbol{c})\boldsymbol{d}$ などに関連して，3 階のテンソル(triad, triadic)およびより高階のテンソル(polyad, polyadic)についても言及はしているが，一般論は展開していない．

§3.6　対称テンソルと対称代数

テンソル代数 $\mathsf{T}(V)$ はベクトル空間 V の元で生成される普遍的な代数であった．この節では，さらに積が可換であるという条件を課した上で V の元で生成される普遍的な代数，対称代数 $\mathsf{S}(V)$ を構成する．

V の基底を $\boldsymbol{e}_1, \cdots, \boldsymbol{e}_n$ とする．本章の最初で与えたテンソル積の定義によれば，テンソル代数 $\mathsf{T}(V)$ は順序を指定した $\boldsymbol{e}_i$ の積

$$\boldsymbol{e}_{i_1}\otimes\boldsymbol{e}_{i_2}\otimes\cdots\otimes\boldsymbol{e}_{i_p}, \quad 1 \leqq i_k \leqq n,$$

を基底とするベクトル空間に，自然な積を定義したものである．積に可換則を課した対称代数は順序を無視した $\boldsymbol{e}_i$ の積

$$\boldsymbol{e}_1{}^{\alpha_1}\boldsymbol{e}_2{}^{\alpha_2}\cdots\boldsymbol{e}_n{}^{\alpha_n}, \quad \alpha_i = 0, 1, 2, \cdots, \tag{3.156}$$

を基底とするベクトル空間に，基底の間に

$$(\boldsymbol{e}_1{}^{\alpha_1}\cdots\boldsymbol{e}_n{}^{\alpha_n})(\boldsymbol{e}_1{}^{\beta_1}\cdots\boldsymbol{e}_n{}^{\beta_n}) = \boldsymbol{e}_1{}^{\alpha_1+\beta_1}\cdots\boldsymbol{e}_n{}^{\alpha_n+\beta_n} \tag{3.157}$$

という積を定義した代数になると思われる．また，準同型定理の名で知られている代数学の基本原理に従えば，テンソル代数 $\mathsf{T}(V)$ を

$$\boldsymbol{a}\otimes\boldsymbol{b}-\boldsymbol{b}\otimes\boldsymbol{a},\quad \boldsymbol{a},\boldsymbol{b}\in V, \tag{3.158}$$

の形の元全体で生成されるイデアルで割った商代数も対称代数 $\mathsf{S}(V)$ であるべきである．

これらは共に正しい構成法なのであるが，前者は具体的ではあるが基底のとり方に依存している点，後者は抽象的すぎる点を考慮して，ここでは対称テンソルを用いる第三の定義を採用する．

p 階反変テンソル $\boldsymbol{C}\in\mathsf{T}^p(V)$ が**対称**とは，これを V^* 上の p 重線形形式とみたとき，変数 $\boldsymbol{x}_1,\cdots,\boldsymbol{x}_p\in V^*$ をどのように置換しても値が変らないこと

$$\boldsymbol{C}(\boldsymbol{x}_1,\cdots,\boldsymbol{x}_p)=\boldsymbol{C}(\boldsymbol{x}_{\sigma(1)},\cdots,\boldsymbol{x}_{\sigma(p)}) \tag{3.159}$$

と定義する．ここで，$(\sigma(1),\cdots,\sigma(p))$ は $(1,\cdots,p)$ を並べかえた任意の置換を表わす．

どの置換 σ も二つの番号をとりかえる互換をくりかえし行うことによって得られるから，この条件は任意の $1\leqq i<j\leqq p$ に対し

$$\boldsymbol{C}(\boldsymbol{x}_1,\cdots,\boldsymbol{x}_i,\cdots,\boldsymbol{x}_j,\cdots,\boldsymbol{x}_p)=\boldsymbol{C}(\boldsymbol{x}_1,\cdots,\boldsymbol{x}_j,\cdots,\boldsymbol{x}_i,\cdots,\boldsymbol{x}_p) \tag{3.160}$$

がなりたつことと同等である．

テンソルの成分を用いるならば，(3.159)および(3.160)はそれぞれ

$$C^{k_1\cdots k_p}=C^{k_{\sigma(1)}\cdots k_{\sigma(p)}} \tag{3.161}$$

$$C^{k_1\cdots k_i\cdots k_j\cdots k_p}=C^{k_1\cdots k_j\cdots k_i\cdots k_p} \tag{3.162}$$

がなりたつことである．

p 階対称反変テンソル全体の空間を $\mathsf{S}^p(V)$ と書く．

積 $\mathsf{S}^p(V)\times\mathsf{S}^q(V)\to\mathsf{S}^{p+q}(V)$ を定義するため，まず p 階反変テンソル $\boldsymbol{C}$ の**対称化**を

$$\mathsf{S}\boldsymbol{C}(\boldsymbol{x}_1,\cdots,\boldsymbol{x}_p)=\frac{1}{p!}\sum_{\sigma}\boldsymbol{C}(\boldsymbol{x}_{\sigma(1)},\cdots,\boldsymbol{x}_{\sigma(p)}) \tag{3.163}$$

で定義する．ここで，和は $(1,\cdots,p)$ の置換 σ 全体にわたってとる．$p!$ はこのような置換全体の個数である．

$\boldsymbol{C}$ が対称テンソルならば，右辺の各項は等しく，対称化 $\mathsf{S}\boldsymbol{C}$ は $\boldsymbol{C}$ に等しい．他方，任意の p 階反変テンソル $\boldsymbol{C}$ に対して，その対称化 $\mathsf{S}\boldsymbol{C}$ は対称である．と

いうのは，(3.163)の右辺で $\sigma(i)$ と $\sigma(j)$ をとりかえたものは置換全体の並べ方をかえるだけで，全体としては $(1, \cdots, p)$ の置換全体と一致するからである．こうして対称化 $\mathsf{S}: \mathsf{T}^p(V) \to \mathsf{T}^p(V)$ は $\mathsf{T}^p(V)$ を $\mathsf{S}^p(V)$ の上にうつす射影作用素であることがわかった．

そこで，$\boldsymbol{C} \in \mathsf{S}^p(V)$ と $\boldsymbol{D} \in \mathsf{S}^q(V)$ の**対称積** $\boldsymbol{CD} \in \mathsf{S}^{p+q}(V)$ を

$$\boldsymbol{CD} = \mathsf{S}(\boldsymbol{C} \otimes \boldsymbol{D}) \tag{3.164}$$

で定義する．

ベクトル空間 V 上の**対称代数** $\mathsf{S}(V)$ をわれわれはベクトル空間としての直和

$$\mathsf{S}(V) = \bigoplus_{p=0}^{\infty} \mathsf{S}^p(V) \tag{3.165}$$

すなわち，p 階対称反変テンソルの形式的な和全体に，各項ごとに(3.164)によって積を定義した代数と定義する．ただし，$\mathsf{S}^0(V) = \mathbf{R}$，$\mathsf{S}^1(V) = V$ とする．

これが V で生成される結合的な可換代数をなし，(3.156)で与えられる基底をもつことを示すため，次の補題を用意する．

補題 3.2 $\boldsymbol{C}(\boldsymbol{x}_1, \cdots, \boldsymbol{x}_p) \in \mathsf{S}^p(V)$ に対して，V^* 上の関数

$$\boldsymbol{C}(\boldsymbol{x}) = \boldsymbol{C}(\boldsymbol{x}, \boldsymbol{x}, \cdots, \boldsymbol{x}) \tag{3.166}$$

を対応させる写像は，p 階対称反変テンソルの空間 $\mathsf{S}^p(V)$ と，V^* 上の p 次形式全体，すなわち $\boldsymbol{x} = x_1\boldsymbol{e}^1 + \cdots + x_n\boldsymbol{e}^n \in V^*$ の成分 x_j に関する p 次同次多項式全体との間のベクトル空間としての同型を与える．さらに，この対応は積を保ち，$\boldsymbol{C} \in \mathsf{S}^p(V), \boldsymbol{D} \in \mathsf{S}^q(V)$ に対して

$$\boldsymbol{C}(\boldsymbol{x})\boldsymbol{D}(\boldsymbol{x}) = (\boldsymbol{CD})(\boldsymbol{x}) \tag{3.167}$$

が成立する．

［証明］ この対応が1対1であることを証明するには，$\boldsymbol{C} \in \mathsf{S}^p(V)$ に対して，$\boldsymbol{C}(\boldsymbol{x}) = 0$ がなりたつならば，$\boldsymbol{C} = 0$ であることを示せばよい．

ベクトル空間 V の次元が1のときは，$\xi_i \in \mathbf{R}$ を用いて $\boldsymbol{x}_k = \xi_k \boldsymbol{e}^1$ と表わされるから

$$\boldsymbol{C}(\boldsymbol{x}_1, \cdots, \boldsymbol{x}_p) = \boldsymbol{C}(\xi_1\boldsymbol{e}^1, \cdots, \xi_p\boldsymbol{e}^1) = \xi_1 \cdots \xi_p \boldsymbol{C}(\boldsymbol{e}^1, \cdots, \boldsymbol{e}^1) = 0.$$

ゆえに $\boldsymbol{C} = 0$．次元 n が1より大きいときは n に関する数学的帰納法で証明することとし，n 次元までは $\boldsymbol{C}(\boldsymbol{y}) = 0$ から $\boldsymbol{C} = 0$ が導けたとする．$n+1$ 次元の

$\boldsymbol{x}_k \in V^*$ は $\xi_k \in \mathbf{R}$ と，$\boldsymbol{e}^1, \cdots, \boldsymbol{e}^n$ の1次結合 $\boldsymbol{y}_k$ を用いて

$$\boldsymbol{x}_k = \boldsymbol{y}_k + \xi_k \boldsymbol{e}^{n+1}$$

と表わされる．これを $\boldsymbol{C}(\boldsymbol{x}_1, \cdots, \boldsymbol{x}_p)$ に代入したものは，$\boldsymbol{C}(\boldsymbol{y}_1, \cdots, \boldsymbol{y}_p)$, $\boldsymbol{C}(\boldsymbol{y}_1, \cdots, \boldsymbol{y}_{p-1}, \boldsymbol{e}^{n+1}), \cdots, \boldsymbol{C}(\boldsymbol{e}^{n+1}, \cdots, \boldsymbol{e}^{n+1})$ の1次結合となる．最初の項は帰納法の仮定により0となる．最後の項も仮定により0である．途中の項については，$\boldsymbol{C}$ の対称性を用いることにより，結局任意の $\boldsymbol{y}_1, \cdots, \boldsymbol{y}_q$, $q<p$, に対し

$$\boldsymbol{C}(\boldsymbol{y}_1, \cdots, \boldsymbol{y}_q, \boldsymbol{e}^{n+1}, \cdots, \boldsymbol{e}^{n+1}) = 0$$

を示せばよいことがわかる．この左辺は n 次元の空間での対称 q 重線形形式である．したがって，帰納法の仮定により

$$\boldsymbol{C}(\boldsymbol{y}, \cdots, \boldsymbol{y}, \boldsymbol{e}^{n+1}, \cdots, \boldsymbol{e}^{n+1}) = 0 \tag{3.168}$$

に帰着される．これを示すため，ε を実変数として，恒等式

$$\boldsymbol{C}(\varepsilon \boldsymbol{y} + \boldsymbol{e}^{n+1}) = 0$$

を展開する．$\boldsymbol{C}$ の対称性を用いると，

$$\sum_{q=1}^{p-1} \binom{p}{q} \boldsymbol{C}(\overbrace{\boldsymbol{y}, \cdots, \boldsymbol{y}}^{q}, \overbrace{\boldsymbol{e}^{n+1}, \cdots, \boldsymbol{e}^{n+1}}^{p-q}) \varepsilon^q = 0$$

となる．ε^q の係数はすべて0でなければならないから(3.168)がなりたつ．これで1対1の証明が終った．

$\boldsymbol{C}(\boldsymbol{x})$ が V^* 上の p 次形式となることは明らかである．逆に，任意の p 次形式は p 次の単項式 $x_1^{\alpha_1} \cdots x_n^{\alpha_n}$, $\alpha_1 + \cdots + \alpha_n = p$, の1次結合で表わされるが，この単項式はテンソル $\boldsymbol{C} = \overbrace{\boldsymbol{e}_1 \otimes \cdots \otimes \boldsymbol{e}_1}^{\alpha_1} \otimes \cdots \otimes \overbrace{\boldsymbol{e}_n \otimes \cdots \otimes \boldsymbol{e}_n}^{\alpha_n}$ に対する $\boldsymbol{C}(\boldsymbol{x}, \cdots, \boldsymbol{x})$ である．$(\boldsymbol{x}, \cdots, \boldsymbol{x})$ は置換しても同じであるから，これは $\mathsf{S}\boldsymbol{C}(\boldsymbol{x}, \cdots, \boldsymbol{x})$ に等しい．こうして，$\boldsymbol{C} \in \mathsf{S}^p(V)$ に対する $\boldsymbol{C}(\boldsymbol{x})$ としてすべての p 次形式が得られることがわかった．

同様に，テンソルを対称化しても $(\boldsymbol{x}, \cdots, \boldsymbol{x})$ での値は変らないことから，積について(3.167)が成立する．■

p 次形式 $\boldsymbol{C}(\boldsymbol{x})$ に対して，(3.166)がなりたつ対称 p 重線形形式 $\boldsymbol{C}(\boldsymbol{x}_1, \cdots, \boldsymbol{x}_p)$ を $\boldsymbol{C}(\boldsymbol{x})$ の**極形式**という．

この補題はわれわれの対称代数 $\mathsf{S}(V)$ が，$\boldsymbol{x} \in V^*$ の成分 x_i に関する多項式環 $\mathbf{R}[x_1, \cdots, x_n]$ と同型であることを示している．したがって，多項式環の普遍

性により，定理 3.2 同様，次の**普遍性定理**がなりたつことがわかる．

定理 3.4 V がベクトル空間，A が単位元をもつ可換結合的代数であって，$f: V \to A$ が線形写像であるならば，これを唯一通りに代数としての準同型 h: $\mathsf{S}(V) \to A$ に拡張することができる．ただし，スカラー $k \in \mathsf{S}(V)$ は h によりスカラー $k \in A$ にうつるものとする． □

定理 3.1 のテンソル積の一意性の証明と同様，この定理の普遍性を用いるならば，この定理の性質をもつ代数 $\mathsf{S}(V)$ は互いに代数として同型であることが証明される．本節のはじめにあげた(3.156)を基底とし，(3.157)を基底間の積として定義される代数も，またテンソル代数 $\mathsf{T}(V)$ を(3.158)の形の元全体で生成されるイデアルで割った商代数も，同じ普遍性をもつことが示されるから，これらのいずれを対称代数と定義しても同じことになる．

§3.7 反対称テンソルとグラスマン代数

この節では，ベクトル空間 V の元で生成され，ベクトル $\boldsymbol{a}, \boldsymbol{b} \in V$ に対して**反可換則**

$$\boldsymbol{a} \wedge \boldsymbol{b} = -\boldsymbol{b} \wedge \boldsymbol{a} \tag{3.169}$$

がなりたつ積 $\wedge$ をもつ普遍的な代数，グラスマン代数 $\mathsf{A}(V)$ を作る．この積を外積とよぶ．そのため，$\mathsf{A}(V)$ は外積代数ともよばれ，$\mathsf{A}(V)$ の代りに $\wedge V$ と表わされることも多い．

グラスマン代数 $\mathsf{A}(V)$ は，V の基底 $\boldsymbol{e}_1, \cdots, \boldsymbol{e}_n$ を用いて

$$\boldsymbol{e}_{i_1} \wedge \boldsymbol{e}_{i_2} \wedge \cdots \wedge \boldsymbol{e}_{i_p}, \quad 1 \leqq i_1 < i_2 < \cdots < i_p \leqq n \tag{3.170}$$

を基底とするベクトル空間を作り，これらの基底の間で

$$(\boldsymbol{e}_{i_1} \wedge \cdots \wedge \boldsymbol{e}_{i_p}) \wedge (\boldsymbol{e}_{j_1} \wedge \cdots \wedge \boldsymbol{e}_{j_q}) = \begin{cases} \pm \boldsymbol{e}_{k_1} \wedge \cdots \wedge \boldsymbol{e}_{k_{p+q}}, \\ 0 \end{cases} \tag{3.171}$$

という積を導入して定義することができる．ただし，(3.171)において，$\{i_1, \cdots, i_p, j_1, \cdots, j_q\}$ が全部異なるときは，これを大きさの順に並べかえたものを $\{k_1, \cdots, k_{p+q}\}$ とし，複号は $(i_1, \cdots, i_p, j_1, \cdots, j_q)$ を $(k_1, \cdots, k_{p+q})$ に並べかえるのに必要な互換の個数が偶数のときは+，奇数のときは−とする．また $\{i_1, \cdots, j_q\}$ の中に同じものがあるときは 0 とする．

あるいは，テンソル代数 $\mathsf{T}(V)$ を

$$\boldsymbol{a}\otimes\boldsymbol{a}, \quad \boldsymbol{a} \in V, \tag{3.172}$$

の形の元で生成されるイデアルで割った商代数として定義することもできるのであるが，対称代数の定義にならって，ここでは反対称反変テンソルの1次結合全体のなす代数として定義することにする．

p 階反変テンソル $\boldsymbol{C}\in\mathsf{T}^p(V)$ が**反対称**であるとは，これを V^* 上の p 重線形形式とみたとき，変数 $\boldsymbol{x}_1, \cdots, \boldsymbol{x}_p \in V^*$ の互換に際して符号が変わること，すなわち，任意の $1\leqq i<j\leqq p$ に対し

$$\boldsymbol{C}(\boldsymbol{x}_1, \cdots, \boldsymbol{x}_i, \cdots, \boldsymbol{x}_j, \cdots, \boldsymbol{x}_p) = -\boldsymbol{C}(\boldsymbol{x}_1, \cdots, \boldsymbol{x}_j, \cdots, \boldsymbol{x}_i, \cdots, \boldsymbol{x}_p) \tag{3.173}$$

がなりたつことであると定義する．これは $(1, \cdots, p)$ の任意の置換 $(\sigma(1), \cdots, \sigma(p))$ に対し

$$\boldsymbol{C}(\boldsymbol{x}_{\sigma(1)}, \cdots, \boldsymbol{x}_{\sigma(p)}) = \operatorname{sign}\sigma\, \boldsymbol{C}(\boldsymbol{x}_1, \cdots, \boldsymbol{x}_p) \tag{3.174}$$

がなりたつことと同等である．ここで，$\operatorname{sign}\sigma$ は，σ が**偶置換**，すなわち偶数の互換の積となるとき $+1$，**奇置換**，すなわち奇数の互換の積となるとき -1 を表わす．

p 階反対称反変テンソル全体の空間を $\mathsf{A}^p(V)$ または $\wedge^p V$ と書く．

外積 $\mathsf{A}^p(V)\times\mathsf{A}^q(V)\to\mathsf{A}^{p+q}(V)$ を定義するため，一般のテンソル $\boldsymbol{C}\in\mathsf{T}^p(V)$ を $\mathsf{A}^p(V)$ にうつす**反対称化**または**交代化**を

$$\mathsf{A}\boldsymbol{C}(\boldsymbol{x}_1, \cdots, \boldsymbol{x}_p) = \frac{1}{p!}\sum_{\sigma}\operatorname{sign}\sigma\, \boldsymbol{C}(\boldsymbol{x}_{\sigma(1)}, \cdots, \boldsymbol{x}_{\sigma(p)}) \tag{3.175}$$

によって定義する．(3.174)により反対称テンソル $\boldsymbol{C}$ については $\mathsf{A}\boldsymbol{C}=\boldsymbol{C}$ がなりたつ．また(3.175)の右辺で $i<j$ に対し，$\sigma(i)$ と $\sigma(j)$ をとりかえたものは，全体として $(1, \cdots, p)$ のすべての置換があらわれるが，偶置換と奇置換が入れかわるため，右辺の -1 倍となる．すなわち，$\mathsf{A}\boldsymbol{C}$ は常に反対称テンソルである．

そして，$\boldsymbol{C}\in\mathsf{A}^p(V)$ と $\boldsymbol{D}\in\mathsf{A}^q(V)$ の**外積** $\boldsymbol{C}\wedge\boldsymbol{D}\in\mathsf{A}^{p+q}(V)$ を

$$\boldsymbol{C}\wedge\boldsymbol{D} = \frac{(p+q)!}{p!q!}\mathsf{A}(\boldsymbol{C}\otimes\boldsymbol{D}) \tag{3.176}$$

で定義する．対称積の定義(3.164)と比べると余計な因子が加わっているが，これはベクトルの外積を p 重線形形式として表示する式(3.181)に余計な因子が

つかないようにするためである．代数としての積を考えるだけなら，この因子は不必要であり，本によってはないものを採用しているものもある．この結果，$\boldsymbol{C}\in\mathsf{A}^p(V), \boldsymbol{D}\in\mathsf{A}^q(V)$ に対して $(p+q)$ 重線形形式としての外積は

$$(\boldsymbol{C}\wedge\boldsymbol{D})(\boldsymbol{x}_1,\cdots,\boldsymbol{x}_{p+q})$$
$$=\frac{1}{p!q!}\sum_{\sigma}\operatorname{sign}\sigma\, \boldsymbol{C}(\boldsymbol{x}_{\sigma(1)},\cdots,\boldsymbol{x}_{\sigma(p)})\boldsymbol{D}(\boldsymbol{x}_{\sigma(p+1)},\cdots,\boldsymbol{x}_{\sigma(p+q)}) \qquad (3.177)$$

となる．

対称代数の場合，積の結合則は多項式代数との同型を示すことで証明されたが，非可換代数であるグラスマン代数に対しては直接証明する必要がある．その準備として，まずテンソル $\boldsymbol{C}\in\mathsf{T}^p(V), \boldsymbol{D}\in\mathsf{T}^q(V)$ について，$\mathsf{A}\boldsymbol{C}=0$ ならば $\mathsf{A}(\boldsymbol{C}\otimes\boldsymbol{D})=0$ となることを証明する．

［証明］ $\mathsf{A}(\boldsymbol{C}\otimes\boldsymbol{D})(\boldsymbol{x}_1,\cdots,\boldsymbol{x}_{p+q})$ は，(3.177)の右辺の因子を $1/(p+q)!$ でおきかえたものである．ここで σ は $(1,\cdots,p,p+1,\cdots,p+q)$ のすべての置換を動くが，これを

$$\sigma=\begin{pmatrix} i_1 & \cdots & i_p \\ i_{\tau(1)} & \cdots & i_{\tau(p)}\end{pmatrix}\begin{pmatrix} j_1 & \cdots & j_q \\ j_{\rho(1)} & \cdots & j_{\rho(q)}\end{pmatrix}\begin{pmatrix} 1\cdots & & p+q \\ i_1\cdots i_p & j_1 & \cdots j_q\end{pmatrix}$$

と分解する．ここで，$i_1<i_2<\cdots<i_p$，$j_1<j_2<\cdots<j_q$．そして，τ と ρ はそれぞれ $(1,\cdots,p)$ と $(1,\cdots,q)$ の置換である．

$$\operatorname{sign}\sigma=\operatorname{sign}\tau\ \operatorname{sign}\rho\ \operatorname{sign}\begin{pmatrix} 1\cdots p+q \\ i_1\ \cdots\ j_q\end{pmatrix}$$

がなりたつから，上の和で τ に関する和を最初に実行すれば，仮定により右辺は 0 となる． ∎

一般に，

$$\mathsf{A}(\mathsf{A}(\boldsymbol{C}\otimes\boldsymbol{D})-\boldsymbol{C}\otimes\boldsymbol{D})=\mathsf{A}^2(\boldsymbol{C}\otimes\boldsymbol{D})-\mathsf{A}(\boldsymbol{C}\otimes\boldsymbol{D})=0$$

ゆえ，$\boldsymbol{C}\in\mathsf{T}^p(V), \boldsymbol{D}\in\mathsf{T}^q(V), \boldsymbol{E}\in\mathsf{T}^r(V)$ に対して，

$$\mathsf{A}(\mathsf{A}(\boldsymbol{C}\otimes\boldsymbol{D})\otimes\boldsymbol{E})=\mathsf{A}(\boldsymbol{C}\otimes\boldsymbol{D}\otimes\boldsymbol{E})=\mathsf{A}(\boldsymbol{C}\otimes\mathsf{A}(\boldsymbol{D}\otimes\boldsymbol{E})) \qquad (3.178)$$

がなりたつ．

$\boldsymbol{C}\in\mathsf{A}^p(V), \boldsymbol{D}\in\mathsf{A}^q(V), \boldsymbol{E}\in\mathsf{A}^r(V)$ のとき，これに必要な因子を掛ければ，

外積の結合則

$$(\boldsymbol{C}\wedge\boldsymbol{D})\wedge\boldsymbol{E}=\boldsymbol{C}\wedge(\boldsymbol{D}\wedge\boldsymbol{E}) \qquad (3.179)$$

となる．(3.178)により

$$\begin{aligned}(\boldsymbol{C}\wedge\boldsymbol{D}\wedge\boldsymbol{E})(\boldsymbol{x}_1,\cdots,\boldsymbol{x}_{p+q+r})\\ =\frac{1}{p!q!r!}\sum_{\sigma}\mathrm{sign}\,\sigma\,\boldsymbol{C}(\boldsymbol{x}_{\sigma(1)},\cdots,\boldsymbol{x}_{\sigma(p)})\\ \times\boldsymbol{D}(\boldsymbol{x}_{\sigma(p+1)},\cdots,\boldsymbol{x}_{\sigma(p+q)})\boldsymbol{E}(\boldsymbol{x}_{\sigma(p+q+1)},\cdots,\boldsymbol{x}_{\sigma(p+q+r)})\end{aligned} \tag{3.180}$$

となることがわかる．

帰納法により，(3.178)はいくつの因子の場合にも拡張することができる．特に，p 個のベクトル $\boldsymbol{a}_1,\cdots,\boldsymbol{a}_p\in V$ に対して，その外積を計算すれば，

$$\begin{aligned}(\boldsymbol{a}_1\wedge\cdots\wedge\boldsymbol{a}_p)(\boldsymbol{x}_1,\cdots,\boldsymbol{x}_p) &= p!\mathsf{A}(\boldsymbol{a}_1\otimes\cdots\otimes\boldsymbol{a}_p)(\boldsymbol{x}_1,\cdots,\boldsymbol{x}_p)\\ &=\sum_{\sigma}\mathrm{sign}\,\sigma\,\langle\boldsymbol{a}_1,\boldsymbol{x}_{\sigma(1)}\rangle\cdots\langle\boldsymbol{a}_p,\boldsymbol{x}_{\sigma(p)}\rangle\\ &=\begin{vmatrix}\langle\boldsymbol{a}_1,\boldsymbol{x}_1\rangle & \cdots & \langle\boldsymbol{a}_1,\boldsymbol{x}_p\rangle\\ \langle\boldsymbol{a}_2,\boldsymbol{x}_1\rangle & & \vdots\\ \cdots & & \vdots\\ \langle\boldsymbol{a}_p,\boldsymbol{x}_1\rangle & \cdots & \langle\boldsymbol{a}_p,\boldsymbol{x}_p\rangle\end{vmatrix}\end{aligned} \tag{3.181}$$

となる．これは $p=2$ の場合の(3.88)の一般化である．

p が V の次元 n より大きいとき，この行列式の行および列は1次独立でなく，この値は0となる．$\mathsf{A}^p(V)$ はこのような元の1次結合全体であるから

$$\mathsf{A}^p(V)=0,\quad p>n, \tag{3.182}$$

がなりたつ．

ベクトル空間 V 上の**グラスマン代数** $\mathsf{A}(V)$ を，直和ベクトル空間

$$\mathsf{A}(V)=\bigoplus_{p=0}^{n}\mathsf{A}^p(V) \tag{3.183}$$

に，(3.176)によって積を定義した代数と定義する．$\mathsf{A}(V)$ を外積の記号を用いて $\wedge V$ とも書き，**外積代数**ともいう．

同様に，V^* 上のグラスマン代数 $\mathsf{A}(V^*)$ が定義できる．$\mathsf{A}^p(V)$ の元を **p-ベクトル**，$\mathsf{A}^p(V^*)$ の元を **p-形式**という．テンソルにならって $\mathsf{A}^p(V^*)$ を $\mathsf{A}_p(V)$ とも書く．p-ベクトルの p を**次元**，p-形式の p を**次数**という．

このようにして定義したグラスマン代数は節のはじめに述べた基底(3.170)をもつ代数である．

定理 3.5 V の基底を $\boldsymbol{e}_1,\cdots,\boldsymbol{e}_n$ とするとき，V 上のグラスマン代数 $\mathsf{A}(V)$

は

$$\begin{cases} 1 \\ \boldsymbol{e}_1, \boldsymbol{e}_2, \cdots, \boldsymbol{e}_n \\ \boldsymbol{e}_1 \wedge \boldsymbol{e}_2, \cdots, \boldsymbol{e}_i \wedge \boldsymbol{e}_j \quad (i<j) \\ \cdots \\ \boldsymbol{e}_1 \wedge \cdots \wedge \boldsymbol{e}_p, \cdots, \boldsymbol{e}_{i_1} \wedge \cdots \wedge \boldsymbol{e}_{i_p} \quad (i_1<\cdots<i_p) \\ \cdots \\ \boldsymbol{e}_1 \wedge \cdots \wedge \boldsymbol{e}_n \end{cases} \tag{3.184}$$

を基底とする $\sum_{p=0}^{n}\binom{n}{p}=2^n$ 次元のベクトル空間である．

［証明］ ベクトル $\boldsymbol{a}, \boldsymbol{b} \in V$ の外積は定義により

$$\boldsymbol{a} \wedge \boldsymbol{b} = \boldsymbol{a} \otimes \boldsymbol{b} - \boldsymbol{b} \otimes \boldsymbol{a}$$

であるから，任意のベクトル $\boldsymbol{a}, \boldsymbol{b} \in V$ に対して

$$\boldsymbol{a} \wedge \boldsymbol{b} = -\boldsymbol{b} \wedge \boldsymbol{a}, \tag{3.185}$$

$$\boldsymbol{a} \wedge \boldsymbol{a} = 0 \tag{3.186}$$

がなりたつ．$\mathsf{A}(V)$ は $\boldsymbol{e}_{i_1} \wedge \cdots \wedge \boldsymbol{e}_{i_p} = p!\mathsf{A}(\boldsymbol{e}_{i_1} \otimes \cdots \otimes \boldsymbol{e}_{i_p})$ の形の元で張られるが，$i_1, \cdots, i_p$ が大きさの順に並んでいないときは(3.185)によって，± 1 の因子を掛けて，順次並べかえることができる．また，i_k の中に等しいものがあるときは(3.186)によって 0 となる．したがって，$\mathsf{A}(V)$ は(3.184)の形の元だけで張られる．

これらが1次独立であることを示すには，(3.183)がベクトル空間の直和であったことに注意して，次元を定めた1次結合について

$$\sum_{i_1<\cdots<i_p} C^{i_1\cdots i_p} \boldsymbol{e}_{i_1} \wedge \cdots \wedge \boldsymbol{e}_{i_p} = 0 \tag{3.187}$$

から係数 $C^{i_1\cdots i_p}=0$ が結論できればよい．$\boldsymbol{e}^1, \cdots, \boldsymbol{e}^n$ を双対基底とするとき，(3.187)を反対称 p 重線形形式とみて，$(\boldsymbol{e}^{i_1}, \cdots, \boldsymbol{e}^{i_p})$ で評価すれば，(3.181)より $C^{i_1\cdots i_p}=0$ が得られる． ∎

$\boldsymbol{C} \in \mathsf{A}^p(V)$ のテンソルとしての成分を $C^{i_1\cdots i_p}$ とするとき，

$$\boldsymbol{C} = \sum_{i_1\cdots i_p} C^{i_1\cdots i_p} \boldsymbol{e}_{i_1} \otimes \cdots \otimes \boldsymbol{e}_{i_p} = \sum_{i_1\cdots i_p} C^{i_1\cdots i_p} \mathsf{A}(\boldsymbol{e}_{i_1} \otimes \cdots \otimes \boldsymbol{e}_{i_p})$$

$$= \sum_{i_1\cdots i_p} C^{i_1\cdots i_p} \frac{1}{p!} \boldsymbol{e}_{i_1} \wedge \cdots \wedge \boldsymbol{e}_{i_p} = \sum_{i_1<\cdots<i_p} C^{i_1\cdots i_p} \boldsymbol{e}_{i_1} \wedge \cdots \wedge \boldsymbol{e}_{i_p}.$$

ここで，$C^{i_1\cdots i_p}=\boldsymbol{C}(\boldsymbol{e}^{i_1},\cdots,\boldsymbol{e}^{i_p})$ について(3.174)により

$$C^{i_1\cdots i_p}=\begin{cases}\operatorname{sign}\sigma\, C^{i_{\sigma(1)}\cdots i_{\sigma(p)}} & (i_{\sigma(1)}<i_{\sigma(2)}<\cdots<i_{\sigma(p)}\text{ のとき})\\ 0 & (i_1,\cdots,i_p\text{ の中に同じものがあるとき})\end{cases} \tag{3.188}$$

がなりたつことを用いた．

すなわち，テンソルとしての成分は，基底(3.184)に関する成分と同じである．後の成分は本来 $i_1<\cdots<i_p$ をみたす添字に対してしか定義されていないが，テンソルの成分として，あるいは同じことであるが(3.188)によって，すべての $i_1\cdots i_p$ に定義を拡張しておくと都合がよい．そうすれば，$\mathsf{A}^p(V)$ の中での和として

$$\boldsymbol{C}=\frac{1}{p!}\sum_{i_1\cdots i_p}C^{i_1\cdots i_p}\boldsymbol{e}_{i_1}\wedge\cdots\wedge\boldsymbol{e}_{i_p} \tag{3.189}$$

と表わすこともできるが，$1/p!$ という因子がつくことに注意する．グラスマン代数を扱う場合，意味は反対称テンソルとしてとらえ，実際の計算では(3.184)の基底を用いるのが便利である．

(3.188)のような表現を短く表わすため **Kroneckerのデルタ** δ^i_j を

$$\delta^{i_1\cdots i_p}_{j_1\cdots j_p}=\det(\delta^{i_k}_{j_l})=(\boldsymbol{e}_{j_1}\wedge\cdots\wedge\boldsymbol{e}_{j_p})(\boldsymbol{e}^{i_1},\cdots,\boldsymbol{e}^{i_p}) \tag{3.190}$$

によって任意の $i_1\cdots i_p\, j_1\cdots j_p$ に拡張しておく．これは，$(i_1,\cdots,i_p)$, $(j_1,\cdots,j_p)$ がいずれも異なる数字からなる順列で，一方が他方の偶置換になっているとき $+1$，奇置換となっているとき -1，その他の場合は0の値をとる．

この記号を用いれば，

$$\boldsymbol{C}=\sum_{i_1<\cdots<i_p}C^{i_1\cdots i_p}\boldsymbol{e}_{i_1}\wedge\cdots\wedge\boldsymbol{e}_{i_p},\quad \boldsymbol{D}=\sum_{j_1<\cdots<j_q}D^{j_1\cdots j_q}\boldsymbol{e}_{j_1}\wedge\cdots\wedge\boldsymbol{e}_{j_q}$$

の外積

$$\boldsymbol{C}\wedge\boldsymbol{D}=\sum_{k_1<\cdots<k_{p+q}}(\boldsymbol{C}\wedge\boldsymbol{D})^{k_1\cdots k_{p+q}}\boldsymbol{e}_{k_1}\wedge\cdots\wedge\boldsymbol{e}_{k_{p+q}}$$

の成分は

$$(\boldsymbol{C}\wedge\boldsymbol{D})^{k_1\cdots k_{p+q}}=\sum_{i_1<\cdots<i_p}\sum_{j_1<\cdots<j_q}\delta^{k_1\cdots k_{p+q}}_{i_1\cdots i_p j_1\cdots j_q}C^{i_1\cdots i_p}D^{j_1\cdots j_q} \tag{3.191}$$

と表わされる．和をすべての $i_1\cdots i_p\, j_1\cdots j_q$ に関する和におきかえ $p!q!$ で割っても同じ結果が得られる．特に，ベクトル $\boldsymbol{a}=\sum a^i\boldsymbol{e}_i$ との外積について

$$(\boldsymbol{a}\wedge \boldsymbol{C})^{j_1\cdots j_{p+1}} = \sum_{k=1}^{p+1}(-1)^{k-1}a^{j_k}C^{j_1\cdots\widehat{j_k}\cdots j_{p+1}} \tag{3.192}$$

がなりたつ．ここで，$\widehat{\ }$ 印はその場所の文字をとることを意味する．$\boldsymbol{b}=\sum_j b^j\boldsymbol{e}_j$ もベクトルのときは

$$\boldsymbol{a}\wedge\boldsymbol{b} = \sum_{i<j}\begin{vmatrix} a^i & a^j \\ b^i & b^j \end{vmatrix}\boldsymbol{e}_i\wedge\boldsymbol{e}_j. \tag{3.193}$$

3 次元空間での外積は，ここで $\boldsymbol{e}_2\wedge\boldsymbol{e}_3$, $\boldsymbol{e}_3\wedge\boldsymbol{e}_1$, $\boldsymbol{e}_1\wedge\boldsymbol{e}_2$ を $\boldsymbol{e}_1$, $\boldsymbol{e}_2$, $\boldsymbol{e}_3$ とおきかえたものである．

n 次元空間 V での n 個のベクトルの外積については

$$\boldsymbol{a}_i = \sum_{j=1}^{n} a_i{}^j\boldsymbol{e}_j,\quad i=1,\cdots,n, \tag{3.194}$$

に対して

$$\boldsymbol{a}_1\wedge\cdots\wedge\boldsymbol{a}_n = \det(a_i{}^j)\,\boldsymbol{e}_1\wedge\cdots\wedge\boldsymbol{e}_n \tag{3.195}$$

がなりたつ．

実際，左辺は

$$\sum_{j_1\cdots j_n} a_1{}^{j_1}\cdots a_n{}^{j_n}\delta^{1\cdots n}_{j_1\cdots j_n}\boldsymbol{e}_1\wedge\cdots\wedge\boldsymbol{e}_n$$

であるから，**行列式**の定義によって右辺に等しい．

$\boldsymbol{C}$ が p-ベクトル，$\boldsymbol{D}$ が q-ベクトルならば，

$$\boldsymbol{C}\wedge\boldsymbol{D} = (-1)^{pq}\boldsymbol{D}\wedge\boldsymbol{C} \tag{3.196}$$

がなりたつ．

したがって，p が奇数のとき p-ベクトル $\boldsymbol{C}$ の 2 乗 $\boldsymbol{C}^2=\boldsymbol{C}\wedge\boldsymbol{C}=0$ となる．しかし，p が偶数のとき p-ベクトル $\boldsymbol{C}$ の 2 乗は必ずしも 0 ではない．例えば 4 次元以上の空間においては，$(\boldsymbol{e}_1\wedge\boldsymbol{e}_2+\boldsymbol{e}_3\wedge\boldsymbol{e}_4)^2=2\boldsymbol{e}_1\wedge\boldsymbol{e}_2\wedge\boldsymbol{e}_3\wedge\boldsymbol{e}_4\neq 0$.

ベクトルの外積の反可換性 $\boldsymbol{a}\wedge\boldsymbol{b}=-\boldsymbol{b}\wedge\boldsymbol{a}$ は任意のベクトル $\boldsymbol{a}\in V$ に対して，$\boldsymbol{a}\wedge\boldsymbol{a}=0$ がなりたつことと同等であることに注意して，グラスマン代数に対する**普遍性定理**を次のように定式化する．

定理 3.6　V がベクトル空間，A が単位元をもつ結合的代数であって，$f: V\to A$ が

$$f(\boldsymbol{a})f(\boldsymbol{a}) = 0,\quad \boldsymbol{a}\in V, \tag{3.197}$$

をみたす線形写像ならば，これを唯一通りに代数としての準同型 $h:\mathsf{A}(V)\to A$ に拡張することができる．ただし，スカラー k に対して $h(k)=k$ とする．

［証明］ テンソル代数の普遍性を述べた定理3.2により，f はテンソル代数からの準同型 $g:\mathsf{T}(V)\to A$ に一意的に拡張できる．この g が，$\mathsf{A}\boldsymbol{C}=0$ をみたすすべての $\boldsymbol{C}\in\mathsf{T}^p(V)$ を0にうつし，$g(\boldsymbol{C})=0$ となることを示せばよい．というのは，このとき，$\boldsymbol{C}\in\mathsf{A}^p(V)$ に対して $h(\boldsymbol{C})=g(\boldsymbol{C})/p!$ として $h:\mathsf{A}(V)\to A$ を定義したものが代数としての準同型になるからである．実際，$\boldsymbol{C}\in\mathsf{A}^p(V)$, $\boldsymbol{D}\in\mathsf{A}^q(V)$ に対して，$\mathsf{A}(\boldsymbol{C}\otimes\boldsymbol{D}-\mathsf{A}(\boldsymbol{C}\otimes\boldsymbol{D}))=0$ ゆえ，

$$h(\boldsymbol{C}\wedge\boldsymbol{D}) = g\left(\frac{1}{p!q!}\mathsf{A}(\boldsymbol{C}\otimes\boldsymbol{D})\right) = g\left(\frac{1}{p!q!}\boldsymbol{C}\otimes\boldsymbol{D}\right)$$
$$= \frac{1}{p!}g(\boldsymbol{C})\frac{1}{q!}g(\boldsymbol{D}) = h(\boldsymbol{C})h(\boldsymbol{D}).$$

$\boldsymbol{a}_i\in V, \boldsymbol{D}_i, \boldsymbol{E}_i\in\mathsf{T}(V)$ を用いて

$$\sum_{i=1}^{m}\boldsymbol{D}_i\otimes\boldsymbol{a}_i\otimes\boldsymbol{a}_i\otimes\boldsymbol{E}_i \tag{3.198}$$

と表わされるテンソル全体を I とする．このようなテンソルは

$$g(\textstyle\sum\boldsymbol{D}_i\otimes\boldsymbol{a}_i\otimes\boldsymbol{a}_i\otimes\boldsymbol{E}_i) = \sum g(\boldsymbol{D}_i)f(\boldsymbol{a}_i)f(\boldsymbol{a}_i)g(\boldsymbol{E}_i) = 0$$

をみたす．したがって，$\mathsf{A}(\boldsymbol{C})=0$ をみたす $\boldsymbol{C}\in\mathsf{T}^p(V)$ がすべて I に属することを示せば証明が終る．

$$\boldsymbol{a}\otimes\boldsymbol{b}+\boldsymbol{b}\otimes\boldsymbol{a} = (\boldsymbol{a}+\boldsymbol{b})\otimes(\boldsymbol{a}+\boldsymbol{b})-\boldsymbol{a}\otimes\boldsymbol{a}-\boldsymbol{b}\otimes\boldsymbol{b} \tag{3.199}$$

ゆえ，$\boldsymbol{a}\otimes\boldsymbol{b}+\boldsymbol{b}\otimes\boldsymbol{a}$ の両側にテンソルを掛けたものは I に属する．したがって，$\boldsymbol{a}\otimes\boldsymbol{b}\otimes\boldsymbol{a}$ を因子とするテンソルも I に属する．同じことをくりかえして，$\boldsymbol{a}\otimes\boldsymbol{b}_1\otimes\cdots\otimes\boldsymbol{b}_q\otimes\boldsymbol{a}$ を因子とするテンソルは I に属することがわかる．

ところで，

$$\boldsymbol{C} = \sum_{i_1\cdots i_p} C^{i_1\cdots i_p}\boldsymbol{e}_{i_1}\otimes\cdots\otimes\boldsymbol{e}_{i_p} \tag{3.200}$$

に対して $\mathsf{A}(\boldsymbol{C})=0$ がなりたつのは，この和の $\boldsymbol{e}_{i_1}\otimes\cdots\otimes\boldsymbol{e}_{i_p}$ を $\boldsymbol{e}_{i_1}\wedge\cdots\wedge\boldsymbol{e}_{i_p}$ におきかえたものが0になることである．$\{i_1, \cdots, i_p\}$ の中に等しい文字がある項は上の注意により I に属する．すべての文字がちがう項は，集合として $j_1<\cdots<j_p$ となる項ごとにまとめ，テンソル積を外積におきかえて加えたものが0となる．(3.199)により，(3.200)の1項の隣り合う $\boldsymbol{e}_{i_k}$ と $\boldsymbol{e}_{i_{k+1}}$ をとりかえ，係数を

(-1)倍したものともとの項の差は I に属する．このような操作をくりかえして $\boldsymbol{e}_{j_1}\otimes\cdots\otimes\boldsymbol{e}_{j_p}$ の定数倍にしたものを加え合せれば 0 となる．これは $\boldsymbol{C}$ が I に属することを意味する． ∎

逆に，I に属するテンソル $\boldsymbol{C}$ が $\mathsf{A}\boldsymbol{C}=0$ をみたすことは，テンソル積を外積におきかえることにより直ちに証明できる．I は，$\boldsymbol{a}\otimes\boldsymbol{a}$, $\boldsymbol{a}\in V$ の形の元全体で生成される**イデアル**とよばれるものである．これから，$\mathsf{A}(V)$ は $\mathsf{T}(V)$ をイデアル I で割った商代数になることが示されるのであるが，ここではこれ以上深入りしないことにする．

W を別のベクトル空間，$u: V\to W$ を線形写像とすれば，$A=\mathsf{A}(W)$, $f(\boldsymbol{a})=u(\boldsymbol{a})$ として定理を適用することができて，u は代数としての準同型 $\wedge u: \mathsf{A}(V)\to\mathsf{A}(W)$ に一意的に拡張される．$\boldsymbol{a}_1,\cdots,\boldsymbol{a}_p\in V$ のとき

$$\wedge u(\boldsymbol{a}_1\wedge\cdots\wedge\boldsymbol{a}_p) = u(\boldsymbol{a}_1)\wedge\cdots\wedge u(\boldsymbol{a}_p). \tag{3.201}$$

したがって，$\wedge u$ は p-ベクトルを p-ベクトルにうつす．$\wedge u$ の $\mathsf{A}^p(V)$ への制限を

$$\wedge^p u: \mathsf{A}^p(V)\to\mathsf{A}^p(W) \tag{3.202}$$

と書く．

$W=V$ が n 次元のベクトル空間のとき，(3.195)により

$$\wedge^n u(\boldsymbol{e}_1\wedge\cdots\wedge\boldsymbol{e}_n) = \det u\ \boldsymbol{e}_1\wedge\cdots\wedge\boldsymbol{e}_n. \tag{3.203}$$

本来この $\det u$ は $u(\boldsymbol{e}_i)=\sum u_i^j\boldsymbol{e}_j$ と表わしたときの行列式 $\det(u_i^j)$ である．ところが，$\mathsf{A}^n(V)$ は1次元の空間であって，その基底 $\boldsymbol{e}_1\wedge\cdots\wedge\boldsymbol{e}_n$ は V の基底をとりかえたときも，ある定数倍になるだけである．したがって，比 $\det u$ は基底 $(\boldsymbol{e}_i)$ のとり方によらず，u のみによって定まる．これを**線形変換 u の行列式**という．これでもって行列式を定義することもできる．

$$\det(uv) = \det u \det v \tag{3.204}$$

など行列式に関する多くの命題を，この定義から簡単に証明することができる．

$\wedge^p u: \mathsf{A}^p(V)\to\mathsf{A}^p(V)$ の基底 $(\boldsymbol{e}_{i_1}\wedge\cdots\wedge\boldsymbol{e}_{i_p})$ に関する行列は，u の $(\boldsymbol{e}_i)$ に関する行列 u_i^j の p 次の小行列式全体からなる行列である．

テンソル積の普遍性定理である定理 3.1 と類似して次の普遍性定理が成立する．V, E をベクトル空間とするとき，多重線形写像 $\boldsymbol{C}: V\times\cdots\times V\to E$ が**反対称**であるとは，多重線形形式の場合と同様，変数の互換または置換に際し(3.

173)または(3.174)をみたすことと定義する．反対称 p 重線形写像 $\boldsymbol{C}: V^p \to E$ 全体を $L_A(V^p, E)$ と書く．

定理 3.7　任意の反対称 p 重線形写像 $V^p \to E$ は，唯一つの線形写像 h: $\mathsf{A}^p(V) \to E$ を用いて $h(\boldsymbol{x}_1 \wedge \cdots \wedge \boldsymbol{x}_p)$ と表わされ，この対応によってベクトル空間として同型

$$L_A(V^p, E) \cong L(\mathsf{A}^p(V), E) \tag{3.205}$$

がなりたつ．　□

定理 3.6 の証明はこの定理の証明にもなっている．普通この同型によって両辺を同一視し，

$$h(\boldsymbol{x}_1, \cdots, \boldsymbol{x}_p) = h(\boldsymbol{x}_1 \wedge \cdots \wedge \boldsymbol{x}_p) \tag{3.206}$$

と書く．特に，p-形式 $h \in \mathsf{A}^p(V^*)$ を $\mathsf{A}^p(V)$ 上の線形形式と見做したものを**外形式**という．

ところで，$\boldsymbol{a}_1, \cdots, \boldsymbol{a}_p \in V, \boldsymbol{x}_1, \cdots, \boldsymbol{x}_p \in V^*$ のとき，(3.181)により

$$(\boldsymbol{a}_1 \wedge \cdots \wedge \boldsymbol{a}_p)(\boldsymbol{x}_1, \cdots, \boldsymbol{x}_p) = \det(\langle \boldsymbol{a}_i, \boldsymbol{x}_j \rangle) \tag{2.207}$$

であるが，$\boldsymbol{a}_1 \wedge \cdots \wedge \boldsymbol{a}_p$ と $\boldsymbol{x}_1 \wedge \cdots \wedge \boldsymbol{x}_p$ をそれぞれ $\mathsf{T}^p(V)$ と $\mathsf{T}_p(V)$ に属するテンソルと見做して，縮約により内積をとれば

$$\begin{aligned}
&\sum_{i_1 \cdots i_p} (\boldsymbol{a}_1 \wedge \cdots \wedge \boldsymbol{a}_p)^{i_1 \cdots i_p} (\boldsymbol{x}_1 \wedge \cdots \wedge \boldsymbol{x}_p)_{i_1 \cdots i_p} \\
&= \sum_{i_1 \cdots i_p} p!\mathsf{A}(\boldsymbol{a}_1 \otimes \cdots \otimes \boldsymbol{a}_p)^{i_1 \cdots i_p} p!\mathsf{A}(\boldsymbol{x}_1 \otimes \cdots \otimes \boldsymbol{x}_p)_{i_1 \cdots i_p} \qquad (3.208) \\
&= p! \det(\langle \boldsymbol{a}_i, \boldsymbol{x}_j \rangle)
\end{aligned}$$

となり，因子 $p!$ だけちがってくる．以後，p-ベクトルと p-形式の内積をとるときは，同型(3.205)を尊重し

$$\begin{aligned}
\langle \boldsymbol{a}_1 \wedge \cdots \wedge \boldsymbol{a}_p, \boldsymbol{x}_1 \wedge \cdots \wedge \boldsymbol{x}_p \rangle &= (\boldsymbol{a}_1 \wedge \cdots \wedge \boldsymbol{a}_p)(\boldsymbol{x}_1 \wedge \cdots \wedge \boldsymbol{x}_p) \\
&= \det(\langle \boldsymbol{a}_i, \boldsymbol{x}_j \rangle) \qquad (3.209)
\end{aligned}$$

とする．この内積により $\mathsf{A}^p(V)$ と $\mathsf{A}^p(V^*)$ は互いに他の双対空間になる．この内積の下で

$$\langle \boldsymbol{e}_{i_1} \wedge \cdots \wedge \boldsymbol{e}_{i_p}, \boldsymbol{e}^{j_1} \wedge \cdots \wedge \boldsymbol{e}^{j_p} \rangle = \delta_{i_1 \cdots i_p}^{j_1 \cdots j_p}. \tag{3.210}$$

すなわち，V の基底 $\boldsymbol{e}_i$ を用いて作った $\mathsf{A}^p(V)$ の基底 $\boldsymbol{e}_{i_1} \wedge \cdots \wedge \boldsymbol{e}_{i_p}$ $(i_1 < \cdots < i_p)$ と $\mathsf{A}^p(V^*)$ の基底 $\boldsymbol{e}^{j_1} \wedge \cdots \wedge \boldsymbol{e}^{j_p}$ $(j_1 < \cdots < j_p)$ は互いに他の双対基底になって

いる．

われわれは p-ベクトル，p-形式を反対称テンソルとして定義したが，この内積の定義のように，純粋にテンソルとして扱うわけにはゆかない面がある．また，本節のこれ以後の結果は主に第4章の微分形式の理論で用いられるが，そこではもっぱら p-形式が重要な役割をはたし，変数としての反変ベクトルは大文字の X 等で表わされる．そこでの記法に近づけて，以後 p-形式を小文字の f, g 等で，反変ベクトルを $\boldsymbol{x}, \boldsymbol{y}$ 等で表わすことにする．

$0<q\leqq p$ で，$f\in \mathsf{A}_p(V)$, $\boldsymbol{w}\in \mathsf{A}^q(V)$ のとき，任意の $\boldsymbol{x}_1, \cdots, \boldsymbol{x}_{p-q}\in V$ に対し

$$f(\boldsymbol{w}\wedge\boldsymbol{x}_1\wedge\cdots\wedge\boldsymbol{x}_{p-q}) = \iota_{\boldsymbol{w}} f(\boldsymbol{x}_1, \cdots, \boldsymbol{x}_{p-q}) \tag{3.211}$$

となる $\iota_{\boldsymbol{w}} f\in \mathsf{A}_{p-q}(V)$ が唯一つ存在する．これを f の $\boldsymbol{w}$ による**内部積**という．

$q=p$ の場合は上で定義した内積と同じものである．一般の場合はテンソル算での縮約を伴う合成に相当する．

定義から明らかなように，これは f と $\boldsymbol{w}$ に関し双線形である．また，$\boldsymbol{u}\in \mathsf{A}^r(V)$, $\boldsymbol{v}\in \mathsf{A}^s(V)$, $r+s=q$, に対して

$$\iota_{\boldsymbol{u}\wedge\boldsymbol{v}} f(\boldsymbol{x}_1, \cdots, \boldsymbol{x}_{p-q}) = \iota_{\boldsymbol{v}}\iota_{\boldsymbol{u}} f(\boldsymbol{x}_1, \cdots, \boldsymbol{x}_{p-q}) \tag{3.212}$$

が成立する．$\boldsymbol{e}_i, \boldsymbol{e}^j$ を互いに双対な基底としたとき，

$$\iota_{\boldsymbol{e}_i}\boldsymbol{e}^{j_1}\wedge\cdots\wedge\boldsymbol{e}^{j_p} = \begin{cases} (-1)^{k-1}\boldsymbol{e}^{j_1}\wedge\cdots\wedge\widehat{\boldsymbol{e}^{j_k}}\wedge\cdots\wedge\boldsymbol{e}^{j_p} & (i=j_k) \\ 0 & (\text{その他}). \end{cases} \tag{3.213}$$

以上を組合せれば，内部積の計算は機械的に行うことができる．

ベクトル $\boldsymbol{a}\in V$ による内部積 $\iota_{\boldsymbol{a}}$ は，$\mathsf{A}_p(V)$ を $\mathsf{A}_{p-1}(V)$ にうつす線形写像であって，$p=1$ のときは $\boldsymbol{a}$ との内積と一致し，$f\in \mathsf{A}_p(V)$, $g\in \mathsf{A}_q(V)$ に対して

$$\iota_{\boldsymbol{a}}(f\wedge g) = (\iota_{\boldsymbol{a}} f)\wedge g+(-1)^p f\wedge(\iota_{\boldsymbol{a}} g) \tag{3.214}$$

がなりたつ．逆に，これらの性質によって $\iota_{\boldsymbol{a}}$ を特徴づけることができる．

特に，共変ベクトル $\boldsymbol{u}_1, \cdots, \boldsymbol{u}_p$ を用いて，$\boldsymbol{u}_1\wedge\cdots\wedge\boldsymbol{u}_p$ として表わされる p-形式に対しては，

$$\iota_{\boldsymbol{a}}(\boldsymbol{u}_1\wedge\cdots\wedge\boldsymbol{u}_p) = \sum_{k=1}^{p}(-1)^{k-1}\langle\boldsymbol{a}, \boldsymbol{u}_k\rangle\boldsymbol{u}_1\wedge\cdots\wedge\widehat{\boldsymbol{u}_k}\wedge\cdots\wedge\boldsymbol{u}_p \tag{3.215}$$

となる．

(3.213)は $\boldsymbol{e}^i$ がはじめの因子になるように積を変形して $\boldsymbol{e}^i$ をとる演算である．そのため，E. Cartan はこの演算を $\partial/\partial\boldsymbol{e}^i$ と書いた．これにならって $\iota\boldsymbol{w}$ は $\partial_{\boldsymbol{w}}$ あるいは $\partial(\boldsymbol{w})$ と書かれるときもある．ついでにいえば，Cartan の外積の記号は $[\boldsymbol{x}_1 \cdots \boldsymbol{x}_p]$ であった．H. Whitney の外積の記号は $\boldsymbol{x}_1 \vee \cdots \vee \boldsymbol{x}_p$ であり，内部積の記号は $\boldsymbol{w} \wedge f$ である．これが最も合理的な記号なのであるが，他の人は誰も採用しなかった．今となっては，もはや大勢に抗することは不可能である．

$\Omega \in \mathsf{A}_n(V)$ を定めたとき，

$$* \boldsymbol{w} = \iota \boldsymbol{w} \Omega \tag{3.216}$$

は $\mathsf{A}^p(V)$ を $\mathsf{A}_{n-p}(V)$ にうつす線形写像となり，$\Omega \neq 0$ ならば，ベクトル空間の同型となる．両空間の次元は等しいから，$\boldsymbol{w} \neq 0$ ならば $* \boldsymbol{w} \neq 0$ を示せばよいが，$\boldsymbol{w} \wedge \boldsymbol{z} \neq 0$ となる $\boldsymbol{z} \in \mathsf{A}^{n-p}(V)$ があることから，これは明らかである．$\boldsymbol{w}$ の次元と $* \boldsymbol{w}$ の次数が V の次元 n に関し補数になることから，$* \boldsymbol{w}$ を(Ω に関する) $\boldsymbol{w}$ の**補元**という．

$\langle \Omega', \Omega \rangle = 1$ となる $\Omega' \in \mathsf{A}^n(V)$ を用いれば同様に $\mathsf{A}_{n-p}(V)$ を $\mathsf{A}^p(V)$ にうつす同型写像 $*$ が定まる．はじめの $*$ を施した後，この $*$ を施すと

$$** = (-1)^{p(n-p)} : \mathsf{A}^p(V) \to \mathsf{A}^p(V) \tag{3.217}$$

という ± 1 を掛けるだけの同型写像になる．

§3.8 単項 p-ベクトルと単体の面積

ベクトル $\boldsymbol{a}_1, \cdots, \boldsymbol{a}_p \in V$ を用いて，$\boldsymbol{a}_1 \wedge \cdots \wedge \boldsymbol{a}_p$ の形に表わされる p-ベクトルを**単項** p-ベクトル，あるいは**分解可能**な p-ベクトルという．ベクトル $\boldsymbol{a}_1, \cdots, \boldsymbol{a}_p$ が1次独立であるための必要十分条件は

$$\boldsymbol{P} = \boldsymbol{a}_1 \wedge \cdots \wedge \boldsymbol{a}_p \neq 0 \tag{3.218}$$

となることである．このとき $\boldsymbol{x} \in V$ が $\boldsymbol{a}_1, \cdots, \boldsymbol{a}_p$ の1次結合で表わされるための必要十分条件は

$$\boldsymbol{x} \wedge \boldsymbol{a}_1 \wedge \cdots \wedge \boldsymbol{a}_p = 0 \tag{3.219}$$

である．これは $\boldsymbol{a}_1, \cdots, \boldsymbol{a}_p$ を V の基底の一部分に選べば直ちにわかる．

したがって，単項 p-ベクトル $\boldsymbol{P}$ は V の中の p 次元線形部分空間 W を一つ決定する．$\boldsymbol{P}$ に 0 でない定数を掛けたものも同じ部分空間を定めるから，$\boldsymbol{P}$を与えることは，部分空間 W の他に W の向きづけとある種の大きさを表わしていると考えられる．逆に，p 次元の線形部分空間 W が与えられたとき，W のベクトルのみを用いて表わされる p-ベクトルは，W の基底 $\boldsymbol{a}_1, \cdots, \boldsymbol{a}_p$ を用いて(3.218)の形に表わされる単項 p-ベクトルの定数倍に限られる．こうして，p 次元の線形部分空間 W と単項 p-ベクトル $\boldsymbol{P}$ の定数倍で表わされる $\mathsf{A}^p(V)$ の 1 次元部分空間は 1 対 1 に対応する．この 1 次元部分空間は，V の基底 $(\boldsymbol{e}_i)$ を定めたとき，$\boldsymbol{P}$ の成分 $P^{i_1\cdots i_p}$ の連比を与えることで決まる．これを W の **Plücker 座標**という．

W が V の線形部分空間であるとき，$\mathsf{A}^p(W)$ は自然に $\mathsf{A}^p(V)$ の線形部分空間と見做せる．$\boldsymbol{P} \in \mathsf{A}^p(V)$ が $\mathsf{A}^p(W)$ に属するのは，$\boldsymbol{P}$ が W に属するベクトルのみを用いた外積多項式の形に表わせることである．任意の $\boldsymbol{P} \in \mathsf{A}^p(V)$ に対して，$\boldsymbol{P} \in \mathsf{A}^p(W)$ となる最小の線形部分空間 W が存在する．これを $\boldsymbol{P}$ の**同伴空間**という．次の定理は同伴空間を特徴づける．

定理 3.8　$\boldsymbol{P} \in \mathsf{A}^p(V)$ の同伴空間は

$$W_{\boldsymbol{P}} = \{\iota_{\boldsymbol{w}}\boldsymbol{P} \,;\, \boldsymbol{w} \in \mathsf{A}_{p-1}(V)\} \tag{3.220}$$

で与えられる．

［証明］ これは V の線形部分空間である．$\boldsymbol{e}_1, \cdots, \boldsymbol{e}_r$ を $W_{\boldsymbol{P}}$ の基底とし，これに $\boldsymbol{f}_1, \cdots, \boldsymbol{f}_{n-r}$ を加えて V の基底を作る．$\boldsymbol{P}$ をこの基底を用いて

$$\boldsymbol{P} = \sum_{\substack{i_1<\cdots<i_s \\ j_1<\cdots<j_t \\ s+t=p}} P^{i_1\cdots i_s j_1\cdots j_t}\boldsymbol{e}_{i_1}\wedge\cdots\wedge\boldsymbol{e}_{i_s}\wedge\boldsymbol{f}_{j_1}\wedge\cdots\wedge\boldsymbol{f}_{j_t} \tag{3.221}$$

と表わす．もし $\boldsymbol{f}_j$ を含む項の係数が 0 でないとすると $\boldsymbol{w}=\boldsymbol{e}^{i_1}\wedge\cdots\wedge\boldsymbol{e}^{i_s}\wedge\boldsymbol{f}^{j_1}\wedge\cdots\wedge\boldsymbol{f}^{j_{t-1}}$ として $\iota_{\boldsymbol{w}}\boldsymbol{P}$ を計算すれば $\boldsymbol{f}_{j_t}$ の係数は 0 でなくなって，$W_{\boldsymbol{P}}$ に属さないことになり矛盾する．したがって，$\boldsymbol{P}$ は $W_{\boldsymbol{P}}$ のベクトルのみを用いて表わすことができる．

他方，$\boldsymbol{P}$ が V の線形部分空間 W のベクトルのみを用いて表わされているとき，$W_{\boldsymbol{P}}$ の定義により，これは W の線形部分空間になる．∎

$W_{\boldsymbol{P}}$ の次元を rank $\boldsymbol{P}$ と書き，$\boldsymbol{P}$ の**階数**という．

定理 3.9　0 でない p-ベクトル $\boldsymbol{P}$ が単項であるための必要十分条件は rank $\boldsymbol{P}$ が p に等しいことである．

［証明］ 単項 p-ベクトル $\boldsymbol{P}$ の同伴空間 $W_{\boldsymbol{P}}$ は $\boldsymbol{P}$ が決定する線形部分空間と同じであり，p 次元である．逆に，p 次元空間 $W_{\boldsymbol{P}}$ の p-ベクトルはすべて単項である． ∎

次の定理はもう少し具体的な必要十分条件を与える．

定理 3.10　0 でない p-ベクトル

$$\boldsymbol{P} = \frac{1}{p!}\sum_{i_1\cdots i_p} P^{i_1\cdots i_p}\boldsymbol{e}_{i_1}\wedge\cdots\wedge\boldsymbol{e}_{i_p} \tag{3.222}$$

が単項であるための必要十分条件は，$P^{i_1\cdots i_p}\neq 0$ となる $i_1<\cdots<i_p$ を一組定めたとき，任意の $k_1,\cdots,k_{p-1}$ と i_{p+1} に対して

$$\sum_{j=1}^{p+1}(-1)^j P^{i_1\cdots\widehat{i_j}\cdots i_{p+1}}P^{k_1\cdots k_{p-1}i_j} = 0 \tag{3.223}$$

がなりたつことである．

［証明］ $\boldsymbol{w}_j = \boldsymbol{e}^{i_1}\wedge\cdots\wedge\widehat{\boldsymbol{e}^{i_j}}\wedge\cdots\wedge\boldsymbol{e}^{i_p}$ とおき

$$\boldsymbol{f}_j = \iota_{\boldsymbol{w}_j}\boldsymbol{P} = \sum_{l=1}^{n} P^{i_1\cdots\widehat{i_j}\cdots i_p l}\boldsymbol{e}_l,\quad 1\leqq j\leqq p, \tag{3.224}$$

とすれば，これらの $\boldsymbol{e}_{i_1},\cdots,\boldsymbol{e}_{i_p}$ 成分は 1 つだけ 0 でなく，p 個の 1 次独立な同伴空間のベクトルとなる．$\boldsymbol{P}$ が単項であるための必要十分条件は，これだけで同伴空間が張られること，すなわち，同伴空間の他の生成元

$$\boldsymbol{f}^{(k)} = \iota_{\boldsymbol{e}^{k_1}\wedge\cdots\wedge\boldsymbol{e}^{k_{p-1}}}\boldsymbol{P} = \sum_{l=1}^{n} P^{k_1\cdots k_{p-1}l}\boldsymbol{e}_l \tag{3.225}$$

と $\boldsymbol{f}_1\wedge\cdots\wedge\boldsymbol{f}_p$ の外積が 0 となることである．

i_{p+1} が $i_1,\cdots,i_p$ のどれかと一致するとき，(3.223) は自動的にみたされる．そうでないとき，$\boldsymbol{f}_1\wedge\cdots\wedge\boldsymbol{f}_p\wedge\boldsymbol{f}^{(k)}$ の $\boldsymbol{e}_{i_1}\wedge\cdots\wedge\boldsymbol{e}_{i_p}\wedge\boldsymbol{e}_{i_{p+1}}$ 成分を 0 とおいて(3.223) を得る．

十分の証明には，$\{\boldsymbol{e}_i\}$ から $\boldsymbol{e}_{i_1},\cdots,\boldsymbol{e}_{i_p}$ を除き，$\boldsymbol{f}_1,\cdots,\boldsymbol{f}_p$ を加えたものを基底にとりなおして $\boldsymbol{f}_1\wedge\cdots\wedge\boldsymbol{f}_p\wedge\boldsymbol{f}^{(k)}$ を計算する．この積の $\boldsymbol{f}_1\wedge\cdots\wedge\boldsymbol{f}_p\wedge\boldsymbol{e}_{i_{p+1}}$ 成分は，$\boldsymbol{f}^{(k)}$ の $\boldsymbol{e}_{i_j}, j=1,\cdots,p$, を $(\boldsymbol{f}_j)$ とその他の $(\boldsymbol{e}_i)$ の 1 次結合で表わしたときの $\boldsymbol{e}_{i_{p+1}}$ 成分である．(3.223) の左辺は，この成分の $\pm P^{i_1\cdots i_p}$ 倍である． ∎

(3.223) を **Plücker の関係式**という．必要条件としては任意の $i_1,\cdots,i_{p+1},k_1,$

$\cdots, k_{p-1}$ に対してなりたつ．これからわかるように，$n \geqq 4$ ならば p-ベクトルは必ずしも単項でない．

一般に p-ベクトルが単項であることと，その補元が単項であることは同値である．したがって，任意の $(n-1)$-ベクトルは単項である．

2-ベクトルの階数が偶数 $2r$ であり，適当に基底 $\boldsymbol{e}_i$ を選べば

$$\boldsymbol{P} = \boldsymbol{e}_1 \wedge \boldsymbol{e}_2 + \cdots + \boldsymbol{e}_{2r-1} \wedge \boldsymbol{e}_{2r} \tag{3.226}$$

と表わされることは定理 3.3 で示した．この補元をとれば，$(n-2)$-ベクトルの階数は $n-2$ または n であり，rank $P=n-2$ のとき

$$\boldsymbol{P} = \boldsymbol{e}_1 \wedge \cdots \wedge \boldsymbol{e}_{n-2}, \tag{3.227}$$

rank $P=n$ のとき，偶数 $2r \leqq n$ があり，

$$\begin{aligned} \boldsymbol{P} = {} & \boldsymbol{e}_1 \wedge \cdots \wedge \boldsymbol{e}_{n-2} + \boldsymbol{e}_1 \wedge \cdots \wedge \boldsymbol{e}_{n-4} \wedge \boldsymbol{e}_{n-1} \wedge \boldsymbol{e}_n \\ & + \cdots + \boldsymbol{e}_1 \wedge \cdots \wedge \boldsymbol{e}_{n-2r} \wedge \boldsymbol{e}_{n-2r+3} \wedge \cdots \wedge \boldsymbol{e}_n \end{aligned} \tag{3.228}$$

となる基底の選び方があることがわかる．以上を**p-ベクトルの標準形**という．これ以外のとき標準形は知られていない．

3 次元ユークリッド空間の場合，外積 $\boldsymbol{a} \times \boldsymbol{b}$ は，ベクトル $\boldsymbol{a}, \boldsymbol{b}$ を辺とする平行 4 辺形の向きづけと面積を与え，3 重積 $(\boldsymbol{a} \times \boldsymbol{b}) \cdot \boldsymbol{c}$ は $\boldsymbol{a}, \boldsymbol{b}, \boldsymbol{c}$ を辺とする平行 6 面体の向きづけと体積を与えた．単項 p-ベクトルを用いると高次元ユークリッド空間でも同様のことがいえる．

n 次元ユークリッド・ベクトル空間 E^n において，テンソル $\boldsymbol{C}$ の大きさ $|\boldsymbol{C}| = \sqrt{\boldsymbol{G}(\boldsymbol{C}, \boldsymbol{C})}$ が定まり，直交変換の下で不変であることは§3.5 で示した．p-ベクトルに対しても (3.209) にならって，テンソルとしての内積を $p!$ で割ったもので内積を定義する．すなわち，$\boldsymbol{P}, \boldsymbol{Q} \in \mathsf{A}^p(V)$ に対し

$$\boldsymbol{G}(\boldsymbol{P}, \boldsymbol{Q}) = \frac{1}{p!} \sum_{\substack{i_1 \cdots i_p \\ j_1 \cdots j_p}} g_{i_1 j_1} \cdots g_{i_p j_p} P^{i_1 \cdots i_p} Q^{j_1 \cdots j_p} \tag{3.229}$$

によって，$\boldsymbol{P}$ と $\boldsymbol{Q}$ の**内積**を定義する．

(3.209) と同様，

$$\boldsymbol{G}(\boldsymbol{a}_1 \wedge \cdots \wedge \boldsymbol{a}_p, \boldsymbol{b}_1 \wedge \cdots \wedge \boldsymbol{b}_p) = \det(\boldsymbol{a}_i \cdot \boldsymbol{b}_j) \tag{3.230}$$

がなりたつ．特に V の基底として正規直交基底 $(\boldsymbol{e}_i)$ を選んでおけば，$\mathsf{A}^p(V)$ において，$(\boldsymbol{e}_{i_1} \wedge \cdots \wedge \boldsymbol{e}_{i_p}\,;\, i_1 < \cdots < i_p)$ もまた正規直交基底をなす．

$$|\boldsymbol{P}| = \sqrt{G(\boldsymbol{P}, \boldsymbol{P})} \tag{3.231}$$

を p-ベクトル $\boldsymbol{P}$ の**大きさ**という．これも直交変換の下で不変である．

ユークリッド空間 E^n において，原点Oと，p 個の点 $\mathrm{A}_1, \cdots, \mathrm{A}_p$ が与えられたとき，有向線分 $\overrightarrow{\mathrm{OA}}_i$ の類としてベクトル $\boldsymbol{a}_i$ を定義し，位置ベクトルに対する条件で与えられる集合

$$D = \{\lambda_1\boldsymbol{a}_1 + \cdots + \lambda_p\boldsymbol{a}_p\,;\, 0 \leqq \lambda_i \leqq 1\} \tag{3.232}$$

$$\varDelta = \left\{\lambda_1\boldsymbol{a}_1 + \cdots + \lambda_p\boldsymbol{a}_p\,;\, \lambda_i \geqq 0 \sum_{i=1}^{p} \lambda_i \leqq 1\right\} \tag{3.233}$$

をそれぞれ $\mathrm{O}, \mathrm{A}_1, \cdots, \mathrm{A}_p$ で定まる p 次元**平行体**および $\mathrm{O}, \mathrm{A}_1, \cdots, \mathrm{A}_p$ で定まる p 次元**単体**という．これらの面積をそれぞれ

$$|D| = |\boldsymbol{a}_1 \wedge \cdots \wedge \boldsymbol{a}_p|, \quad |\varDelta| = \frac{1}{p!}|\boldsymbol{a}_1 \wedge \cdots \wedge \boldsymbol{a}_p| \tag{3.234}$$

で定義する．これらはユークリッド空間の座標によらない不変の意味をもち，これらを素材として E^n にある p 次元の曲面の面積等が定義されるのであるが，ここではこれ以上たち入らないことにする．

§3.9 テンソル場，特に応力テンソル

テンソルを値とする関数，すなわち空間の各点 $\boldsymbol{x}$ に対し，テンソル $\boldsymbol{T}(\boldsymbol{x})$ を定める法則を**テンソル場**という．この節では主に3次元ユークリッド空間 E^3 の領域で定義されたテンソル場を考える．

このようなテンソル場は，物理学のいろいろな分野に現われる．例えば，方解石，水晶のような結晶構造に異方性のある誘電体では電気誘導の公式が(2.144)ではなく，2階の対称テンソル場 $\boldsymbol{\varepsilon}(\boldsymbol{x})$ を用いた

$$\boldsymbol{D}(\boldsymbol{x}) = \boldsymbol{\varepsilon}(\boldsymbol{x}) \cdot \boldsymbol{E}(\boldsymbol{x}) \tag{3.235}$$

になる．ここではGibbsの記号(3.137)を用いた．すぐ後で論ずるように，電磁力を電磁場の応力で表わすMaxwellの公式にもテンソル場が現われる．Gibbsがダイアディックの理論を始めたのは電磁気学に現われる，このようなテンソル場を扱うためであった．

テンソル場が初めて登場したのは，A. L. Cauchyの弾性論(1822年，出版は

1827-28 年)において弾性体の応力を表わす量としてであった．弾性体には，重力や電磁力のように各部分に外部から直接働く力の他に，弾性体の**歪**(strain)に由来して隣接する部分同志が互いに他に及ぼす内部の力が働く．後者を**応力**(stress)という．これは各部分を分かつ面を通じてのみ作用すると考える．

いま，弾性体の中に曲面 S を考える．S は向きづけられているとし，正の向きの単位法線ベクトルを $\boldsymbol{n}$ とする．S の 1 点 P の近傍の微小部分を考え，その面積を $\mathrm{d}S$ としたとき，$\boldsymbol{n}$ を外向きの法線とする S によって分かたれた部分は，反対の部分からこの面分を通じて力をうける．この力は $\mathrm{d}S$ に比例すると考えられるので，$\mathrm{d}S$ を比例定数として $\boldsymbol{T}(\boldsymbol{n})\mathrm{d}S$ と書く．このとき，$\boldsymbol{T}(-\boldsymbol{n})\mathrm{d}S$ ははじめの部分から反対の部分に働く力であるから，作用反作用の法則により $-\boldsymbol{T}(\boldsymbol{n})\mathrm{d}S$ でなければならない．すなわち

$$\boldsymbol{T}(-\boldsymbol{n}) = -\boldsymbol{T}(\boldsymbol{n}). \tag{3.236}$$

いま，$\boldsymbol{n}=n_1\boldsymbol{i}+n_2\boldsymbol{j}+n_3\boldsymbol{k}$ の成分がいずれも正であるとする．このとき，P を原点にとり，$l>0$ を微小な長さとし，$0, (l/n_1)\boldsymbol{i}, (l/n_2)\boldsymbol{j}, (l/n_3)\boldsymbol{k}$ を頂点とする微小な 4 面体 ΔV を考え，これに働く力を計算する(図 3.2)．

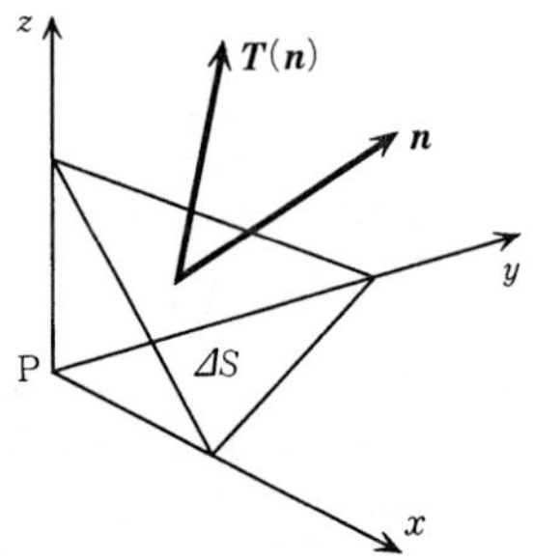

図 3.2　微小な 4 面体 ΔV

ΔS を斜面，$\Delta S_1, \Delta S_2, \Delta S_3$ をそれぞれ平面 $x=0, y=0, z=0$ に含まれる面とし，同じ記号でそれぞれの面積を表わすことにする．簡単な計算で

$$\Delta S = \frac{l^2}{2n_1n_2n_3},\quad \Delta S_1 = \frac{l^2}{2n_2n_3},\quad \Delta S_2 = \frac{l^2}{2n_3n_1},\quad \Delta S_3 = \frac{l^2}{2n_1n_2}$$

がわかる．$\Delta S_1, \Delta S_2, \Delta S_3$ の外向きの単位法線ベクトルはそれぞれ $-\boldsymbol{i}, -\boldsymbol{j}, -\boldsymbol{k}$ であるから，$\boldsymbol{f}$ でもって慣性力を含めた体積力を表わしたとき 4 面体に作

用する力の和は

$$\boldsymbol{T}(\boldsymbol{n})\Delta S+\boldsymbol{T}(-\boldsymbol{i})\Delta S_1+\boldsymbol{T}(-\boldsymbol{j})\Delta S_2+\boldsymbol{T}(-\boldsymbol{k})\Delta S_3+\boldsymbol{f}\Delta V$$

にほぼ等しい．力の釣合いにより合力は 0 でなければならない．ΔV は l^3 の大きさであるから，$l\to 0$ の極限においては体積力を無視することができる．したがって両辺を ΔS で割って

$$\boldsymbol{T}(\boldsymbol{n}) = \boldsymbol{T}(\boldsymbol{i})\,n_1+\boldsymbol{T}(\boldsymbol{j})\,n_2+\boldsymbol{T}(\boldsymbol{k})\,n_3 \tag{3.237}$$

を得る．n_i の符号がすべて正でないときも，同じような考察により同じ式がなりたつことがわかる．

すなわち，

$$\boldsymbol{T} = (T_{ij}) = (\boldsymbol{T}(\boldsymbol{i}),\ \boldsymbol{T}(\boldsymbol{j}),\ \boldsymbol{T}(\boldsymbol{k}))$$
$$= \begin{pmatrix} \boldsymbol{i}\cdot\boldsymbol{T}(\boldsymbol{i}) & \boldsymbol{i}\cdot\boldsymbol{T}(\boldsymbol{j}) & \boldsymbol{i}\cdot\boldsymbol{T}(\boldsymbol{k}) \\ \boldsymbol{j}\cdot\boldsymbol{T}(\boldsymbol{i}) & \boldsymbol{j}\cdot\boldsymbol{T}(\boldsymbol{j}) & \boldsymbol{j}\cdot\boldsymbol{T}(\boldsymbol{k}) \\ \boldsymbol{k}\cdot\boldsymbol{T}(\boldsymbol{i}) & \boldsymbol{k}\cdot\boldsymbol{T}(\boldsymbol{j}) & \boldsymbol{k}\cdot\boldsymbol{T}(\boldsymbol{k}) \end{pmatrix} \tag{3.238}$$

によって 2 階のテンソル $\boldsymbol{T}$ を定義すれば，Gibbs の記号を用いて

$$\boldsymbol{T}(\boldsymbol{n}) = \boldsymbol{T}\cdot\boldsymbol{n} \tag{3.239}$$

と表わされる．このテンソル $\boldsymbol{T}$ を**応力テンソル**という．

以上では，ユークリッド(ベクトル)空間の座標を固定して成分 T_{ij} を考えたが，$\boldsymbol{m}$ を別の単位ベクトルとするとき，双線形形式

$$\boldsymbol{m}\cdot\boldsymbol{T}\cdot\boldsymbol{n} = \sum T_{ij}m^i n^j \tag{3.240}$$

は単位法線ベクトル $\boldsymbol{n}$ をもつ面分に作用する力の $\boldsymbol{m}$ 方向の成分というユークリッド空間の座標系に依存しないスカラーとしての意味をもつ．したがって，T_{ij} は直交変換の下で 2 階(共変)テンソルとしての変換をうける．

Cauchy は応力を圧力または張力(pression ou tension)とよんだが，後に中立的な応力という言葉にとって替わられた．上の応力の定義は $\boldsymbol{T}(\boldsymbol{n})$ が張力のとき 2 次形式 $\boldsymbol{n}\cdot\boldsymbol{T}\cdot\boldsymbol{n}$ が正になるように符号を選んでいる．人によっては圧力の場合に，これが正になるように応力を定義することもあるので注意が必要である．

空気のような流体では Pascal の法則により応力テンソルは単位行列の定数倍になる．固体の場合の応力テンソルは対角線上にない 0 でない成分をもち得る．これらを**剪断応力**という．鋏にはさまれた物体の刃先の面で作用する力が

代表であるからである．剪断応力は固体を伝わる振動のうち波の進行方向と垂直な振動である横波の原因となる．電磁波は純粋に横波であることが知られている．Cauchy のこの研究は，Fresnel が複屈折の研究から光の横波説をとなえるようになった後，弾性体モデルで横波の伝播が説明できるかどうかを確かめようとして始められたということである．

さて，応力 $T_{ij}(\boldsymbol{r})$ が与えられた弾性体の中で，滑らかな閉曲面 S で囲まれた立体 V を考える．V に働く応力の総和の x 成分は

$$\boldsymbol{T}_1 = T_{11}\boldsymbol{i} + T_{12}\boldsymbol{j} + T_{13}\boldsymbol{k}$$

の外向きの単位法線方向の成分 $\boldsymbol{T}_1\cdot\boldsymbol{n}$ の S 上の積分に等しい．これは Gauss の定理により

$$\int_S \boldsymbol{T}_1\cdot\boldsymbol{n}\,\mathrm{d}S = \int_V \mathrm{div}\,\boldsymbol{T}_1\,\mathrm{d}V$$

となる．y，z 成分も同様に計算できる．したがって，ベクトル場 $\boldsymbol{p}=p_1\boldsymbol{i}+p_2\boldsymbol{j}+p_3\boldsymbol{k}$ を

$$p_i = \mathrm{div}\,\boldsymbol{T}_i = \sum_{j=1}^{3}\frac{\partial T_{ij}}{\partial x^j} \tag{3.241}$$

で定義すれば，応力は $\boldsymbol{p}$ を密度とする体積力を V 上で積分したものと同等であることがわかる．

弾性体が体積力である外力 $\boldsymbol{f}$ の作用の下で運動しているとし，弾性体の密度を ρ，加速度を $\boldsymbol{a}$ とすれば，V の部分の運動方程式は

$$\int_S \boldsymbol{T}(\boldsymbol{n})\,\mathrm{d}S + \int_V \boldsymbol{f}\,\mathrm{d}V = \int_V \rho\boldsymbol{a}\,\mathrm{d}V \tag{3.242}$$

となる．第1項は上の計算で $\int_V \boldsymbol{p}\,\mathrm{d}V$ におきかえられる．これが任意の V で成立するのであるから

$$\boldsymbol{p}+\boldsymbol{f} = \rho\boldsymbol{a} \tag{3.243}$$

がなりたたなければならない．成分で書き表わせば

$$\sum_{j=1}^{3}\frac{\partial T_{ij}}{\partial x^j}+f_i = \rho a_i \tag{3.244}$$

である．弾性体が静止しているとき右辺は 0 になる．

任意に原点 O を定め P の位置ベクトルを $\boldsymbol{r}$ としたとき，O のまわりの力のモーメントの方程式は

$$\int_S \boldsymbol{r}\times \boldsymbol{T}(\boldsymbol{n})\,\mathrm{d}S+\int_V \boldsymbol{r}\times \boldsymbol{f}\,\mathrm{d}V = \int_V \rho\boldsymbol{r}\times \boldsymbol{a}\,\mathrm{d}V$$

となる．(3.243)が成立するのであるから

$$\int_S \boldsymbol{r}\times \boldsymbol{T}(\boldsymbol{n})\,\mathrm{d}S = \int_V \boldsymbol{r}\times \boldsymbol{p}\,\mathrm{d}V$$

をみたさなければならない．$\boldsymbol{r}\times \boldsymbol{T}(\boldsymbol{n})$ の第1成分は $x^2\boldsymbol{T}_3-x^3\boldsymbol{T}_2$ の $\boldsymbol{n}$ 方向の成分に等しい．ゆえに Gauss の定理により，右辺の第1成分は

$$\int_V \mathrm{div}\,(x^2\boldsymbol{T}_3-x^3\boldsymbol{T}_2)\,\mathrm{d}V$$

に等しい．V は任意であったから

$$\mathrm{div}\,(x^2\boldsymbol{T}_3-x^3\boldsymbol{T}_2) = x^2p_3-x^3p_2$$

が成立しなければならない．この左辺は

$$\begin{aligned}&(x^2\mathrm{div}\,\boldsymbol{T}_3-x^3\mathrm{div}\,\boldsymbol{T}_2)+(\boldsymbol{T}_3\cdot\mathrm{grad}\,x^2-\boldsymbol{T}_2\cdot\mathrm{grad}\,x^3)\\&= (x^2p_3-x^3p_2)+(T_{32}-T_{23})\end{aligned}$$

に等しい．第2，第3成分も同様に計算して

$$T_{32} = T_{23},\quad T_{13} = T_{31},\quad T_{21} = T_{12}$$

を得る．すなわち，応力テンソルは対称である．

以上では，応力のみを考えたが，これに変位と歪の関係，歪と応力の関係を方程式にしたものを連立させて解けば弾性体の変形および運動がわかる．残念ながら，ここでは紙数の関係でこれ以上論ずることはできない．

Cauchy は光の伝播の研究に刺激されて弾性体の研究を始めたが，Maxwell，Heaviside らは反対に弾性体の理論を手本として電磁場の理論を構成したようである．ここではローレンツ力を電磁場の応力に帰着させる Maxwell の理論のみを紹介する．

天下り的であるが Maxwell に従って**電場の応力テンソル**$\boldsymbol{P}^e$ を

$$\begin{aligned}\boldsymbol{P}^e &= \boldsymbol{E}\otimes\boldsymbol{D}-\frac{1}{2}(\boldsymbol{E}\cdot\boldsymbol{D})I\\&=\frac{\varepsilon}{2}\begin{pmatrix}E_1{}^2-E_2{}^2-E_3{}^2 & 2E_1E_2 & 2E_3E_1\\ 2E_1E_2 & E_2{}^2-E_3{}^2-E_1{}^2 & 2E_2E_3\\ 2E_3E_1 & 2E_2E_3 & E_3{}^2-E_1{}^2-E_2{}^2\end{pmatrix}\end{aligned}\qquad(3.245)$$

で定義する．ここで，電気変位 $\boldsymbol{D}$ は $\varepsilon\boldsymbol{E}$ に等しいとした．同様に $\boldsymbol{B}=\mu\boldsymbol{H}$ として，**磁場の応力テンソル**を

$$\boldsymbol{P}^m = \boldsymbol{H}\otimes\boldsymbol{B}-\frac{1}{2}(\boldsymbol{H}\cdot\boldsymbol{B})I$$
$$= \frac{1}{2\mu}\begin{pmatrix} B_1{}^2-B_2{}^2-B_3{}^2 & 2B_1B_2 & 2B_3B_1 \\ 2B_1B_2 & B_2{}^2-B_3{}^2-B_1{}^2 & 2B_2B_3 \\ 2B_3B_1 & 2B_2B_3 & B_3{}^2-B_1{}^2-B_2{}^2 \end{pmatrix} \tag{3.246}$$

で定義し，両者の和

$$\boldsymbol{P} = \boldsymbol{P}^e+\boldsymbol{P}^m \tag{3.247}$$

を**電磁場の応力テンソル**という．

(3.241)によって，これらの応力テンソルから生ずる体積力 $\boldsymbol{p}^e, \boldsymbol{p}^m, \boldsymbol{p}$ を計算してみよう．

$$p_1{}^e = \frac{\partial P^e_{11}}{\partial x^1}+\frac{\partial P^e_{12}}{\partial x^2}+\frac{\partial P^e_{13}}{\partial x^3}$$
$$= \varepsilon\left\{\left(E_1\frac{\partial E_1}{\partial x^1}-E_2\frac{\partial E_2}{\partial x^1}-E_3\frac{\partial E_3}{\partial x^1}\right)+\frac{\partial}{\partial x^2}(E_1E_2)+\frac{\partial}{\partial x^3}(E_3E_1)\right\}$$
$$= \varepsilon\left\{E_1\left(\frac{\partial E_1}{\partial x^1}+\frac{\partial E_2}{\partial x^2}+\frac{\partial E_3}{\partial x^3}\right)-E_2\left(\frac{\partial E_2}{\partial x^1}-\frac{\partial E_1}{\partial x^2}\right)+E_3\left(\frac{\partial E_1}{\partial x^3}-\frac{\partial E_3}{\partial x^1}\right)\right\}.$$

同様に他の成分を計算して

$$\boldsymbol{p}^e = (\varepsilon\,\mathrm{div}\,\boldsymbol{E})\,\boldsymbol{E}-\varepsilon\boldsymbol{E}\times\mathrm{rot}\,\boldsymbol{E}$$
$$= \rho\boldsymbol{E}+\boldsymbol{D}\times\frac{\partial\boldsymbol{B}}{\partial t} \tag{3.248}$$

を得る．ここで，Maxwell の方程式(2.175)，(2.178)を用いた．同様に，(2.176)，(2.177)により

$$\boldsymbol{p}^m = \left(\frac{1}{\mu}\mathrm{div}\,\boldsymbol{B}\right)\boldsymbol{B}-\frac{1}{\mu}\boldsymbol{B}\times\mathrm{rot}\,\boldsymbol{B}$$
$$= \boldsymbol{J}\times\boldsymbol{B}+\frac{\partial\boldsymbol{D}}{\partial t}\times\boldsymbol{B}. \tag{3.249}$$

合せて

$$\boldsymbol{p} = \rho\boldsymbol{E}+\boldsymbol{J}\times\boldsymbol{B}+\varepsilon\mu\frac{\partial\boldsymbol{S}}{\partial t} \tag{3.250}$$

を得る．$\boldsymbol{S}=\boldsymbol{E}\times\boldsymbol{H}$ は Poynting のベクトルである．

(3.248)，(3.249)はそれぞれ静電力 $\rho\boldsymbol{E}$ および静磁力 $\boldsymbol{J}\times\boldsymbol{B}$ が電場の応力テ

ンソルおよび磁場の応力テンソルから導かれることを示す．(3.250)は，$\varepsilon\mu\boldsymbol{S}$ を**電磁場の運動量**と解釈するならば，ローレンツ力と電磁場の時間当りの運動量の増加の和が電磁場の応力テンソルから導かれることを示している．真空中では $\varepsilon_0\mu_0\boldsymbol{S}=c^{-2}\boldsymbol{S}$ ゆえ，電磁場の運動量はごく小さい．上の関係を積分形で表わした

$$\int_{\partial V}\boldsymbol{p}\cdot\boldsymbol{n}\,\mathrm{d}S=\int_V(\rho\boldsymbol{E}+\boldsymbol{J}\times\boldsymbol{B})\,\mathrm{d}V+\varepsilon\mu\frac{\mathrm{d}}{\mathrm{d}t}\int_V\boldsymbol{S}\,\mathrm{d}V \tag{3.251}$$

は**電磁場の運動量の保存法則**を意味する．これと**電磁場のエネルギー保存法則**を表わす(2.186)は一対の法則である．

電場を $\boldsymbol{E}=|E|\boldsymbol{e}$ とし，単位法線ベクトルを $\boldsymbol{n}=\boldsymbol{e}\cos\theta+\boldsymbol{f}\sin\theta$ と電場の方向の成分とそれと直交する成分に分けて，電場の応力 $\boldsymbol{P}^e\cdot\boldsymbol{n}$ を計算すれば

$$\begin{aligned}\boldsymbol{P}^e\cdot\boldsymbol{n}&=\frac{\varepsilon}{2}|\boldsymbol{E}|^2(2\boldsymbol{e}\cos\theta-\boldsymbol{n})\\&=\frac{\varepsilon}{2}|\boldsymbol{E}|^2(\boldsymbol{e}\cos\theta-\boldsymbol{f}\sin\theta)\end{aligned} \tag{3.252}$$

となる．すなわち，電場の応力は大きさが $\varepsilon|\boldsymbol{E}|^2/2$，かつ方向が $(\boldsymbol{E},\boldsymbol{n})$ 平面で $\boldsymbol{E}$ 方向の座標軸に関して $\boldsymbol{n}$ と対称なベクトルである．特に，$\boldsymbol{E}$ と平行な方向 $\boldsymbol{n}$ では $\boldsymbol{n}$ 方向の張力，$\boldsymbol{E}$ と垂直な方向 $\boldsymbol{n}$ では $\boldsymbol{n}$ 方向の圧力となる．また，$\boldsymbol{E}$ と $45°$ の方向 $\boldsymbol{n}$ では $\boldsymbol{n}$ と直交する純粋な剪断応力となる．磁場の応力についても同様なことが成立する．

Faraday は電磁力は電気力線および磁力線が線の方向には引き合い，線同志は互いに反発することによって生じるとした．Maxwell の応力テンソルは Faraday のこの考えを忠実に数学的に表現したものとなっている．

われわれは，ローレンツ力を電場 $\boldsymbol{E}$，磁場 $\boldsymbol{B}$ があるところに電荷 e を置いたとき，この電荷が受ける力(2.139)として定義したが，これは電荷 e が限りなく小さい極限でのみなりたつことであり，現実に有限の電荷を置いたときはこの電荷によって生ずる電場および磁場の乱れによって式(2.139)とは異なった力が作用する．例えば，(x, y) 平面が接地された導体であって，はじめには一切の電磁場がないところに静止電荷を置けば，この電荷と (x, y) 平面に関して対称の場所に反対の電荷を置いたのと同じ静電場が生じ，電荷には z 軸方向に (x, y) 平面に向う引力が働く．したがって，電磁力を正確に計算するため

には，試験に使う電荷も含めた電荷，電流分布と境界条件によって生ずる電磁場を求め，その電磁場の応力の積分として計算するという手続きをふまなければならない．これを実行することは容易ではないのが普通である．

さて，一般にユークリッド空間 E^n，あるいはもっと一般にアフィン空間 A^n で定義されたテンソル場 $\boldsymbol{T}(\boldsymbol{x})=(T_{ij}(\boldsymbol{x}))$ 等については，各点 x における加法，スカラー倍，テンソル積，縮約等テンソルとしての演算の他に，独立変数に関する微分が新たな演算として許される．すなわち，

$$\boldsymbol{T}(\boldsymbol{x}) = (T^{i_1\cdots i_p}_{j_1\cdots j_q}(\boldsymbol{x})) \tag{3.253}$$

が (p, q) 型のテンソル場であるとき，偏導関数

$$\nabla_j T^{i_1\cdots i_p}_{j_1\cdots j_q}(x) = \frac{\partial T^{i_1\cdots i_p}_{j_1\cdots j_q}}{\partial x^j} \tag{3.254}$$

を成分とする

$$\nabla \boldsymbol{T}(x) = (\nabla_j T^{i_1\cdots i_p}_{j_1\cdots j_q}(x)) \tag{3.255}$$

は $(p, q+1)$ 型のテンソル場となる．

$\boldsymbol{T}$ がスカラー場のとき，これは $\boldsymbol{T}$ の勾配 grad $\boldsymbol{T}$ であり，これがアフィン座標変換に際して共変ベクトルとして変換されることは，すでに§2.9で示した．一般のテンソル場の場合も容易にこの場合に帰着させることができる．すなわち，$\boldsymbol{a}^1, \cdots, \boldsymbol{a}^p, \boldsymbol{b}_1, \cdots, \boldsymbol{b}_q$ をそれぞれ p 個の定数共変ベクトル，q 個の定数反変ベクトルとするとき，縮約

$$\boldsymbol{T}(x)(\boldsymbol{a}^1, \cdots, \boldsymbol{a}^p, \boldsymbol{b}_1, \cdots, \boldsymbol{b}_q) = \sum T^{i_1\cdots i_p}_{j_1\cdots j_q}(x)\, a^1_{i_1}\cdots a^p_{i_p} b^{j_1}_1 \cdots b^{j_q}_q$$

はスカラー場である．この勾配

$$\sum \nabla_j T^{i_1\cdots i_p}_{j_1\cdots j_q}(x)\, a^1_{i_1}\cdots a^p_{i_p} b^{j_1}_1 \cdots b^{j_q}_q$$

が共変ベクトルであるということは，多重線形形式としてのテンソルの定義より，$\nabla \boldsymbol{T}(x)$ が $(p, q+1)$ 型のテンソルであるということである．

これと縮約を合わせた div $\boldsymbol{T}=\sum \nabla_j T_{ij}$ は応力の計算(3.241)で用いたが，第2章で述べた3次元のベクトル解析における演算もすべてテンソル場の微分を用いて表わすことができる．勾配 grad f はすでに論じた．発散 div $\boldsymbol{f}$ は $\boldsymbol{f}$ を反変ベクトル場として微分した混合テンソル場 $(\nabla_j f^i)$ のトレースである．回転 rot $\boldsymbol{f}$ は $\boldsymbol{f}$ を共変ベクトル場として微分した2階共変テンソル場 $(\nabla_j f_i)$ の

反対称部分の2倍 $(\nabla_j f_i - \nabla_i f_j)$ と同一視することができる．

しかしながら，テンソル場 $\boldsymbol{T}$ に対し，その微分 $\nabla\boldsymbol{T}$ がまたテンソル場になるためには，$\boldsymbol{T}$ が定義されている領域がアフィン空間 A^n の部分領域であるということが本質的にきいている．座標変換として，全領域一斉に線形に作用するアフィン変換しか許さなかったからこそ上の証明がなりたったのである．

一般に曲った空間である多様体の上で定義されたベクトル場やテンソル場に対して，その微分を定義してもそれはもはやテンソル場とはならず座標変換に際して複雑な振舞いをする．しかしながら，1854年 B. Riemann が導入したリーマン空間ではテンソル場をテンソル場にうつす共変微分が定義できる．テンソル場の概念は，純粋数学の領域では弾性論と独立に，このリーマン空間の研究から自然に生まれてきた．そして，1901年に発表された G. Ricci と T. Levi-Civitȧ の論文でおおよそ今日テンソル解析として知られている内容に整えられた．しかし，テンソルという言葉はまだ使われていない．リーマン空間は各点(の接空間)にユークリッド的計量が与えられた多様体である．A. Einstein はこのユークリッド的計量をミンコフスキー的計量におきかえて一般相対性理論を創った．テンソルという術語は Einstein が一般相対性理論の基礎を与えた1916年の論文で用いてから一般に広まったようである．テンソルという言葉そのものは19世紀中頃から使われていたがその意味は人によりまちまちであった．Heaviside はベクトルの大きさの意味で使っていたし，Gibbs のテンソルは座標軸を主軸とする正定符号対称テンソルであった．1900年頃 W. Voigt は弾性論に現われる応力テンソルなど2階の対称テンソルが座標変換に際してベクトルと違う振舞いをすることに注意し，このような量をテンソルとよぼうと提案した．しかし，Voigt もテンソルの一般論を展開したわけではない．一方，§3.5で述べたように Gibbs は違う名をつけてテンソルの理論を作っていた．結局，テンソルの生みの親は Ricci, Levi-Civita と Gibbs であり，名づけ親は Voigt と Einstein であったと思われる．Voigt のテンソル(tensor)という言葉は，もちろん，弾性論での張力(tension)から来たのであろう．Maxwell は彼の電場および磁場のテンソルを電場および磁場の張力とよんでいる．

リーマン幾何学の共変微分は後に接続の幾何学へと発展し，新しい物理学の定式化にも使われるようになるのであるが，ここでは一切扱えない．

§3.10　4次元テンソル場としての電磁場

この節では，Maxwellの方程式がローレンツ変換の下で不変であることを示すため，これをミンコフスキー空間でのテンソル方程式に書き改める．

ミンコフスキー空間の基本2次形式としては，§3.3の(3.78)をとることもできるが，われわれが採用した電磁場の単位系とはなじまないため，時間を表わすx^0と空間座標を表わす(x^1, x^2, x^3)は真空での光速c倍だけ単位がちがうとして

$$\boldsymbol{G}(\boldsymbol{x}) = (x^0)^2 - c^{-2}(x^1)^2 - c^{-2}(x^2)^2 - c^{-2}(x^3)^2 \tag{3.256}$$

を採用する．また断りなく

$$x^0 = t, \quad x^1 = x, \quad x^2 = y, \quad x^3 = z \tag{3.257}$$

という同一視をする．

この場合，基本テンソルを行列で表わしたものは，

$$(g_{ij}) = \begin{pmatrix} 1 & & & \\ & -c^{-2} & & \\ & & -c^{-2} & \\ & & & -c^{-2} \end{pmatrix}, \quad (g^{ij}) = \begin{pmatrix} 1 & & & \\ & -c^{2} & & \\ & & -c^{2} & \\ & & & -c^{2} \end{pmatrix} \tag{3.258}$$

である．$c^{-2} = \varepsilon_0 \mu_0$であることを思い出しておく．

電磁場$(\boldsymbol{E}, \boldsymbol{B})$を2階反対称共変テンソル場

$$(F_{ij}) = \begin{pmatrix} 0 & E_1 & E_2 & E_3 \\ -E_1 & 0 & -B_3 & B_2 \\ -E_2 & B_3 & 0 & -B_1 \\ -E_3 & -B_2 & B_1 & 0 \end{pmatrix} \tag{3.259}$$

で表わす．これを**電磁場テンソル**という．同伴する反変テンソル場は(3.258)の行列(g^{ij})を左右から掛けて得られる

$$(F^{ij}) = \begin{pmatrix} 0 & -c^2E_1 & -c^2E_2 & -c^2E_3 \\ c^2E_1 & 0 & -c^4B_3 & c^4B_2 \\ c^2E_2 & c^4B_3 & 0 & -c^4B_1 \\ c^2E_3 & -c^4B_2 & c^4B_1 & 0 \end{pmatrix} \tag{3.260}$$

である．これに時間を変えない空間の回転 $U \in \mathrm{O}(3)$ のみからなるローレンツ変換

$$L = \begin{pmatrix} 1 & 0 \\ 0 & U \end{pmatrix}$$

を施して得られる $(\tilde{F}^{ij})$ は，(F^{ij}) の左から L を掛け，右から転置行列 L' を掛けたものである．簡単な計算で，これは

$$\begin{pmatrix} \tilde{E}_1 \\ \tilde{E}_2 \\ \tilde{E}_3 \end{pmatrix} = U \begin{pmatrix} E_1 \\ E_2 \\ E_3 \end{pmatrix}, \quad \begin{pmatrix} \tilde{B}_1 \\ \tilde{B}_2 \\ \tilde{B}_3 \end{pmatrix} = (\det U)\, U \begin{pmatrix} B_1 \\ B_2 \\ B_3 \end{pmatrix} \tag{3.261}$$

に対する(3.260)のテンソルになることが示されるから，3次元の空間において電場 $\boldsymbol{E}$ は極性ベクトルとして，磁場 $\boldsymbol{B}$ は軸性ベクトルとして変換されたものに変換されることがわかる．§2.10では電場も磁場も単にベクトル場として扱ったが，ローレンツ力との共変性を考えたとき，磁場は軸性ベクトルとした方がつじつまが合うので，こちらの方が正しい変換である．

等速運動する座標系にうつるローレンツ変換の下では，電場と磁場が入り混じる．静止電荷に由来する静電場も等速運動する座標系からみれば等速運動する電荷による電磁場となり磁場が生ずるのは当然である．

電磁場テンソルを用いると Maxwell の方程式は次の二つのテンソル方程式に書き改められる．

$$\frac{\partial F_{jk}}{\partial x^i} + \frac{\partial F_{ki}}{\partial x^j} + \frac{\partial F_{ij}}{\partial x^k} = 0, \tag{3.262}$$

$$\sum_{i=0}^{3} \frac{\partial F^{ij}}{\partial x^i} = c^4 \mu_0 k^j. \tag{3.263}$$

ただし，k^i は

$$(k^0, k^1, k^2, k^3) = (\rho, J_1, J_2, J_3) \tag{3.264}$$

で与えられる**電荷電流ベクトル**である．

実際，(3.262)において，$(i, j, k) = (1, 2, 3)$ とすれば

$$\mathrm{div}\, \boldsymbol{B} = \frac{\partial B_1}{\partial x^1} + \frac{\partial B_2}{\partial x^2} + \frac{\partial B_3}{\partial x^3} = 0$$

が得られ，$(i, j, k) = (0, 2, 3)$ とすれば

$$-\frac{\partial B_1}{\partial x^0}-\frac{\partial E_3}{\partial x^2}+\frac{\partial E_2}{\partial x^3}=0$$

すなわち，Faraday の法則(2. 178)

$$\frac{\partial \boldsymbol{B}}{\partial t}+\mathrm{rot}\,\boldsymbol{E}=0$$

の第 1 成分が得られる．他の成分の計算も同じである．

(3. 263)の第 0 成分が(2. 175)，第 1～3 成分が Maxwell の法則(2. 177)になることも容易に確かめられる．

これで Maxwell の方程式はローレンツ変換に対し不変な形で表わせた．次に，

$$f_i=\sum_{j=0}^{3}F_{ij}k^j \tag{3. 265}$$

を **4 元力ベクトル**という．この成分を計算すれば

$$f_0=\boldsymbol{J}\cdot\boldsymbol{E}, \tag{3. 266}$$

$$(f_1, f_2, f_3)=-(\rho\boldsymbol{E}+\boldsymbol{J}\times\boldsymbol{B}) \tag{3. 267}$$

となり，それぞれ電磁場がなす動力密度およびローレンツ力の符号をかえたものを表わす．このベクトルの反変成分 f^i は $\boldsymbol{J}\cdot\boldsymbol{E}$ および $c^2(\rho\boldsymbol{E}+\boldsymbol{J}\times\boldsymbol{B})$ の第 1～3 成分であり，力の向きが逆なのではない．

最後に，**電磁場のエネルギー運動量テンソル**

$$T_{ij}=\frac{1}{c^4\mu_0}\left\{-\sum_{k,l=0}^{3}g^{kl}F_{ik}F_{jl}+\frac{1}{4}g_{ij}\sum_{k,l=0}^{3}F_{kl}F^{kl}\right\} \tag{3. 268}$$

を導入する．簡単な計算により

$$(T_{ij})=\begin{pmatrix} w & -c^{-2}S_1 & -c^{-2}S_2 & -c^{-2}S_3 \\ -c^{-2}S_1 & -c^{-2}P_{11} & -c^{-2}P_{12} & -c^{-2}P_{13} \\ -c^{-2}S_2 & -c^{-2}P_{21} & -c^{-2}P_{22} & -c^{-2}P_{23} \\ -c^{-2}S_3 & -c^{-2}P_{31} & -c^{-2}P_{32} & -c^{-2}P_{33} \end{pmatrix} \tag{3. 269}$$

となることがわかる．ここで，w は電磁場のエネルギー密度(2. 184)，S_i は Poynting のベクトル $\boldsymbol{S}$ (2. 185)の成分，P_{ij} は電磁場の応力テンソル(3. 247)の成分である．

$c^{-2}\boldsymbol{S}$ が電磁場の運動量密度であることはすでに示した．同伴反変テンソルが

$$(T^{ij}) = \begin{pmatrix} w & \boldsymbol{S}' \\ \boldsymbol{S} & -c^2\boldsymbol{P} \end{pmatrix} \tag{3.270}$$

となることに注意すれば，エネルギー保存法則(2.186)の微分形である

$$\frac{\partial w}{\partial t} + \mathrm{div}\,\boldsymbol{S} = -\boldsymbol{J}\cdot\boldsymbol{E} \tag{3.271}$$

および運動量保存法則(3.251)の微分形である

$$c^{-2}\frac{\partial \boldsymbol{S}}{\partial t} - \mathrm{div}\,\boldsymbol{P} = -(\rho\boldsymbol{E} + \boldsymbol{J}\times\boldsymbol{B}) \tag{3.272}$$

はローレンツ変換に関して不変な一つの式

$$\sum_{j=0}^{3}\frac{\partial T^{ij}}{\partial x^j} = -f^i \tag{3.273}$$

にまとめることができる.

第4章

ベクトル場と微分形式

これまで扱ってきたベクトル，テンソル，ベクトル場，テンソル場はいずれもユークリッド空間，アフィン空間など線形の空間で定義されており，座標は直線座標のみ，座標変換も空間全体で定義された線形変換しか許してこなかった．この章では，曲った空間である多様体の上で定義された微分形式，すなわち反対称共変テンソル場，および反変ベクトル場を考察する．多様体の上では必然的に曲線座標しか使えないため，テンソルの型はこれまで以上に重要な意味をもってくる．

反変ベクトル場は，無限小変換の意味をもち，1階の同次線形微分作用素

$$X = a^1(x)\frac{\partial}{\partial x_1} + \cdots + a^n(x)\frac{\partial}{\partial x_n}$$

と，成分までこめて，同一視することができる．それゆえ，このような作用素の積および関数の1次結合として表わされる線形微分作用素も多様体の上で不変の意味をもつ．そして，その係数のうち最高階のものは座標変換に際して対称反変テンソルとして変換されるのであるが，それ以外のものは複雑な振舞いをする．ただ，同次1階線形微分作用素 X, Y の Lie の括弧積

$$[X, Y] = XY - YX$$

は再び同次1階線形微分作用素になり，反変ベクトル場としての意味をもつ．

p 次の微分形式は

$$\omega = \sum_{i_1 < \cdots < i_p} a_{i_1 \cdots i_p}(x)\, \mathrm{d}x_{i_1} \wedge \cdots \wedge \mathrm{d}x_{i_p}$$

という表示をもつ p 階の反対称共変テンソル場である．多様体の各点では p 個の反変ベクトル場 X_i に関する反対称 p 重線形形式 $\omega(X_1, \cdots, X_p)$ と見做される．微分形式 ω に対し

$$\mathrm{d}\omega = \sum_{i_1<\cdots<i_p} \mathrm{d}a_{i_1\cdots i_p}(x) \wedge \mathrm{d}x_{i_1} \wedge \cdots \wedge \mathrm{d}x_{i_p}$$

によって定義される外微分 $\mathrm{d}\omega$ は，勾配，回転，発散などを一般の次元に拡張したものになっており，重要な役割を果す．

§4.1　多様体

多様体とは，局所的にユークリッド空間，より正確にはアフィン空間と，同じ構造をもつ空間のことである．具体的にはユークリッド空間の中の曲線，曲面のようなものを思いうかべればよい．実際，抽象的に定義された多様体もすべて高い次元のアフィン空間の部分として実現できることが知られている．ただ，われわれはこの曲面の外のことは一切知らないとして議論をすすめる．宇宙論では，時空を曲った多様体として扱うが，それがどのように平らな空間に埋め込まれようと，われわれはこの時空の外とは一切の関係をもつことができないのと同じである．

最も一般の多様体は，局所的にユークリッド空間と位相的に同じ空間であるが，それでは解析的な手段が使えないため，われわれは微分構造の入った多様体のみを考える．微分構造としては，C^1 級から C^r 級，C^∞ 級，実解析的とさまざまなものをとり得る．これらは，それぞれのクラスの滑らかさをもつ関数族によって決まるから，ここでは，空間とこの関数族を対として多様体を定義することにする．

まず，モデルとなる n 次元アフィン空間 A^n 上の関数族 $\mathcal{F}$ を考える．$\mathcal{F}$ は C^1, C^∞ 等であるが，ほとんどの場合 C^∞ としてよい．これらの関数族が関数の定義域の各点の近傍での関数の振舞いのみによって定まることを明確にするため，やや大げさではあるが層の概念を用いることにする．

$\mathcal{F}$ が空間 M 上の線形空間の**層**であるとは，M の各開集合 U に対して $\mathcal{F}(U)$ という線形空間が定まっており，さらに $U \supset V$ が二つの開集合の場合，

$\mathcal{F}(U)$ の元を $\mathcal{F}(V)$ の元に制限する線形写像 $\rho_V^U : \mathcal{F}(U) \to \mathcal{F}(V)$ が定まっていて，以下の条件をみたすことと定義する：

(a)　ρ_U^U は恒等写像であり，$U \supset V \supset W$ が開集合ならば，$\rho_W^U = \rho_W^V \circ \rho_V^U$．ここで，$\circ$ は写像の合成を表わす．

(b)　U が開集合 U_α の合併 $\bigcup U_\alpha$ として表わされる開集合の場合，$f, g \in \mathcal{F}(U)$ の各 U_α への制限について，$\rho_{U_\alpha}^U(f) = \rho_{U_\alpha}^U(g)$ がなりたつならば，$f = g$．

(c)　$U = \bigcup U_\alpha$ であって，各 U_α で定義された $f_\alpha \in \mathcal{F}(U_\alpha)$ が，$U_{\alpha\beta} = U_\alpha \cap U_\beta$ が空とならない任意の α, β に対して

$$\rho_{U_{\alpha\beta}}^{U_\alpha}(f_\alpha) = \rho_{U_{\alpha\beta}}^{U_\beta}(f_\beta) \tag{4.1}$$

をみたすならば，$f_\alpha = \rho_{U_\alpha}^U(f)$ となる $f \in \mathcal{F}(U)$ が存在する．

条件(a)は制限というものがみたさなければならない当然の性質である．(b)は局所的に等しいものは大局的に等しいこと，(c)は局所的データは重なる部分でつじつまがあっているなら大局的につなぎ合せられることを主張している．アフィン空間 A^n 上の多くの関数族は層をなすが，有界連続関数の族など，局所的性質のみによっては決定できない関数族は層をなさない．

$\mathcal{F}$ をアフィン空間 A^n 上の関数からなる線形空間の層であって，$\mathcal{F}(U)$ はいずれも A^n の座標関数 $x_1, \cdots, x_n$ を含んでいるとする．(本章では，一般のテンソルは扱わないので，座標が位置ベクトルの反変成分であることを明示するために用いた第3章の記号 x^i は使わない．) このとき，M が **$\mathcal{F}$ 級の n 次元多様体**であるとは，次の条件をみたす位相と，線形空間の層 $\mathcal{F}$ をもつことである：

(a)　M はある距離によって定まる位相をもつ．

(b)　各開集合 U に対し $\mathcal{F}(U)$ は U 上の関数よりなり，制限写像 ρ_V^U は各 $f \in \mathcal{F}(U)$ の定義域を V に制限することによって得られる．

(c)　各点 $p \in M$ に対し，p を含む開集合 U と U からアフィン空間 A^n の中の開集合の上への同相写像 $\varphi_U : U \to \varphi_U(U)$ があり，任意の開集合 $V \subset U$ に対して $\mathcal{F}(V)$ は $\mathcal{F}(\varphi_U(V))$ を φ_U によって引戻した関数全体と一致する．

ここで，V 上の関数 $g(p)$ が $f(x)\in\mathscr{F}(\varphi_U(V))$ の φ_U による**引戻し**であるとは

$$g(p) = f(\varphi_U(p)),\quad p\in V, \tag{4.2}$$

で定義される関数であることをいう．

条件(c)の開集合 U を p の**座標近傍**，φ_U を**座標写像**，対 (U,φ_U) を**局所座標系**という．局所座標系 (U,φ_U) が与えられたとき，しばしば点 $p\in U$ とその**座標** $x=\varphi_U(p)\in\varphi_U(U)$ を同一視し，点 $x\in U$ 等と書く．また，局所座標系も定義域 U を明示せず，**座標関数** $x_i(p)$ のみを書き並べて局所座標系 $(x_1,\cdots,x_n)$ 等ということが多い．

U が M の開集合であるとき，$f(p)\in\mathscr{F}(U)$ を U 上の $\mathscr{F}$**級の関数**という．U が座標近傍に含まれる開集合の場合はしばしば上の同一視をして U 上の関数 $f(x)$ 等という．

U, V が座標近傍，$x=\varphi_U(p), y=\varphi_V(p)$ がそれぞれの座標写像であって，U と V が交わるとき，

$$\varphi_V\circ\varphi_U{}^{-1}: \varphi_U(U\cap V)\to\varphi_V(U\cap V)$$

は A^n の開集合の間の同相写像である．これを座標 x, y を用いて表わした

$$y = \varphi_V\circ\varphi_U{}^{-1}(x)$$

を**座標変換の式**という．普通，変数の記号 y を関数の記号にも流用して

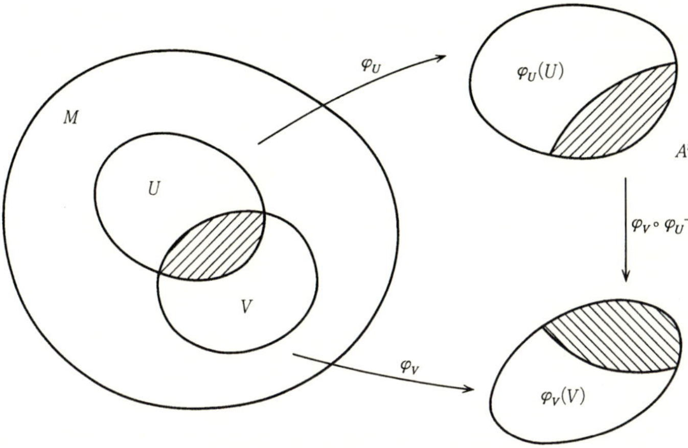

図 4.1 座標写像と座標変換

$$y = y(x) = (y_1(x_1, \cdots, x_n), \cdots, y_n(x_1, \cdots, x_n)) \tag{4.3}$$

等と書く．

条件(c)を U の中の $U \cap V$ と V の中の $U \cap V$ にあてはめれば，$\mathscr{F}(\varphi_U(U \cap V))$ は $\mathscr{F}(\varphi_V(U \cap V))$ の $\varphi_V \circ \varphi_U^{-1}$ による引戻しと一致しなければならない．特に座標変換式の各成分 $y_i(x)$ は $\mathscr{F}(\varphi_U(U \cap V))$ に属する．

このようにして $\mathscr{F}$ 級の多様体 M には，次の性質をもつ開集合の族 U_α と，A^n の中の開集合の上への同相写像 $\varphi_\alpha : U_\alpha \to \varphi_\alpha(U_\alpha)$ があることがわかる．

(b)′ $\{U_\alpha\}$ は M の開被覆である．すなわち，$M = \bigcup U_\alpha$．

(c)′ $U_\alpha \cap U_\beta \neq \emptyset$ ならば，

$$\varphi_\beta \circ \varphi_\alpha^{-1} : \varphi_\alpha(U_\alpha \cap U_\beta) \to \varphi_\beta(U_\alpha \cap U_\beta)$$

は $\mathscr{F}$ 級の関数を成分とする写像である．

A^n 上の関数族 $\mathscr{F}$ は**合成に関して閉じている**とする．すなわち，開集合 $U \subset A^n$ 上の関数 $y_1(x), \cdots, y_n(x)$ が $\mathscr{F}(U)$ に属し，$y_i(x)$ を成分とする写像 $U \to A^n$ が U を開集合 V の中に写し，かつ $f(y)$ が $\mathscr{F}(V)$ に属するならば，$f(y(x))$ が $\mathscr{F}(U)$ に属するとする．このときは，逆に条件(a), (b)′, (c)′ をみたす M は U_α を座標近傍，φ_α を座標写像とする $\mathscr{F}$ 級の多様体になる．

［証明］ $V \subset M$ がある U_α に含まれる開集合のときは $\mathscr{F}(V)$ を $\mathscr{F}(\varphi_\alpha(V))$ の φ_α による引戻しと定義し，任意の開集合 U に対しては，関数として上のような V に制限したものが常に $\mathscr{F}(V)$ に入る関数全体として $\mathscr{F}(U)$ を定義すればよい．$\mathscr{F}(V)$ が V を含む U_α に依存しないことは $\mathscr{F}$ が合成に関して閉じていることから導かれる． ∎

したがって，条件(a), (b)′, (c)′ をみたす集合 M として $\mathscr{F}$ 級の多様体を定義することもできる．むしろこちらの方が普通採用されている定義である．この場合，$\varphi_\alpha(U_\alpha) \subset A^n$ と，これと交わる $\varphi_\beta(U_\beta)$ および座標変換式 $\varphi_\beta \circ \varphi_\alpha^{-1}$ を合せたものを**地図**といい，地図全体を多様体 M の**地図帳**という．

例えば，ユークリッド空間 E^n の中の単位球面

$$S^n = \{x \in E^{n+1} ; x_1{}^2 + \cdots + x_{n+1}^2 = 1\} \tag{4.4}$$

は，それから南極 $(0, \cdots, 0, -1)$ を除いたもの，および北極 $(0, \cdots, 0, 1)$ を除いたものをそれぞれ A^n 全体にうつして地図として画くことができる．具体的には，平射図法をとり

$$\varphi_{\pm}(x) = \frac{(x_1, \cdots, x_n)}{1 \pm x_{n+1}} \tag{4.5}$$

とすればよい．このとき $\varphi_{-}\circ\varphi_{+}{}^{-1}$ および $\varphi_{+}\circ\varphi_{-}{}^{-1}$ は原点を除き実解析的である．この地図帳により S^n は実解析級の多様体となる．S^n 上に同じ実解析関数の層を定める地図帳の作り方は他に無限個あることに注意する．

本書で扱うのは専ら多様体の局所理論，すなわち一枚の地図で表わせるような多様体の性質のみである．しかし，$\mathscr{F}$ 級の座標変換をすべて許して，それらに関して共変的な性質のみを考える点は，アフィン空間の中の開集合での解析とは異なる．この際，重要な手段となるのが，問題に応じて都合のよい $\mathscr{F}$ 級の局所座標系がとれることを示す一連の定理であり，**陰関数の定理**と総称される．この眼目は，$\mathscr{F}$ 級の写像の1点の近傍での性質が，その写像のその点での微分によりほぼ決まることである．以下

$$x = (x_1, \cdots, x_n), \quad y = (y_1, \cdots, y_n), \quad f = (f_1, \cdots, f_n)$$

等の略記号を用いる．

定理 4.1(逆写像定理)　アフィン空間 A^n の原点 O の近傍で定義された $\mathscr{F}$ 級の関数 $f_i(x)$ を用いて

$$y_i = f_i(x), \quad i = 1, \cdots, n, \tag{4.6}$$

と表わされる写像 $y=f(x)$ が O を O にうつすとする．このとき，Jacobi 行列式が原点 O で条件

$$\frac{\partial(f_1, \cdots, f_n)}{\partial(x_1, \cdots, x_n)} = \det\left(\frac{\partial f_i}{\partial x_j}\right) \neq 0 \tag{4.7}$$

をみたすならば，O の開近傍 U と V があり，この写像を U に制限したものは V の上への同相写像であって，逆写像 $x=g(y)$ の成分 $g_i(y)$ も V 上 $\mathscr{F}$ 級の関数である．　□

定理 4.2(陰関数定理)　$m \leqq n$ とし，A^n の原点 O の近傍を A^m の原点 O' の近傍にうつす $\mathscr{F}$ 級の写像

$$y_i = f_i(x), \quad i = 1, \cdots, m, \tag{4.8}$$

が O を O' にうつし，かつ O において

$$\frac{\partial(f_1, \cdots, f_m)}{\partial(x_1, \cdots, x_m)} \neq 0 \tag{4.9}$$

をみたすとする．このとき，A^n の O の近傍 U, V と V で定義された $\mathscr{F}$ 級の

関数 $g_j(y_1, \cdots, y_n), j=1, \cdots, n$, があり

$$f_i(g_1(y), \cdots, g_n(y)) = y_i, \quad i = 1, \cdots, m, \tag{4.10}$$

$$g_j(y) = y_j, \quad j = m+1, \cdots, n, \tag{4.11}$$

をみたす．$y \in V$ のとき，$g(y) \in U$，かつこれは(4.10)，(4.11)において $g_i(y)$ を x_i におきかえた x に関する方程式の U における唯一つの解である．　□

これを陰関数定理というのは，特に連立方程式

$$f_i(x_1, \cdots, x_n) = 0, \quad i = 1, \cdots, m, \tag{4.12}$$

が O の近傍で唯一つの解

$$x_j = g_j(0, \cdots, 0, x_{m+1}, \cdots, x_n), \quad j = 1, \cdots, m, \tag{4.13}$$

をもち，$x_{m+1}, \cdots, x_n$ の関数として表わされることからきている．

定理 4.3(階数定理)　n, m を任意とし，A^n の原点 O の近傍を A^m の原点 O' の近傍にうつす $\mathscr{F}$ 級の写像

$$y_i = f_i(x), \quad i = 1, \cdots, m, \tag{4.14}$$

が O を O' にうつし，かつ Jacobi 行列 $(\partial f_i/\partial x_j)$ の階数が O の近傍で一定の r であるとする．このとき，$O \in A^n$ の開近傍 U_0, U_1，$O' \in A^m$ の開近傍 V_0, V_1，U_0 を U_1 に，O を O にうつす $\mathscr{F}$ 級の同相写像 φ, V_0 を V_1 に，O' を O' にうつす $\mathscr{F}$ 級の同相写像 ψ があり，$g=\psi \circ f \circ \varphi^{-1}$ は $(z_1, \cdots, z_n) \in U_1$ を $(z_1, \cdots, z_r, 0, \cdots, 0) \in V_1$ にうつす．　□

定理 4.2，定理 4.3 は定理 4.1 から簡単に導くことができる．定理 4.1 は，O の近傍で条件(4.7)がなりたつことを用い，例えば Newton の近似法によって方程式(4.6)を解き，解について $\mathscr{F}$ 級の微分可能性があることを示すことによって証明される．$\mathscr{F}$ が $C^1, C^2, \cdots, C^r, \cdots, C^\infty$ および実解析であるとき，これらの定理がなりたつことはよく知られている．実はもっと多くの関数族 $\mathscr{F}$ に対しても成立する．われわれはこれらの定理を $\mathscr{F}$ に関する条件として認めることにする．

球面の方程式(4.4)が一例であるが，アフィン空間 A^n またはより一般に $\mathscr{F}$ 級の n 次元多様体において，いくつかの $\mathscr{F}$ 級の関数を 0 とおいて定まる部分集合

$$S : f_i(x) = 0, \quad i = 1, \cdots, m, \tag{4.15}$$

を考える．もし S の近傍で Jacobi 行列 $(\partial f_i/\partial x_j)$ の階数 r が一定ならば，S の

各点の近傍で階数定理を適用することができて，その点の近くで定義された $\mathscr{F}$ 級の局所座標系 $z=\varphi(x)$ があり，方程式(4.15)は

$$z_1 = \cdots = z_r = 0 \tag{4.16}$$

と同等になる．

関数族 $\mathscr{F}$ はすべての次元の A^n に共通に定義されており，A^n 上の $\mathscr{F}$ 級の関数を線形部分空間 A^m に制限したものは $\mathscr{F}$ 級の関数になることを仮定する．そうすれば，局所的に(4.16)で定義される集合 S は $z_{r+1}, \cdots, z_n$ を局所座標関数とする $n-r$ 次元の $\mathscr{F}$ 級の多様体になることがわかる．

M, N を $\mathscr{F}$ 級の多様体とする．次元は異なっていてよい．このとき，**写像 $\boldsymbol{\Phi}: M \to N$ が $\mathscr{F}$ 級**とは，Φ が連続かつ任意の開集合 $V \subset N$ に対し $\mathscr{F}$ 級の関数 $g(y) \in \mathscr{F}(V)$ の f による引戻し $g(f(x))$ が $f^{-1}(V)$ 上 $\mathscr{F}$ 級の関数であることと定義する．$\mathscr{F}$ が合成および線形部分空間への制限に関して閉じているなど，これまでの仮定をみたすとき，これは Φ を M, N の局所座標で表わしたときの成分が $\mathscr{F}$ 級の関数であることと同等である．

$\mathscr{F}$ 級の写像 $\Phi: M \to N$ による $g \in \mathscr{F}(V)$ の引戻しを $\Phi^* g$ と書く：

$$\Phi^* g(x) = g(\Phi(x)). \tag{4.17}$$

Φ^* は，$\mathscr{F}(V)$ から $\mathscr{F}(\Phi^{-1}(V))$ への線形写像になる．

$\mathscr{F}$ 級の同相写像 $f: M \to N$ は，逆写像も $\mathscr{F}$ 級のとき $\mathscr{F}$ 級の**微分同相写像**という．逆写像定理によれば，$\mathscr{F}$ 級の同相写像を局所座標で表示したとき，その Jacobi 行列式がいたるところ 0 でなければ，その同相写像は $\mathscr{F}$ 級の微分同相写像である．

明らかに，$\mathscr{F}$ 級の写像の合成は $\mathscr{F}$ 級である．したがって，$\mathscr{F}$ 級の微分同相写像の合成も $\mathscr{F}$ 級の微分同相写像になる．

$\mathscr{F}$ 級の写像 $\Phi: M \to N$ をある点とその像の近くの局所座標で表わしたものの Jacobi 行列の，その点での階数 r は局所座標系のとり方によらない．これを Φ のその点での**階数**という．

Φ の階数がいたるところ M の次元 n に等しいとき，Φ を**はめこみ**(immersion)という．階数定理によれば，はめこみ $\Phi: M \to N$ を M の各点のある座標近傍 U に制限したものは適当な局所座標系の下で $(x_1, \cdots, x_n) \in U$ を $(x_1, \cdots,$

$x_n, 0, \cdots, 0)$ にうつす写像になる．特に，Φ は局所的に1対1の写像である．これが大局的に1対1のとき，Φ を**埋込み**(imbedding)という．

Φ が埋込みのとき，M は，Φ によって同一視することにより，N の部分集合と見做すことができる．このとき，再び階数定理によれば，M の位相は局所的には N の部分空間としての位相と同じである．しかし，大局的には N の部分空間としての位相と一致しないことがある．これが一致するとき Φ を**正則な埋込み**という．多様体 N の部分集合 M は，それ自身が多様体であって埋蔵写像 $M \to N$ が(正則な)埋込みであるとき，M の(正則な)**部分多様体**という．正則部分多様体の像が N の閉集合であるとき，**閉部分多様体**という．一定階数の方程式(4.15)で定義される部分多様体は閉部分多様体である．

次の定理を **Whitney の埋込み定理**という．

定理 4.4 任意の $\mathcal{F}$ 級の n 次元多様体は $2n+1$ 次元のアフィン空間 A^{2n+1} の実解析的閉部分多様体と $\mathcal{F}$ 級微分同相である． □

Whitney(1936年)は $\mathcal{F}=C^1$ に対して，この定理を証明した．$\mathcal{F}=C^\infty$ で A^{2n+1} の閉部分多様体も C^∞ 級とするときの証明はさほどむつかしくない．

この定理は C^1 級多様体にはその C^1 級構造を変えることなく，実解析構造を入れることができることを示している．他方，C^0 級多様体には必ずしも C^1 級構造を入れることができないことが知られている．

§4.2 接ベクトル

多様体 M においてベクトル解析を展開するには，まず M の1点 x におけるベクトルの意味を明らかにしておかなければならない．基本となるのは x での接ベクトルおよび接ベクトル全体からなる接ベクトル空間 T_xM である．直観的には，これは x を始点とし x で M と接するベクトル全体の空間である．Whitney の埋込み定理によって M を高次元アフィン空間に埋込んだとき，T_xM は x で M と接するベクトル全体の空間として構成することができる．

実際，$M \subset A^N$ を少なくとも C^1 級の n 次元閉部分多様体，p をその1点とする．p の近傍での M の局所座標系 $(x_1, \cdots, x_n)$ をとり，$\Phi(x)=(f_1(x), \cdots, f_N(x))$ によって A^N への埋込みを表わす．p の x 座標は x^0 であるとする．このとき，p において M と接する A^N のベクトルは $(a_1, \cdots, a_n) \in \mathbf{R}^n$ を用いて

$$\boldsymbol{t} = a_1\left(\frac{\partial f_1}{\partial x_1}, \cdots, \frac{\partial f_N}{\partial x_1}\right) + \cdots + a_n\left(\frac{\partial f_1}{\partial x_n}, \cdots, \frac{\partial f_N}{\partial x_n}\right) \tag{4.18}$$

と表わされるベクトルになる．この数ベクトル $(a_1, \cdots, a_n)$ を接ベクトル $\boldsymbol{t}$ の座標系 (x_i) に関する**成分**ということにしよう．$(y_1, \cdots, y_n)$ を別の局所座標系として，この座標系に関する同じベクトル $\boldsymbol{t}$ の成分 $(b_1, \cdots, b_n)$ を計算すれば，

$$\frac{\partial f_k}{\partial x_i} = \sum_{j=1}^{n} \frac{\partial y_j}{\partial x_i} \frac{\partial f_k}{\partial y_j}$$

から，

$$\begin{pmatrix} b_1 \\ \vdots \\ b_n \end{pmatrix} = \begin{pmatrix} \dfrac{\partial y_1}{\partial x_1} & \cdots & \dfrac{\partial y_1}{\partial x_n} \\ \dfrac{\partial y_2}{\partial x_1} & & \vdots \\ \vdots & \cdots & \dfrac{\partial y_n}{\partial x_n} \end{pmatrix} \begin{pmatrix} a_1 \\ \vdots \\ a_n \end{pmatrix} \tag{4.19}$$

が導かれる．特に，座標変換が線形変換のとき，これは反変ベクトルの成分としての変換である．それ故，曲線座標変換に際しても(4.19)の変換をうける量を**反変ベクトル**という．同様にして**共変ベクトル**，(p, q) 型の**テンソル**などを定義する．これが Ricci らによる多様体上のベクトルおよびテンソルの古典的な定義である．

しかし，この種の定義では常に比例定数の不定さがつきまとう．(4.18)で定義した $\boldsymbol{t}$ も埋込み写像 Φ に依存しており，M の中だけで議論しようというわれわれの原則に反する．接ベクトルは，もっと古くは，無限小の変位と理解されていた．多様体上の C^1 級の関数 f を考える．これを局所座標系 $(x_1, \cdots, x_n)$ を用いて表わし，点 x から微小な変位 Δx を与えたときの関数の増分 $\Delta f = f(x+\Delta x) - f(x)$ を考える．1次の Taylor 展開

$$\Delta f = \frac{\partial f}{\partial x_1}\Delta x_1 + \cdots + \frac{\partial f}{\partial x_n}\Delta x_n + R(x, \Delta x)$$

の誤差項 R は $|\Delta x| \to 0$ のとき $R/|\Delta x| \to 0$ となる．ゆえに，無限小の変位 $\mathrm{d}x$ の下では

$$\mathrm{d}f = \frac{\partial f}{\partial x_1}\mathrm{d}x_1 + \cdots + \frac{\partial f}{\partial x_n}\mathrm{d}x_n \tag{4.20}$$

がなりたつ，というのが Leibniz 以来の考え方である．ここで，$\mathrm{d}x_1, \cdots, \mathrm{d}x_n$ は

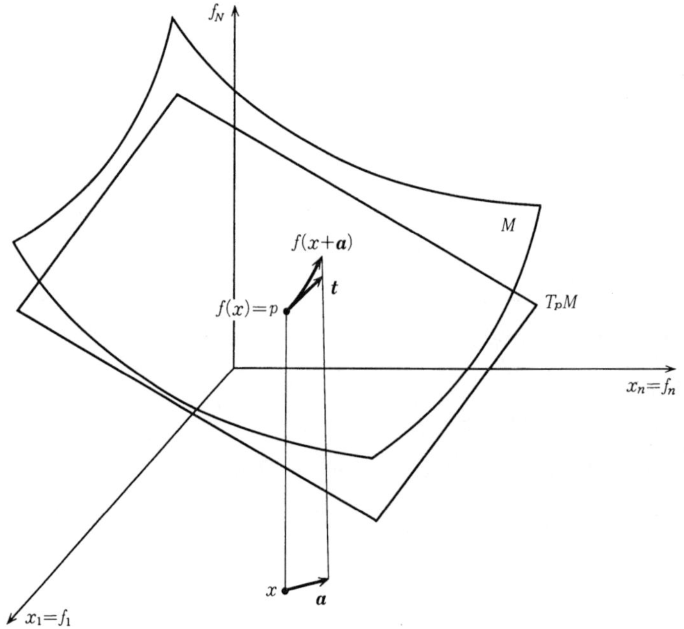

図 4.2 アフィン空間の閉部分多様体の接ベクトル

無限小の変位を表わす変数記号であり，ここに無限小の値 $a_1, \cdots, a_n$ を代入すれば，無限小の増分 $\mathrm{d}f$ が定まる．Cauchy が ε-δ 論法を発明して無限小を追放するまでは，むしろこういう考え方が解析学の主流であった．

Cauchy 以後のわれわれは(4.20)の $\mathrm{d}x_i, \mathrm{d}f$ を $(x, f(x))$ を原点として測ったベクトルと考え，これを接平面の方程式と見做す．上で与えた接ベクトルの定義(4.18)も f をベクトル値関数にした違いはあるが同じ観点に立っている．

これに対して，C. Chevalley (1946 年)は，無限小量を含まないもう一つ別の解釈を与えた．Chevalley によれば，多様体 M の 1 点 x での**接ベクトル**とは x における同次 1 階線形微分作用素

$$X = a_1\frac{\partial}{\partial x_1}+\cdots+a_n\frac{\partial}{\partial x_n}, \quad a_i \in \mathbf{R} \tag{4.21}$$

である．ここでは局所座標 x を用いて表示したが，x の近傍で定義された C^1 級の関数 $f(x)$ に作用して実数 Xf を定める線形写像であって，二つの関数の

積について

$$X(fg) = (Xf)g(x)+f(x)(Xg) \tag{4.22}$$

をみたすものと，局所座標を使わない定義をすることもできる．x での接ベクトル全体の空間を T_xM と書き，x での**接ベクトル空間**または**接空間**という．

$(a_1, \cdots, a_n)$ を局所座標系 $(x_1, \cdots, x_n)$ に関する X の成分という．これが座標変換に際して(4.19)の変換をうけることは容易にたしかめられる．すなわち，接ベクトルの成分は反変ベクトルとして変換される．逆に，反変ベクトルは接ベクトル(4.21)の成分と見做すことができる．

Xf を f の X **方向の微分**という．接ベクトル X が与えられたとき，M の中の曲線 $x(t)=(x_i(t))$ を

$$x_i(t) = x_i+a_it, \quad -\varepsilon < t < \varepsilon, \tag{4.23}$$

で定義し，1変数関数 $f(x(t))$ を $t=0$ で微分すれば

$$\left.\frac{\mathrm{d}f(x(t))}{\mathrm{d}t}\right|_{t=0} = Xf \tag{4.24}$$

となる．もっと一般に，$x(t)$を M の中の C^1 級の曲線とするとき，$t=0$ での微分として

$$a_i = \frac{\mathrm{d}x_i(t)}{\mathrm{d}t} \tag{4.25}$$

を定義すれば，これらを成分とする接ベクトル X について(4.24)が成立する．すなわち，x における M の接ベクトル X は，$t=0$ のとき x を通る M の曲線 $x(t)$ の $t=0$ での微分であるという解釈がなりたつ．

M, N を C^1 級の多様体，$\Phi: M\to N$ を C^1 級の写像であるとして，$x\in M$ を $y\in N$ にうつすとする．このとき，X が(4.21)で与えられる T_xM の接ベクトルならば，y の近傍で定義された C^1 級の関数 $g(y)$ の Φ による引戻し $\Phi^*g(x)=g(\Phi(x))$に対する X の作用は

$$X(\Phi^*g(x)) = \sum_{j=1}^{m}\left(\sum_{i=1}^{n}\frac{\partial y_j}{\partial x_i}a_i\right)\frac{\partial g}{\partial y_j} \tag{4.26}$$

となり，T_yN の元を定める．これを Φ_*X または，$\mathrm{d}\Phi(X)$ と書き，線形写像 $\Phi_*: T_xM\to T_yN$ を**写像 Φ の**点 x における**接写像**または**微分写像**という．

式(4.24)は，すべての接ベクトル $X\in T_xM$ が，1次元多様体 $(-\varepsilon, \varepsilon)$ から M への写像 $x(t)$ の $t=0$ での接写像の像として表わされることを示している．

N が1次元多様体 $\mathbf{R}$ のとき，Φ は M 上の関数 f であり，微分 $\mathrm{d}f=\Phi_*$ は

$$X=\sum_{i=1}^{n} a_i \frac{\partial}{\partial x_i} \mapsto \left(\sum_{i=1}^{n} a_i \frac{\partial f}{\partial x_i}\right) \frac{\mathrm{d}}{\mathrm{d}t} \tag{4.27}$$

という写像になる．ただし，t は $\mathbf{R}$ での標準的な座標である．これが全微分(4.20)の意味なのであるというのが Chevalley の解釈である．

一般の次元の場合，(4.26)は，写像 $\Phi(x)=(f_1(x_1,\cdots,x_n),\cdots,f_m(x_1,\cdots,x_n))$ の接写像 Φ_* が，反変ベクトル $(a_1,\cdots,a_n)'$ に **Jacobi 行列**

$$\begin{pmatrix} \dfrac{\partial f_1}{\partial x_1} & \cdots & \dfrac{\partial f_1}{\partial x_n} \\ \vdots & & \vdots \\ \dfrac{\partial f_m}{\partial x_1} & \cdots & \dfrac{\partial f_m}{\partial x_n} \end{pmatrix} \tag{4.28}$$

を掛ける線形写像であることを示している．

写像の合成 $\Phi\circ\Psi$ に対しては，明らかに

$$(\Phi\circ\Psi)_* = \Phi_*\circ\Psi_* \tag{4.29}$$

がなりたつ．

§4.3　ベクトル場と1径数変換群

多様体 M の各点 x において接ベクトル $X(x)$ を指定したベクトル値関数

$$X=a_1(x)\frac{\partial}{\partial x_1}+\cdots+a_n(x)\frac{\partial}{\partial x_n} \tag{4.30}$$

を**ベクトル場**または後に述べる理由によって**無限小変換**という．テンソル解析の用語を用いるならば反変ベクトル場というべきであるが，対比すべき共変ベクトル場を将来1次の微分形式とよぶので，わざわざ反変ベクトル場という必要はない．

ベクトル場 X は係数 $a_i(x)$ が $\mathscr{F}$ 級の関数のとき，**$\mathscr{F}$ 級のベクトル場**という．(4.30)の X および

$$Y=b_1(x)\frac{\partial}{\partial x_1}+\cdots+b_n(x)\frac{\partial}{\partial x_n} \tag{4.31}$$

が共に C^1 級のベクトル場であるとき，その交換子

$$[X, Y] = XY - YX = \sum_{i,j=1}^{n} \left(a_j \frac{\partial b_i}{\partial x_j} - b_j \frac{\partial a_i}{\partial x_j} \right) \frac{\partial}{\partial x_i} \tag{4.32}$$

もまたベクトル場である．これを X と Y の **Lie の括弧積**または単に**括弧積**という．括弧積は明らかに**反可換則**

$$[Y, X] = -[X, Y] \tag{4.33}$$

をみたす．

関数族 $\mathscr{F}$ がこれまでの仮定に加えて，導関数 $\partial f/\partial x_i$ をとる演算および積 $f(x)g(x)$ を作る演算に関して閉じているとき，$\mathscr{F}$ 級の多様体の上の $\mathscr{F}$ 級のベクトル場全体 $\mathfrak{X}(M)$ は，括弧積を積とする反可換な代数をなす．ただし，結合則はなりたたず，代りに **Jacobi 則**

$$[X, [Y, Z]] + [Y, [Z, X]] + [Z, [X, Y]] = 0 \tag{4.34}$$

をみたす．

一般に，Jacobi 則をみたす反可換な積をもつ代数を**リー代数**という．したがって，$\mathscr{F}$ 級のベクトル場の代数 $\mathfrak{X}(M)$ はリー代数である．ベクトル場に対する Jacobi 則の証明は容易であるので省略する．

以上では，多様体 M 全体で定義された $\mathscr{F}$ 級のベクトル場を議論の対象としたが，U が M の開集合のとき，これも $\mathscr{F}$ 級の多様体であるから，U 上で定義された $\mathscr{F}$ 級のベクトル場を考えることができる．U を動かしたときのこの全体 $\mathfrak{X}(U)$ は，自然な制限写像の下で M 上の線形空間の層をなす．これを $\mathscr{F}$ 級ベクトル場の層とよび，$\mathfrak{X}$ で表わす．

M 上の $\mathscr{F}$ 級のベクトル場 X を一つ決めたとき，$Y \in \mathfrak{X}(U)$ に対し括弧積 $[X, Y] \in \mathfrak{X}(U)$ を対応させる写像 $\mathrm{ad}\, X$ は層の制限写像と次の意味で可換である．

$$\mathrm{ad}\, X \circ \rho_V^U = \rho_V^U \circ \mathrm{ad}\, X. \tag{4.35}$$

ここで，左辺の $\mathrm{ad}\, X$ は $\mathfrak{X}(V)$ での，右辺の $\mathrm{ad}\, X$ は $\mathfrak{X}(U)$ での括弧積を表わす．このような線形写像の集まりを**層準同型**といい，$\mathrm{ad}\, X : \mathfrak{X} \to \mathfrak{X}$ のように書く．この性質は，像 $\mathrm{ad}\, X(Y)$ を各点の近傍に制限したものが Y のその点の近傍での振舞いのみで決まることを意味する．それゆえ，層準同型を**局所的線形写像**ともいう．関数の層 $\mathscr{F}$ に作用する線形微分作用素は局所的線形写像である．L. Schwartz と J. Peetre は逆に局所的線形写像は線形微分作用素であることを証明した．

多様体 M の上のベクトル場 X は§2.1で論じた3次元のユークリッド空間上の速度の場を一般にしたものである．そこでの流線に相当する概念を X の**積分曲線**といい，1次元の区間 I から M の中への C^1 級写像 $x(t)$ であって

$$dx(t)\left(\frac{d}{dt}\right) = X(x(t)) \tag{4.36}$$

をみたすものと定義する．(4.24)，(4.25)の原点を動かして考えれば，任意の C^1 級の関数 $f(x)$ に対して

$$\frac{d}{dt}(f(x(t))) = (Xf)(x(t)) \tag{4.37}$$

となる曲線 $x(t)$ といってもよい．また，これを $x(t)$ の局所座標 $x_i(t)$ に関する微分方程式として書けば，連立常微分方程式

$$\frac{dx_i(t)}{dt} = a_i(x_1(t), \cdots, x_n(t)), \quad i = 1, \cdots, n, \tag{4.38}$$

になる．次の定理は，この方程式の初期値問題に対して局所的な解の存在と一意性を保証する．

定理 4.5 I を0を含む開区間，U と V をアフィン空間 A^n の開集合とし，V は U の中で相対コンパクトであるとする．このとき，$a_i(t, x_1, \cdots, x_n)$, $i=1, \cdots, n$，が $I\times U$ で定義された有界な $\mathscr{F}$ 級の関数であるならば，以上のデータによって定まる0を含む開区間 $J\subset I$ があり，任意の $y=(y_i) \in V$ に対して初期値問題

$$\begin{cases} \dfrac{dx_i(t)}{dt} = a_i(t, x_1, \cdots, x_n), \\ x_i(0) = y_i, \quad i = 1, \cdots, n \end{cases} \tag{4.39}$$

は J 上唯一つの解 $x(t)=(x_i(t, y))$ をもつ．さらに，各成分 $x_i(t, y_1, \cdots, y_n)$ は $J\times V$ の上で $\mathscr{F}$ 級の関数となる． □

ここでも $\mathscr{F}$ は少なくとも C^1 でなければならない．本章と次章の結果はほとんどこの定理と陰関数の定理の帰結である．われわれはこれらの定理を関数族 $\mathscr{F}$ に対する公理として扱うことにする．また，毎度 $\mathscr{F}$ 級というのもわずらわ

しいので，今後はいちいち断らない．

この定理により，ベクトル場 X とその定義域の1点 y が与えられたとき，$x(0)=y$ となる積分曲線 $x(t)$ が十分小さな $|t|$ に対して唯一つ存在することがわかる．これを $T_t y$，あるいはベクトル場 X を明らかにして $\mathrm{Exp}\, tX(y)$ と書く．

これがどの範囲の時刻 t まで意味をもつかは，一般に初期値 y に依存して決まる．常にすべての $-\infty<t<\infty$ まで延長できるとき，ベクトル場 X は**完備**であるという．X の**台**，すなわち $X(x)\neq 0$ となる $x\in M$ 全体の閉包がコンパクトのとき，X は完備である．特に，コンパクト多様体上のベクトル場は完備である．完備な X に対して $T_t=\mathrm{Exp}\, tX$ を **X が生成する1径数変換群**という．これを1径数変換群というのは，T_t が M を M にうつす($\mathscr{F}$ 級の)写像であり，

$$T_t\circ T_s = T_{t+s},\quad T_0 = \mathrm{id}_M,\quad T_{-t} = (T_t)^{-1} \tag{4.40}$$

という関係によって T_t 全体が径数 $t\in\mathbf{R}$ をもつ M の変換群をなすからである．

X が完備でないとき，T_t は M 全体で定義された写像ではないが，定義域を適当に制限すればやはり(4.40)がなりたつ．これを X が生成する**局所1径数変換群**という．

逆に，局所1径数変換群 T_t が与えられ，$T_t, t\neq 0$, の定義域全体の合併が M と一致するとき，$f\in\mathscr{F}(M)$ に対し

$$Xf(x) = \frac{\mathrm{d}}{\mathrm{d}t}(f(T_t x))\Big|_{t=0} \tag{4.41}$$

とすれば，X はベクトル場となり，T_t は X で生成される．この関係で，ベクトル場 X と局所1径数変換群は1対1に対応する．この意味でベクトル場を**無限小変換**ともいう．

M, N を($\mathscr{F}$ 級の)多様体，$\Phi: M\to N$ を($\mathscr{F}$ 級の)写像であるとするとき，接写像 $\Phi_*: T_xM\to T_{\Phi(x)}N$ は各点 $x\in M$ で定義されているが，違う点 x, y が同じ点 $\Phi(x)=\Phi(y)$ にうつることがあるため，たとえ Φ が全射であっても，M 上のベクトル場を N 上のベクトル場にうつす写像にはならない．ただし，Φ が($\mathscr{F}$ 級の)微分同相写像のときは，ベクトル場の空間の同型を与える．これを

$$\Phi_*: \mathfrak{X}(M) \rightleftarrows \mathfrak{X}(N) \tag{4.42}$$

と書く．Φ による $f \in \mathcal{F}(N)$ の引戻しを $\Phi^* f$ と書けば

$$\Phi^*((\Phi_* X)f) = X(\Phi^* f) \tag{4.43}$$

がなりたつ．Φ_* は Lie の括弧積を保ち

$$\Phi_*[X, Y] = [\Phi_* X, \Phi_* Y] \tag{4.44}$$

となる．(4.41)は

$$Xf = \lim_{t \to 0} \frac{1}{t}((\mathrm{Exp}\, tX)^* f - f) \tag{4.45}$$

と表わすこともできる．

$\Phi: M \to M$ が微分同相写像のとき

$$\mathrm{Exp}\, t(\Phi_* X) = \Phi \circ \mathrm{Exp}\, tX \circ \Phi^{-1} \tag{4.46}$$

がなりたつ．これは，両辺が共に局所1径数変換群になることから，$t=0$ での微分(4.45)が等しいことをたしかめることによって示される．

関数の引戻しと同時に計算するため，(4.42)の逆を

$$\Phi^* = (\Phi^{-1})_*: \mathfrak{X}(N) \to \mathfrak{X}(M) \tag{4.47}$$

と書く．こうすれば，(4.43)は

$$\Phi^*(Xf) = (\Phi^* X)(\Phi^* f) \tag{4.48}$$

になる．ここで $\Phi = \mathrm{Exp}\, tY$ とし，$t=0$ で微分をとれば

$$YXf = XYf + \lim_{t \to 0} \frac{((\mathrm{Exp}\, tY)^* X - X)f}{t}.$$

ここで X と Y をとりかえれば

$$[X, Y]f = \lim_{t \to 0} \frac{((\mathrm{Exp}\, tX)^* Y - Y)f}{t}. \tag{4.49}$$

§4.4　余接ベクトルと Pfaff 形式

多様体 M の1点 x における接ベクトルの空間 $T_x M$ の双対空間，すなわち $T_x M$ 上の1次形式全体の空間を $T_x{}^* M$ と書き，**余接ベクトル空間**または**余接空間**という．その元を x における**余接ベクトル**という．x の近傍での局所座標系を一つ選んで $(x_1, \cdots, x_n)$ とするとき，x での1階の微分 $\partial/\partial x_1, \cdots, \partial/\partial x_n$ が接ベクトル空間 $T_x M$ の自然な基底であった．この双対基底を $\mathrm{d}x_1, \cdots, \mathrm{d}x_n$ と書く．

したがって，余接ベクトル $\omega \in T_x{}^*M$ は，$\alpha_1, \cdots, \alpha_n \in \mathbf{R}$ を用いて一意的に

$$\omega = \alpha_1 \mathrm{d}x_1 + \cdots + \alpha_n \mathrm{d}x_n \tag{4.50}$$

と表わされるベクトルである．

$(y_1, \cdots, y_n)$ をもう一つの局所座標系として同じベクトルを

$$\omega = \beta_1 \mathrm{d}y_1 + \cdots + \beta_n \mathrm{d}y_n \tag{4.51}$$

と表わしたとき，成分 $(\alpha_1, \cdots, \alpha_n)$ と $(\beta_1, \cdots, \beta_n)$ は(4.19)に反傾的に

$$(\alpha_1, \cdots, \alpha_n) = (\beta_1, \cdots, \beta_n) \begin{pmatrix} \dfrac{\partial y_1}{\partial x_1} & \cdots & \dfrac{\partial y_1}{\partial x_n} \\ \dfrac{\partial y_2}{\partial x_1} & \cdots & \\ \cdots & \cdots & \dfrac{\partial y_n}{\partial x_n} \end{pmatrix} \tag{4.52}$$

と変換される．特に，座標変換が線形変換のとき，これは共変ベクトルの成分としての変換である．それゆえ，テンソル解析では余接ベクトルを**共変ベクトル**という．

$f(x)$ が x の近傍で定義された関数の場合，$X \in T_xM$ に対し $Xf(x)$ を対応させる写像は T_xM 上の1次形式である．この余接ベクトルを $\mathrm{d}f(x)$ と書き，f の x における**全微分**，または単に**微分**という．簡単な計算で

$$\mathrm{d}f = \frac{\partial f}{\partial x_1}\mathrm{d}x_1 + \cdots + \frac{\partial f}{\partial x_n}\mathrm{d}x_n \tag{4.53}$$

となることがわかる．

$f = x_i$ とすればわかるように，この記号は基底の記号 $\mathrm{d}x_i$ とつじつまが合っている．$(y_1, \cdots, y_n)$ をもう一つの局所座標系としたとき，

$$\mathrm{d}y_j = \sum_{i=1}^{n} \frac{\partial y_j}{\partial x_i}\mathrm{d}x_i.$$

これを(4.51)に代入したものは

$$\omega = \sum_i \left(\sum_j \beta_j \frac{\partial y_j}{\partial x_i} \right) \mathrm{d}x_i$$

となり，(4.52)の変換法則になる．

ベクトル場と双対な概念として，M の各点 x に対し x 上の余接ベクトル $\omega(x)$ を指定することにより得られる

$$\omega = f_1(x)\mathrm{d}x_1 + \cdots + f_n(x)\mathrm{d}x_n \tag{4.54}$$

を M 上の**1次の微分形式**あるいは**Pfaff 形式**という．同じものをテンソル解析では**共変ベクトル場**という．係数 $f_i(x)$ の属する関数族に応じて，$\mathscr{F}$ 級の1次微分形式などという．

1次の微分形式は，§2.4で論じた力の場に相当する．各成分 $f_i(x)$ が x での力の成分の意味を持つとするとき，この1次結合(4.54)は，x にある質点が無限小の変位 $\mathrm{d}x$ を行ったとき，この力の場が質点に及ぼす無限小の仕事を表わす．無限小を嫌う場合は，任意に質点の運動 $x(t)$ を考え，この時間微分である各点 x における接ベクトル

$$\mathrm{d}x(t)\left(\frac{\mathrm{d}}{\mathrm{d}t}\right)=\frac{\mathrm{d}x_1}{\mathrm{d}t}\frac{\partial}{\partial x_1}+\cdots+\frac{\mathrm{d}x_n}{\mathrm{d}t}\frac{\partial}{\partial x_n}\in T_{x(t)}M \tag{4.55}$$

との内積

$$\omega\left(\mathrm{d}x\,\frac{\mathrm{d}}{\mathrm{d}t}\right)=f_1(x)\frac{\mathrm{d}x_1}{\mathrm{d}t}+\cdots+f_n(x)\frac{\mathrm{d}x_n}{\mathrm{d}t}$$

を作れば，これがこの力の場が点 x で質点に及ぼす**仕事率**になる．これを始点から終点まで t に関して積分した

$$\int_{t_0}^{t_1}\omega\left(\mathrm{d}x\frac{\mathrm{d}}{\mathrm{d}t}\right)\mathrm{d}t=\int_{t_0}^{t_1}\sum_{i=1}^{n}f_i(x(t))\frac{\mathrm{d}x_i(t)}{\mathrm{d}t}\,\mathrm{d}t=\int_C\omega \tag{4.56}$$

は力の場がこの質点に与えた**仕事**の総量になる．最後の積分は，3次元のときの(2.32)と同様，ω を $x(t)$ が表わす曲線 C に沿って始点から終点まで積分したものである．したがって，仕事量は径路曲線のみに依存し，途中の速度には関係しない．さらに，ω が全微分 $\mathrm{d}\Phi$ に等しいときは始点 x^0 と終点 x^1 での関数値の差 $\Phi(x^1)-\Phi(x^0)$ となり，径路にも依存しない．これも3次元の場合と同じである．

§4.5　微分形式

もっと一般に，$0\leqq p\leqq n$ に対して，$T_x{}^*M$ の p 次の外積 $\mathsf{A}^p(T_x{}^*M)$ の元を x 上の ***p*-形式**といい，M の各点 x に x 上の p-形式を指定したものを ***p* 次微分形式**あるいは ***p* 次外微分形式という**．

局所座標系 $(x_1,\cdots,x_n)$ を定めたとき，相異なる p 個の $\mathrm{d}x_i$ の外積 $\mathrm{d}x_{i_1}\wedge\cdots\wedge\mathrm{d}x_{i_p}$ $(i_1<\cdots<i_p)$ は p-形式の空間の基底をなす．したがって，p 次微分形式

ω はこの座標近傍で関数 $f_{i_1\cdots i_p}(x)$ を係数とする1次結合

$$\omega = \sum_{i_1<\cdots<i_p} f_{i_1\cdots i_p}(x)\, \mathrm{d}x_{i_1}\wedge\cdots\wedge\mathrm{d}x_{i_p} \tag{4.57}$$

の形に唯一通りに書き表わすことができる．多様体 M 上の p 次微分形式全体の空間を $\Omega^p(M)$ と書き，これらの1次結合として表わされる微分形式全体の空間を $\Omega(M)$ と書く．0次微分形式は関数に他ならない．

(4.57) で表わされる微分形式を他の局所座標系 $(y_1, \cdots, y_n)$ を用いて表わすには，

$$x_i = x_i(y),$$
$$\mathrm{d}x_i = \frac{\partial x_i}{\partial y_1}\mathrm{d}y_1 + \cdots + \frac{\partial x_i}{\partial y_n}\mathrm{d}y_n$$

を(4.57)の x_i および $\mathrm{d}x_i$ に代入して，グラスマン代数の公式に従って展開すればよい．特に n 次微分形式については(3.195)により

$$\mathrm{d}x_1\wedge\cdots\wedge\mathrm{d}x_n = \frac{\partial(x_1, \cdots, x_n)}{\partial(y_1, \cdots, y_n)}\mathrm{d}y_1\wedge\cdots\wedge\mathrm{d}y_n \tag{4.58}$$

が成立する．ここで

$$\frac{\partial(x_1, \cdots, x_n)}{\partial(y_1, \cdots, y_n)} = \det\left(\frac{\partial x_i}{\partial y_j}\right)$$

は **Jacobi 行列式**である．

ベクトル場と同様，p 次微分形式も M 上の層をなす．これを Ω^p と書く．Ω^0 は $\mathcal{F}$ と同じである．

p-形式は p 階の反対称共変テンソルである．したがって，p 次微分形式 ω は p 階の反対称共変テンソル場，すなわち，M で定義された p 個のベクトル場 $X_1, \cdots, X_p$ に対して M 上の関数 $\omega(X_1, \cdots, X_p)$ を与える p 重線形形式であって，各点 $x\in M$ での値が X_i の x でのベクトルのみによって定まり，かつ

$$\omega(X_1, \cdots, X_i, \cdots, X_j, \cdots, X_p) = -\omega(X_1, \cdots, X_j, \cdots, X_i, \cdots, X_p) \tag{4.59}$$

をみたすものと解釈することができる．このとき，

$$\mathrm{d}x_{i_1}\wedge\cdots\wedge\mathrm{d}x_{i_p}\left(\frac{\partial}{\partial x_{j_1}}, \cdots, \frac{\partial}{\partial x_{j_p}}\right) = \delta^{i_1\cdots i_p}_{j_1\cdots j_p} \tag{4.60}$$

ここで，右辺は(3.190)で定義した Kronecker のデルタである．このように表示したとき，p 次微分形式 φ と q 次微分形式 ψ の**外積** $\varphi\wedge\psi$ は，(3.177)によ

り，

$$\varphi\wedge\psi(X_1, \cdots, X_{p+q})$$

$$= \frac{1}{p!q!}\sum_{\sigma}\mathrm{sign}\,\sigma\,\varphi(X_{\sigma(1)}, \cdots, X_{\sigma(p)})\,\psi(X_{\sigma(p+1)}, \cdots, X_{\sigma(p+q)}) \quad (4.61)$$

で与えられる $(p+q)$ 次微分形式となる．ここで σ は $(1, \cdots, p+q)$ のすべての置換を動く．

$p\geqq 1$ のとき，p 次微分形式 $\omega\in\Omega^p(M)$ のベクトル場 $X\in\mathfrak{X}(M)$ による**内部積**を

$$\iota_X\omega(X_1, \cdots, X_{p-1}) = \omega(X, X_1, \cdots, X_{p-1}) \quad (4.62)$$

で定義する．これは $(p-1)$ 次微分形式である．§3.7 では q-ベクトルとの内部積を扱ったが，以下，§4.8 を除きベクトル場の外積は考えないので，内部積としてはこれだけで十分である．

(3.215)によれば，

$$\iota_X(f(x)\mathrm{d}x_{i_1}\wedge\cdots\wedge\mathrm{d}x_{i_p})$$

$$= \sum_{k=1}^{p}(-1)^{k-1}f(x)(Xx_{i_k})\,\mathrm{d}x_{i_1}\wedge\cdots\wedge\widehat{\mathrm{d}x}_{i_k}\wedge\cdots\wedge\mathrm{d}x_{i_p}. \quad (4.63)$$

§2.2 では，3 次元ユークリッド空間で密度 $\rho(\boldsymbol{r})$，速度 $\boldsymbol{v}(\boldsymbol{r})=v_1(\boldsymbol{r})\boldsymbol{i}+v_2(\boldsymbol{r})\boldsymbol{j}+v_3(\boldsymbol{r})\boldsymbol{k}$ をもつ流体に対して流束の場を各点ごとの積 $\boldsymbol{l}(\boldsymbol{r})=\rho(\boldsymbol{r})\boldsymbol{v}(\boldsymbol{r})$ として定義したが，これまでみてきたように，速度の場はベクトル場

$$X = v_1(\boldsymbol{r})\frac{\partial}{\partial x}+v_2(\boldsymbol{r})\frac{\partial}{\partial y}+v_3(\boldsymbol{r})\frac{\partial}{\partial z}, \quad (4.64)$$

密度は 3 次微分形式

$$\omega = \rho(\boldsymbol{r})\,\mathrm{d}x\wedge\mathrm{d}y\wedge\mathrm{d}z \quad (4.65)$$

と見做すのが自然である．このとき，流束の場は内部積

$$\iota_X\omega = \rho(\boldsymbol{r})v_1(\boldsymbol{r})\,\mathrm{d}y\wedge\mathrm{d}z+\rho(\boldsymbol{r})v_2(\boldsymbol{r})\,\mathrm{d}z\wedge\mathrm{d}x+\rho(\boldsymbol{r})v_3(\boldsymbol{r})\,\mathrm{d}x\wedge\mathrm{d}y \quad (4.66)$$

で表わされる 2 次微分形式になる．これは流束の場が曲面で積分すべき量であったこととつじつまがあっている．

微分形式に対しては，この他，外微分とよばれる p 次微分形式を $(p+1)$ 次微分形式にうつす線形写像がある．0 次微分形式，すなわち，M 上の関数 $f(x)$

に対しては，その**外微分** $\mathrm{d}f$ を全微分(4.53)で定義する．$p\geqq 1$ のときは，(4.57)で与えられる p 次微分形式 ω に対し**外微分** $\mathrm{d}\omega$ を

$$\mathrm{d}\omega = \sum_{i_1<\cdots<i_p} \mathrm{d}f_{i_1\cdots i_p}\wedge \mathrm{d}x_{i_1}\wedge\cdots\wedge \mathrm{d}x_{i_p} \tag{4.67}$$

で定義する．§2.8で見てきたように，3次元ユークリッド空間での外微分 $\mathrm{d}: \Omega^p(E^3)\to\Omega^{p+1}(E^3)$ は $p=0,1,2$ のとき，それぞれ grad, rot, div に相当する．

$p=0$ のとき，外微分 $\mathrm{d}f$ は任意のベクトル場 X に対して，

$$\mathrm{d}f(X) = Xf \tag{4.68}$$

となる1次微分形式として局所座標系によらずに定まる．$p\geqq 1$ のとき，(4.67)による定義は局所座標系を用いているが，結果は局所座標系に依存しない．同様のことは微分形式に対する他の演算についてもなりたつので一般的な証明を与えておく．

まず，整数 r に対して **r 次の微分写像** $D:\Omega(M)\to\Omega(M)$ を，p 次の微分形式を $(p+r)$ 次の微分形式にうつす局所的線形写像であって，任意の $\varphi\in\Omega^p(M)$, $\psi\in\Omega^q(M)$ に対し

$$D(\varphi\wedge\psi) = (D\varphi)\wedge\psi + (-1)^{pr}\varphi\wedge(D\psi) \tag{4.69}$$

がなりたつものと定義する．r が奇数のときは，$(-1)^{pr}$ が -1 になることがあるため反微分写像ということがある．

補題 4.1　D_0 が，関数 f を r 次の微分形式 $D_0 f$ に，全微分 $\mathrm{d}f$ を $(r+1)$ 次の微分形式 $D_0(\mathrm{d}f)$ にうつす局所的線形写像であって，任意の関数 $f, g\in\mathscr{F}(M)$ に対して

$$D_0(fg) = (D_0 f)g + f(D_0 g) \tag{4.70}$$

がなりたつならば，これを一意的に r 次の微分写像 $D:\Omega(M)\to\Omega(M)$ に拡張することができる．

［証明］ D, D_0 ともに局所的線形写像と仮定したから，座標近傍に制限して計算をすることができる．もし拡張 D があるとすれば，(4.69)を用いた簡単な計算により

$$D(f(x)\,\mathrm{d}x_{i_1}\wedge\cdots\wedge\mathrm{d}x_{i_p}) = (D_0 f)\wedge\mathrm{d}x_{i_1}\wedge\cdots\wedge\mathrm{d}x_{i_p}$$
$$+\sum_{k=1}^{p}(-1)^{(k-1)r}f(x)\,\mathrm{d}x_{i_1}\wedge\cdots\wedge(D_0\,\mathrm{d}x_{i_k})\wedge\cdots\wedge\mathrm{d}x_{i_p} \tag{4.71}$$

でなければならないことがわかる．任意の p 次微分形式はこのような項の1次結合で表わされるから，拡張 D があれば唯一つである．

逆に，これによって r 次の微分写像 D が定まることを示そう．一つの局所座標系 $(x_1, \cdots, x_n)$ を固定し，(4.71)によって D を定める．ここで，添字 i_k と i_l を交換すれば，右辺が -1 倍されることが容易にたしかめられる．したがって，右辺は $i_1, \cdots, i_p$ の順序によらず $f(x)\mathrm{d}x_{i_1}\wedge\cdots\wedge\mathrm{d}x_{i_p} \in \Omega^p(M)$ のみによって定まる $\Omega^{p+r}(M)$ の元である．添字に重複がある場合は当然0になる．(4.69)の証明は

$$\varphi = f(x)\,\mathrm{d}x_{i_1}\wedge\cdots\wedge\mathrm{d}x_{i_p}, \quad \psi = g(x)\,\mathrm{d}x_{i_{p+1}}\wedge\cdots\wedge\mathrm{d}x_{i_{p+q}}$$

の外積 $\varphi\wedge\psi$ について行えば十分である．(4.71)の第1項を(4.70)によって二つの項に分け，第2項を $k=1$ から p までの和と $k=p+1$ から $p+q$ までの和に分ければ(4.69)となる．∎

外微分 d は $f \in \Omega^0$ に対し

$$D_0 f = \mathrm{d}f, \quad D_0(\mathrm{d}f) = 0 \tag{4.72}$$

として定義される D_0 を補題によって1次の微分写像に拡張したものとなっている．d に対する(4.70)は積の微分に関する Leibniz の公式より直ちにわかる．(4.72)は局所座標系のとり方によらないから，外微分 d も局所座標系のとり方によらない．

外微分 d は1次の微分写像であるから，$\varphi \in \Omega^p, \psi \in \Omega^q$ に対し

$$\mathrm{d}(\varphi\wedge\psi) = (\mathrm{d}\varphi)\wedge\psi + (-1)^p\varphi\wedge(\mathrm{d}\psi) \tag{4.73}$$

がなりたつ．

ベクトル場 X との内部積 ι_X の公式(4.63)をみると，内部積 ι_X は

$$D_0 f = 0, \quad D_0(\mathrm{d}f) = Xf, \quad f \in \Omega^0, \tag{4.74}$$

で定義される D_0 を拡張した -1 次の微分写像であることがわかる．

X を M 上のベクトル場とするとき，

$$D_0 f = Xf, \quad D_0(\mathrm{d}f) = \mathrm{d}(Xf), \quad f \in \Omega^0, \tag{4.75}$$

が補題の条件をみたすことはすぐに示される．

これを拡張した0次の微分写像を X による **Lie 微分**といい，L_X で表わす．(4.71)はこの場合

$$L_X(f(x)\,\mathrm{d}x_{i_1}\wedge\cdots\wedge\mathrm{d}x_{i_p}) = (Xf(x))\mathrm{d}x_{i_1}\wedge\cdots\wedge\mathrm{d}x_{i_p} + \sum_{k=1}^{p} f(x)\,\mathrm{d}x_{i_1}\wedge\cdots\wedge\mathrm{d}(Xx_{i_k})\wedge\cdots\wedge\mathrm{d}x_{i_p} \qquad (4.76)$$

になる.

簡単な計算で次の補題が得られる.

補題 4.2 D_1, D_2 がそれぞれ r_1 次, r_2 次の微分写像であるとき,

$$D = D_1\circ D_2+(-1)^{r_1r_2+1}D_2\circ D_1 \qquad (4.77)$$

は (r_1+r_2) 次の微分写像である. □

この結果を外微分 d, 内部積 ι_X, Lie 微分 L_X に適用すれば, 他に多くの微分写像が得られると期待されるかもしれないが, 実はそういうことはなくて次の定理がなりたつ.

定理 4.6 X, Y を多様体 M 上のベクトル場とする. このとき, $\Omega(M)$ の微分写像に対し次の公式がなりたつ.

(i) $$\mathrm{d}^2 = 0, \qquad (4.78)$$

(ii) $$\iota_X\iota_Y+\iota_Y\iota_X = 0, \qquad (4.79)$$

(iii) $$L_XL_Y-L_YL_X = L_{[X,Y]}, \qquad (4.80)$$

(iv) $$\iota_X\mathrm{d}+\mathrm{d}\iota_X = L_X, \qquad (4.81)$$

(v) $$L_X\mathrm{d}-\mathrm{d}L_X = 0, \qquad (4.82)$$

(vi) $$\iota_XL_Y-L_Y\iota_X = \iota_{[X,Y]}. \qquad (4.83)$$

[証明] 補題 4.1 によって, 任意の $f\in\Omega^0$ および $\mathrm{d}f, f\in\Omega^0$, に対して両辺が同じ作用をすることを示せば十分である. (i), (ii) については明らか. (iii), (v) もほぼ自明である. (iv) については

$$(\iota_X\mathrm{d}+\mathrm{d}\iota_X)f = \iota_X\mathrm{d}f = Xf = L_Xf,$$

$$(\iota_X\mathrm{d}+\mathrm{d}\iota_X)\mathrm{d}f = \mathrm{d}\iota_X\mathrm{d}f = \mathrm{d}(Xf) = L_X\mathrm{d}f.$$

(vi) の両辺を $f\in\Omega^0$ に施したものは明らかに 0 であり,

$$(\iota_XL_Y-L_Y\iota_X)\mathrm{d}f = \iota_X\mathrm{d}(Yf)-L_Y(Xf) = [X, Y]f = \iota_{[X,Y]}\mathrm{d}f.$$ ■

(iv) は **H. Cartan の公式**とよばれる. これらを用いて反対称多重線形形式としての微分形式 ω に対する Lie 微分および外微分を計算する.

定理 4.7 ω を p 次微分形式, $X, X_1, \cdots, X_p$ をベクトル場としたとき,

$$(L_X\omega)(X_1, \cdots, X_p) = X(\omega(X_1, \cdots, X_p)) - \sum_{k=1}^{p} \omega(X_1, \cdots, [X, X_k], \cdots, X_p). \qquad (4.84)$$

［証明］ (vi)の変形 $\iota_Y L_X = L_X \iota_Y - \iota_{[X,Y]}$ をくりかえし用いれば

$$\begin{aligned}(L_X\omega)(X_1, \cdots, X_p) &= \iota_{X_p} \cdots \iota_{X_1} L_X \omega \\ &= \iota_{X_p} \cdots \iota_{X_2}(L_X \iota_{X_1} - \iota_{[X,X_1]})\omega = \cdots \\ &= L_X \iota_{X_p} \cdots \iota_{X_1}\omega - \sum_{k=1}^{p} \iota_{X_p} \cdots \iota_{[X,X_k]} \cdots \iota_{X_1}\omega.\end{aligned}$$

これは(4.84)と同じである． ∎

定理 4.8 ω を p 次微分形式，$X_1, \cdots, X_{p+1}$ をベクトル場とするとき，

$$\mathrm{d}\omega(X_1, \cdots, X_{p+1}) = \sum_{i=1}^{p+1} (-1)^{i-1} X_i \omega(X_1, \cdots, \widehat{X}_i, \cdots, X_{p+1}) + \sum_{i<j} (-1)^{i+j} \omega([X_i, X_j], X_1, \cdots, \widehat{X}_i, \cdots, \widehat{X}_j, \cdots, X_p). \qquad (4.85)$$

特に ω が Pfaff 形式の場合，

$$\mathrm{d}\omega(X_1, X_2) = X_1\omega(X_2) - X_2\omega(X_1) - \omega([X_1, X_2]). \qquad (4.86)$$

［証明］ (iv)の変形 $\iota_X \mathrm{d} = -\mathrm{d}\iota_X + L_X$ をくりかえし用いて

$$\begin{aligned}\mathrm{d}\omega(X_1, \cdots, X_{p+1}) &= \iota_{X_{p+1}} \cdots \iota_{X_1} \mathrm{d}\omega \\ &= \iota_{X_{p+1}} \cdots \iota_{X_2}(-\mathrm{d}\iota_{X_1} + L_{X_1})\omega = \cdots \\ &= (-1)^{p+1} \mathrm{d}\iota_{X_{p+1}} \cdots \iota_{X_1}\omega + \sum_{i=1}^{p+1} (-1)^{i-1} \iota_{X_{p+1}} \cdots L_{X_i} \cdots \iota_{X_1}\omega\end{aligned}$$

を得る．右辺の第1項は0である．総和の各項に(4.84)を適用すれば(4.85)が得られる． ∎

§4.6 微分形式の引戻しと Poincaré 補題

$\Phi: M \to N$ を多様体 M から N への写像とする．Φ が点 $x \in M$ を $y \in N$ にうつすとき，y の近傍 V で定義された関数 $g(y)$ は x の近傍であるところの，V の Φ による逆像 $\Phi^{-1}V$ で定義された関数 $f(x) = \Phi^* g(x) = g(\Phi(x))$ に引戻せる．この写像 $\Phi^*: \mathscr{F}(V) \to \mathscr{F}(\Phi^{-1}V)$ が微分形式のなす代数 $\Omega(V)$ から $\Omega(\Phi^{-1}V)$ への外微分 d を保つ準同型に拡張できることを示そう．

接写像 $\Phi_*: T_xM \to T_yN$ の双対写像を $\Phi^*: T_y^*N \to T_x^*M$ とする．これは，定理3.6により，グラスマン代数の準同型 $\Phi^*: \mathsf{A}(T_y^*N) \to \mathsf{A}(T_x^*M)$ に唯一通りに拡張される．この Φ^* を $\Phi^{-1}V$ の各点 x ごとに

$$\omega = g(y)\mathrm{d}y_{j_1}\wedge\cdots\wedge\mathrm{d}y_{j_p} \in \Omega^p(V) \tag{4.87}$$

に施した $\Phi^*\omega$ が $\Omega^p(\Phi^{-1}(V))$ に属し，

$$\mathrm{d}(\Phi^*\omega) = \Phi^*(\mathrm{d}\omega) \tag{4.88}$$

をみたすことを示せばよい．

［証明］ $g(y)$ が y の近傍での関数のとき，(4.26)により，任意の接ベクトル $X \in T_xM$ に対して

$$(\Phi^*\mathrm{d}g)(X) = \mathrm{d}g(\Phi_*X) = \Phi_*X(g) = X(\Phi^*g) = \mathrm{d}(\Phi^*g)(X)$$

がなりたつことがわかる．これは $\omega = g(y)$ に対する(4.88)である．

座標関数 y_j にこれを適用し，Φ^* がグラスマン代数の準同型であることを用いると，(4.87)で与えられる ω に対して

$$\Phi^*\omega = (\Phi^*g)(x)\,\mathrm{d}(\Phi^*y_{j_1})\wedge\cdots\wedge\mathrm{d}(\Phi^*y_{j_p}) \tag{4.89}$$

となる．これは明らかに $\Omega^p(\Phi^{-1}V)$ に属する微分形式である．この外微分 $\mathrm{d}(\Phi^*\omega)$ は，(4.89)の Φ^*g を $\mathrm{d}\Phi^*g$ におきかえたものであるが，$\mathrm{d}\Phi^*g=\Phi^*\mathrm{d}g$ ゆえ，$\Phi^*(\mathrm{d}\omega)$ に等しい．　■

このようにして定義される $\Phi^*\omega \in \Omega^p(\Phi^{-1}V)$ を $\omega \in \Omega^p(V)$ の Φ による**引戻し**という．

(4.89)の $\Phi^*g(x), \Phi^*y_j(x)$ は，V 上の関数 $g(y), y_j$ を Φ によって，$\Phi^{-1}V$ 上の関数と見做すということであるから，V 上の独立変数 $y_1, \cdots, y_m$ を $\Phi^{-1}V$ 上の従属変数 $y_1, \cdots, y_m$ と解釈するだけで，この引戻し $\Phi^*\omega$ は得られる．したがって，以後の計算ではいちいち $\Phi^*g(x), \mathrm{d}(\Phi^*y_j)$ などと書き改めず $g(y)$, $\mathrm{d}y_j$ のまま扱うことが多い．そして，x の近傍で局所座標系 $(x_1, \cdots, x_n)$ を用いた表示を得るには，関数 $g(y)$ には x の関数としての y を代入し，全微分 $\mathrm{d}y_j$ には

$$\mathrm{d}y_j = \frac{\partial y_j}{\partial x_1}\mathrm{d}x_1 + \cdots + \frac{\partial y_m}{\partial x_n}\mathrm{d}x_n$$

を代入し，$\mathrm{d}x_i$ によって生成されるグラスマン代数の元として展開すればよい．微分形式が他のテンソル場より便利なのは，引戻しの操作がこのように自明に

なってしまう点にある。

さきに定義したベクトル場 X による Lie 微分 L_X は無限小変換としての X による引戻しの意味がある。

定理 4.9 X がベクトル場，ω が微分形式であるとき，

$$L_X\omega = \lim_{t\to 0}\frac{1}{t}((\mathrm{Exp}\, tX)^*\omega-\omega). \tag{4.90}$$

［証明］ $(\mathrm{Exp}\, tX)^*(\varphi\wedge\psi)=(\mathrm{Exp}\, tX)^*\varphi\wedge(\mathrm{Exp}\, tX)^*\psi$ ゆえ，積の微分の公式と同様の計算で右辺は 0 次の微分写像であることがわかる．したがって，任意の $f\in\Omega^0$ をとり，$\omega=f$ および $\omega=\mathrm{d}f$ について(4.90)を証明すれば十分である．

$$L_Xf = Xf = \lim_{t\to 0}\frac{1}{t}((\mathrm{Exp}\, tX)^*f-f)$$

は(4.45)である．この両辺に d を施せば，$\omega=\mathrm{d}f$ についても(4.90)がなりたつことがわかる． ∎

§2.8 で述べた 3 次元の領域の場合を一般にして，多様体 M 上の微分形式 ω は，$\mathrm{d}\omega=0$ をみたすとき**閉微分形式**，M 上の微分形式 φ を用いて $\omega=\mathrm{d}\varphi$ と表わされるとき**完全微分形式**という．$\mathrm{d}^2=0$ ゆえ，完全微分形式は閉微分形式であるが，逆は必ずしも成立しない．

次数 $p>0$ に関係なくこの逆がなりたつには，多様体 M が次の条件をみたせば十分である．多様体 M が $\mathcal{F}$ 級**可縮**とは，$I=[0,1]$ とし，$I\times M$ から M への $\mathcal{F}$ 級の写像 $\Phi(t,x)$ で条件

$$\begin{cases}\Phi(0,x) = x, \quad x\in M,\\ \Phi(1,x) = x^0 : \text{定点}\end{cases} \tag{4.91}$$

をみたすものが存在することをいう．

アフィン空間 A^n の領域 M が定点 x^0 に関し**星型**であるとは，任意の点 x と x^0 を結ぶ線分が M に含まれることをいう．星型領域は

$$\Phi(t,x) = (1-t)(x-x^0)+x^0$$

と定義することにより実解析的可縮であることがわかる．特にアフィン空間内の凸領域は実解析的可縮である．

定理 4.10(Poincaré の補題)　$p>0$ のとき，$\mathscr{F}$ 級可縮多様体 M において，$\mathscr{F}$ 級の p 次微分形式 ω が $\mathrm{d}\omega=0$ をみたすならば，M で定義された $\mathscr{F}$ 級の $(p-1)$ 次微分形式 φ が存在し $\omega=\mathrm{d}\varphi$ と表わすことができる．

［証明］　線形写像 $K:\Omega^p(I\times M)\to\Omega^{p-1}(M)$ を

$$K(f(t,x)\mathrm{d}x_{i_1}\wedge\cdots\wedge\mathrm{d}x_{i_p})=0, \tag{4.92}$$

$$K(f(t,x)\mathrm{d}t\wedge\mathrm{d}x_{i_1}\wedge\cdots\wedge\mathrm{d}x_{i_{p-1}})=\int_0^1 f(t,x)\mathrm{d}t\,\mathrm{d}x_{i_1}\wedge\cdots\wedge\mathrm{d}x_{i_{p-1}} \tag{4.92$'$}$$

によって定義する．このとき

$$K\mathrm{d}_{I\times M}+\mathrm{d}_MK=I_1^*-I_0^* \tag{4.93}$$

がなりたつことを示そう．ここで，$I_1:M\to I\times M,\ I_0:M\to I\times M$ はそれぞれ $I_1(x)=(1,x),\ I_0(x)=(0,x)$ で定義される写像を表わす．

$$\omega=f(t,x)\mathrm{d}x_{i_1}\wedge\cdots\wedge\mathrm{d}x_{i_p}$$

のときは，$K\omega=0$ であるが，

$$\begin{aligned}K\mathrm{d}\omega&=\int_0^1\frac{\partial f(t,x)}{\partial t}\mathrm{d}t\,\mathrm{d}x_{i_1}\wedge\cdots\wedge\mathrm{d}x_{i_p}\\&=(f(1,x)-f(0,x))\mathrm{d}x_{i_1}\wedge\cdots\wedge\mathrm{d}x_{i_p}=(I_1^*-I_0^*)\omega.\end{aligned}$$

次に，

$$\omega=f(t,x)\mathrm{d}t\wedge\mathrm{d}x_{i_1}\wedge\cdots\wedge\mathrm{d}x_{i_{p-1}}$$

に対しては，$I_1^*\omega=I_0^*\omega=0$ であり，

$$\begin{aligned}K\mathrm{d}\omega&=K\left[-\sum_{i=1}^n\frac{\partial f}{\partial x_i}\mathrm{d}t\wedge\mathrm{d}x_i\wedge\mathrm{d}x_{i_1}\wedge\cdots\wedge\mathrm{d}x_{i_{p-1}}\right]\\&=-\sum_{i=1}^n\left(\int_0^1\frac{\partial f}{\partial x_i}\mathrm{d}t\right)\mathrm{d}x_i\wedge x_{i_1}\wedge\cdots\wedge dx_{i_{p-1}}\\&=-\sum_{i=1}^n\frac{\partial}{\partial x_i}\left(\int_0^1 f\mathrm{d}t\right)\mathrm{d}x_i\wedge\mathrm{d}x_{i_1}\wedge\cdots\wedge\mathrm{d}x_{i_{p-1}}=-\mathrm{d}K\omega.\end{aligned}$$

これで(4.93)の証明はできた．この両辺の右から Φ^* をかけ，$s=K\Phi^*$ とおくと，s は $\Omega^p(M)$ を $\Omega^{p-1}(M)$ にうつす線形写像であって，$\mathrm{d}\Phi^*=\Phi^*\mathrm{d}$ より

$$s\mathrm{d}+\mathrm{d}s=\Phi_1^*-\Phi_0^* \tag{4.94}$$

がなりたつことがわかる．ただし，$\Phi_1(x)=\Phi(1,x),\ \Phi_0(x)=\Phi(0,x)$ とする．

仮定により，Φ_1^* は $p=0$ のときのみ $f(x)\in\Omega^0(M)$ に定数関数 $f(x^0)$ を対応させる写像になり，$p>0$ に対しては $\Omega^p(M)$ を 0 にうつす．他方，Φ_0^* は恒

等写像である．

したがって，$p>0$ のとき，$\omega \in \Omega^p(M)$ が $\mathrm{d}\omega=0$ をみたせば，

$$\omega = -(s\mathrm{d}+\mathrm{d}s)\omega = -\mathrm{d}s\omega. \quad \blacksquare$$

§2.8 での定義を拡張して，**de Rham の複体**

$$0 \to \Omega^0(M) \xrightarrow{\mathrm{d}} \Omega^1(M) \xrightarrow{\mathrm{d}} \cdots \to \Omega^{n-1}(M) \xrightarrow{\mathrm{d}} \Omega^n(M) \xrightarrow{\mathrm{d}} 0 \quad (4.95)$$

のコホモロジー群として，$\mathcal{F}$ 級の p 次 **de Rham コホモロジー群** $H^p(M)$ を商空間

$$H^p(V) = \{\omega \in \Omega^p(M)\,;\, \mathrm{d}\omega = 0\}/\{\mathrm{d}\omega\,;\, \omega \in \Omega^{p-1}(M)\} \quad (4.96)$$

と定義する．

上の Poincaré 補題は可縮多様体 M に対して

$$H^p(M) = 0, \quad p>0, \quad (4.97)$$

がなりたつことを示している．

$\Phi : M \to N$ が($\mathcal{F}$ 級の)写像であるとき，引戻し $\Phi^* : \Omega^p(N) \to \Omega^p(M)$ は外微分 d を保つ線形写像であるのでコホモロジー群の間の線形写像 $\Phi^* : H^p(N) \to H^p(M)$ をひきおこす．

二つの写像 $\Phi_0, \Phi_1 : M \to N$ が $\mathcal{F}$ 級**ホモトープ**であるとは $\mathcal{F}$ 級の写像 $\Phi(t, x) : I \times M \to N$ があって $\Phi_0(x) = \Phi(0, x)$, $\Phi_1(x) = \Phi(1, x)$ がなりたつことである．このとき，上の Poincaré の補題の証明は(4.94)までまったく同じになりたち，この結果，二つの写像はコホモロジー群に対して同じに作用し，

$$\Phi_0{}^* = \Phi_1{}^* : H^p(N) \to H^p(M) \quad (4.98)$$

となることがわかる．この証明に用いる $s = K\Phi^*$ を**ホモトピー** Φ に対応する**双対鎖ホモトピー**という．

§4.7 微分形式の積分

M を $\mathcal{F}$ 級の n 次元多様体とする．M における $\mathcal{F}$ 級の p 次元**特異単体**を，アフィン空間の中の p 次元単体

$$\Delta^p = \{(t_0, t_1, \cdots, t_p) \in \mathbf{R}^{p+1}\,;\, t_i \geqq 0, \quad \sum_{i=0}^{p} t_i = 1\} \quad (4.99)$$

から M の中への $\mathcal{F}$ 級の写像 s と定義し，このような特異単体の実係数(また

は整数係数)の形式的な1次結合

$$c = a_1 s_1 + \cdots + a_n s_n \tag{4.100}$$

を $\mathscr{F}$ 級の**特異鎖**という．

Δ^p は，i 番目の座標だけが1である点 $\mathrm{P}_i=(0, \cdots, 1, \cdots, 0)$, $i=0, \cdots, p$, を頂点とする単体である．Δ^p には，ベクトル $\boldsymbol{a}_i=\overrightarrow{\mathrm{P}_0\mathrm{P}_i}$ の外積である p-ベクトル $\boldsymbol{P}=\boldsymbol{a}_1\wedge\cdots\wedge\boldsymbol{a}_p$ の向きが正の向きであるとして向きづけを与える．Δ^p は p 次元超平面 $H=\{t\in\mathbf{R}^{p+1}\,;\,t_0+\cdots+t_p=1\}$ のコンパクト部分集合である．Δ^p 自身は，境界点の近傍がアフィン空間と微分同相でなく，§4.1で定義した多様体になっていないが，H 上の微分形式の制限として Δ^p 上の微分形式 ω を考えることができる．そして，ω の Δ^p 上の**積分**を次のように定義する．ω の同次成分のうち p 次以外のものの積分は0とする．p 次微分形式 ω に対しては，Δ^p の(アフィン)座標 $(x_1, \cdots, x_p)$ を用いて

$$\omega = f(x)\mathrm{d}x_1\wedge\cdots\wedge\mathrm{d}x_p$$

と表わし

$$\int_{\Delta^p}\omega = \int_{\Delta^p}f(x)\ \mathrm{sign}\,\langle\boldsymbol{P}, \mathrm{d}x_1\wedge\cdots\wedge\mathrm{d}x_p\rangle\,\mathrm{d}x_1\cdots\mathrm{d}x_p \tag{4.101}$$

と定義する．ここで，$\boldsymbol{P}$ は Δ^p の向きを定める p-ベクトル，sign は符号を，$\mathrm{d}x_1\cdots\mathrm{d}x_p$ は積分論での面積要素を表わす．アフィン座標 $(x_1, \cdots, x_p)$ を用いるときは各変数 x_i に関するリーマン積分を順次行えばよい．これは座標系のとり方によらない．積分論の変数変換の公式は

$$\int f(x)\mathrm{d}x_1\cdots\mathrm{d}x_p = \int f(x(y))\left|\frac{\partial(x_1, \cdots, x_p)}{\partial(y_1, \cdots, y_p)}\right|\mathrm{d}y_1\cdots\mathrm{d}y_p$$

である．一方，(4.58)により，微分形式としては

$$f(x)\mathrm{d}x_1\wedge\cdots\wedge\mathrm{d}x_p = f(x(y))\,\frac{\partial(x_1, \cdots, x_p)}{\partial(y_1, \cdots, y_p)}\,\mathrm{d}y_1\wedge\cdots\wedge\mathrm{d}y_p.$$

ここで起き得るJacobi行列式の符号のちがいは，$\mathrm{sign}\,\langle\boldsymbol{P}, \mathrm{d}x_1\wedge\cdots\wedge\mathrm{d}x_p\rangle$ と $\mathrm{sign}\,\langle\boldsymbol{P}, \mathrm{d}y_1\wedge\cdots\wedge\mathrm{d}y_p\rangle$ のちがいで打消しあうからである．

この積分を用いて，M 上の**微分形式** ω **の特異単体** $s:\Delta^p\to M$ **上の積分**を

$$\int_s\omega = \int_{\Delta^p}s^*\omega \tag{4.102}$$

で，**特異鎖**(4.100)**上の積分**を

$$\int_C \omega = a_1 \int_{s_1} \omega + \cdots + a_n \int_{s_n} \omega \qquad (4.103)$$

で定義する．ここで，$s^*\omega$ は s による ω の引戻しを表わす．

第2章で論じた曲線あるいは曲面の上の積分と同じように，特異単体あるいは特異鎖上の積分も像 $s_i(\Delta^p)$ とその向きづけのみによって定まり，径数づけである写像 s_i そのものには依存しないのであるが，正確に議論しようとすれば大変めんどうなことになるので，ここではこれ以上論じない．以上の定義からわかるように，多様体が C^1 級，微分形式 ω と特異鎖が連続であれば積分は定義できる．

p 次微分形式 ω は，p 次元の単体上の積分によって一意的に定まる．

$$\omega = \sum_{i_1 < \cdots < i_p} f_{i_1 \cdots i_p}(x) \mathrm{d}x_{i_1} \wedge \cdots \wedge \mathrm{d}x_{i_p}$$

であるとき，任意の1点 $x^0 = (x^0{}_1, \cdots, x^0{}_n)$ での係数の値 $f_{i_1 \cdots i_p}(x^0)$ は，ε を小さい正の数として，

$$\begin{cases} x_{i_k} = x_{i_k}{}^0 + \varepsilon t_k, & k = 1, \cdots, p, \\ x_i = x_i{}^0, & i \neq i_1, \cdots, i_p \end{cases}$$

で定義される特異単体 s 上の積分の $p!/\varepsilon^p$ 倍でいくらでも近似できるからである．この意味で p 次微分形式は流束の場を p 次元の流れに拡張したものになっている．

p 次元アフィン単体 Δ^p の境界 $\partial\Delta^p$ は，Δ^p の頂点 $\mathrm{P}_0, \cdots, \mathrm{P}_p$ からそれぞれ一つを除いた p 個の頂点をもつ $(p-1)$ 次元の単体 $p+1$ 個からなりたっている．これらを $(p-1)$ 次元標準単体

$$\Delta^{p-1} = \{(t_0, \cdots, t_{p-1}) \in \mathbf{R}^p \,;\, t_j \geqq 0, \textstyle\sum t_j = 1\}$$

の座標 t_j を用いて

$$S_i : (t_0, \cdots, t_{i-1}, 0, t_i, \cdots, t_{p-1}), \quad i = 0, \cdots, p, \qquad (4.104)$$

によって表わし，向きづけをこめた**境界**を $(p-1)$ 次元の鎖

$$\partial\Delta^p = \sum_{i=0}^{p} (-1)^i S_i \qquad (4.105)$$

で定義する．

こうすれば，Δ^p 上の C^1 級の $(p-1)$ 次微分形式 ω に対する Stokes の定理

$$\int_{\Delta^p} \mathrm{d}\omega = \int_{\partial \Delta^p} \omega \tag{4.106}$$

を部分積分によって容易に証明することができる．

次に，一般の多様体 M 上の p 次元特異単体 $s:\Delta^p \to M$ に対して，その**境界** ∂s を $(p-1)$ 次元鎖

$$\partial s = \sum_{i=0}^{p} (-1)^i \, s \circ S_i \tag{4.107}$$

と定義し，特異鎖(4.100)に対しても線形に拡張し

$$\partial c = a_1 \, \partial s_1 + \cdots + a_n \, \partial s_n \tag{4.108}$$

と定義する．

s_i による引戻し s_i^* が外微分を保存すること，および上の境界の定義によりアフィン単体に対する Stokes の定理から次の**一般 Stokes 定理**が導かれる．

定理 4.11　多様体 M 上の $(p-1)$ 次微分形式 ω および p 次元特異鎖 c に対して

$$\int_c \mathrm{d}\omega = \int_{\partial c} \omega \tag{4.109}$$

がなりたつ．□

§2.8 同様，$C_p(M)$ によって多様体 M における p 次元特異鎖全体を表わす．**境界作用素** $\partial: C_p(M) \to C_{p-1}(M)$ は次元を 1 下げる線形写像であり，$\partial \circ \partial = 0$ をみたす．$\partial c = 0$ となる鎖 c を**輪**，∂c の形に表わされる鎖を**境界**とよぶことも同じである．p 次元の輪全体を $Z_p(M)$，境界全体を $B_p(M)$ とし，商空間

$$H_p(M) = Z_p(M)/B_p(M) \tag{4.110}$$

を p 次元の**特異ホモロジー群**と定義する．

一般 Stokes の定理により，$\omega \in Z^p(M)$ と $c \in Z_p(M)$ の積分 $\int_c \omega$ は，それぞれのコホモロジー類とホモロジー類のみによって定まる．

定理 4.12(de Rham の定理)　この内積により p 次の de Rham コホモロジー群 $H^p(M)$ と p 次元特異ホモロジー群 $H_p(M)$ は，互いに他の双対線形空間をなす．□

この定理の正確な意味は定理 2.8 と同じである．de Rham のコホモロジー群 $H^p(M)$，特異ホモロジー群 $H_p(M)$ とも微分可能性の族 $\mathcal{F}$ には依存せず，多様体 M の位相のみによって定まる．

§2.8ではホモロジー群 $H_p(M)$ を，Schwartz の超関数を係数とするコンパクト台の微分形式であるカレントの空間のホモロジー群として扱う証明をスケッチしたが，この方法は多様体 M が向きづけられるとき，すなわち，M 上にいたるところ0とならない連続な n 次微分形式が存在するときはそのまま拡張できる．向きづけられない場合には擬ベクトルを用いて修正する必要がある．

§4.8　4次元微分形式としての電磁場

§3.10では，電磁場を4次元ミンコフスキー空間での2階反対称テンソルとして扱った．これは2次微分形式と同じものである．1937年 E. Kähler は電磁場を時空上の微分形式とみて Maxwell の方程式の解法を論じた．結果は Lorentz の解法と大差ないが，見透しがよくなる．

ミンコフスキー空間の計量は§3.10と同じにとる．そこでの電磁場テンソル F_{ij} を2次微分形式として表わせば，**電磁場微分形式**

$$\omega = E_1\,dt\wedge dx + E_2\,dt\wedge dy + E_3\,dt\wedge dz - B_1\,dy\wedge dz - B_2\,dz\wedge dx - B_3\,dx\wedge dy \tag{4.111}$$

になる．これを用いると，Maxwell の方程式の半分(3.262)は

$$d\omega = 0 \tag{4.112}$$

と表わされる．反変成分を用いた残りの半分(3.263)を書き改めるには**共役電磁場微分形式**

$$*\omega = -cB_1\,dt\wedge dx - cB_2\,dt\wedge dy - cB_3\,dt\wedge dz - \frac{E_1}{c}\,dy\wedge dz - \frac{E_2}{c}\,dz\wedge dx - \frac{E_3}{c}\,dx\wedge dy \tag{4.113}$$

を用いる．そうすれば，(3.263)は

$$d*\omega = -c\mu_0\kappa \tag{4.114}$$

となる．ただし，

$$\kappa = \rho\,dx\wedge dy\wedge dz - J_1\,dt\wedge dy\wedge dz - J_2\,dt\wedge dz\wedge dx - J_3\,dt\wedge dx\wedge dy \tag{4.115}$$

は**電荷電流微分形式**である．$d^2=0$ から導かれる

$$d\kappa = 0 \tag{4.116}$$

は電荷の保存法則(2.174)と同じである．

時空 (t, x, y, z) 全体のなす4次元アフィン空間 A^4 の2次元ホモロジー群 $H_2(A^4)$ は0である．したがって，A^4 の向きづけられた2次元曲面 Σ の境界 $\partial\Sigma$ が空のとき，Σ は3次元鎖 Θ の境界 $\partial\Theta$ として表わされる．それゆえ(4.112)と一般Stokesの定理により

$$\int_\Sigma \omega = 0. \tag{4.117}$$

逆に，任意の向きづけられた閉曲面 Σ に対し，これがなりたてば再びStokesの定理により(4.112)がいえる．すなわち，二つの式は同等である．

Σ が時刻 t が一定の超平面にあるとき，(4.117)は磁荷がないことを示す式(2.169)と同じになる．S が3次元空間の向きづけられた曲面で，$C=\partial S$ をその境界とするとき，時間区間 $T=[t_0, t_1]$ と C の直積 $T\times C$ に，$t=t_1$ での S と $t=t_0$ での S で蓋をした閉曲面 Σ 上の積分を考えると

$$\int_\Sigma \omega = -\int_{t_0}^{t_1} dt \int_C \boldsymbol{E}(t, \boldsymbol{r})\cdot d\boldsymbol{r} - \int_S \boldsymbol{B}(t_1, \boldsymbol{r})\cdot \boldsymbol{n}\, dS + \int_S \boldsymbol{B}(t_0, \boldsymbol{r})\cdot \boldsymbol{n}\, dS = 0 \tag{4.118}$$

になる．これはFaradayの法則(2.182)を時間で積分したものである．

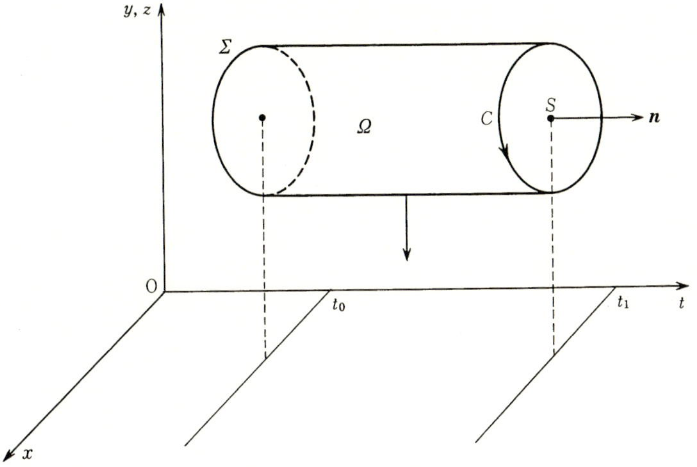

図4.3　閉曲面 Σ

同様に，(4.114)は積分公式

$$\int_{\Sigma} *\omega = -c\mu_0 \int_{\Theta} \kappa \tag{4.119}$$

と同等である．Θ が t が一定の超平面にあるとき，これは式(2.149)であり，Θ が上のように $T\times S$ に等しいとき，Maxwell の法則(2.177)の積分型になる．

しかし，(4.117)および(4.119)は，このいずれより一般に，Θ が任意の3次元鎖，Σ がその境界であるときになりたつことに注意する．

電磁場微分形式 ω とその**共役** $*\omega$ の関係は，ミンコフスキー計量により，共変ベクトル $\mathrm{d}t, \mathrm{d}x, \mathrm{d}y, \mathrm{d}z$ をそれぞれ反変ベクトル $\partial/\partial t, -c^2\partial/\partial x, -c^2\partial/\partial y, -c^2\partial/\partial z$ に対応させ，ω を2-ベクトル

$$\begin{aligned}\boldsymbol{w} = &-c^2E_1\frac{\partial}{\partial t}\wedge\frac{\partial}{\partial x}-c^2E_2\frac{\partial}{\partial t}\wedge\frac{\partial}{\partial y}-c^2E_3\frac{\partial}{\partial t}\wedge\frac{\partial}{\partial z}\\ &-c^4B_1\frac{\partial}{\partial y}\wedge\frac{\partial}{\partial z}-c^4B_2\frac{\partial}{\partial z}\wedge\frac{\partial}{\partial x}-c^4B_3\frac{\partial}{\partial x}\wedge\frac{\partial}{\partial y}\end{aligned} \tag{4.120}$$

に変換した後，

$$\Omega = \frac{1}{c^3}\,\mathrm{d}t\wedge\mathrm{d}x\wedge\mathrm{d}y\wedge\mathrm{d}z \tag{4.121}$$

に関する補元 $\iota_{\boldsymbol{w}}\Omega$ をとったものが $*\omega$ である．ミンコフスキー計量は正定符号でないので，正規直交基底はないが，$\mathrm{d}t, \mathrm{d}x/c, \mathrm{d}y/c, \mathrm{d}z/c$ は共変ベクトル空間のそれに相当する基底となっていることに注意する．

式(4.115)で与えられる電荷電流微分形式 κ は同様に(反変)ベクトル場

$$K = c^3\left(\rho\frac{\partial}{\partial t}+J_1\frac{\partial}{\partial x}+J_2\frac{\partial}{\partial y}+J_3\frac{\partial}{\partial z}\right) \tag{4.122}$$

の基本 n 次微分形式 Ω に関する補元になっている．

このベクトル場 K を用いるならば4元力密度は

$$\begin{aligned}\pi &= -c^{-3}\iota_K\omega\\ &= \boldsymbol{J}\cdot\boldsymbol{E}\,\mathrm{d}t-(\rho E_1+J_2B_3-J_3B_2)\,\mathrm{d}x\\ &\quad -(\rho E_2+J_3B_1-J_1B_3)\,\mathrm{d}y-(\rho E_3+J_1B_2-J_2B_1)\,\mathrm{d}z\end{aligned} \tag{4.123}$$

という1次微分形式で表わされる．

エネルギー・運動量テンソルを微分形式で表わすにはベクトル・バンドル値の微分形式を導入しなければならないので，ここでは論じない．以下，電荷電流分布が与えられたとき，Maxwell の方程式を解く問題を考える．

Poincaré の補題を(4.112)に適用すれば

$$\omega = \mathrm{d}\Phi \tag{4.124}$$

となる1次微分形式 Φ が存在することがわかる．普通

$$\Phi = \varphi\,\mathrm{d}t - A_1\,\mathrm{d}x - A_2\,\mathrm{d}y - A_3\,\mathrm{d}z \tag{4.125}$$

と書き，φ を電磁場 ω の**スカラー・ポテンシャル**，$\boldsymbol{A}=(A_1, A_2, A_3)$ を**ベクトル・ポテンシャル**という．3次元のベクトル解析の記号で書けば，(4.124)は

$$\boldsymbol{E} = -\mathrm{grad}\,\varphi - \frac{\partial \boldsymbol{A}}{\partial t}, \tag{4.126}$$

$$\boldsymbol{B} = \mathrm{rot}\,\boldsymbol{A} \tag{4.127}$$

と同じである．

与えられた電磁場 ω に対して，そのポテンシャルは一意的には定まらず，ψ を任意の関数として Φ に ψ の全微分 $\mathrm{d}\psi$ を加えたものが同じ電磁場 ω を生ずるポテンシャル全体になる．このようなポテンシャルのとり方のちがいを**ゲージのちがい**という．都合上 Φ に $-\mathrm{d}\psi$を加えた場合の新しいポテンシャルを φ', $\boldsymbol{A}'$ とすれば

$$\varphi' = \varphi - \frac{\partial \psi}{\partial t}, \tag{4.128}$$

$$\boldsymbol{A}' = \boldsymbol{A} + \mathrm{grad}\,\psi \tag{4.129}$$

となる．これを**ゲージ変換という．**

Lorentz は常に付加条件

$$\frac{1}{c^2}\frac{\partial \varphi}{\partial t} + \mathrm{div}\,\boldsymbol{A} = 0 \tag{4.130}$$

をみたすポテンシャル Φ があることを示した．この条件を **Lorentz 条件**といい，この条件をみたすポテンシャルは **Lorentz ゲージ**をとるという．

微分形式 Φ の言葉で述べれば，Lorentz 条件は

$$\mathrm{d}*\Phi = 0 \tag{4.131}$$

である．ここで $*\Phi$ は，上で ω から $*\omega$ を定義したのと同じ手続きで得られる3次微分形式

$$*\Phi = \frac{\varphi}{c^3}\mathrm{d}x\wedge\mathrm{d}y\wedge\mathrm{d}z - \frac{A_1}{c}\mathrm{d}t\wedge\mathrm{d}y\wedge\mathrm{d}z - \frac{A_2}{c}\mathrm{d}t\wedge\mathrm{d}z\wedge\mathrm{d}x - \frac{A_3}{c}\mathrm{d}t\wedge\mathrm{d}x\wedge\mathrm{d}y \tag{4.132}$$

を表わす．

一般に，ミンコフスキー空間における微分形式 θ に対して，上と同様に定義される局所的線形写像 $*$ を用いて，

$$\delta\theta = *\mathrm{d}*\theta \tag{4.133}$$

と定義する．これは p 次の微分形式を $(p-1)$ 次の微分形式にうつす局所的線形写像である．少しばかりの計算で

$$(\mathrm{d}\delta+\delta\mathrm{d})\,\theta = \left(-\frac{\partial^2}{\partial t^2}+c^2\frac{\partial^2}{\partial x^2}+c^2\frac{\partial^2}{\partial y^2}+c^2\frac{\partial^2}{\partial z^2}\right)\theta \tag{4.134}$$

となることが示される．ここで，右辺の微分作用素はこれを θ の各成分に施すことを意味する．

Lorentz 条件(4.131)をみたすポテンシャル $\boldsymbol{\Phi}$ を θ に代入し，(4.114)を用いれば，

$$\left(-\frac{\partial^2}{\partial t^2}+c^2\Delta\right)\boldsymbol{\Phi} = *\mathrm{d}*\mathrm{d}\boldsymbol{\Phi} = -c\mu_0 *\kappa \tag{4.135}$$

$$= -c^2\mu_0(c^2\rho\,\mathrm{d}t - J_1\,\mathrm{d}x - J_2\,\mathrm{d}y - J_3\,\mathrm{d}z).$$

これが Lorentz ゲージをもつポテンシャル $\boldsymbol{\Phi}$ に対する方程式である．(4.125)で与えられる $\boldsymbol{\Phi}$ の成分に対する方程式に書き改めると

$$\frac{1}{c^2}\frac{\partial^2\varphi}{\partial t^2}-\Delta\varphi = \frac{1}{\varepsilon_0}\rho, \tag{4.136}$$

$$\frac{1}{c^2}\frac{\partial^2\boldsymbol{A}}{\partial t^2}-\Delta\boldsymbol{A} = \mu_0\boldsymbol{J} \tag{4.137}$$

になる．

電荷・電流分布 $(\rho, \boldsymbol{J})$ が与えられ，時刻 $t=t_0$ において $\varphi, \boldsymbol{A}$ の初期値が Lorentz の条件(4.130)をみたすように与えられたとき，方程式(4.136)，(4.137)はスカラー値関数に対する波動方程式と同様な方法で解くことができ，解 $\boldsymbol{\Phi}$ は全時空間上で Lorentz 条件をみたす．

n 次元ユークリッド空間 E^n で上と同じように $*$ 作用素と δ 作用素を定義したとき，(4.134)は

$$(\mathrm{d}\delta+\delta\mathrm{d})\,\theta = -\Delta\theta \tag{4.138}$$

になる．ここで，Δ は **Laplace 作用素**

$$\Delta = \frac{\partial^2}{\partial {x_1}^2} + \cdots + \frac{\partial^2}{\partial {x_n}^2} \tag{4.139}$$

を θ の各係数に施すことである．ただし，$(x_1, \cdots, x_n)$ は正規直交座標系とする．(2.72)，(2.73)は3次元ユークリッド空間の場合の式(4.138)である．

同様の方法で，一般のリーマン空間 M においても δ 作用素を定義することができる．この場合，逆に(4.138)でラプラス作用素 Δ を定義する．これはもはや各係数に同じ作用素を施すという単純なものでなく，また θ の次数 p にも依存する．

$\Delta\theta=0$ をみたす微分形式 θ を**調和形式**という．W. D. G. Hodge(1941年，1952年)と小平邦彦(1944年，1949年)はコンパクトリーマン多様体 M のコホモロジー群 $H^p(M)$ が調和形式で代表されることを証明した．すなわち，p 次微分形式 θ が調和であるための必要十分条件は

$$\mathrm{d}\theta = 0 \quad \text{かつ} \quad \delta\theta = 0 \tag{4.140}$$

をみたすことであり，M 上の p 次調和形式全体は有限次元ベクトル空間をなす．そして，p 次調和形式 θ に対して，そのコホモロジー類を対応させる写像はコホモロジー群 $H^p(M)$ の上への同型写像となる．

第5章

微分方程式への応用

微積分学は I. Newton (1642–1727) と G. W. F. v. Leibniz (1646–1716) によって創始されたが，現在われわれが使っている記号のほとんどは Leibniz のものである．Leibniz の積分の記号

$$\int_a^b f(x)\,\mathrm{d}x$$

から積分記号を除いた $f(x)\,\mathrm{d}x$ が1次微分形式である．積分の定義からすれば，これだけでは意味がないと思われるにもかかわらず，微積分の計算には大変便利である．積分の変数変換の公式

$$\int_{x(a)}^{x(b)} f(x)\,\mathrm{d}x = \int_a^b f(x(y))\frac{\mathrm{d}x}{\mathrm{d}y}\,\mathrm{d}y$$

も微分形式の公式

$$f(x)\,\mathrm{d}x = f(x(y))\frac{\mathrm{d}x}{\mathrm{d}y}\,\mathrm{d}y$$

とすれば自明になる．これまで論じてきたことは，このような形式的計算を正当化することであった．この結果，多変数の変数変換

$$f(x_1, \cdots, x_n)\,\mathrm{d}x_1\cdots\mathrm{d}x_n = f(x(y))\frac{\partial(x_1, \cdots, x_n)}{\partial(y_1, \cdots, y_n)}\,\mathrm{d}y_1\cdots\mathrm{d}y_n$$

のように複雑な操作も，外積を導入すれば微分形式に対する機械的な計算に帰着されることがわかった．

もっと不思議なのは変数分離形の常微分方程式

$$\frac{\mathrm{d}y}{\mathrm{d}x} = \frac{f(x)}{g(y)} \tag{5.1}$$

の解法である．両辺の分母を払って

$$f(x)\mathrm{d}x = g(y)\mathrm{d}y \tag{5.2}$$

とし，両辺を積分した

$$\int f(x)\mathrm{d}x = \int g(y)\mathrm{d}y + C \tag{5.3}$$

が一般解である．教科書では普通この積分で定義される関数を独立変数に選び，微分の変数変換の公式でこの解法を正当化している．それはそれで正しい立場であるが，本章では，ある微分形式が 0 に等しいという方程式に直接の意味を与えて，この解法を解釈する．また逆に，このような方法で解くことのできる微分方程式の範囲を知ることにつとめる．

この立場で最も単純かつ最も重要な微分方程式系は完全積分可能系とよばれるものである．与えられた微分方程式の不変変形を特徴づけるため E. Cartan が導入した特性系は完全積分可能である．これを利用して，1 階偏微分方程式や解析力学の解法の意味を明らかにする．

§5.1 全微分方程式系と外微分方程式系

はじめに 1 階常微分方程式

$$\frac{\mathrm{d}y}{\mathrm{d}x} = a(x, y) \tag{5.4}$$

を考える．$a(x, y)$ は 1 点 $(x^0, y^0) \in A^2$ の近傍で定義された $\mathscr{F}$ 級の関数とする．この方程式の**解**は，普通には，独立変数 x の関数 $\varphi(x)$ であって，これを(5.4)の左辺の y に代入して得られる $\varphi'(x)$ が，右辺の y に代入して得られる合成関数 $a(x, \varphi(x))$ に恒等的に等しくなるものをいう．

本章では，これを**全微分方程式**

$$\omega = \mathrm{d}y - a(x, y)\mathrm{d}x = 0 \tag{5.5}$$

として扱う．まず，何をもってこの方程式の解と考えるべきであろうか．

$y = \varphi(x)$ が(5.4)の解であるとき，これを形式的に(5.5)に代入して得られる

$$\varphi'(x)\,\mathrm{d}x - a(x, \varphi(x))\,\mathrm{d}x$$

は x のみの微分形式として恒等的に 0 になる．微分形式の変数に関数を代入する操作は，この関数によって定義される多様体の写像 Φ による引戻し $\Phi^*\omega$ であったことに注意すると，この結果は，$y=\varphi(x)$ のグラフ $G=\{(x, \varphi(x))\}$ を，x を局所座標系とする A^2 の部分多様体と見做して，埋込み写像 $\Phi: G \to A^2$ によって(5.5)の微分形式 ω を引戻した $\Phi^*\omega$ が G 上 0 になることと解釈できる．

引戻し Φ^* は多様体の局所座標系に依存することなく定まるから，グラフ G 上他の局所座標系 t をとってもよい．変数分離形の方程式(5.1)の場合，積分(5.3)の値 t を局所座標系に選べば，t を径数として定義される 1 次元多様体 $\{(x(t), y(t))\}$ に引戻した $f(x)\mathrm{d}x$ および $g(y)\mathrm{d}y$ は共に $\mathrm{d}t$ に等しく全微分方程式(5.2)をみたす．

このようにみれば，全微分方程式の**解**は方程式に現われる微分形式 ω が定義されている多様体 M の部分多様体 N であって，埋込み写像 $\Phi: N \to M$ による引戻し $\Phi^*\omega$ が N 上 0 になるものと定義するのが適切である．このとき，N を**解多様体**あるいは**積分多様体**という．

(5.5)，(5.2)のように全微分方程式が微分方程式の分母を払ったものであるとき，解多様体 N の上でもとの独立変数 x が局所座標系にとれるならば，他の座標 y は N 上 x の関数 $\varphi(x)$ となり，これはもとの微分方程式の通常の意味での解となる．ただし，x が局所座標系にとれるという仮定は肝要であり，この仮定がみたされないとき，全微分方程式の解は必ずしも微分方程式の解に対応しない．特に，0 次元部分多様体である 1 点 (x^0, y^0) はそのような解多様体の例となっている．

はじめに考えた変数分離法など，常微分方程式の初等的解法といわれるものは，(5.5)に 0 にならない関数 $m(x, y)$ を掛けて，$m\omega$ を完全微分形式 $\mathrm{d}f$ にした上で，その不定積分として得られる 2 変数の関数 $f(x, y)$ を定数 C に等しいとして得られる．このような関数 $f(x, y)$ を方程式(5.5)の**第 1 積分**あるいは単に**積分**という．$f(x, y)$ が積分ならば

$$\mathrm{d}f(x, y) = m(x, y)(\mathrm{d}y - a(x, y)\,\mathrm{d}x)$$

ゆえ，$f(x, y)=C$ で定義される部分多様体 N に引戻したとき，この両辺は 0 となる．特に，N 上 x が局所座標系にとれるとき，N はある関数 $\varphi(x)$ のグラ

フとなり，$y=\varphi(x)$ が(5.4)の解となる．

上のような関数 $m(x,y)$ を**積分因子**という．一旦積分因子が求まれば積分法のみによって(全)微分方程式を解くことができるため，このような解法を**求積法**という．微分方程式の初等的教科書にはいくつもの求積法が紹介されているが，この事実は逆に求積法によって微分方程式を解くことが一般に容易でないことを示している．

ところで，常微分方程式の解の存在に関する定理4.5を用いれば，全微分方程式(5.5)に対して常に第1積分 $f(x,y)$ が存在することを証明することができる．実際，そこでの t,x,y にそれぞれ x,y,f を代入したとき，f が十分 y^0 に近い値ならば，x^0 の近傍で

$$\begin{cases} \dfrac{\mathrm{d}y}{\mathrm{d}x} = a(x,y), \\ y(x^0) = f \end{cases} \tag{5.6}$$

をみたす $\mathscr{F}$ 級の解 $y=\varphi(x,f)$ が唯一つ存在する．

$$\begin{cases} x = t, \\ y = \varphi(t,f) \end{cases} \tag{5.7}$$

で定義される変数変換の $(t,f)=(x^0,y^0)$ での Jacobi 行列式は1であるから，逆写像定理4.1により，$\mathscr{F}$ 級の関数 $\psi(x,y)$ があり，(5.7)と

$$\begin{cases} t = x \\ f = \psi(x,y) \end{cases} \tag{5.8}$$

が同等になる．このとき，$y=\varphi(x,\psi(x,y))$．ゆえに，両辺の全微分をとって，$\partial\varphi/\partial x=a(x,y)$ を用いると

$$\mathrm{d}y-a(x,y)\mathrm{d}x = \frac{\partial\varphi}{\partial f}\mathrm{d}\psi$$

が得られる．これは，ψ が $m=(\partial\varphi/\partial f)^{-1}$ を積分因子とする積分になっていることを示している．

これ以後，このように常微分方程式の解の存在定理によって存在が保証される積分も求積法でいう積分に含めて，求積法の意味を拡張する．そして本章ではこの意味の求積法で解が求められる微分方程式を考察する．これに伴って，本来の求積法は**初等解法**ということにする．両者には理論上大きな違いがある．

初等的解法を持たない常微分方程式があるからこの二つは実際に異なる．しかし，後で述べる1階偏微分方程式の解法などの場合，求積法で解ける問題は初等的にも解けることが多い．

さて，本論に入ることとし，M をアフィン空間 A^n の開集合，またはもっと一般に n 次元の $\mathscr{F}$ 級多様体とする．M 上の($\mathscr{F}$ 級の)微分形式のいくつかを0とおいた方程式

$$\omega_k = \sum_{p=0}^{n} \sum_{i_1<\cdots<i_p} a_{i_1\cdots i_p}^{(k)}(x)\mathrm{d}x_{i_1}\wedge\cdots\wedge\mathrm{d}x_{i_p} = 0, \quad k=1,\cdots,m, \tag{5.9}$$

を**外微分方程式系**という．(5.9)に現われる微分形式全体を Σ と書き，方程式系(5.9)と同一視する．

M の部分多様体 N が外微分方程式系 Σ の**解**であるとは，$\Phi: N\to M$ を N の埋込み写像とするとき，各 k に対し $\Phi^*\omega_k=0$ がなりたつことであると定義する．解多様体 N を**積分多様体**ともいう．

(5.9)の形の微分形式 ω_k に対し $\Phi^*\omega_k=0$ となるための必要十分条件は各 $p=0,1,\cdots,n$ に対して

$$\omega_k^p = \sum_{i_1<\cdots<i_p} a_{i_1\cdots i_p}^{(k)}(x)\mathrm{d}x_{i_1}\wedge\cdots\wedge\mathrm{d}x_{i_p}$$

の引戻し $\Phi^*\omega_k^p$ が0になることであるから，外微分方程式系 Σ に現われる微分形式は同次のものばかりであるとしてもよい．以下これを仮定する．

高々1次の微分形式のみからなる外微分方程式系を**全微分方程式系**または**Pfaff 方程式系**という．

$\mathrm{d}\Sigma=\{\mathrm{d}\omega\,;\,\omega\in\Sigma\}$ とし，$\tilde{\Sigma}$ を，Σ および $\mathrm{d}\Sigma$ の元と M 上の微分形式との外積の1次結合として得られる微分形式全体とする．$\omega\in\tilde{\Sigma}$ ならば $\mathrm{d}\omega\in\tilde{\Sigma}$ に注意する．$\tilde{\Sigma}$ を Σ で生成される**微分イデアル**という．

埋込み写像 $\Phi: N\to M$ による引戻し $\Phi^*: \Omega(M)\to\Omega(N)$ はグラスマン代数の準同型であって，外微分 d を保つ．したがって，N が外微分方程式系 Σ の解であるならば，N は Σ が生成する微分イデアル $\tilde{\Sigma}$ の解でもある．実際，$\omega\in\Sigma$, $\alpha\in\Omega(M)$ のとき，

$$\Phi^*(\alpha\wedge\omega) = \Phi^*\alpha\wedge\Phi^*\omega = 0, \quad \Phi^*(\mathrm{d}\omega) = \mathrm{d}\Phi^*\omega = 0$$

がなりたつ．

以下，主として全微分方程式系のみを考えるのであるが，このために2次までの外微分方程式系は扱わないわけにはゆかない．

部分多様体 N が外微分方程式系 Σ の解ならば，N の部分多様体はすべて Σ の解になる．したがって，外微分方程式系 Σ の解 N としては，N を真の部分多様体とする連結積分多様体 $\tilde{N}$ がもはや存在しないようなものに興味がある．このような連結積分多様体 N を**極大積分多様体**という．そして**外微分方程式系 Σ を解く**とは，極大積分多様体を求めること，あるいは，これよりいく分弱く極大次元をもつ積分多様体を求めることを意味する．

一般の微分方程式系は全微分方程式系に帰着させることができる．単独1階常微分方程式(5.4)についてはすでに論じた．

次に，$x_1, \cdots, x_n, z, p_1, \cdots, p_n$ を独立変数とする $2n+1$ 次元の空間における全微分方程式

$$\mathrm{d}z - p_1\mathrm{d}x_1 - \cdots - p_n\mathrm{d}x_n = 0 \tag{5.10}$$

の n 次元解多様体 N を求める．

N の1点の近傍で考えることとし，これをあらためて N とする．十分小さい N に対しては，局所座標系として $(x_1, \cdots, x_n, z, p_1, \cdots, p_n)$ のうちの n 個を選ぶことができる．

典型的な場合として，$(x_1, \cdots, x_n)$ が局所座標系となる場合を考える．このとき，N の上で，z，$p_1, \cdots, p_n$ は $(x_1, \cdots, x_n)$ の関数として表わされる：

$$z = \varphi(x_1, \cdots, x_n), \quad p_j = \psi_j(x_1, \cdots, x_n).$$

埋込み写像 $\Phi : N \to M$ は x に対し $(x, \varphi(x), \psi(x))$ を対応させる写像であるから，

$$\Phi^*(\mathrm{d}z - p_1\mathrm{d}x_1 - \cdots - p_n\mathrm{d}x_n) = \mathrm{d}\varphi - \psi_1\mathrm{d}x_1 - \cdots - \psi_n\mathrm{d}x_n$$

が0となるための必要十分条件は

$$\psi_j(x) = \frac{\partial\varphi}{\partial x_j}, \quad j = 1, \cdots, n, \tag{5.11}$$

である．すなわち，任意の関数 $\varphi(x_1, \cdots, x_n)$ に対して，$x = (x_1, \cdots, x_n)$ を自由に動かして得られる点

$$(x, z, p) = (x, \varphi(x), \mathrm{grad}\,\varphi(x)) \tag{5.12}$$

全体のなす多様体 N が，この場合の n 次元の解となる．関数 $\varphi(x)$ が $\mathscr{F}$ 級な

らば，N も $\mathscr{F}$ 級である．いろいろな微分可能性をもつ解があることに注意する．

しかし，これで(5.10)の n 次元の解全部をつくしているわけではない．反対に極端な場合として，N 上 $x_1, \cdots, x_n$ がすべて定数になる場合を考える．このときは N 上 $\mathrm{d}z=0$ でなければならないから，z も定数になる．したがって，$C_1, \cdots, C_n$ および B を定数として，

$$x_i = C_i, \quad i = 1, \cdots, n, \quad z = B \tag{5.13}$$

で定義される n 次元多様体 N が定まる．これも(5.10)の解多様体である．

どちらも n 次元の解であるが，(5.10)には $n+1$ 次元の解 N は存在しない．(5.10)の左辺を ω，$\Phi: N \to M$ を埋込み写像とするとき，$\Phi^*(\mathrm{d}\omega)=0$ がなりたたなければならない．これは N の各点 P の接空間 $T_PN \subset T_PM$ において双線形形式

$$-\mathrm{d}\omega = \mathrm{d}p_1 \wedge \mathrm{d}x_1 + \cdots + \mathrm{d}p_n \wedge \mathrm{d}x_n \tag{5.14}$$

が恒等的に 0 になることである．$\partial/\partial x_1, \cdots, \partial/\partial x_n, \partial/\partial p_1, \cdots, \partial/\partial p_n$ を基底とし，(5.14)を基本双線形形式とするシンプレクティック・ベクトル空間の中で等方的部分空間の次元は高々 n であることは§3.4 補題 3.1 の後の注意で示した．T_PN に属するベクトルの $\partial/\partial z$ 成分は方程式(5.10)により，他の成分によって決定されるから，T_PN は高々 n 次元である．したがって，N の次元は n を越えることができない．

(5.12)は，この解多様体上 p が $z=\varphi(x)$ のグラフの接平面を表わす余接ベクトルとなっていることを示している．このため，(5.10)は**成帯条件**とよばれる．これを用いれば，任意の偏微分方程式系を全微分方程式系に書き改めることができる．

$$F_k\left(x_1, \cdots, x_n, u_1, \cdots, u_N, \frac{\partial u_1}{\partial x_1}, \cdots, \frac{\partial^{\alpha_1+\cdots+\alpha_n} u_j}{\partial x_1{}^{\alpha_1} \cdots \partial x_n{}^{\alpha_n}}, \cdots\right) = 0, \quad k = 1, \cdots, M, \tag{5.15}$$

を，独立変数 $x_1, \cdots, x_n$，未知関数 $u_1, \cdots, u_N$ に関する m 階の偏微分方程式系とする．これに対して，m 階までの導関数，$\partial^{\alpha_1+\cdots+\alpha_n} u_j/\partial x_1{}^{\alpha_1} \cdots \partial x_n{}^{\alpha_n}$, $\alpha_1 + \cdots + \alpha_n \leqq m$，に対応する新しい独立変数 $p^j_{\alpha_1\cdots\alpha_n}$ を導入すれば，次の全微分方程式の n 次元の解多様体 N であって，その上で $(x_1, \cdots, x_n)$ を局所座標系として選べるも

のを求める問題と，もとの偏微分方程式系の解を求めることが同等になる．

$$\begin{cases} F_k\left(x_1, \cdots, x_n, u_1, \cdots, u_N, p^1_{10\cdots0}, \cdots, p^j_{\alpha_1\cdots\alpha_n}, \cdots\right) = 0, \\ \qquad\qquad k = 1, \cdots, M, \\ \mathrm{d}u_j = p^j_{10\cdots0}\mathrm{d}x_1 + p^j_{010\cdots0}\mathrm{d}x_2 + \cdots + p^j_{0\cdots01}\mathrm{d}x_n, \\ \cdots \\ \mathrm{d}p^j_{\alpha_1\cdots\alpha_n} = p^j_{\alpha_1+1,\cdots\alpha_n}\mathrm{d}x_1 + \cdots + p^j_{\alpha_1\cdots\alpha_n+1}\mathrm{d}x_n, \\ \qquad j = 1, \cdots, N, \quad \alpha_1 + \cdots + \alpha_n < m. \end{cases} \tag{5.16}$$

§5.2　完全積分可能な微分方程式系

本節では，多様体 M で定義された全微分方程式系 Σ を考える．Σ の0次の部分が定める部分多様体を M_1 とすれば，M の部分多様体 N が Σ の解多様体であることは，N が M_1 の部分多様体であって Σ を M_1 に引戻した全微分方程式の解であることと同等である．したがって，一般性を失うことなく Σ は0次の部分を含まないとしてよい．以下これを仮定する．

もちろん，この還元ができるためには，M_1 が部分多様体であることが前提になっている．そのためには陰関数の定理4.3の仮定である0次の部分をなす関数の Jacobi 行列の階数が考える点の近傍で一定であることなどを仮定しなければならない．この条件は例外的な点を除く一般の点でなりたっている条件である．このような一般性の仮定は今後も必要な場合，常に課すことにする．例外的な点で起きることも重要なのであるが，まだ十分に研究がすすんでいるとはいい難い．

全微分方程式系 Σ は n 次元多様体 M の上で定義された $\mathcal{F}$ 級の関数を係数とする次の1次微分形式からなるとする：

$$\omega_i = \sum_{j=1}^{n} a_{ij}(x)\mathrm{d}x_j, \quad i = 1, \cdots, m. \tag{5.17}$$

x が部分多様体 N の1点，$\Phi: N \to M$ が埋込み写像であるとき，接写像 $\Phi_*: T_xN \to T_xM$ によって接空間 T_xN は T_xM の線形部分空間と見做せる．N が Σ の解であるための必要十分条件は，すべての点 $x \in N$ において，T_xN 上 Σ の各元が0となることである．Σ の元が余接空間 T^*_xM において生成する線形

部分空間を Σ_x とすれば，これは T_xN と Σ_x が自然な内積の下で直交することである．

Σ_x の次元を全微分方程式系 Σ の x における**階数**という．これは(5.17)の係数からなる行列 $(a_{ij}(x))$ の階数と同じである．Σ の階数は一般に点 x に依存するが，階数が最大となる点は M のほとんどの点を含む開集合となるのが普通である．このような点を**一般の点**といい，以下一般の点の近傍を M とし，この上でのみ Σ を考える．

すべての点 x で $\Sigma_x=\Sigma'_x$ となる二つの全微分方程式系 Σ と Σ' は**同等**であるという．同等な系は同じ解をもつ．

一般の点 x^0 の近傍で Σ の階数が r であるとき，x^0 の近傍での局所座標系 $(x_1, \cdots, x_n)$ を適当に選べば，Σ は

$$\omega_i = \mathrm{d}x_i - \sum_{j=r+1}^{n} c_{ij}(x)\mathrm{d}x_j = 0, \quad i = 1, \cdots, r, \tag{5.18}$$

と同等になる．これを**正規形**ということにする．

これには $(a_{ij}(x))$ の r 次の小行列式で x^0 の近傍で 0 とならないものを選び，これに現われる i, j が $1, \cdots, r$ となるよう微分形式 ω_i と変数 x_j の番号をとりかえた後，この小行列の逆行列を掛ければよい．

以後，一般の点 x^0 の近傍でのみ考えるので，正規形(5.18)をとらない場合も Σ は階数 r に等しい個数の ω_i からなるとする．このとき，この近傍の各点 x で $\omega_1, \cdots, \omega_r$ は T_x^*M の1次独立なベクトルである．ただし，Σ_x が $\omega_i(x)$ の生成する r 次元線形部分空間を意味したように，Σ も ω_i で生成される1次微分形式全体，すなわち，$\mathscr{F}$ 級の関数 $h_k(x)$ を係数とする1次結合 $h_1\omega_1+\cdots+h_r\omega_r$ 全体と見做す方が都合のよい場合もある．

階数 r の全微分方程式系 Σ に対して，Σ_x の直交部分空間 $\Sigma_x{}^{\perp}\subset T_xM$ の次元は $n-r$ であるから，解 N の次元は高々 $n-r$ である．しかし，方程式(5.10)の例が示すように，一般には $n-r$ 次元の解は存在しない．この節では，各点 $x\in M$ を通る $n-r$ 次元の解多様体が存在する全微分方程式系を特徴づける．このような系を**完全積分可能**という．

ここでの積分は第1積分を意味する．M 上の関数 f が全微分方程式系 Σ の

第1積分あるいは**積分**とは，f の全微分 $\mathrm{d}f$ が Σ の生成元 ω_i の関数係数の1次結合になることであると定義する．この条件は各点 $x\in M$ で $\mathrm{d}f$ が Σ_x に属することと同等である．生成元として(5.18)の正規形をとったとき，$\mathrm{d}x_i, i=1, \cdots, r$，の係数がそのまま M 上の係数となるからである．特に，f が $\mathcal{F}$ 級の関数のとき，係数 $h_i(x)$ も $\mathcal{F}$ 級である．したがって，Σ を拡大した意味で使えば，$\mathrm{d}f\in\Sigma$ が条件となる．

第1積分 f の意義は，f が Σ の各解多様体 N の上で局所的に定数，すなわち，N の各連結成分上定数になることにある．これは，f の N 上への引戻し Φ^*f の全微分 $\mathrm{d}(\Phi^*f)=\Phi^*(\mathrm{d}f)$ が0になることよりわかる．完全積分可能とはすべての(極大)解多様体 N を決定できるだけの十分な数の積分が存在することを意味する．

これを示す前に，第1積分を特徴づける線形1階偏微分方程式系を決定しておく．関数 f が第1積分である条件は各点 x で $\mathrm{d}f\in\Sigma_x$ であった．ω_i に $n-r$ 個のベクトルを加えた $\omega_1, \cdots, \omega_r, \tilde{\omega}_{r+1}, \cdots, \tilde{\omega}_n$ を T_x^*M の基底，$\tilde{X}_1, \cdots, \tilde{X}_r, X_{r+1}, \cdots, X_n$ を T_xM での双対基底とするとき，この条件は $\mathrm{d}f(X_k)=0, k=r+1, \cdots, n$，と同等である．ここで X_k として M 上の $\mathcal{F}$ 級のベクトル場をとることができる．例えば，ω_i が正規形(5.18)の場合，

$$X_k=\frac{\partial}{\partial x_k}+\sum_{j=1}^{r}c_{jk}(x)\frac{\partial}{\partial x_j},\quad k=r+1, \cdots, n, \tag{5.19}$$

とすればよい．

このようなベクトル場 X_k をとれば，関数 $f(x)$ が Σ の第1積分であるための必要十分条件は

$$X_kf=0,\quad k=r+1, \cdots, n, \tag{5.20}$$

になる．

以上では全微分方程式系 Σ から出発して，Σ の第1積分の方程式として，上の**同次1階線形偏微分方程式系**(5.20)を導いたが，この過程は逆にたどることができる．すなわち，$\mathcal{F}$ 級のベクトル場

$$X_k=\sum_{j=1}^{n}b_{jk}(x)\frac{\partial}{\partial x_j} \tag{5.21}$$

がいくつか与えられたとき，k がすべての添字を動くとして方程式系(5.20)を

考える．これを $\mathscr{M}$ で表わす．方程式系(5.20)は，各点 $x\in M$ で余接ベクトル $\mathrm{d}f$ が x で X_k が生成する T_xM の部分空間 $\mathscr{M}_x$ と直交することを意味する．ここでも，解 f は $\mathscr{M}_x$ のみで定まり，生成元 X_k にはよらない．$x\in M$ によらず，$\mathscr{M}_x$ の次元が $n-r$ であり，生成元として $\mathscr{F}$ 級の関数 $b_{jk}(x)$ をもつ(5.21)の形のベクトル場 X_k がとれるとき，$\mathscr{M}=(\mathscr{M}_x)$ は $n-r$ 次元の $\mathscr{F}$ 級の**ベクトル分布**であるという．$\mathscr{M}$ が，生成元 X_k に $\mathscr{F}$ 級の関数を掛けた積の1次結合全体を表わすことがあるのも全微分方程式の場合と同じである．

$n-r$ 次元のベクトル分布 $\mathscr{M}$ に対して局所的に(5.19)の形の生成元 X_k がとれるのも同じである．したがって，各点 $x\in M$ で直交部分空間 $\Sigma_x=\mathscr{M}_x{}^{\perp}\subset T_x^*M$ をとれば，r 階の $\mathscr{F}$ 級全微分方程式系 Σ が定まる．$\mathscr{M}$ と Σ を互いに**共役**なベクトル分布および全微分方程式系という．

Σ が完全積分可能であり，N が極大次元の解多様体ならば，各点 $x\in N$ で接ベクトル空間 T_xN と共役ベクトル分布 $\mathscr{M}_x$ が一致する．このとき，N を**ベクトル分布 $\mathscr{M}$ の積分多様体**という．この場合，x の近傍での局所座標系 $(n_1, \cdots, n_r, t_{r+1}, \cdots, t_n)$ を N が $n_1=\cdots=n_r=0$ と表わせるように選んでおけば，ベクトル場 $X\in\mathscr{M}$ を

$$X=\sum_{i=1}^{r} a_i(n,t)\frac{\partial}{\partial n_i}+\sum_{i=r+1}^{n} b_i(n,t)\frac{\partial}{\partial t_i}$$

と表わしたとき，N における法線方向の成分 $a_i(0,t)$ は 0 でなければならない．これから，$X, Y\in\mathscr{M}$ の括弧積 $[X,Y]=XY-YX$ も N では法線方向の成分をもたないことがわかる．これがすべての点 $x\in M$ でなりたつのであるから $[X,Y]\in\mathscr{M}$ が従う．

ベクトル分布 $\mathscr{M}$ は，任意の $X, Y\in\mathscr{M}$ に対して $[X,Y]\in\mathscr{M}$ がなりたつとき**包合的**という．上の証明により，完全積分可能な全微分方程式系と共役なベクトル分布は包合的である．

ベクトル分布 $\mathscr{M}$ の基底となるベクトル場 X_k の言葉で書けば，$\mathscr{M}$ が包合的であることと，

$$[X_j, X_k]=\sum_{i=r+1}^{n} g_{jk}^i(x)X_i, \quad j,k=r+1,\cdots,n, \tag{5.22}$$

となる $\mathscr{F}$ 級の関数 $g_{jk}^i(x)$ が存在することは同等である．このとき，線形偏微

分方程式系(5.20)は**完全系**であるという．

定理 4.8 の公式

$$d\omega(X, Y) = X\,\omega(Y) - Y\,\omega(X) - \omega([X, Y]) \tag{5.23}$$

を用いると，包合的ベクトル分布 $\mathcal{M}$ と共役な全微分方程式系 Σ に属する微分形式 ω の外微分 $d\omega$ は，各点 $x \in M$ において $\mathcal{M}_x$ 上の双線形形式として恒等的に 0 であることがわかる．

Σ の $\mathcal{F}$ 級の基底 $\omega_1, \cdots, \omega_r$ に $n-r$ 個の $\mathcal{F}$ 級の1次微分形式 $\tilde{\omega}_{r+1}, \cdots, \tilde{\omega}_n$ を加え，さらに $\mathcal{M}$ の $\mathcal{F}$ 級の基底 $X_{r+1}, \cdots, X_n$ にも r 個の $\mathcal{F}$ 級のベクトル場 $\tilde{X}_1, \cdots, \tilde{X}_r$ を加え，すべての点 $x \in M$ で T_x^*M と T_xM の双対基底になるようにすることができる．このとき，$d\omega_i$ は $\mathcal{F}$ 級の関数 $h^i_{jk}(x)$ を用いて

$$d\omega_i = \sum_{j<k\leq r} h^i_{jk}(x)\,\omega_j \wedge \omega_k + \sum_{j\leq r<k} h^i_{ik}(x)\,\omega_j \wedge \tilde{\omega}_k$$
$$+ \sum_{r<j<k} h^i_{jk}(x)\,\tilde{\omega}_j \wedge \tilde{\omega}_k$$

と展開できる．これに X_j, X_k を代入すれば，

$$d\omega_i(X_j, X_k) = h^i_{jk}(x).$$

ゆえに，包合的ベクトル分布 $\mathcal{M}$ と共役な全微分方程式系 Σ の基底 ω_i については，その外微分 $d\omega_i$ が

$$d\omega_i = \sum_{j=1}^{r} \omega_j \wedge \theta^j_i \tag{5.24}$$

と表わされる．このとき，簡単な計算で任意の $\omega = h_1\omega_1 + \cdots + h_r\,\omega_r \in \Sigma$ に対しても

$$d\omega = \sum_{j=1}^{r} \omega_j \wedge \theta^j \tag{5.25}$$

となる $\theta^j \in \Omega^1(M)$ が存在することがわかる．これを Σ の**積分可能条件**という．

逆に，この条件がなりたつときは，(5.23)により，任意の $X, Y \in \mathcal{M}$ に対し $[X, Y] \in \mathcal{M}$ がなりたつ．すなわち，共役なベクトル分布 $\mathcal{M}$ は包合的である．

こうして，多くの条件の同等性が示されたが，逆にこれらの条件がなりたてば Σ は完全積分可能であることを主張するのが Frobenius の定理(1877年)である．その証明に入る前に，最も簡単な完全積分可能系である常微分方程式系

$$\frac{\mathrm{d}x_i}{\mathrm{d}t} = a_i(x_1, \cdots, x_{n-1}, t), \quad i = 1, \cdots, n-1, \tag{5.26}$$

を全微分方程式系

$$\omega_i = \mathrm{d}x_i - a_i(x_1, \cdots, x_{n-1}, x_n)\mathrm{d}x_n = 0, \quad i = 1, \cdots, n-1, \tag{5.27}$$

あるいは，これと共役な線形偏微分方程式

$$Xf = \left(\sum_{i=1}^{n-1} a_i(x_1, \cdots, x_n)\frac{\partial}{\partial x_i} + \frac{\partial}{\partial x_n}\right)f(x) = 0 \tag{5.28}$$

として考察する．(5.28)は唯一つのベクトル場 X に関する方程式であるから，完全系の条件(5.22)は明らかにみたされている．

定理4.5によれば，1点 $x^0=(x_1{}^0, \cdots, x_n{}^0) \in M$ が与えられたとき，x^0 の近傍 U，初期値 $(y_1{}^0, \cdots, y_{n-1}{}^0)$ の動く $(x_1{}^0, \cdots, x_{n-1}{}^0)$ の近傍 V，変数 t の動く $x_n{}^0$ の近傍 W および

$$x_i = \varphi_i(y_1{}^0, \cdots, y_{n-1}{}^0, t), \quad i = 1, \cdots, n, \tag{5.29}$$

で定義される $\mathcal{F}$ 級の微分同相 $\Phi: V\times W \to U$ があり，初期値 $y^0 \in V$ を固定したとき，Φ による $\{y^0\}\times W$ の像 N は(5.27)の解多様体であり，かつ任意の $x \in U$ に対し，適当に初期値 y^0 を選べば，この解 N が x を含むようにできる．

実際，初期条件

$$\varphi_i(y_1{}^0, \cdots, y_{n-1}{}^0, x_n{}^0) = y_i{}^0 \tag{5.30}$$

をみたす(5.26)の解を $x_i=\varphi_i(y_1{}^0, \cdots, y_{n-1}{}^0, t)$, $i=1, \cdots, n-1$, として，これに $x_n=\varphi_n(y_1{}^0, \cdots, y_{n-1}{}^0, t)=t$ をつけ加えればよい．これが $\mathcal{F}$ 級の微分同相となることは x^0 での Jacobi 行列が恒等行列になることから逆写像の定理4.1によって証明される．

これによって，常微分方程式系は完全積分可能であることが証明されたが，さらに強く第1積分の存在について次のことがなりたつ．すなわち，(5.29)の逆変換を

$$\begin{cases} y_i{}^0 = f_i(x_1, \cdots, x_n), \quad i = 1, \cdots, n-1, \\ t = x_n \end{cases} \tag{5.31}$$

としたとき，f_i は

$$\mathrm{d}f_1\wedge\cdots\wedge\mathrm{d}f_{n-1} \neq 0 \tag{5.32}$$

をみたす第1積分であって，すべての第1積分 f はこれら f_i の関数 $f(x)=$

$F(f_1(x), \cdots, f_{n-1}(x))$ の形に表わされる．

まず，f_i が第1積分であることは，初期値 y_i^0 と t の独立性により

$$\left(\sum_{j=1}^{n-1} a_j(x)\frac{\partial}{\partial x_j}+\frac{\partial}{\partial x_n}\right)f_i = \sum_{j=1}^{n}\frac{\partial f_i}{\partial x_j}\frac{\mathrm{d}\varphi_j}{\mathrm{d}t} = 0$$

となることからわかる．さらに，$(y_1^0, \cdots, y_{n-1}^0, t)$ が局所座標系になることから

$$\mathrm{d}f_1\wedge\cdots\wedge\mathrm{d}f_{n-1} = \mathrm{d}y_1^0\wedge\cdots\wedge\mathrm{d}y_{n-1}^0 \neq 0.$$

次に，一般に，第1積分 $f_1, \cdots, f_r$ が

$$\mathrm{d}f_1\wedge\cdots\wedge\mathrm{d}f_r \neq 0 \tag{5.33}$$

をみたすとき，これらの積分は**独立**であるという．

階数 r の全微分方程式系 Σ が r 個の独立な第1積分 f_i をもてば，Σ は完全積分可能であって，Σ の任意の第1積分 f は f_i の関数の形 $f(x)=F(f_1(x), \cdots, f_r(x))$ に表わされ，逆に，f_i の関数は第1積分となる．

［証明］ $\mathrm{d}f_i\in\Sigma$，かつ(5.33)は各点 $x\in M$ の余接空間 T_x^*M で $\mathrm{d}f_i$ が1次独立であることを意味するから，この場合 $\mathrm{d}f_i$ が Σ の基底となる．各点の近傍で f_i と独立な関数 $t_{r+1}, \cdots, t_n$ を選び $(f_1, \cdots, f_r, t_{r+1}, \cdots, t_n)$ を局所座標系とする．新しい座標系での1点 $(f_1^0, \cdots, f_r^0, t_{r+1}^0, \cdots, t_n^0)$ に対し，N を $(t_{r+1}, \cdots, t_n)$ が $(t_{r+1}^0, \cdots, t_n^0)$ の近傍を動くときの $(f_1^0, \cdots, f_r^0, t_{r+1}, \cdots, t_n)$ の集合とすれば，N はこの点を含む解多様体である．

また，$\omega_i=\mathrm{d}f_i$ として(5.19)により共役なベクトル分布の生成元 X_k を求めれば

$$X_k = \frac{\partial}{\partial t_k},\quad k = r+1, \cdots, n,$$

となる．第1積分 f を $f_1, \cdots, f_r, t_{r+1}, \cdots, t_n$ の関数として表わしたとき，$X_k f=\partial f/\partial t_k=0$．ゆえに，$f$ は $f_1, \cdots, f_r$ のみの関数であり，逆もなりたつ．　■

定理 5.1(**Frobenius の定理**)　n 次元多様体 M 上の階数 r の全微分方程式系 Σ に対して次の条件は同値であり，これらがなりたつとき Σ を**完全積分可能**という．

(a)　各点の近傍で r 個の独立な第1積分をもつ．

(b)　M の各点を通る $n-r$ 次元の解多様体が存在する．

(c)　任意の $\omega \in \Sigma$ の外微分 $\mathrm{d}\omega$ は，各点の近傍で $\omega_j \in \Sigma$ および1次微分形式 θ^j を用いて

$$\mathrm{d}\omega = \sum_j \omega_j \wedge \theta^j \tag{5.34}$$

と表わすことができる．

(d)　Σ と共役なベクトル分布 $\mathcal{M}$ は包合的である．すなわち，任意の $X, Y \in \mathcal{M}$ に対して $[X, Y] \in \mathcal{M}$.

［証明］　(a)⇒(b)⇒(c)⟺(d) はすでに示した．(c)⇒(a) を示せば証明が終る．$n-r$ に関する帰納法によって証明する．

$r=n$ のときは，$\mathrm{d}x_1, \cdots, \mathrm{d}x_n$ が Σ の基底となるから明らかである．

$r=n-1$ の場合もすでに証明はすんでいる．

$r<n-1$ の場合は，Σ に適当な $\mathrm{d}x_j$ を加えて階数を1上げる．正規形(5.18)の場合には $j>r$ とすればよい．こうしても条件(c)は保たれる．必要があれば座標関数の番号をつけかえて $j=n$ とする．

帰納法の仮定により，$\Sigma \cup \{\mathrm{d}x_n\}$ には $r+1$ 個の独立な第1積分が存在する．その一つは x_n としてよい．残りを $g_1(x), \cdots, g_r(x)$ とする．

$(\mathrm{d}g_1, \cdots, \mathrm{d}g_r, \mathrm{d}x_n)$ が $\Sigma \cup \{\mathrm{d}x_n\}$ の基底なのであるから

$$\eta_i = \mathrm{d}g_i + h_i(x)\mathrm{d}x_n, \quad i = 1, \cdots, r, \tag{5.35}$$

が Σ の基底となるように関数 $h_i(x)$ を選ぶことができる．

$x_1, \cdots, x_{n-1}$ のうちのいくつかを $y_{r+1}, \cdots, y_{n-1}$ として $(g_1, \cdots, g_r, y_{r+1}, \cdots, y_{n-1}, x_n)$ が局所座標系となるようにする．正規形のときは $y_j = x_j$ でよい．そして，h_i をこれらの変数の関数として表わしておく．このとき条件(c)は

$$\mathrm{d}\eta_i \wedge \eta_1 \wedge \cdots \wedge \eta_r = \mathrm{d}h_i \wedge \mathrm{d}x_n \wedge (\mathrm{d}g_1 + h_1 \mathrm{d}x_n) \wedge \cdots \wedge (\mathrm{d}g_r + h_r \mathrm{d}x_n) = 0$$

となるが，これは

$$\frac{\partial h_i}{\partial y_j} = 0, \quad i = 1, \cdots, r, \quad j = r+1, \cdots, n-1,$$

を意味する．すなわち，h_i は $g_1, \cdots, g_r$ と x_n のみの関数である．こうして，問題は $r+1$ 次元の $(g_1, \cdots, g_r, x_n)$ 空間での r 階の全微分方程式系，すなわち常微分方程式系に還元された．したがって，r 個の独立な第一積分 $f_1(g_1, \cdots, g_r, x_n), \cdots, f_r(g_1, \cdots, g_r, x_n)$ が存在して，Σ は

$$df_1 = \cdots = df_r = 0 \tag{5.36}$$

と同等になる. ■

上の証明で, Σ に dx_n を加えたのはまず $x_n=c$ という超平面に制限して問題を解いたことに相当する. 後半は径数 c を改めて変数 x_n と見做すための手続きである.

解多様体を求めるには一挙に $r+1$ 次元まで下げて常微分方程式に帰着させることもできる. 例えば正規形の方程式系(5.18)の場合, t が区間 $[0,1]$ を動くとき, 定点 $(x_{r+1}{}^0, \cdots, x_n{}^0)$ と動点 $(t_{r+1}, \cdots, t_n)$ を結ぶ直線(または $\mathcal{F}$ 級の曲線)となるように $x_{r+1}(t), \cdots, x_n(t)$ を定め, t に関する常微分方程式系

$$\begin{cases} \dfrac{dx_i}{dt} = \displaystyle\sum_{j=r+1}^{n} c_{ij}(x_1, \cdots, x_r, x_{r+1}(t), \cdots, x_n(t))\dfrac{dx_j(t)}{dt}, \\ x_i(0) = y_i{}^0, \quad i = 1, \cdots, r, \end{cases} \tag{5.37}$$

を解く. そして, この解の $t=1$ の値を $\varphi_i(y_1{}^0, \cdots, y_r{}^0, t_{r+1}, \cdots, t_n)$ とすれば, これは曲線 $x_j(t)$ によらずに定まり,

$$\begin{cases} x_i = \varphi_i(y_1{}^0, \cdots, y_r{}^0, t_{r+1}, \cdots, t_n), \quad i = 1, \cdots, r, \\ x_i = t_i, \quad i = r+1, \cdots, n, \end{cases} \tag{5.38}$$

が初期条件

$$\varphi_i(y_1{}^0, \cdots, y_r{}^0, x_{r+1}{}^0, \cdots, x_n{}^0) = y_i{}^0, \quad i = 1, \cdots, r, \tag{5.39}$$

をみたす $\mathcal{F}$ 級の解となる. したがって, すべての解多様体は $\mathcal{F}$ 級である.

この解を用いるならば, (5.38)で定義される (x_i) の関数 $y_1{}^0, \cdots, y_r{}^0$ が独立な $\mathcal{F}$ 級の第1積分になることが常微分方程式の場合と同様に証明される.

他に, 一般解

$$x_i = \varphi_i(C_1, \cdots, C_r, t_{r+1}, \cdots, t_n) \tag{5.40}$$

が見つかったときも, 積分定数 $C_1, \cdots, C_r$ を (x_i) の関数と見做したものは独立な第1積分になる.

上の証明でも使ったことであるが, 積分可能条件(5.34)を Σ の基底 ω_i を使って表わせば

$$d\omega_i \wedge \omega_1 \wedge \cdots \wedge \omega_r = 0, \quad i = 1, \cdots, r \tag{5.41}$$

となる. $r=1$ の場合が次の定理である.

定理 5.2　Pfaff 方程式

$$\omega = \sum_{i=1}^{n} a_i(x)\mathrm{d}x_i = 0 \tag{5.42}$$

が完全積分可能であるための必要十分条件は

$$\mathrm{d}\omega \wedge \omega = 0 \tag{5.43}$$

である．□

この条件がみたされているとき，0 でない積分因子 $m(x)$ があり，$m(x)\omega$ は全微分 $\mathrm{d}f$ となる．この条件は $n=1, 2$ のときは自動的にみたされている．$n \geqq 3$ のとき，$i<j<k$ について $\mathrm{d}x_i \wedge \mathrm{d}x_j \wedge \mathrm{d}x_k$ の係数を求めると

$$\left(\frac{\partial a_j}{\partial x_i}-\frac{\partial a_i}{\partial x_j}\right)a_k+\left(\frac{\partial a_k}{\partial x_j}-\frac{\partial a_j}{\partial x_k}\right)a_i+\left(\frac{\partial a_i}{\partial x_k}-\frac{\partial a_k}{\partial x_i}\right)a_j = 0 \tag{5.44}$$

となる．

Frobenius の定理を線形偏微分方程式の言葉で書き直せば次のようになる．

定理 5.3　n 次元多様体 M 上の階数 $n-r$ の同次 1 階線形偏微分方程式系

$$Xf = 0, \quad X \in \mathscr{M}, \tag{5.45}$$

に対して次の条件は同値であり，これらがなりたつとき $\mathscr{M}$ を**完全積分可能**という．

(a)　各点の近傍で r 個の独立な解 f_i をもつ．

(b)　各点の近傍で適当に局所座標系 $(y_1, \cdots, y_n)$ をとれば，(5.45) は

$$\frac{\partial f}{\partial y_{r+1}} = \cdots = \frac{\partial f}{\partial y_n} = 0 \tag{5.46}$$

と同等である．

(c)　任意の $X, Y \in \mathscr{M}$ に対し，括弧積 $[X, Y]$ は $\mathscr{M}$ に属するベクトル場の関数係数の 1 次結合となる．

(d)　共役全微分方程式系が完全積分可能である．□

このとき，(5.45) の解 f は (a) の独立な解 $f_1, \cdots, f_r$ の関数 $F(f_1, \cdots, f_r)$ となり，逆に，このような関数は解である．

§5.3　微分形式の特性系と標準形

この節では，与えられた微分形式を，局所座標系をとりなおした上で，なる

べく少ない数の独立変数を用いて表わす問題を考える．この問題は，特性ベクトル場とよばれる与えられた微分形式を不変にするベクトル場からなる包合的ベクトル分布，あるいはこれと共役な特性系を用いて解決される．

p-ベクトルに対する同様な問題は§3.8の定理3.8で解かれている．p-形式の言葉に書き改めれば次のようになる．p-形式 $\omega \in \mathsf{A}_p(V)$ に対して，その**同伴系**を

$$W_\omega^* = \{\iota_{X_{p-1}}\cdots\iota_{X_1}\omega\,;\,X_1, \cdots, X_{p-1} \in V\} \tag{5.47}$$

で定義される V^* の線形部分空間とする．このとき ω は W_ω^* の元の外積多項式として表わされ，逆に，ω がある線形部分空間 W^* の元の外積多項式として表わされるならば W^* は同伴系 W_ω^* を含む．

同伴系 W_ω^* と直交するベクトル $X \in V$ を ω の**同伴ベクトル**，同伴ベクトル全体

$$W_\omega = \{X\,;\,\text{すべての}\ \alpha \in W_\omega^*\ \text{に対し}\ \langle X, \alpha\rangle = 0\}$$

を ω の**同伴空間**ということにする．この定義は§3.8のものと違うが混同の心配はないであろう．$\alpha = \iota_{X_{p-1}}\cdots\iota_{X_1}\omega$ に対して

$$\langle X, \alpha\rangle = \omega(X_1, \cdots, X_{p-1}, X)$$

であるから，$X \in V$ が同伴ベクトルであるための必要十分条件は $\iota_X\omega=0$ である．ゆえに，同伴空間は

$$W_\omega = \{X \in V\,;\,\iota_X\omega = 0\} \tag{5.48}$$

と書ける．

さて，$\omega \in \Omega^p(M)$ を多様体 M 上の p 次微分形式，$x \in M$ を1点とするとき，x での ω の**特性系**を

$$C_x^*(\omega) = W_{\omega(x)}^* + W_{\mathrm{d}\omega(x)}^* \tag{5.49}$$

で，x での ω の**特性空間**をこの直交部分空間，すなわち

$$C_x(\omega) = W_{\omega(x)} \cap W_{\mathrm{d}\omega(x)} \tag{5.50}$$

で定義する．特性空間の元を**特性ベクトル**という．$X \in T_xM$ が ω の特性ベクトルであるための必要十分条件は

$$\iota_X\omega = 0, \quad \iota_X(\mathrm{d}\omega) = 0 \tag{5.51}$$

である．特性系 $C_x^*(\omega)$ の次元を ω の x での**類数**といい，

$$c_x(\omega) = \dim C_x^*(\omega) \tag{5.52}$$

と書く．

微分形式 ω に対する同伴系 W_ω^* の生成元としては，(5.47)のベクトル X_i として局所座標に関する微分 $\partial/\partial x_j$ を代入したものを座標近傍 M の点 x に関わらず一斉にとることができる．これらは M 上の $\mathscr{F}$ 級の1次微分形式であるから，ω の特性系の各元を0とおいたものは§5.2の意味で全微分方程式系をなす．これを $C^*(\omega)$ で表わし，ω の**特性系**という．ω の x での類数 $c_x(\omega)$ は特性系 $C^*(\omega)$ の x での階数と同じである．以下これが一定であるような一般の点の近傍で考える．

このとき，これと直交する**特性ベクトル分布** $C_x(\omega)$ は $\mathscr{F}$ 級の同次1階線形偏微分方程式系 $C(\omega)$ を定める．これは特性系と共役なベクトル分布である．ベクトル場 X がこのベクトル分布に属するための必要十分条件は，(5.51)がすべての点 x でなりたつことである．定理4.6の(4.81)により，これは

$$\iota_X\omega = 0, \quad L_X\omega = 0 \tag{5.53}$$

とも表わされる．このとき X を ω の**特性ベクトル場**という．

X, Y が特性ベクトル場であるとき，定理4.6の(4.83)および(4.80)により，

$$\iota_{[X,\, Y]}\omega = \iota_X L_Y\omega - L_Y\iota_X\omega = 0,$$
$$L_{[X,\, Y]}\omega = L_X L_Y\omega - L_Y L_X\omega = 0.$$

すなわち，特性ベクトル分布は包合的である．

また，各点で $\alpha(x) \in C_x^*(\omega)$ となる1次微分形式 α を ω の**特性 Pfaff 形式**という．

定理5.4　p 次の微分形式 $\omega \in \Omega^p(M)$ の類数 $c_x(\omega)$ が x によらず一定の r であるとき，ω の特性系 $C^*(\omega)$ は完全積分可能であり，ある点の近傍で $y_1, \cdots, y_r$ が独立な $\mathscr{F}$ 級の積分であるならば，ω はこの近傍で $y_1, \cdots, y_r$ の $\mathscr{F}$ 級の関数 $a_{i_1\cdots i_p}(y_1, \cdots, y_r)$ を係数として

$$\omega = \sum_{1 \leq i_1 < \cdots < i_p \leq r} a_{i_1\cdots i_p}(y_1, \cdots, y_r)\mathrm{d}y_{i_1}\wedge\cdots\wedge\mathrm{d}y_{i_p} \tag{5.54}$$

と表わすことができる．

［証明］　必要があれば近傍を小さくとりなおし，$\mathscr{F}$ 級の関数 $y_{r+1}, \cdots, y_n$ を加えて，$(y_1, \cdots, y_n)$ を局所座標系とする．ω はこの座標系の下で $\mathscr{F}$ 級の関数

を係数として表示されるが，定理 3.8 により $j>r$ となる $\mathrm{d}y_j$ は不要である．したがって，

$$\omega = \sum_{i_1<\cdots<i_p\leqq r} a_{i_1\cdots i_p}(y_1, \cdots, y_n)\mathrm{d}y_{i_1}\wedge\cdots\wedge\mathrm{d}y_{i_p}$$

となる．このとき

$$\mathrm{d}\omega = \sum_{i_1<\cdots<i_p\leqq r}\sum_{j=1}^{n}\frac{\partial a_{i_1\cdots i_p}}{\partial y_j}\mathrm{d}y_j\wedge\mathrm{d}y_{i_1}\wedge\cdots\wedge\mathrm{d}y_{i_p}.$$

ここで，$j>r$ に対しては $\iota_{\partial/\partial y_j}\mathrm{d}\omega=0$ となることより，

$$\frac{\partial a_{i_1\cdots i_p}}{\partial y_j} = 0, \quad j > r,$$

がわかる．すなわち $a_{i_1\cdots i_p}$ は変数 $y_{r+1}, \cdots, y_n$ を含まない． ■

逆に，ω が(5.54)のような表示をもつとき，ω の各点での類数 $c_x(\omega)$ は明らかに r を越さない．この意味で微分形式の類数はそれを表わすのに必要な最小の独立変数の個数である．

これを用いて，いくつかの場合，類数一定の**微分形式の標準形**を求めることができる．

定理 5.5 p 次の微分形式 ω の類数が常に p ならば，各点の近傍で局所座標系 $(y_1, \cdots, y_n)$ をとり

$$\omega = \mathrm{d}y_1\wedge\cdots\wedge\mathrm{d}y_p \tag{5.55}$$

と表わすことができる．特に，ω は閉微分形式である．

［証明］ 上の定理により

$$\omega = a(z_1, \cdots, z_p)\mathrm{d}z_1\wedge\cdots\wedge\mathrm{d}z_p$$

となる局所座標系 $(z_1, \cdots, z_n)$ が存在する．$a(z_1, \cdots, z_p)\neq 0$ ゆえ，y_1 を $a(z_1, \cdots, z_p)$ の z_1 に関する一つの不定積分とし，$j\geqq 2$ に対しては $y_j=z_j$ とすれば，(5.55)がなりたつ． ■

次に，ω が Pfaff 形式，すなわち 1 次の微分形式である場合，または 2 次の閉微分形式である場合を考える．

§3.4 の定理 3.3 によれば，各点において 2-形式 $\mathrm{d}\omega$ の階数は常に偶数 $2s$ であって，1 次独立な共変ベクトル $\boldsymbol{e}_i$ を用いて

$$\mathrm{d}\omega = \boldsymbol{e}_1\wedge\boldsymbol{e}_2+\boldsymbol{e}_3\wedge\boldsymbol{e}_4+\cdots+\boldsymbol{e}_{2s-1}\wedge\boldsymbol{e}_{2s} \tag{5.56}$$

と表わされる．それゆえ，外積に関するべきも肩に指数をのせて表わすことに

すれば，

$$(\mathrm{d}\omega)^s = s!\,\boldsymbol{e}_1\wedge\boldsymbol{e}_2\wedge\cdots\wedge\boldsymbol{e}_{2s}$$

となり，階数の半分 s は

$$(\mathrm{d}\omega)^s \neq 0 \quad \text{かつ} \quad (\mathrm{d}\omega)^{s+1} = 0 \tag{5.57}$$

となる数として特徴づけられる．

$\mathrm{d}\omega$ が 2 次閉微分形式のとき，$\mathrm{d}\omega$ の類数は階数と同じであるから，類数 $2s$ は(5.57)によって求められる．

ω が Pfaff 形式のとき，ω の x での特性系は ω の同伴系 $W^*_{\omega(x)}=\mathbf{R}\omega(x)$ と $\mathrm{d}\omega$ の同伴系 $W^*_{\mathrm{d}\omega(x)}$ の和である．$W^*_{\mathrm{d}\omega(x)}$ の次元を $2s$ とする．

$\omega(x)\notin W^*_{\mathrm{d}\omega(x)}$ の場合は，類数 $c_x(\omega)=2s+1$ であり，(5.56)からわかるように，x において

$$\omega\wedge(\mathrm{d}\omega)^s \neq 0 \quad \text{かつ} \quad (\mathrm{d}\omega)^{s+1} = 0 \tag{5.58}$$

がなりたつ．

$\omega(x)\in W^*_{\mathrm{d}\omega(x)}$ の場合は，類数 $c_x(\omega)=2s$ であり，x において

$$(\mathrm{d}\omega)^s \neq 0 \quad \text{かつ} \quad \omega\wedge(\mathrm{d}\omega)^s = 0 \tag{5.59}$$

がなりたつ．

定理 5.6(Darboux の定理)　$\omega\in\Omega^1(M)$ が類数一定の Pfaff 形式であるならば，任意の 1 点 $x^0\in M$ の近傍において，この点を原点とする局所座標系 $(y_1, \cdots, y_n)$ を選んで，次のように ω を表わすことができる．

(i)　類数が奇数 $2s+1$ のとき，

$$\omega = \mathrm{d}y_1 + y_2\mathrm{d}y_3 + \cdots + y_{2s}\mathrm{d}y_{2s+1}. \tag{5.60}$$

(ii)　類数が偶数 $2s$ のとき，

$$\omega = (1+y_1)\mathrm{d}y_2 + y_3\mathrm{d}y_4 + \cdots + y_{2s-1}\mathrm{d}y_{2s}. \tag{5.61}$$

[証明]　類数が 1 のとき，$\mathrm{d}\omega=0$．したがって，Poincaré の補題により，$\omega=\mathrm{d}f$ となる関数 f がある．$y_1=f(x)-f(x^0)$ とすればよい．

類数が 2 のとき，$\omega\wedge\mathrm{d}\omega=0$．これは Pfaff 方程式 $\omega=0$ が完全積分可能であることを意味する．一つの第 1 積分を f とするとき，ω と $\mathrm{d}f$ は比例する．すなわち，$\omega=g\mathrm{d}f$ となる関数 g が存在する．$\mathrm{d}\omega=\mathrm{d}g\wedge\mathrm{d}f\neq 0$ ゆえ，

$$y_1 = (g(x)-g(x^0))/g(x^0),$$
$$y_2 = g(x^0)(f(x)-f(x^0))$$

は x^0 で 0 となる独立な関数であり，これらを含む局所座標系をとればよい．

類数が 3 以上のときは，次の二つの補題を使って類数が 1 下った場合に帰着させる．

補題 5.1　類数が奇数 $2s+1$ の場合，x^0 の近傍 V で定義された関数 f があり，

$$\omega_1 = \omega - \mathrm{d}f \tag{5.62}$$

は V 上類数が $2s$ 一定の Pfaff 形式となる．

［証明］ $2s+1$ 次の微分形式 $\omega\wedge(\mathrm{d}\omega)^s$，および $2s$ 次の微分形式 $(\mathrm{d}\omega)^s$ はいずれも閉微分形式であるから，これらの特性系は同伴系と一致する．(5.56) より，容易に同伴系の階数が求まり，いずれも次数と一致することがわかる．したがって，定理 5.5 とその証明により，x^0 を中心とする局所座標系 $(y_1, \cdots, y_n)$ を選んで

$$(\mathrm{d}\omega)^s = \mathrm{d}y_2\wedge\cdots\wedge\mathrm{d}y_{2s+1}$$
$$\omega\wedge(\mathrm{d}\omega)^s = \mathrm{d}y_1\wedge\mathrm{d}y_2\wedge\cdots\wedge\mathrm{d}y_{2s+1}$$

と表わすことができる．このとき，

$$\omega = \mathrm{d}y_1 + \sum_{j=2}^{2s+1} a_j(y_1, \cdots, y_n)\,\mathrm{d}y_j.$$

必要があれば，y_1+y_2 を y_1 として，与えられた点 x^0 ではすべての a_j が 0 になることはないようにすることができる．このとき，

$$\omega_1 = \omega - \mathrm{d}y_1$$

は x^0 の近傍で 0 とならない Pfaff 形式であって，

$$(\mathrm{d}\omega_1)^s = (\mathrm{d}\omega)^s \neq 0 \quad \text{かつ} \quad \omega_1\wedge(\mathrm{d}\omega_1)^s = 0.$$

ゆえに，ω_1 は類数が $2s$ 一定の Pfaff 形式である．　∎

補題 5.2　類数が偶数 $2s$ の場合，x^0 の近傍 V で定義された $g(x)\neq 0$ となる関数 g と，V 上類数が $2s-1$ 一定の Pfaff 形式 ω_1 があり，

$$\omega = g\omega_1 \tag{5.63}$$

と表わされる．

［証明］ 定理 5.4 により，$2s$ は M の次元 n に等しいとしてよい．このとき，次の二つの方程式

$$\iota_X\omega = 0, \tag{5.64}$$

$$\omega\wedge\iota_X(\mathrm{d}\omega) = 0 \tag{5.65}$$

をみたすベクトル場 X 全体を考える．§3.4 補題 3.1 により，(5.56) において $\boldsymbol{e}_2=\omega$ であるとしてよい．このとき，上の方程式は各点 x で

$$\langle X, \boldsymbol{e}_2\rangle = \langle X, \boldsymbol{e}_3\rangle = \cdots = \langle X, \boldsymbol{e}_n\rangle = 0$$

を意味する．他方，これらの方程式が，X の係数について $\mathcal{F}$ 級の関数を係数とする線形方程式になっていることは明らかであるから，これらの方程式をみたすベクトル場全体は 1 次元の $\mathcal{F}$ 級のベクトル分布をなす．これは常微分方程式系と同等であるから包合的である．Frobenius の定理 5.3 により，このベクトル分布の $2s-1$ 個の独立な解 $y_2, \cdots, y_{2s}$ を含む局所座標系をとったとき，(5.64)，(5.65) をみたすベクトル場 X は $\partial/\partial y_1$ に関数を乗じたものになる．

(5.64) に $X=\partial/\partial y_1$ を代入すれば

$$\omega = a_2(y)\mathrm{d}y_2+\cdots+a_{2s}(y)\mathrm{d}y_{2s}$$

となることがわかる．このとき，

$$\iota_X(\mathrm{d}\omega) = \frac{\partial a_2(y)}{\partial y_1}\mathrm{d}y_2+\cdots+\frac{\partial a_{2s}(y)}{\partial y_1}\mathrm{d}y_{2s}$$

であるから，(5.65) はこれら二つの Pfaff 形式の係数が比例することを意味する．どの $a_j(y)$ も 0 にならないという条件の下で，これは

$$\frac{\partial}{\partial y_1}\log a_2 = \cdots = \frac{\partial}{\partial y_1}\log a_{2s}$$

と表わされる．すなわち，連比 $a_2 : a_3 : \cdots : a_{2s}$ は y_1 に依存しない．$a_j(y)=0$ となる j があるときも，適当な線形座標変換でこの場合に帰着できる．したがって，$y_2, \cdots, y_{2s}$ のみの関数 $b_2, \cdots, b_{2s}$ と 0 とならない関数 g が存在して

$$\omega = g(b_2\mathrm{d}y_2+\cdots+b_{2s}\mathrm{d}y_{2s})$$

と表わされる．括弧の中の Pfaff 形式 ω_1 は $2s-1$ 個の変数 $y_2, \cdots, y_{2s}$ で表わされるから，各点での類数は $2s-1$ を越えない．

他方，一般に関数 f と Pfaff 形式 ω の積について

$$(\mathrm{d}(f\omega))^k = f^k(\mathrm{d}\omega)^k+kf^{k-1}\mathrm{d}f\wedge\omega\wedge(\mathrm{d}\omega)^{k-1} \tag{5.66}$$

$$(f\omega)\wedge(\mathrm{d}(f\omega))^k = f^{k+1}\omega\wedge(\mathrm{d}\omega)^k \tag{5.67}$$

がなりたつから，いかなる点でも ω_1 の類数が $2s-2$ 以下になることはない．∎

［定理 5.6 の証明続き］

（i） 類数が $2s+1$ 一定のとき，補題 5.1 と帰納法の仮定により

$$\omega = \mathrm{d}f+(1+z_1)\mathrm{d}z_2+z_3\mathrm{d}z_4+\cdots+z_{2s-1}\mathrm{d}z_{2s}$$

と表わされるから，

$$y_1 = f-f(x^0)+z_2, \quad y_j = z_{j-1} \quad (j = 2, \cdots, 2s+1)$$

とすれば，(5.60)が得られる．

（ii） 類数が $2s$ 一定のとき，補題 5.2 と帰納法の仮定により

$$\omega = g(\mathrm{d}z_1+z_2\mathrm{d}z_3+\cdots+z_{2s-2}\mathrm{d}z_{2s-1})$$

となる．したがって，

$$y_1 = (g-g(x^0))/g(x^0), \quad y_2 = g(x^0)z_1,$$
$$y_j = gz_{j-1} \quad (j = 3, 5, \cdots, 2s-1), \quad y_j = z_{j-1} \quad (j = 4, 6, \cdots, 2s)$$

とすれば，(5.61)がなりたつ． ∎

定理 5.7 $\omega \in \Omega^2(M)$ が一定の類数 $2s$ をもつ 2 次の閉微分形式ならば，任意の点 x^0 の近傍で局所座標系 $(y_1, \cdots, y_n)$ を選んで，

$$\omega = \mathrm{d}y_1\wedge \mathrm{d}y_2+\cdots+\mathrm{d}y_{2s-1}\wedge \mathrm{d}y_{2s} \tag{5.68}$$

と表わすことができる．

［証明］ 定理 5.4 により，ω は $2s$ 個の独立変数で表わされる．Poincaré の補題により，$\omega=\mathrm{d}\theta$ となる $2s$ 変数の Pfaff 形式 θ がある．必要があれば θ に全微分 $\mathrm{d}f$ を加え，θ は x^0 の近傍で 0 にならないとしてよい．$\omega^s=(\mathrm{d}\theta)^s\neq 0$ ゆえ，θ の類数は一定の $2s$ である．したがって，θ が標準形(5.61)をもつように局所座標系 $(y_1, \cdots, y_{2s})$ をとれば，

$$\begin{aligned}\omega &= \mathrm{d}((1+y_1)\mathrm{d}y_2+y_3\mathrm{d}y_4+\cdots+y_{2s-1}\mathrm{d}y_{2s})\\ &= \mathrm{d}y_1\wedge \mathrm{d}y_2+\cdots+\mathrm{d}y_{2s-1}\wedge \mathrm{d}y_{2s}.\end{aligned}$$ ∎

なお，以上の定理 5.5，5.6，5.7 に述べた微分形式 ω の標準形に用いられる座標関数 y_i は，いずれも ω の特性系の第 1 積分であることに注意する．

§5.4 外微分方程式系の特性系と Pfaff 方程式の標準形

この節では，外微分方程式系 Σ について，上と同様，これをなるべく少ない独立変数を用いて書き改める問題を考える．このために用いられる特性系は，方程式系の解法と深く関わっている．

§5.2で述べたFrobeniusの定理の証明に従って実際に解を構成してみると，正規形の方程式系(5.18)の場合，はじめに $x_n, x_{n-1}, \cdots, x_{r+1}$ を定数として定義される超平面に制限して得られる0次元の積分多様体から出発して，順次最後の変数を変数として1次元ずつ高い積分多様体を構成することになるが，その要点は $s-1$ 次元の積分多様体 N が与えられたとき，ベクトル場 X が存在して，N の各点を通る X の積分曲線を作れば，その合併が Σ の s 次元の積分多様体になることであった．

一般の外微分方程式系 Σ および任意の積分多様体 N に対して同じことがなりたつために，ベクトル場 X がみたすべき十分条件を求めてみよう．

N が積分多様体であることより，N の1点 x をとったとき，N の接ベクトル空間 $T_xN \subset T_xM$ の上で $\Sigma \cup \mathrm{d}\Sigma$ に含まれる微分形式はすべて消える．また，N を通る X の線分曲線の合併からなる多様体も $\Sigma \cup \mathrm{d}\Sigma$ の積分多様体でなければならないから，積分曲線の接ベクトル空間である $X(x)$ と T_xN で張られる T_xM の線形部分空間の上でも $\Sigma \cup \mathrm{d}\Sigma$ の微分形式はすべて0とならなければならない．これは任意の $\omega \in \Sigma \cup \mathrm{d}\Sigma$ に対し，$\iota_X\omega$ が T_xN の上で消えることと同等である．特に，$\iota_X\omega$ が Σ および $\mathrm{d}\Sigma$ の元の関数を係数とする1次結合になれば十分である．これを $\iota_X\omega \equiv 0 \mod \Sigma \cup \mathrm{d}\Sigma$ と書く．

そこで，ベクトル場 X が外微分方程式系 Σ の**特性ベクトル場**であるとは，任意の $\omega \in \Sigma \cup \mathrm{d}\Sigma$ に対し

$$\iota_X\omega \equiv 0 \mod \Sigma \cup \mathrm{d}\Sigma \tag{5.69}$$

となることと定義する．Σ で生成される微分イデアル $\tilde{\Sigma}$ を用いるならば，(5.69)は

$$\iota_X\tilde{\Sigma} \subset \tilde{\Sigma} \tag*{(5.69)$'$}$$

となる．

全微分方程式系の場合にならって $\tilde{\Sigma}_x$ でもって点 x において Σ および $\mathrm{d}\Sigma$ の元が生成する $\mathsf{A}(T_x^*M)$ のイデアルを表わす．すなわち，少なくとも一つの Σ または $\mathrm{d}\Sigma$ の元を因子とする外積の1次結合全体とする．ベクトル場 X が(5.69)をみたすならば明らかに

$$\iota_X\omega(x) \in \tilde{\Sigma}_x, \quad \omega \in \Sigma \cup \mathrm{d}\Sigma, \tag{5.70}$$

がなりたつが，多くの外微分方程式系 Σ に対してはこの逆が成立し，各点 $x \in$

M に対する条件(5.70)から(5.69)が導かれる．

このとき，微分形式の場合にならい，(5.70)の解空間を $C_x(\Sigma)$ と書き，外微分方程式系 Σ の x における**特性空間**という．この次元 $n-r$ が x に依存しないとき，これらの方程式は $\mathcal{F}$ 級の $n-r$ 次元ベクトル分布を定める．

このような外微分方程式系 Σ を**正則**とよび，正則な外微分方程式系 Σ に対し，(5.69)で定義されるベクトル分布 $C(\Sigma)$ を Σ の**特性ベクトル分布**，$C(\Sigma)$ と共役な全微分方程式系 $C^*(\Sigma)$ を Σ の**特性系**という．また，特性系の階数 r を Σ の**類数**という．

定理 5.8 正則な外微分方程式 Σ の特性系は完全積分可能である．

［証明］ X，Y が特性ベクトル場であるとき，任意の $\omega \in \Sigma \cup \mathrm{d}\Sigma$ に対し，

$$\begin{aligned}\iota_{[X,Y]}\omega &= L_X\iota_Y\omega - \iota_Y L_X\omega \\ &= \iota_X \mathrm{d}\iota_Y\omega + \mathrm{d}\iota_X\iota_Y\omega - \iota_Y\mathrm{d}\iota_X\omega - \iota_Y\iota_X\mathrm{d}\omega \\ &\equiv 0 \mod \Sigma \cup \mathrm{d}\Sigma.\end{aligned}$$ ∎

補題5.2の証明で用いた方程式(5.64)，(5.65)は Pfaff 方程式 $\omega=0$ に対する特性ベクトル場の方程式である．この場合 ω の類数は $2s$ であったがそこでの証明からわかるように方程式 $\omega=0$ の類数は $2s-1$ である．補題の証明では特性系が完全積分可能であることを示すため，一旦 $2s$ 次元の問題に還元したが，上の定理からわかるように，その必要はなかった．この補題を一般化して次の定理がなりたつ．

定理 5.9(E. Cartan) 正則な外微分方程式系 Σ の特性系 $C^*(\Sigma)$ の各点の近傍での独立な第1積分の完全系を $y_1, \cdots, y_r$ とする．このとき，Σ の生成元として，$y_1, \cdots, y_r$ の関数を係数とする $\mathrm{d}y_1, \cdots, \mathrm{d}y_r$ の外積多項式をとることができる．Σ の類数 r は各点の近傍で Σ の生成元を表わすのに必要な独立変数の最小個数に等しい．

［証明］ Frobenius の定理により新しい局所座標系 $(y_1, \cdots, y_n)$ をとり，$\mathrm{d}y_1, \cdots, \mathrm{d}y_r$ が $C^*(\Sigma)$ の基底，$\partial/\partial y_{r+1}, \cdots, \partial/\partial y_n$ が $C(\Sigma)$ の基底であるようにすることができる．

$r=n$ ならば，何も証明することはない．

$r<n$ のとき，Σ の生成元を $\mathrm{d}y_1, \cdots, \mathrm{d}y_n$ および $y_1, \cdots, y_n$ の関数を用いて表示しておく．はじめに $\mathrm{d}y_n$ を含まないように生成元をとりなおすことができる

ことを証明しよう．

$\omega_1, \cdots, \omega_q$ を Σ の1次の生成元とする．定義から明らかに，これらは $C^*(\Sigma)$ に含まれる．したがって，$\mathrm{d}y_n$ の項はない．Σ の $m-1$ 次以下の生成元についてはすでにそれらを同値なものにおきかえることによって，$\mathrm{d}y_n$ を含まないようにできたとする．このとき，m 次の生成元 θ_j を $\theta_j - \mathrm{d}y_n \wedge \iota_{\partial/\partial y_n}\theta_j$ におきかえると，これらは $\mathrm{d}y_n$ の項を含まず，また，$\iota_{\partial/\partial y_n}\theta_j \equiv 0 \bmod \Sigma \cup \mathrm{d}\Sigma$ は $m-1$ 次以下の生成元で表わすことができるから，これらもまた m 次の生成元である．

次に，ふたたび生成元をとりなおすことによって，係数も y_n を含まないようにできることを証明する．$\omega_1, \cdots, \omega_q$ を $\mathrm{d}y_n$ を含まない1次の生成元とする．

$$L_{\partial/\partial y_n}\omega_i = \iota_{\partial/\partial y_n}\mathrm{d}\omega_i \equiv 0 \quad \mathrm{mod}(\omega_1, \cdots, \omega_q)$$

ゆえ，

$$L_{\partial/\partial y_n}\omega_i = \sum_{j=1}^{q} H_{ij}\omega_j$$

となる $y_1, \cdots, y_n$ の関数 H_{ij} が存在する．線形常微分方程式系

$$\frac{\mathrm{d}z_i}{\mathrm{d}y_n} = \sum_{j=1}^{q} H_{ij}z_j, \quad i = 1, \cdots, q,$$

の1次独立な解を $(\bar{z}_i^{(1)}), \cdots, (\bar{z}_i^{(q)})$ とする．このとき

$$\omega_i = \sum_{j=1}^{q} \bar{z}_i^{(j)}\bar{\omega}_j, \quad i = 1, \cdots, q,$$

によって1次微分形式 $\bar{\omega}_1, \cdots, \bar{\omega}_q$ を定めれば，$L_{\partial/\partial y_n}\bar{\omega}_i = 0$ となり，$\bar{\omega}_i$ は係数も y_n を含まない1次微分形式であり，Σ の1次の部分を生成する．

$m-1$ 次以下の Σ の生成元はすでに $\mathrm{d}y_n$ も y_n も含まないようにとりなおされているとして，m 次の生成元 $\theta_1, \cdots, \theta_p$ を考える．上と同様

$$L_{\partial/\partial y_n}\theta_i = \sum_{j=1}^{p} K_{ij}\theta_j + \sum_k \lambda_{ik} \wedge \varphi_k$$

となる関数 K_{ij} と微分形式 λ_{ik} が存在する．ただし，φ_k は $m-1$ 次以下の生成元で $\mathrm{d}y_n$ も y_n も含まないものとする．上と同様，H_{ij} の代りに K_{ij} を係数とする常微分方程式を考え，その1次独立な解を $(\bar{u}_i^{(1)}), \cdots, (\bar{u}_i^{(p)})$ とし

$$\theta_i = \sum \bar{u}_j^{(j)}\tilde{\theta}_j$$

によって m 次の微分形式 $\tilde{\theta}_j$ を定める．このとき

$$L_{\partial/\partial y_n}\tilde{\theta}_i = \sum_k \tilde{\lambda}_{ik}\wedge\varphi_k$$

となる微分形式 $\tilde{\lambda}_{ik}$ がある．μ_{ik} を $\tilde{\lambda}_{ik}$ の各係数を係数の y_n に関する不定積分でおきかえたものとすれば，

$$\bar{\theta}_i = \tilde{\theta}_i - \sum_k \mu_{ik}\wedge\varphi_k$$

は $\mathrm{d}y_n$ も y_n も含まず φ_k と合せて Σ の m 次までの部分を生成する．

以上で，Σ の生成元として $\mathrm{d}y_n$ も y_n も含まないものをとることができることがわかった．$r<n-1$ のときは，Σ を $y_1, \cdots, y_{n-1}$ に関する外微分方程式系と考えて，同じ論法をくりかえせばよい．

逆に，外微分方程式系 Σ が各点の近傍で $\mathrm{d}y_1, \cdots, \mathrm{d}y_r$ と $y_1, \cdots, y_r$ のみを含む生成元をもつとき，Σ の類数が r を越えないことは特性系が座標系に依存せず定義されていることから明らかである． ∎

正則な外微分方程式系 Σ の特性系 $C^*(\Sigma)$ の極大(次元の)積分多様体を Σ の**特性多様体**という．ただし，特性多様体という言葉はちがった意味に使われるときがあり，それらと区別するには **Cauchy の意味の特性多様体**という．

上の定理のように，$y_1, \cdots, y_r$ をある点の近傍での特性系の独立な第1積分の完全系とするとき，この近傍で特性多様体は各 y_i を定数 C_i とおいた方程式

$$y_i = C_i, \quad i = 1, \cdots, r,$$

で定義される $n-r$ 次元の部分多様体である．Cartan の定理により，Σ の生成元として $y_1, \cdots, y_r$ および $\mathrm{d}y_1, \cdots, \mathrm{d}y_r$ のみに依存するものがとれるのであるから，次の定理が成立する．

定理 5.10　Σ を正則な外微分方程式系，N を任意の積分多様体としたとき，N の各点を通る特性多様体を合併して表わされる多様体 $\tilde{N}$ はふたたび Σ の積分多様体である． □

一つの 0 とならない 1 次微分形式 ω を 0 とおいた全微分方程式

$$\omega = 0 \tag{5.71}$$

を **Pfaff 方程式**という．

この方程式 Σ の **1 点 x における類数** $c_x(\Sigma)$ を，x における Σ の特性空間

$$C_x(\Sigma) = \{X \in T_xM\,;\, \iota_X\omega=0, \quad \omega\wedge\iota_X(\mathrm{d}\omega)=0\} \tag{5.72}$$

の次元 $n-r$ の空間次元 n に関する補数 r と定義する．常に $c_x(\Sigma) \leqq c_x(\omega)$ がなりたつことに注意する．

定理 5.11　Pfaff 方程式の各点 x における類数は常に奇数 $2s+1$ であり，この s は x において

$$\omega \wedge (\mathrm{d}\omega)^s \neq 0 \quad \text{かつ} \quad \omega \wedge (\mathrm{d}\omega)^{s+1} = 0 \tag{5.73}$$

をみたす数として特徴づけられる．

［証明］ $\omega(x)$ が $W^*_{\mathrm{d}\omega(x)}$ に含まれない場合，$X \in T_xM$ に対する条件 $\omega \wedge \iota_X(\mathrm{d}\omega)=0$ と $\iota_X(\mathrm{d}\omega)=0$ は同等となる．$\mathrm{d}\omega(x)$ の階数が $2s$ で，(5.56)の表示をもつとき，$C_x(\Sigma)$ は

$$\langle X, \boldsymbol{e}_1\rangle = \cdots = \langle X, \boldsymbol{e}_{2s}\rangle = \langle X, \omega(x)\rangle = 0$$

で定義される $n-(2s+1)$ 次元空間となり，(5.73)がなりたつ．

$\omega(x)$ が $\mathrm{d}\omega(x)$ の同伴系 $W^*_{\mathrm{d}\omega(x)}$ に含まれる場合は，補題 5.2 の証明のはじめの部分で $\mathrm{d}\omega(x)$ の階数を $2s+2$ とすればよい．■

各点の類数が点によらない Pfaff 方程式が，共通の類数をもつ正則外微分方程式系になることは容易にたしかめられる．

補題 5.2 が示すように Pfaff 形式 ω の類数は 0 でない関数を掛けることによって変化することがある．しかし，Pfaff 方程式 $\omega=0$ の類数は 0 でない関数を掛けることによって変わることはない．次の定理は **Pfaff 方程式の標準形**を与える．

定理 5.12　ω が 0 でない Pfaff 形式であり，Pfaff 方程式 $\omega=0$ の各点での類数が点によらず一定の $2s+1$ であるとき，任意の 1 点 x^0 の近傍において，この点を原点とする局所座標系 $(y_1, \cdots, y_n)$ と，0 とならない関数 g を選んで

$$\omega = g(\mathrm{d}y_1 + y_2\mathrm{d}y_3 + \cdots + y_{2s}\mathrm{d}y_{2s+1}) \tag{5.74}$$

と表わすことができる．

［証明］ $2s+1=n$ となる場合は ω の類数が $2s+1$ 一定となり Darboux の定理により g なしで(5.74)の形になる．

$2s+1<n$ のときは，(5.66)，(5.67)を用いると，適当に 0 でない関数 f を掛けた $f\omega$ は類数が $2s+2$ 一定の Pfaff 形式になることがわかる．これに補題 5.2 を適用すれば，$f\omega=g\omega_1$ と分解されるが，ω_1 は一定の類数 $2s+1$ をもつ Pfaff 形式であるから Darboux の定理により(5.74)の括弧の中の形になる．■

§5.5　1階偏微分方程式と接触変換

特性系を用いて1階の偏微分方程式

$$F\left(x_1, \cdots, x_n, z, \frac{\partial z}{\partial x_1}, \cdots, \frac{\partial z}{\partial x_n}\right) = 0 \tag{5.75}$$

を解いてみよう．§5.1で示したように，この方程式を解くことと，$x_1, \cdots, x_n, z, p_1, \cdots, p_n$ を独立変数とする $2n+1$ 次元の空間の中で，全微分方程式系

$$F(x_1, \cdots, x_n, z, p_1, \cdots, p_n) = 0, \tag{5.76}$$

$$dz - p_1 dx_1 - \cdots - p_n dx_n = 0 \tag{5.77}$$

の n 次元の解多様体 N で，N 上 $(x_1, \cdots, x_n)$ が局所座標系になるものを求めることは同等である．S. Lie は最後の条件を落とし，(5.76)，(5.77)の極大(次元の)解多様体も解と見做す方が解および方程式の変換理論の立場からはより好都合であることを見出した．この方程式系の解多様体の極大次元は n であるので，(5.76)，(5.77)の n 次元の解を(5.75)の**Lie の意味の解**という．

§5.1で示したように，解多様体は(5.76)，(5.77)の外微分を0とした，次の方程式もみたさなければならない：

$$\sum_{i=1}^{n} \frac{\partial F}{\partial x_i} dx_i + \frac{\partial F}{\partial z} dz + \sum_{i=1}^{n} \frac{\partial F}{\partial p_i} dp_i = 0, \tag{5.78}$$

$$\sum_{i=1}^{n} dp_i \wedge dx_i = 0. \tag{5.79}$$

これを前節で述べた特性系を用いて解くのであるが，そこでの議論は，(5.76)で定義される $2n$ 次元多様体 M の上で適用しなければならないから，方程式系に現われる微分形式はすべて埋込み写像により M に引戻したものと解釈する必要がある．(5.76)が1点 $(x, z, \partial z/\partial x) = (x, z, p)$ の近傍で真に偏微分方程式になっているとすると，$\partial F/\partial p_i$ のいずれかは0でない．$\partial F/\partial p_n \neq 0$ としよう．このとき，この点の近傍で，$(x_1, \cdots, x_n, z, p_1, \cdots, p_{n-1})$ を M の局所座標系に選ぶことができる．以下，必要な場合にはこれを仮定する．

M の上では，(5.78)が恒等的に成立するので，これを考慮する必要はない．結局，成帯条件(5.77)とその外微分(5.79)のみが方程式となる．

特に，考える点の近傍で $\partial F/\partial z \neq 0$ がみたされる場合には，(5.77)の代りに，

これと(5.78)から $\mathrm{d}z$ を消去した

$$\sum_{i=1}^{n}\left(\frac{\partial F}{\partial x_i}+p_i\frac{\partial F}{\partial z}\right)\mathrm{d}x_i+\sum_{i=1}^{n}\frac{\partial F}{\partial p_i}\mathrm{d}p_i = 0 \tag{5.80}$$

を方程式としてもよい．この場合には，$(x_1, \cdots, x_n, p_1, \cdots, p_n)$ を局所座標系にとることができ，特性ベクトル場

$$X = \sum_{i=1}^{n}\xi_i\frac{\partial}{\partial x_i}+\sum_{i=1}^{n}\pi_i\frac{\partial}{\partial p_i} \tag{5.81}$$

に対する方程式(5.69)は

$$\sum_{i=1}^{n}\left(\frac{\partial F}{\partial x_i}+p_i\frac{\partial F}{\partial z}\right)\xi_i+\sum_{i=1}^{n}\frac{\partial F}{\partial p_i}\pi_i = 0 \tag{5.82}$$

および

$$\sum_{i=1}^{n}\pi_i\mathrm{d}x_i-\sum_{i=1}^{n}\xi_i\mathrm{d}p_i \equiv 0 \mod \omega \tag{5.83}$$

となる．ただし，ω は(5.80)の左辺の微分形式を表わす．これは連比に対する方程式

$$\begin{aligned}&\xi_1:\xi_2:\cdots:\xi_n:\pi_1:\pi_2:\cdots:\pi_n\\ &= \frac{\partial F}{\partial p_1}:\frac{\partial F}{\partial p_2}:\cdots:\frac{\partial F}{\partial p_n}:-\left(\frac{\partial F}{\partial x_1}+p_1\frac{\partial F}{\partial z}\right):\cdots:-\left(\frac{\partial F}{\partial x_n}+p_n\frac{\partial F}{\partial z}\right)\end{aligned}$$

である．この解は(5.82)もみたす．このとき，(5.77)によって定まる

$$\zeta = p_1\xi_1+\cdots+p_n\xi_n$$

に対する比例項は $\sum_{i=1}^{n}p_i\partial F/\partial p_i$ となる．これと共役な特性系は

$$\begin{aligned}\frac{\mathrm{d}x_1}{\dfrac{\partial F}{\partial p_1}} = \frac{\mathrm{d}x_2}{\dfrac{\partial F}{\partial p_2}} = \cdots = \frac{\mathrm{d}x_n}{\dfrac{\partial F}{\partial p_n}} &= \frac{\mathrm{d}z}{\sum_{i=1}^{n}p_i\dfrac{\partial F}{\partial p_i}}\\ = \frac{-\mathrm{d}p_1}{\dfrac{\partial F}{\partial x_1}+p_1\dfrac{\partial F}{\partial z}} = \cdots &= \frac{-\mathrm{d}p_n}{\dfrac{\partial F}{\partial x_n}+p_n\dfrac{\partial F}{\partial z}}\end{aligned} \tag{5.84}$$

という常微分方程式系である．これを方程式(5.75)に対する **Lagrange-Charpit 系**という．

以上では，$\partial F/\partial z \neq 0$ という特殊な条件の下で(5.84)を導いたが，$\partial F/\partial p_n \neq 0$ という一般的な条件の下でも同じ方程式系が得られる．実際，この条件の下では，$(x_1, \cdots, x_n, z, p_1, \cdots, p_{n-1})$ が局所座標系になり，p_n は

$$p_n = f(x_1, \cdots, x_n, z, p_1, \cdots, p_{n-1}) \tag{5.85}$$

とそれらの関数と表わされるから,

$$dz-p_1dx_1-\cdots-p_{n-1}dx_{n-1}-f\,dx_n=0,$$
$$dp_1\wedge dx_1+\cdots+dp_{n-1}\wedge dx_{n-1}+df\wedge dx_n=0$$

が解くべき方程式系となる. したがって, 特性ベクトル場

$$X=\sum_{i=1}^{n}\xi_i\frac{\partial}{\partial x_i}+\zeta\frac{\partial}{\partial z}+\sum_{i=1}^{n-1}\pi_i\frac{\partial}{\partial p_i}$$

に対する方程式は

$$\zeta-p_1\xi_1-\cdots-p_{n-1}\xi_{n-1}-f\xi_n=0,$$

$$\begin{aligned}&\left(\pi_1-\frac{\partial f}{\partial x_1}\xi_n\right)dx_1+\cdots+\left(\pi_{n-1}-\frac{\partial f}{\partial x_{n-1}}\xi_n\right)dx_{n-1}+Xf\,dx_n\\&\quad-\frac{\partial f}{\partial z}\xi_n dz-\left(\xi_1+\frac{\partial f}{\partial p_1}\xi_n\right)dp_1-\cdots-\left(\xi_{n-1}+\frac{\partial f}{\partial p_{n-1}}\xi_n\right)dp_{n-1}\\&\quad=-\frac{\partial f}{\partial z}\xi_n(dz-p_1dx_1-\cdots-p_{n-1}dx_{n-1}-f\,dx_n)\end{aligned}$$

になる. ここで,

$$\frac{\partial F}{\partial x_i}+\frac{\partial F}{\partial p_n}\frac{\partial f}{\partial x_i}=\frac{\partial F}{\partial z}+\frac{\partial F}{\partial p_n}\frac{\partial f}{\partial z}=\frac{\partial F}{\partial p_i}+\frac{\partial F}{\partial p_n}\frac{\partial f}{\partial p_i}=0$$

を用いると, 同じ方程式系(5.84)が得られる.

Lagrange-Charpit 系(5.84)の階数は, $2n+1$ 次元の全空間では $2n$ であるが, $F=0$ で与えられる多様体 M の上では $2n-1$ である. したがって, 全微分方程式系(5.76), (5.77)の類数は $2n-1$ である.

Lagrange-Charpit 系の解曲線は全微分方程式(5.77), (5.78)をみたす. 特に, この系に $F(x,z,p)=0$ をみたす初期値を与えて $2n+1$ 次元の空間で解いた解は常に $F(x,z,p)=0$ をみたす.

$F=0$ をみたす(5.84)の解曲線 $(x(t),z(t),p(t))$ を方程式(5.75)の**特性帯**という. 特性帯の (x,z) 面への射影を(5.75)の**特性曲線**という. 特性帯は特性曲線の各点 $(x(t),z(t))$ に余接ベクトル $p(t)$ を指定したものになっており, 将来, 特性曲線が解 $z=u(x)$ の部分となるとき, この解曲面の法線ベクトルと $(p_1(t),\cdots,p_n(t),-1)$ が一致することを期待している. 成帯条件(5.77)は, 特性曲線の接線ベクトルがこの法線ベクトルの定める接平面に含まれることを保証している.

S を $(x_1, \cdots, x_n)$ 空間の中の $n-1$ 次元の超曲面とし，S 上で z の値を指定し，S の近傍で(5.75)の解 $z=u(x_1, \cdots, x_n)$ を求める問題を方程式(5.75)の**初期値問題**という．S の上で S に接する方向の z の勾配はきまってしまう．さらに，方程式をみたすことから，S の法線方向の勾配も，一般に離散的ないくつかの値しかとり得ない．ここでは，S の各点でこの値が一つ選ばれており，これも合せて，S 上 $\mathrm{grad}\, u=(\partial u/\partial x_1, \cdots, \partial u/\partial x_n)$ が $\mathcal{F}$ 級の関数として与えられているとする．S の局所座標系を $(t_1, \cdots, t_{n-1})$ とし，これらの値を $(p_1(t_1, \cdots, t_{n-1}), \cdots, p_n(t_1, \cdots, t_{n-1}))$ と表わせば，初期値問題に対するわれわれの仮定は

$$N_0 = \{(x(t_1, \cdots, t_{n-1}), z(t_1, \cdots, t_{n-1}), p(t_1, \cdots, t_{n-1}))\}$$

が(5.76)，(5.77)の $n-1$ 次元の($\mathcal{F}$ 級の)解多様体になっていることである．

このとき，初期値，すなわち N_0 が**非特性**であるとは，N_0 の各点でそれを初期値とする特性帯が N_0 と接しないことであると定義する．

例えば，S が $x_n=c$ で定義される超平面であって，S 上 $\partial F/\partial p_n \neq 0$ がなりたつならば，特性ベクトル X は x_n 方向に 0 でない成分をもち，N_0 と接することはない．

定理 5.10 により次の定理が成立する．

定理 5.13　1階偏微分方程式(5.75)の非特性初期値問題は，Lagrange-Charpit 系を N_0 上で初期値を与えて解いて得られる解の合併として表わされる唯一つの解をもつ．　□

Cartan の定理 5.9 と Pfaff 方程式の標準形を与える定理 5.12 を組み合わせると，$M=\{F=0\}$ 上の Pfaff 方程式(5.77)は，Lagrange-Charpit 系の第1積分 $X_1, \cdots, X_{n-1}, Z, P_1, \cdots, P_{n-1}$ を用いて表わされる Pfaff 方程式

$$\mathrm{d}Z - P_1\mathrm{d}X_1 - \cdots - P_{n-1}\mathrm{d}X_{n-1} = 0 \qquad (5.86)$$

と同等になることがわかる．条件 $\partial F/\partial p_n \neq 0$ がみたされるとき，このような積分の1組は(5.84)を $\mathrm{d}t$ とおいた Lagrange-Charpit 系の次の初期値問題を解くことによって得られる：

$$\begin{cases} x_i(0) = X_i, \quad i = 1, \cdots, n-1, \\ x_n(0) = c, \\ z(0) = Z, \\ p_i(0) = P_i, \quad i = 1, \cdots, n-1, \\ p_n(0) : F(X, c, Z, P, p_n) = 0 \text{ の解}. \end{cases} \tag{5.87}$$

この解

$$\begin{cases} x_i = x_i(t\,; X, Z, P), \\ z = z(t\,; X, Z, P), \\ p_i = p_i(t\,; X, Z, P) \end{cases} \tag{5.88}$$

から $F(x, z, p)=0$ を考慮しながら t を消去し，X, Z, P を (x, z, p) の関数とし表わしたものが求める第1積分となる．実際，$2n$ 次元の多様体 M 上 (t, X, Z, P) を局所座標系にとることができ，この座標系の下で，特性ベクトル場は $\partial/\partial t$ の関数倍と表わされる．したがって，t を含まない X_i, Z, P_i は第1積分である．M の超平面 $\{t=0\}$ 上では(5.86)と(5.77)が一致するから，補題5.2の証明により，前者は後者の0にならない関数倍であることがわかる．

すぐ後で示すように，与えられた方程式系(5.76), (5.77)を(5.86)に書き改める Lagrange-Charpit 系の第1積分 $X_1, \cdots, X_{n-1}, Z, P_1, \cdots, P_{n-1}$ のとり方は無数にあるが，一旦このように標準形に書き改められた後はすべての解を同じ手続きで求めることができる．§5.1で示したように，**一般解**は任意に $n-1$ 変数の関数 φ を与え，

$$Z = \varphi(X_1, \cdots, X_{n-1}), \quad P_1 = \frac{\partial \varphi}{\partial X_1}, \cdots, P_{n-1} = \frac{\partial \varphi}{\partial X_{n-1}} \tag{5.89}$$

と $F=0$ で定義される n 次元多様体として得られる．X, Z, P が(5.87)を初期値として Lagrange-Charpit 系を解いて得られる第1積分の場合，こうして得られる解多様体は初期面 $x_n=c$ で初期値

$$z = \varphi(x_1, \cdots, x_{n-1})$$

をとる(5.75)の解 $z=\Phi(x_1, \cdots, x_n)$ の**面要素** $(x_1, \cdots, x_n, \Phi(x_1, \cdots, x_n), \partial\Phi/\partial x_1, \cdots, \partial\Phi/\partial x_n)$ からなる多様体となる．

しかし，X, Z, P が一般のとき，このようにして定まる解多様体の上で $(x_1, \cdots, x_n)$ が局所座標系となる保証はないから，これらの解は一般には Lie の意

味の解にしかならない．

次に，$X_1, \cdots, X_{n-1}$ が独立でなくその間に $p<n-1$ 個の独立な関係があるような解を求めるには，$X_{n-p}, \cdots, X_{n-1}$ を

$$X_{n-i} = \varphi_i(X_1, \cdots, X_{n-p-1}), \quad i = 1, \cdots, p, \tag{5.90}$$

と表わし，さらにもう一つの任意の関数 φ を用いて

$$Z = \varphi(X_1, \cdots, X_{n-p-1}) \tag{5.91}$$

とする．このとき，

$$\frac{\partial \varphi}{\partial X_i} - \left(P_i + \sum_{k=1}^{p} P_{n-k} \frac{\partial \varphi_k}{\partial X_i}\right) = 0, \quad i = 1, \cdots, n-p-1, \tag{5.92}$$

および $F=0$ を連立させて得られる多様体が解となる．

最後に，すべての X_i が定数であるときは，Z も定数となり，$C_1, \cdots, C_n$ を任意の定数とする方程式

$$X_1 = C_1, \cdots, X_{n-1} = C_{n-1}, \quad Z = C_n \tag{5.93}$$

によって n 個の径数をもつ解多様体の族が定まる．

この上で $(x_1, \cdots, x_n)$ が共通の局所座標系になる場合，(5.93) と $F=0$ によって $p_1, \cdots, p_n$ を消去し，z について解いて得られる n 個の径数を含む解

$$z = \Phi(x_1, \cdots, x_n, C_1, \cdots, C_n) \tag{5.94}$$

を方程式(5.75)の**完全解**という．これはごく特殊な解のように見えるかもしれないが，これから Pfaff 方程式の標準形(5.86)を構成する第1積分 X, Z, P が求まり，上の手続きにより代入と消去法だけで，一般解を計算できる．実際，連立方程式

$$p_i = \frac{\partial \Phi}{\partial x_i}(x_1, \cdots, x_n, X_1, \cdots, X_{n-1}, Z), \quad i = 1, \cdots, n, \tag{5.95}$$

および $F=0$ を解いて，$X_1, \cdots, X_{n-1}, Z$ を $(x_1, \cdots, x_n, z, p_1, \cdots, p_n)$ の関数として表わし，次に

$$P_j = -\frac{\dfrac{\partial \Phi}{\partial C_j}}{\dfrac{\partial \Phi}{\partial C_n}}, \quad j = 1, \cdots, n-1, \tag{5.96}$$

と定義すればよい．次の定理に述べる，この方法による1階偏微分方程式の一般解法を **Lagrange の解法**という．

定理 5.14　(x^0, z^0, p^0) の近傍で $\partial F/\partial p_n \neq 0$ をみたす1階偏微分方程式(5.75)の n 個の径数 $C_1, \cdots, C_n$ をもつ解

$$z = \Phi(x_1, \cdots, x_n, C_1, \cdots, C_n) \tag{5.97}$$

は，この近傍で行列式についての条件

$$\begin{vmatrix} \dfrac{\partial \Phi}{\partial C_1} & \dfrac{\partial^2 \Phi}{\partial x_1 \partial C_1} \cdots & \dfrac{\partial^2 \Phi}{\partial x_{n-1} \partial C_1} \\ \cdots & & \\ \dfrac{\partial \Phi}{\partial C_n} & \dfrac{\partial^2 \Phi}{\partial x_1 \partial C_n} \cdots & \dfrac{\partial^2 \Phi}{\partial x_{n-1} \partial C_n} \end{vmatrix} \neq 0 \tag{5.98}$$

をみたすとき，完全解である．一般性を失うことなく，$\partial\Phi/\partial C_n \neq 0$ とするとき，この方程式の一般解は，$\varphi(C_1, \cdots, C_{n-1})$ を任意の関数として(5.97)と

$$C_n = \varphi(C_1, \cdots, C_{n-1}), \tag{5.99}$$

$$\frac{\partial \Phi}{\partial C_j} + \frac{\partial \Phi}{\partial C_n}\frac{\partial \varphi}{\partial C_j} = 0, \quad j = 1, \cdots, n-1, \tag{5.100}$$

から $C_1, \cdots, C_n$ を消去することによって得られる．

［証明］ 定理の仮定の下で，$F=0$ で定義される多様体 M 上 $(x_1, \cdots, x_n, z, p_1, \cdots, p_{n-1})$ が局所座標系になる．(5.97)および

$$p_j = \frac{\partial \Phi}{\partial x_j}, \quad j = 1, \cdots, n, \tag{5.101}$$

によって $(x_1, \cdots, x_n, C_1, \cdots, C_n)$ に対して $(z, p_1, \cdots, p_n)$ を対応させたとき，条件(5.98)は Jacobi 行列式

$$\frac{\partial(x_1, \cdots, x_n, z, p_1, \cdots, p_{n-1})}{\partial(x_1, \cdots, x_n, C_1, \cdots, C_n)} \neq 0$$

を意味する．したがって，代って $(x_1, \cdots, x_n, C_1, \cdots, C_n)$ を M の局所座標系に選ぶことができる．このとき，p_n は(5.76)を p_n について解いて得られる $(x_1, \cdots, x_n, z, p_1, \cdots, p_{n-1})$ の関数であるが，Φ は(5.75)の解ゆえ，上の変数変換の後では $\partial\Phi/\partial x_n$ に等しくなる．

したがって，

$$\mathrm{d}\Phi = \frac{\partial \Phi}{\partial x_1}\mathrm{d}x_1 + \cdots + \frac{\partial \Phi}{\partial x_n}\mathrm{d}x_n + \frac{\partial \Phi}{\partial C_1}\mathrm{d}C_1 + \cdots + \frac{\partial \Phi}{\partial C_n}\mathrm{d}C_n$$

と(5.97)および(5.101)より，新しい座標系の下で全微分方程式(5.77)は

$$\frac{\partial \Phi}{\partial C_1}\mathrm{d}C_1 + \cdots + \frac{\partial \Phi}{\partial C_n}\mathrm{d}C_n = 0$$

になる．これは M 上類数 $2n-1$ の全微分方程式であるから，(5.96)によって P_j を定義すれば，標準形

$$dC_n - P_1 dC_1 - \cdots - P_{n-1} dC_{n-1} = 0 \qquad (5.102)$$

となり，$\Phi(x_1, \cdots, x_n, C_1, \cdots, C_n)$ は完全解であることがわかる．このとき，(5.96)を用いて，(5.89)を書き直せば，式(5.99), (5.100)となる．■

M の上で $C_1, \cdots, C_n, P_1, \cdots, P_{n-1}$ は Lagrange-Charpit 系の $2n-1$ 個の独立な第 1 積分である．したがって，特性帯はこれらをそれぞれ定数とおいて得られる曲線になることに注意する．

Lagrange の解法に対する上の証明では，Pfaff 方程式の標準形の形を変えない座標変換を利用した．S. Lie は同じ原理に基づいて 1 階偏微分方程式系およびそれらの解の変換の一般論を建設した．

奇数次元の多様体 M に，いたるところ次元に等しい類数をもつ Pfaff 方程式 $\omega=0$ を一つ指定したものを**接触多様体**という．定理 5.12 により，各点の近傍では局所座標系 $(x_1, \cdots, x_n, z, p_1, \cdots, p_n)$ を選び，与えられた Pfaff 方程式を

$$\omega = dz - p_1 dx_1 - \cdots - p_n dx_n = 0 \qquad (5.103)$$

とすることができる．このような座標系および Pfaff 形式 ω をそれぞれ**接触座標系**および**接触形式**とよぶことにする．接触形式の類数も $2n+1$ であり，

$$\omega \wedge (d\omega)^n = n! dz \wedge dx_1 \wedge dp_1 \wedge \cdots \wedge dx_n \wedge dp_n \qquad (5.104)$$

は $2n+1$ 次微分形式の基底をなす．

接触形式の形からわかるように，接触多様体の典型は $n+1$ 次元アフィン空間の**面要素**，すなわち，1 点 $(x_1^0, \cdots, x_n^0, z^0) \in A^{n+1}$ とその点を通る超平面

$$z - z^0 = p_1^0(x_1 - x_1^0) + \cdots + p_n^0(x_n - x_n^0)$$

を一つ指定した $(x_1^0, \cdots, x_n^0, z^0, p_1^0, \cdots, p_n^0)$ 全体からなる多様体である．

二つの接触多様体 M, M' の間の写像 $\Phi: M \to M'$ は，M' の接触形式 ω' を Φ によって引戻した $\Phi^*\omega'$ が M の接触形式 ω と同じ Pfaff 方程式を定めるとき，すなわち，けっして 0 とならない関数 ρ を用いて

$$\Phi^*\omega' = \rho\omega \qquad (5.105)$$

と表わせるとき，**接触変換**という．

このとき，

$$\Phi^*(\omega'\wedge(\mathrm{d}\omega')^n) = \rho^{n+1}\omega\wedge(\mathrm{d}\omega)^n \tag{5.106}$$

がなりたつから Φ の Jacobi 行列式は ρ^{n+1} に等しく，けっして 0 にならない．したがって，Φ は局所的に逆写像 Φ^{-1} をもち，Φ^{-1} もまた接触変換になる．

$(x_1, \cdots, x_n, z, p_1, \cdots, p_n)$ および $(x'_1, \cdots, x'_n, z', p'_1, \cdots, p'_n)$ が同じ接触多様体 M の二つの接触座標系ならば，共通の座標近傍で

$$\mathrm{d}z'-p'_1\mathrm{d}x'_1-\cdots-p'_n\mathrm{d}x'_n = \rho(\mathrm{d}z-p_1\mathrm{d}x_1-\cdots-p_n\mathrm{d}x_n) \tag{5.107}$$

となる 0 にならない関数 ρ がある．逆に，M 上の関数 $x'_1, \cdots, x'_n, z', p'_1, \cdots, p'_n$ が(5.107)をみたすとき，$(x'_1, \cdots, x'_n, z', p'_1, \cdots, p'_n)$ を接触座標系にとることができる．このような座標変換も**接触変換**という．

例えば，K を $\{1, 2, \cdots, n\}$ の部分集合とするとき，

$$x'_i = \begin{cases} x_i, & i\notin K, \\ p_i, & i\in K, \end{cases} \quad z' = z-\sum_{i\in K} p_i x_i, \quad p'_i = \begin{cases} p_i, & i\notin K \\ -x_i, & i\in K \end{cases} \tag{5.108}$$

で定義される座標変換は接触変換である．これを**初等的接触変換**という．特に，$K=\{1, \cdots, n\}$ のとき，**Legendre 変換**という．

接触変換によって，Pfaff 方程式(5.77)は不変であるが，座標に関する方程式(5.76)は形が変わるので，これによって方程式(5.75)の変換を行うことができる．これを微分形式をあからさまにもち出さず表現するには，接触多様体上の関数 f, g に対する次の演算を用いる．

M を一つの接触形式 ω を指定した $2n+1$ 次元接触多様体，f, g を M 上の関数とするとき，

$$n\,\mathrm{d}f\wedge\mathrm{d}g\wedge\omega\wedge(\mathrm{d}\omega)^{n-1} = -[f, g]\,\omega\wedge(\mathrm{d}\omega)^n \tag{5.109}$$

で定まる関数 $[f, g]$ を f, g の **Lagrange 括弧式**または**角括弧式**という．（Lie は Poisson が Lagrange より先に導入しているから，これも Poisson の括弧式とよぶべきであると主張し，何人かの著者がこれに従っているがまぎらわしい．この -1 倍を $[f, g]$ とする流儀もある．なおまぎらわしいことに，古くから Lagrange の括弧式とよばれ，同じ記号で表わされるまったく別の式がある．しかし，これは 2 次の微分形式が導入されて不要となった．）

これを接触座標を用いて計算するには，左辺の $\mathrm{d}f$，$\mathrm{d}g$ の代りに

$$\mathrm{d}'f = \mathrm{d}f-\frac{\partial f}{\partial z}\omega = \left(\frac{\partial f}{\partial x_1}+p_1\frac{\partial f}{\partial z}\right)\mathrm{d}x_1+\cdots+\frac{\partial f}{\partial p_1}\mathrm{d}p_1+\cdots,$$

$\mathrm{d}'g$ を用いるのが便利である．簡単な計算により

$$[f,g]=\sum_{i=1}^{n}\left\{\frac{\partial f}{\partial p_i}\left(\frac{\partial g}{\partial x_i}+p_i\frac{\partial g}{\partial z}\right)-\left(\frac{\partial f}{\partial x_i}+p_i\frac{\partial f}{\partial z}\right)\frac{\partial g}{\partial p_i}\right\} \tag{5.110}$$

であることがわかる．

(5.107)をみたす接触座標 (x', z', p') に関する Lagrange の括弧式を $[f,g]'$ で表わせば，

$$\omega'\wedge(\mathrm{d}\omega')^{n-1}=\rho^n\omega\wedge(\mathrm{d}\omega)^{n-1},\quad \omega'\wedge(\mathrm{d}\omega')^{n}=\rho^{n+1}\omega\wedge(\mathrm{d}\omega)^{n} \tag{5.111}$$

より

$$\rho[f,g]'=[f,g] \tag{5.112}$$

がなりたつ．したがって，Legendre の括弧式そのものではなく，1次微分形式 $[f,g]\omega$ が接触変換の下で不変になる．

f, g が x_i, z, p_j のいずれかであるとき，$[f,g]$ は(5.110)を用いて容易に計算できる．同じ計算を新しい接触変数について行い，(5.112)を用いれば，

$$[x'_i, x'_j]=[x'_i, z']=0, \tag{5.113}$$

$$[x'_i, p'_j]=-\rho\delta_{ij},\quad [z', p'_j]=-\rho p'_j,\quad [p'_i, p'_j]=0 \tag{5.114}$$

が得られる．逆に次の定理が成立する．

定理 5.15　$2n+1$ 次元接触多様体の上で $x'_1, \cdots, x'_n, z'$ が(5.113)をみたす独立な関数であるとき，必要な場合には z' をある x'_i と交換した上で，関数 $p'_1, \cdots, p'_n$ をおぎない，$(x'_1, \cdots, x'_n, z', p'_1, \cdots, p'_n)$ を新しい接触座標系にすることができる．

［証明］　次の補題を用いると

$$\omega\wedge\mathrm{d}x'_1\wedge\cdots\wedge\mathrm{d}x'_n\wedge\mathrm{d}z'=0 \tag{5.115}$$

となることがわかる．$x'_1, \cdots, x'_n, z'$ に独立な変数 $y'_1, \cdots, y'_n$ をおぎない，ω をこれらの変数を用いて表わせば，(5.115)により

$$\omega=\lambda_1\mathrm{d}x'_1+\lambda_2\mathrm{d}x'_2+\cdots+\lambda_n\mathrm{d}x'_n+\lambda_{n+1}\mathrm{d}z'$$

となる関数 $\lambda_1, \cdots, \lambda_{n+1}$ があることがわかる．$\lambda_{n+1}\neq 0$ のときは

$$p'_i=-\frac{\lambda_i}{\lambda_{n+1}},\quad \rho=\frac{1}{\lambda_{n+1}}$$

とおけば，(5.107)がなりたつ．どれかの λ_i は 0 でないから，$\lambda_{n+1}=0$ となるときは，z' と x'_i を交換すればよい．(5.107)より従う(5.111)により，$x'_1, \cdots, x'_n$,

$z', p'_1, \cdots, p'_n$ は独立な変数である. ■

補題 5.3　$\boldsymbol{e}_0, \cdots, \boldsymbol{e}_{2n}$ を1次独立なベクトル, $\boldsymbol{f}_1, \cdots, \boldsymbol{f}_{n+1}$ をこれらの1次結合で表わされるベクトルとするとき, 任意の i, j に対し

$$\boldsymbol{f}_i \wedge \boldsymbol{f}_j \wedge \boldsymbol{e}_0 \wedge (\boldsymbol{e}_1 \wedge \boldsymbol{e}_2 + \cdots + \boldsymbol{e}_{2n-1} \wedge \boldsymbol{e}_{2n})^{n-1} = 0 \tag{5.116}$$

がなりたつならば,

$$\boldsymbol{f}_1 \wedge \boldsymbol{f}_2 \wedge \cdots \wedge \boldsymbol{f}_{n+1} \wedge \boldsymbol{e}_0 = 0. \tag{5.117}$$

[証明]　$\boldsymbol{e}_0, \boldsymbol{e}_1, \cdots, \boldsymbol{e}_{2n}$ の1次結合で表わされるベクトル $\boldsymbol{f}, \boldsymbol{g}$ に対して

$$n\boldsymbol{f} \wedge \boldsymbol{g} \wedge \boldsymbol{e}_0 \wedge (\boldsymbol{e}_1 \wedge \boldsymbol{e}_2 + \cdots + \boldsymbol{e}_{2n-1} \wedge \boldsymbol{e}_{2n})^{n-1}$$
$$= -[\boldsymbol{f}, \boldsymbol{g}]\boldsymbol{e}_0 \wedge (\boldsymbol{e}_1 \wedge \boldsymbol{e}_2 + \cdots + \boldsymbol{e}_{2n-1} \wedge \boldsymbol{e}_{2n})^{n}$$

によって数 $[\boldsymbol{f}, \boldsymbol{g}]$ を定義する. これは明らかに反対称双線形形式になっている. 任意の数 a, b に対し

$$[\boldsymbol{f} + a\boldsymbol{e}_0, \boldsymbol{g} + b\boldsymbol{e}_0] = [\boldsymbol{f}, \boldsymbol{g}]$$

がなりたつから, これは $2n+1$ 次元の空間 V では退化するが, 1次元線形部分空間 $\mathbf{R}\boldsymbol{e}_0$ で割った $2n$ 次元の商ベクトル空間 $V/\mathbf{R}\boldsymbol{e}_0$ の上では非退化である. すなわち, $V/\mathbf{R}\boldsymbol{e}_0$ はこの双線形形式 $[\boldsymbol{f}+\mathbf{R}\boldsymbol{e}_0, \boldsymbol{g}+\mathbf{R}\boldsymbol{e}_0]$ により実シンプレクティック・ベクトル空間をなす. (5.116)は $\boldsymbol{f}_i+\mathbf{R}\boldsymbol{e}_0$ $(i=1, \cdots, n+1)$ で生成される線形部分空間が等方的であることを意味する. $2n$ 次元の実シンプレクティック・ベクトル空間の中の等方的部分空間の次元は高々 n 次元であるから, ある $\boldsymbol{f}_i+\mathbf{R}\boldsymbol{e}_0$ は他のベクトルの1次結合で表わされる. 一般性を失うことなく $i=n+1$ としてよい. このとき, 実数 a_i を用いて

$$\boldsymbol{f}_{n+1} = a_0\boldsymbol{e}_0 + a_1\boldsymbol{f}_1 + \cdots + a_n\boldsymbol{f}_n$$

と表わされ, (5.117)が成立する. ■

$x'_1, \cdots, x'_n, z'$ を決めたとき, (5.107)をなりたたせる ρ および $p'_1, \cdots, p'_n$ は他には存在しない. また(5.113)および(5.114)は, Lagrange 括弧式で表現した接触変換の方程式になる. すなわち, これらをみたす $(x'_1, \cdots, x'_n, z', p'_1, \cdots, p'_n)$ はもう一つの接触座標系をなし, $\omega'=\rho\omega$ が対応する接触形式になる.

1階偏微分方程式(5.75)が与えられたとき, $\Psi(x_1, \cdots, x_n, z, p_1, \cdots, p_n)$ に対する方程式

$$[F, \Psi] = \sum_{i=1}^{n} \frac{\partial F}{\partial p_i}\frac{\partial \Psi}{\partial x_i} + \sum_{i=1}^{n} p_i \frac{\partial F}{\partial p_i}\frac{\partial \Psi}{\partial z} - \sum_{i=1}^{n}\left(\frac{\partial F}{\partial x_i} + p_i\frac{\partial F}{\partial z}\right)\frac{\partial \Psi}{\partial p_i} = 0 \tag{5.118}$$

は Lagrange-Charpit 系(5.84)の第1積分の方程式であることに注意する．

F 自身は当然第1積分である．この他に n 個の独立な積分 $\Psi_1, \cdots, \Psi_n$ があり，任意の i, j に対し

$$[\Psi_i, \Psi_j] = 0 \tag{5.119}$$

がなりたつならば，$F, \Psi_1, \cdots, \Psi_n$ のうちの一つを z'，他を x'_i とする接触変換があることになる．$\partial F/\partial p_i \neq 0$ となる i があるかぎり，F が z' となることはないから，これを x'_n とすれば，はじめの方程式は

$$x'_n = 0 \tag{5.120}$$

の下で全微分方程式

$$\mathrm{d}z' - p'_1 \mathrm{d}x'_1 - \cdots - p'_n \mathrm{d}x'_n = 0 \tag{5.121}$$

を解く問題に変換される．これは結局，無条件で

$$\mathrm{d}z' - p'_1 \mathrm{d}x'_1 - \cdots - p'_{n-1} \mathrm{d}x'_{n-1} = 0 \tag{5.122}$$

を解くことと同じである．

(5.119)をみたす積分 Ψ_i を互いに**包合的**という．F と独立な n 個の包合的積分 Ψ_i は，定理5.13の後で示した $\{F=0\}$ 面上の積分 X_i の構成法をそのままこの条件なしに実行すれば求められる．このとき，C_i を任意の定数として

$$F = 0, \quad \Psi_1 = C_1, \cdots, \Psi_n = C_n \tag{5.123}$$

で定まる解が完全解になる．Lagrange の解法とは，結局，完全解の定数 C_i が独立かつ包合的な積分になることを利用し，偏微分方程式(5.75)の解法を全微分方程式(5.122)に帰着させることであった．

この方法は，**包合的偏微分方程式系**，すなわち，r 個の関数 $F_i(x_1, \cdots, x_n, z, p_1, \cdots, p_n)$ が

$$[F_i, F_j] = 0 \tag{5.124}$$

をみたすとき，同時に

$$F_i\left(x_1, \cdots, x_n, z, \frac{\partial z}{\partial x_1}, \cdots, \frac{\partial z}{\partial x_n}\right) = 0, \quad i = 1, \cdots, r, \tag{5.125}$$

をみたす解 z を求める問題に拡張することができる．

次に，偏微分方程式を定める $F(x, z, p)$ が未知関数 z を含まない場合を考える．このときは，$F(x, z, p) = 0$ をどれかの p_i に関して解いた形で考えるのが

普通である．そして，対応する独立変数 x_i を t で表わし，他の独立変数と区別する．すなわち，

$$\frac{\partial z}{\partial t}+H\left(t, x_1, \cdots, x_n, \frac{\partial z}{\partial x_1}, \cdots, \frac{\partial z}{\partial x_n}\right)=0 \tag{5.126}$$

の形の方程式を考える．これを**Hamilton-Jacobiの方程式**といい，$H(t, x_1, \cdots, x_n, p_1, \cdots, p_n)$ をこの方程式の**Hamilton関数**という．

この方程式の Lagrange-Charpit 系は常微分方程式系

$$\begin{cases} \dfrac{\mathrm{d}x_i}{\mathrm{d}t}=\dfrac{\partial H}{\partial p_i}, \\ \dfrac{\mathrm{d}p_i}{\mathrm{d}t}=-\dfrac{\partial H}{\partial x_i} \end{cases} \tag{5.127}$$

と

$$\frac{\mathrm{d}h}{\mathrm{d}t}=-\frac{\partial H}{\partial t}, \tag{5.128}$$

$$\frac{\mathrm{d}z}{\mathrm{d}t}=\sum_{i=1}^{n} p_i\frac{\partial H}{\partial p_i}+h \tag{5.129}$$

の三つの部分に分かれる．ただし，h は $\partial z/\partial t$ に相当する変数である．方程式

$$h+H(t, x_1, \cdots, x_n, p_1, \cdots, p_n)=0 \tag{5.130}$$

をみたす特性帯のみを考えるときは，当然 $h=-H$ であり，(5.129)は

$$\frac{\mathrm{d}z}{\mathrm{d}t}=\sum_{i=1}^{n} p_i\frac{\partial H}{\partial p_i}-H \tag{5.131}$$

となる．

$2n$ 個の従属変数 $x_1, \cdots, x_n, p_1, \cdots, p_n$ に関する方程式系(5.127)を Hamilton の**正準方程式**という．この部分はこれだけ独立して解くことができる．そして，その後その値を(5.129)あるいは(5.131)に代入して積分すれば未知関数 z の特性帯上の値 $z(t)$ が求められる．

Hamilton-Jacobi の方程式についても，接触変換に代って正準変換による方程式および解の変換理論，完全解の理論等がなりたつのであるが，これは正準方程式について同じ問題を考えることと同じになるので次節で論ずることとする．

§5.6　解析力学と正準変換

第1章で述べたように，Newton の力学は初等幾何学的に表現されていた．L. Euler，J. L. Lagrange らは解析的に力学を論じ，その適用範囲を拡げた．力学理論の整備は，3体問題の解決等をめざして，その後も進められ，遂に H. Bruns(1887年)と H. Poincaré(1892年)により，3体問題には既知の積分以外に1価関数の積分が存在しないことが証明されるに至った．ここでは，Hamilton, E. Cartan らによる微分幾何的方法をごく簡単に紹介する．扱う力学系は有限自由度のホロノミックな保存系といわれるものである．

3次元のユークリッド空間にある N 個の質点が次のような束縛条件の下にあるとする．すなわち，n 次元の多様体 M があり，各時刻 t ごとに $\mathscr{F}$ 級の写像

$$\Phi_t : M \longrightarrow E^{3N} \tag{5.132}$$

によって埋込まれており，時刻 t の質点系は像 $\Phi_t(M)$ 上にある．M の局所座標系を $(q_1, \cdots, q_n)$ としたとき，(5.132)は

$$\begin{cases} x_j = x_j(t, q_1, \cdots, q_n) \\ y_j = y_j(t, q_1, \cdots, q_n), \quad j = 1, \cdots, N, \\ z_j = z_j(t, q_1, \cdots, q_n) \end{cases} \tag{5.133}$$

で定義される像の上への微分同相である．右辺の関数は径数 t を含めて $\mathscr{F}$ 級とする．時刻 t での質点系の位置 (x_j, y_j, z_j) は M の1点 $(q_1, \cdots, q_n)$ を定めれば定まり，式(5.133)で与えられるが，これを単に $(x_j(t), y_j(t), z_j(t))$ と書く．

時刻 t で質点 $(x_j(t), y_j(t), z_j(t))$ に働く力を (X_j, Y_j, Z_j) として，次の形で **d'Alembert の原理**がなりたつとする：

$$\Phi_t^* \sum_{j=1}^{N} \left\{ \left(X_j - m_j \frac{\mathrm{d}^2 x_j}{\mathrm{d}t^2} \right) \mathrm{d}x_j + \left(Y_j - m_j \frac{\mathrm{d}^2 y_j}{\mathrm{d}t^2} \right) \mathrm{d}y_j + \left(Z_j - m_j \frac{\mathrm{d}^2 z_j}{\mathrm{d}t^2} \right) \mathrm{d}z_j \right\} = 0. \tag{5.134}$$

質点系は束縛条件(5.133)をみたさなければならないから，この他に束縛力が働いて実際の運動が実現されるのであるが，(5.134)は，束縛力は(5.133)で許されるいかなる変位に際しても仕事をしないことを主張している．

最後に，各時刻 t において，力 (X_j, Y_j, Z_j) は保存力であり，多様体 M 上の関数 V_t を用いて

$$\Phi_t^* \sum_{j=1}^{N} (X_j \mathrm{d}x_j + Y_j \mathrm{d}y_j + Z_j \mathrm{d}z_j) = -\mathrm{d}V_t \qquad (5.135)$$

と表わされることを要求する．**ポテンシャル**

$$V_t = V(t, q_1, \cdots, q_n) \qquad (5.136)$$

は t も含めて $\mathscr{F}$ 級の関数であるとする．

(5.134)および(5.135)で Φ_t^* は，埋込み写像(5.132)による引戻しであり，これらの方程式は M 上の方程式であることに注意する．(5.135)を(5.134)に代入すれば

$$\Phi_t^* \sum_{j=1}^{N} \left\{ m_j \frac{\mathrm{d}^2 x_j}{\mathrm{d}t^2} \mathrm{d}x_j + m_j \frac{\mathrm{d}^2 y_j}{\mathrm{d}t^2} \mathrm{d}y_j + m_j \frac{\mathrm{d}^2 z_j}{\mathrm{d}t^2} \mathrm{d}z_j \right\} = -\mathrm{d}V_t, \qquad (5.137)$$

すなわち，

$$\sum_{j=1}^{N} \left\{ m_j \frac{\mathrm{d}^2 x_j}{\mathrm{d}t^2} \frac{\partial x_j}{\partial q_i} + m_j \frac{\mathrm{d}^2 y_j}{\mathrm{d}t^2} \frac{\partial y_j}{\partial q_i} + m_j \frac{\mathrm{d}^2 z_j}{\mathrm{d}t^2} \frac{\partial z_j}{\partial q_i} \right\} = -\frac{\partial V}{\partial q_i}, \quad i = 1, \cdots, n, \qquad (5.138)$$

が運動方程式になる．

これは $q_i = q_i(t)$ に関する2階の連立常微分方程式であるから，初期値 $(q_1(t^0), \cdots, q_n(t^0))$ および $(\dot{q}_1(t^0), \cdots, \dot{q}_n(t^0))$ を与えれば，t^0 の近傍で一意的な解 $(q_1(t), \cdots, q_n(t))$ をもつ．ここで，$\dot{q}_i(t)$ は $\mathrm{d}q_i(t)/\mathrm{d}t$ を表わす．しかし，(5.138)の右辺は関数の勾配として M 上の共変ベクトル場を表わしているのに，$(\dot{x}_j, \dot{y}_j, \dot{z}_j)$ は M の接ベクトルであるから，その導関数である2階の微分も反変ベクトルとしての意味しかなく，この方程式はそのままでは扱いにくい．Hamilton は，変分原理を経由して M の共変ベクトル全体のなす空間

$$T^*M = \bigcup_{x \in M} T_x^* M \qquad (5.139)$$

上の方程式系に書き改めることによって，共変性をとりもどした．それが Hamilton の正準方程式である．ここでも伝統に従い，変分原理を用いることにする．

質点系の**運動エネルギー**

$$T = \sum_{j=1}^{N} \frac{m_j}{2} \left\{ \left(\frac{\mathrm{d}x_j}{\mathrm{d}t} \right)^2 + \left(\frac{\mathrm{d}y_j}{\mathrm{d}t} \right)^2 + \left(\frac{\mathrm{d}z_j}{\mathrm{d}t} \right)^2 \right\} \qquad (5.140)$$

と**位置エネルギー** V の差

$$L = T - V \tag{5.141}$$

でもって **Lagrange の関数**を定義し，時刻 t^0 から t^1 に至る運動

$$x_j(t) = x_j(t, q_1(t), \cdots, q_n(t)), y_j(t), z_j(t), \quad j = 1, \cdots, N, \tag{5.142}$$

に沿っての積分

$$S = \int_{t^0}^{t^1} L\mathrm{d}t \tag{5.143}$$

を考える．これをこの運動の**作用**という．

Hamilton の原理は，方程式(5.138)の解が，$t=t^0$ および t^1 での位置 $q(t^0)$, $q(t^1)$ が同じであるあらゆる運動の中で作用積分を最小にするものであることを主張する．実際には，最小値をとることまでいう必要はなく，運動の変分 $(\delta x_j, \delta y_j, \delta z_j)$ に際して作用積分が停留すること

$$\delta \int_{t^0}^{t^1} L\mathrm{d}t = 0 \tag{5.144}$$

が必要十分条件になる．この正確な意味は次の通りである．$q=(q_1, q_2, \cdots, q_n)$ 等と略記する．

定理 5.16　$q=\bar{q}(t)=(\bar{q}_1(t), \cdots, \bar{q}_n(t))$ を区間 $[t^0, t^1]$ から M への C^2 級の写像とする．これが (5.138) の解であるための必要十分な条件は，$q^0(t)=(q_1^0(t), \cdots, q_n^0(t))$ の成分が

$$q_1^0(t^0) = \cdots = q_n^0(t^0) = q_1^0(t^1) = \cdots = q_n^0(t^1) = 0 \tag{5.145}$$

をみたす任意の C^2 級の関数であるとき，ε を絶対値が十分小さい実数とする写像 $q=\bar{q}(t)+\varepsilon q^0(t)$ に対する Lagrange 関数 L_ε の作用積分について，$\varepsilon=0$ において

$$\frac{\mathrm{d}}{\mathrm{d}\varepsilon}\int_{t^0}^{t^1} L_\varepsilon \mathrm{d}t = 0 \tag{5.146}$$

がなりたつことである．

［証明］ $q(t)=\bar{q}(t)+\varepsilon q^0(t)$ を(5.142)に代入した上で作用積分を ε に関して微分すれば，積分記号下で微分することができ，さらに部分積分すれば，

$$\frac{\mathrm{d}}{\mathrm{d}\varepsilon}\int_{t^0}^{t^1} L_\varepsilon \mathrm{d}t = \int_{t^0}^{t^1} \sum_{i=1}^{n}\left\{\sum_{j=1}^{N}\left\{m_j\left(\frac{\mathrm{d}x_j}{\mathrm{d}t}\frac{\mathrm{d}}{\mathrm{d}t}\left(\frac{\partial x_j}{\partial q_i}q_i^0\right)\right.\right.\right.$$
$$\left.\left.\left.+\frac{\mathrm{d}y_j}{\mathrm{d}t}\frac{\mathrm{d}}{\mathrm{d}t}\left(\frac{\partial y_j}{\partial q_i}q_i^0\right)+\frac{\mathrm{d}z_j}{\mathrm{d}t}\frac{\mathrm{d}}{\mathrm{d}t}\left(\frac{\partial z_j}{\partial q_i}q_i^0\right)\right)\right\}-\frac{\partial V}{\partial q_i}q_i^0\right\}\mathrm{d}t$$

$$= -\int_{t^0}^{t^1}\sum_{i=1}^{n}\left\{\sum_{j=1}^{N} m_j\left(\frac{\mathrm{d}^2 x_j}{\mathrm{d}t^2}\frac{\partial x_j}{\partial q_i}+\frac{\mathrm{d}^2 y_j}{\mathrm{d}t^2}\frac{\partial y_j}{\partial q_i}+\frac{\mathrm{d}^2 z_j}{\mathrm{d}t^2}\frac{\partial z_j}{\partial q_i}\right)+\frac{\partial V}{\partial q_i}\right\} q_i^0 \mathrm{d}t$$

となる．これが境界条件(5.145)をみたす任意の $q_i^0(t)$ に対して0となるためには中括弧の中が $q=\bar{q}$ に対して消えること，すなわち，(5.138)が成立することが必要かつ十分である． ∎

さて，(5.133)を(5.140)に代入して運動エネルギーおよびLagrange関数を $t, q, \dot{q}$ の関数として表わしておく：

$$L = L(t, q, \dot{q}) = T(t, q, \dot{q}) - V(t, q).$$

これを作用積分に代入し，上と同じ計算をすれば，Hamiltonの原理(5.144)は

$$\frac{\mathrm{d}}{\mathrm{d}t}\frac{\partial L}{\partial \dot{q}_i}-\frac{\partial L}{\partial q_i} = 0, \quad i = 1, \cdots, n, \tag{5.147}$$

と同等になることがわかる．これを**Lagrangeの方程式**という．

(5.133)，(5.140)からわかるように運動エネルギー $T(t, q, \dot{q})$ は $\dot{q}_1, \cdots, \dot{q}_n$ の2次式であり，2次同次部分は正定符号の2次形式になる．したがって，

$$p_i = \frac{\partial L}{\partial \dot{q}_i} = \frac{\partial T}{\partial \dot{q}_i} \tag{5.148}$$

とすれば，Jacobi行列式

$$\frac{\partial(q_1, \cdots, q_n, p_1, \cdots, p_n)}{\partial(q_1, \cdots, q_n, \dot{q}_1, \cdots, \dot{q}_n)} = \det\left(\frac{\partial^2 T}{\partial \dot{q}_i \partial \dot{q}_j}\right) \neq 0.$$

そこで，$(t, q_1, \cdots, q_n, p_1, \cdots, p_n)$ を新しい変数に選び，

$$H = \sum_{i=1}^{n} p_i \dot{q}_i - L \tag{5.149}$$

を (t, q, p) の関数として表わしておく．この全微分は

$$\mathrm{d}H = \sum_{i=1}^{n}\left(p_i \mathrm{d}\dot{q}_i + \dot{q}_i \mathrm{d}p_i - \frac{\partial L}{\partial q_i}\mathrm{d}q_i - \frac{\partial L}{\partial \dot{q}_i}\mathrm{d}\dot{q}_i\right)$$
$$= \sum_{i=1}^{n}\left(\dot{q}_i \mathrm{d}p_i - \frac{\partial L}{\partial q_i}\mathrm{d}q_i\right). \tag{5.150}$$

ここで，$\partial L/\partial q_i$ は，L を $(t, q, \dot{q})$ の関数として q_i に関して偏微分したものを (t, q, p) の関数として表わしたものを意味する．Lagrangeの方程式(5.147)は，これが $\mathrm{d}p_i/\mathrm{d}t$ に等しいことを要求している．また，$\dot{q}_i$ も変数変換によって (t, q, p) の関数とみなしたものである．Lagrangeの方程式の解に対しては，これも $\mathrm{d}q_i/\mathrm{d}t$ に等しくなければならない．したがって，Lagrange方程式は，

q_i, p_i が **Hamilton の正準方程式**

$$\begin{cases} \dfrac{\mathrm{d}q_i}{\mathrm{d}t} = \dfrac{\partial H}{\partial p_i}, \\ \dfrac{\mathrm{d}p_i}{\mathrm{d}t} = -\dfrac{\partial H}{\partial q_i}, \end{cases} \quad i = 1, \cdots, n, \tag{5.151}$$

をみたすことと同等になる．

q_i をこの質点系の**一般座標**，p_i を q_i と共役な**一般運動量**，H を **Hamilton 関数**または**一般エネルギー**という．

運動エネルギー T を $\dot{q}_i$ に関し 2 次の項 T_2，1 次の項 T_1 および 0 次の項 T_0 の和

$$T = T_2 + T_1 + T_0$$

と表わせば，同次関数に対する Euler の方程式により

$$\begin{aligned} H &= \sum_{i=1}^{n} \dot{q}_i \frac{\partial T}{\partial \dot{q}_i} - T + V \\ &= T_2 - T_0 + V \end{aligned} \tag{5.152}$$

となる．特に $T = T_2$ のとき，Hamilton 関数は運動エネルギーと位置エネルギーの和に等しい．その他の場合も Hamilton 関数 H は質点系の総エネルギーを表わす．運動方程式に従う質点系においては

$$\frac{\mathrm{d}H}{\mathrm{d}t} = \frac{\partial H}{\partial t} + \sum \frac{\partial H}{\partial q_i}\frac{\mathrm{d}q_i}{\mathrm{d}t} + \sum \frac{\partial H}{\partial p_i}\frac{\mathrm{d}p_i}{\mathrm{d}t}$$

の右辺のうち後の 2 項は正準方程式により互いに打消すから，

$$\frac{\mathrm{d}H}{\mathrm{d}t} = \frac{\partial H}{\partial t} \tag{5.153}$$

がなりたつ．特に，Hamilton 関数 H が t を含まないとき，$\mathrm{d}H/\mathrm{d}t = 0$．すなわち，質点系の総エネルギー H は時刻 t によらない保存量になる．

ここでは q_i, p_i を質点系の座標および運動量として正準方程式(5.151)を導いた．これら $(q_1, \cdots, q_n, p_1, \cdots, p_n)$ のなす空間を**相空間**という．後に示すように，運動量 p_i の単位を無視すれば，相空間は (5.139) で定義した余接ベクトルの空間 T^*M と同一視することができる．他方，前節では同じ正準方程式が Hamilton-Jacobi の偏微分方程式の特性系として得られた．その場合 p_i は運

動量としての意味をもたない．後では p_i と q_i の役割をとりかえる変換も用いる．そのため，与えられた常微分方程式を正準方程式の形に表わすことのできる局所座標系 $(q_1, \cdots, q_n, p_1, \cdots, p_n)$ を一般に**正準座標系**とよび，このような正準座標系をもつ $2n$ 次元の多様体も一般に**相空間**とよぶことがある．

Hamilton 関数 H が時刻 t に依存しない場合，正準方程式(5.151)は $2n$ 次元の相空間上のベクトル場

$$X_H = \sum_{i=1}^{n}\left(\frac{\partial H}{\partial p_i}\frac{\partial}{\partial q_i}-\frac{\partial H}{\partial q_i}\frac{\partial}{\partial p_i}\right) \tag{5.154}$$

の積分曲線を求める方程式(4.38)になる．H が t を含む場合も X_H に対する方程式(4.39)，あるいは時刻を表わす1次元空間 $\mathbf{R}$ と相空間の直積空間で定義されたベクトル場

$$\frac{\partial}{\partial t}+X_H = \frac{\partial}{\partial t}+\sum_{i=1}^{n}\left(\frac{\partial H}{\partial p_i}\frac{\partial}{\partial q_i}-\frac{\partial H}{\partial q_i}\frac{\partial}{\partial p_i}\right) \tag{5.155}$$

の積分曲線を求める方程式となる．t を含む場合を含めて，X_H を **Hamilton ベクトル場**という．ベクトル場 X_H または $\partial/\partial t+X_H$ が完備である，すなわち正準方程式が初期条件にかかわらず，すべての時刻 t まで解をもつ保証はまったくないのであるが，以下あたかも完備であるかのごとく扱うことにする．

この場合，正準方程式の解は Hamilton ベクトル場で定まる流れの流線と見做されるが，個々の流線でなく流線全体を考えたとき，Hamilton 流は，一般のベクトル場で定まる流れとは異なるきわだった性質をもっている．

最も古くから知られていたのは，正準座標から定まる測度 $dp_1dq_1\cdots dp_ndq_n$ を保存するという **Liouville の定理**である．すなわち，時刻 t^0 に V_0 という $2n$ 次元の領域を占めていた点が，時刻 t^1 まで Hamilton 流に従って流れた後，占める領域を V_1 としたとき，V_0 の体積と V_1 の体積は等しい．これは J. von Neumann(1932年)，吉田耕作(1938年)らによる平均エルゴード定理の根拠となった．

Poincaré(1899年)はさらに詳しく

$$\theta = dp_1\wedge dq_1+\cdots+dp_n\wedge dq_n \tag{5.156}$$

という2次元の測度も保存することを証明し，**積分不変式**と名づけた．

$$dp_1\wedge dq_1\wedge\cdots\wedge dp_n\wedge dq_n = \frac{1}{n!}\theta^n$$

ゆえ，Liouville の定理はこの命題の系である．

以上は，$t=t^0, t^1$ を固定した場合の結果であるが，E. Cartan(1922 年)は時刻も動く場合について次の定理とその逆を得た．時間の空間と相空間 M の直積 $\mathbf{R}\times M$ で定義された 1 次微分形式

$$\omega = p_1 \mathrm{d}q_1 + \cdots + p_n \mathrm{d}q_n - H\mathrm{d}t \tag{5.157}$$

を**運動量エネルギー形式**という．(Cartan は運動量エネルギー・テンソルとよんだ．)

定理 5.17　閉曲線 Γ 上の積分

$$\int_\Gamma \omega = \int_\Gamma \sum_{i=1}^{n} p_i \mathrm{d}q_i - H\mathrm{d}t \tag{5.158}$$

は Hamilton 流(5.155)に関して不変である．すなわち，Γ_0, Γ_1 が二つの閉曲線であって $\Gamma_1 - \Gamma_0$ が正準方程式の解曲線からなる 2 次元の面 S の境界に等しいとき，

$$\int_{\Gamma_0} \omega = \int_{\Gamma_1} \omega. \tag{5.159}$$

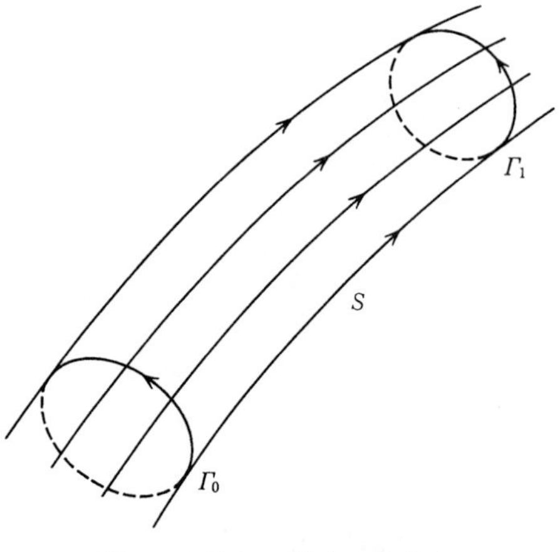

図 5.1　積分不変式の積分路

［証明］ Stokes の定理 4.11 により

$$\int_{\Gamma_1} \omega - \int_{\Gamma_0} \omega = \int_{\partial S} \omega = \int_S \mathrm{d}\omega$$

ゆえ，

$$d\omega = dp_1\wedge dq_1+\cdots+dp_n\wedge dq_n-dH\wedge dt \tag{5.160}$$

の S 上の積分が 0 であることを示せばよい．S の座標として，時刻 t および積分曲線の径数 $u\in[0,1]$ をとる．Γ_0, Γ_1 を定める関数 $t=t^0(u)$ および $t=t^1(u)$ があり，S の座標 (t, u) は $t^0(u)\leqq t\leqq t^1(u)$ をみたすとしてよい．このとき

$$\int_S d\omega = \int\left\{\sum_{i=1}^n\frac{\partial(p_i, q_i)}{\partial(t, u)}-\frac{\partial(H, t)}{\partial(t, u)}\right\}dtdu$$
$$= \int\left\{\sum_{i=1}^n\begin{vmatrix}\dfrac{\partial p_i}{\partial t} & \dfrac{\partial q_i}{\partial t}\\ \dfrac{\partial p_i}{\partial u} & \dfrac{\partial q_i}{\partial u}\end{vmatrix}+\frac{\partial H}{\partial u}\right\}dtdu$$

において，正準方程式および

$$\frac{\partial H}{\partial u} = \sum_{i=1}^n\left(\frac{\partial H}{\partial p_i}\frac{\partial p_i}{\partial u}+\frac{\partial H}{\partial q_i}\frac{\partial q_i}{\partial u}\right)$$

を代入すれば被積分関数が 0 となる．■

(5.158)の形の不変式は閉曲線 Γ についてのみなりたつので，運動量エネルギー形式 ω を**相対不変式**という．閉曲線 Γ を曲線 S の境界 ∂S と表わしておけば

$$\int_S d\omega = \int_\Gamma \omega \tag{5.161}$$

も不変式になるが，これは任意の 2 次元の曲面 S に対して不変式となるため，$d\omega$ を**絶対不変式**という．

Cartan は逆に Hamilton ベクトル場(5.155)が $d\omega$ を不変にする特性ベクトル場として特徴づけられることを示した．共役な全微分方程式系の形に書けば次の定理となる．

定理 5.18　運動量エネルギー形式の外微分 $d\omega$ の類数は $2n$ であり，その特性系として正準方程式(5.151)が得られる．

［証明］　t=定数で与えられる超平面に引戻したとき，$d\omega$ は類数 $2n$ の閉 2 次微分形式の標準形(5.156)となるから，$d\omega$ の類数は少なくとも $2n$ である．一方，閉 2 次微分形式の類数は常に偶数であるから，$2n+1$ 次元多様体 $\mathbf{R}\times M$ でも一定の類数 $2n$ をもつ．

$\mathrm{d}\omega$ の外微分は消えるから，$\mathrm{d}\omega$ の特性系は各点において同伴系(5.47)に等しい．$\mathbf{R}\times M$ でのベクトル場の基底 $\partial/\partial p_i, \partial/\partial q_i, \partial/\partial t$ を用いれば，$\mathrm{d}\omega$ の特性系は

$$\iota_{\partial/\partial p_i}\mathrm{d}\omega = \mathrm{d}q_i - \frac{\partial H}{\partial p_i}\mathrm{d}t,$$

$$\iota_{\partial/\partial q_i}\mathrm{d}\omega = -\mathrm{d}p_i - \frac{\partial H}{\partial q_i}\mathrm{d}t,$$

$$\iota_{\partial/\partial t}\mathrm{d}\omega = \sum_{i=1}^{n}\left(\frac{\partial H}{\partial q_i}\mathrm{d}q_i + \frac{\partial H}{\partial p_i}\mathrm{d}p_i\right)$$

で生成されることがわかる．はじめ二つを 0 とおいたものは正準方程式そのものであり，最後の式が 0 に等しいという方程式は正準方程式の帰結である． ∎

Cartan はこの定理を**運動量エネルギー保存の原理**と名づけた．われわれは **E. Cartan の原理**とよぶことにする．

$\mathrm{d}\omega$ は類数 $2n$ の閉 2 次微分形式であるから，定理 5.7 により $2n$ 個の独立な正準方程式の第 1 積分 $Q_1, \cdots, Q_n, P_1, \cdots, P_n$ を用いて

$$\mathrm{d}\omega = \sum_{i=1}^{n}\mathrm{d}p_i\wedge\mathrm{d}q_i - \mathrm{d}H\wedge\mathrm{d}t$$
$$= \sum_{i=1}^{n}\mathrm{d}P_i\wedge\mathrm{d}Q_i \tag{5.162}$$

と表わすことができる．

例えば，Q_i, P_i を任意の実数として，これらを初期値

$$\begin{cases} q_i(0) = Q_i, \\ p_i(0) = P_i, \end{cases} \quad i = 1, \cdots, n, \tag{5.163}$$

として正準方程式を解き，その解を

$$\begin{cases} q_i = q_i(t, Q_i, P_i) \\ p_i = p_i(t, Q_i, P_i) \end{cases} \tag{5.164}$$

としたとき，これを Q_i, P_i に関して解いて得られる (t, q_i, p_i) の関数が求める積分となっている．

このとき，正準方程式の一般解は，$C_1, \cdots, C_n, B_1, \cdots, B_n$ を定数として

$$\begin{cases} Q_i = C_i, \\ P_i = B_i \end{cases} \tag{5.165}$$

として与えられる．

これは，Q_i, P_i を新しい正準座標としたとき，はじめの力学系が静止系に変換されたということである．同じことを，応用しやすい形で述べたものが次の **Jacobi の解法**である．

定理 5.19　Hamilton-Jacobi の方程式

$$\frac{\partial z}{\partial t}+H\left(t, q_1, \cdots, q_n, \frac{\partial z}{\partial q_1}, \cdots, \frac{\partial z}{\partial q_n}\right)=0 \tag{5.166}$$

の $n+1$ 個の定数 $C_1, \cdots, C_{n+1}$ を含む解

$$z=S(t, q_1, \cdots, q_n, C_1, \cdots, C_n)+C_{n+1} \tag{5.167}$$

が条件

$$\det\left(\frac{\partial^2 S}{\partial q_i \partial C_j}\right) \neq 0 \tag{5.168}$$

をみたすとする．このとき，正準方程式の一般解は，定数 $C_1, \cdots, C_n$ の他に定数 $B_1, \cdots, B_n$ を定め

$$\begin{cases} p_i=\dfrac{\partial S}{\partial q_i}(t, q, C), & (5.169) \\ \dfrac{\partial S}{\partial C_i}=-B_i, \quad i=1, \cdots, n & (5.170) \end{cases}$$

を連立させて q_i, p_i に関して解いた

$$\begin{cases} q_i=q_i(t, C_1, \cdots, C_n, B_1, \cdots, B_n) \\ p_i=p_i(t, C_1, \cdots, C_n, B_1, \cdots, B_n) \end{cases} \tag{5.171}$$

である．

［証明］　条件(5.168)により方程式(5.169)は，$C_1, \cdots, C_n$ に関して解くことができる．その解を

$$C_i=Q_i(t, q_1, \cdots, q_n, p_1, \cdots, p_n) \tag{5.172}$$

とし，

$$P_i(t, q, p)=-\frac{\partial S}{\partial C_i}(t, q, Q(t, q, p))$$

によって関数 P_i を定義すれば，

$$\sum_{i=1}^{n} p_i \mathrm{d}q_i-H\mathrm{d}t=\sum_{i=1}^{n} P_i \mathrm{d}Q_i+\mathrm{d}S.$$

両辺の外微分をとれば，(5.162)となる．　■

条件(5.168)をみたす Hamilton-Jacobi の方程式の解を**完全解**という．

これを用いて，**2体問題**，すなわち万有引力の法則の下で運動する2質点の運動を求めよう．すでに，重心が等速運動すること，重心を原点とする座標の下で，原点を通る一平面上で運動することがわかっている．その平面に直交座標をとり，惑星の位置を (x, y) で表わす．

太陽の質量を M，惑星の質量を m，重力定数を g としたとき，運動エネルギー T および位置エネルギー V は

$$T = \frac{m}{2}(\dot{x}^2+\dot{y}^2)+\frac{M}{2}\left(\left(\frac{m}{M}\dot{x}\right)^2+\left(\frac{m}{M}\dot{y}\right)^2\right)$$

$$= \frac{m}{2}\left(1+\frac{m}{M}\right)(\dot{x}^2+\dot{y}^2), \tag{5.173}$$

$$V = \frac{-gmM}{\sqrt{\left(x+\frac{m}{M}x\right)^2+\left(y+\frac{m}{M}y\right)^2}} = \frac{-gmM}{1+\frac{m}{M}}\frac{1}{\sqrt{x^2+y^2}} \tag{5.174}$$

で与えられる．したがって，

$$m_0 = m\left(1+\frac{m}{M}\right),\quad G = \frac{gmM}{1+\frac{m}{M}} \tag{5.175}$$

とおけば，

$$p_x = m_0\dot{x},\quad p_y = m_0\dot{y} \tag{5.176}$$

が x, y と共役な運動量となり，Hamilton 関数は

$$H(x, y, p_x, p_y) = \frac{1}{2m_0}(p_x{}^2+p_y{}^2)-\frac{G}{\sqrt{x^2+y^2}} \tag{5.177}$$

で与えられる．角運動量保存の法則がなりたつことを考慮して，極座標

$$x = r\cos\theta,\quad y = r\sin\theta \tag{5.178}$$

に変換して考える．

$$p_x\mathrm{d}x+p_y\mathrm{d}y = (p_x\cos\theta+p_y\sin\theta)\mathrm{d}r+(-p_xr\sin\theta+p_yr\cos\theta)\mathrm{d}\theta$$

ゆえ，

$$p_r = p_x\cos\theta+p_y\sin\theta,\qquad p_\theta = -p_xr\sin\theta+p_yr\cos\theta \tag{5.179}$$

が共役な運動量である．このとき，

$$H(r, \theta, p_r, p_\theta) = \frac{1}{2m_0}\left(p_r{}^2+\frac{p_\theta{}^2}{r^2}\right)-\frac{G}{r}. \tag{5.180}$$

対応する Hamilton-Jacobi 方程式

$$\frac{\partial z}{\partial t}+\frac{1}{2m_0}\left(\left(\frac{\partial z}{\partial r}\right)^2+\frac{1}{r^2}\left(\frac{\partial z}{\partial \theta}\right)^2\right)-\frac{G}{r}=0 \tag{5.181}$$

は C_1, C_2, C_3 を任意の定数とする完全解

$$S(t, r, \theta, C_1, C_2)+C_3$$
$$=-C_1t+C_2\theta\pm\int_{r_0}^{r}\sqrt{2m_0C_1+\frac{2m_0G}{\rho}-\frac{{C_2}^2}{\rho^2}}\,\mathrm{d}\rho+C_3 \tag{5.182}$$

をもつ．したがって，

$$\frac{\partial S}{\partial C_1}=-t_0, \quad \frac{\partial S}{\partial C_2}=\theta_0 \tag{5.183}$$

によって新たな定数 t_0, θ_0 を導入すれば，正準方程式の一般解は，(5.183)と，(5.169)から導かれる

$$p_r=\pm\sqrt{2m_0C_1+\frac{2m_0G}{r}-\frac{{C_2}^2}{r^2}}, \tag{5.184}$$

$$p_\theta=C_2 \tag{5.185}$$

を連立させて解くことによって得られる．すなわち，

$$t-t_0=\pm\int_{r_0}^{r}\frac{m_0\mathrm{d}\rho}{\sqrt{2m_0C_1+\frac{2m_0G}{\rho}-\frac{{C_2}^2}{\rho^2}}}, \tag{5.186}$$

$$\theta-\theta_0=\pm\int_{r_0}^{r}\frac{C_2\mathrm{d}\rho}{\rho^2\sqrt{2m_0C_1+\frac{2m_0G}{\rho}-\frac{{C_2}^2}{\rho^2}}}. \tag{5.187}$$

$1/\rho$ を新しい変数として(5.187)の積分を遂行すれば，適当な r_0 に対し

$$\theta-\theta_0=\mp\arccos\frac{\frac{{C_2}^2}{m_0Gr}-1}{\sqrt{1+\frac{2C_1{C_2}^2}{m_0G^2}}}$$

となる．ゆえに

$$R=\frac{{C_2}^2}{m_0G}, \quad e=\sqrt{1+\frac{2C_1{C_2}^2}{m_0G^2}} \tag{5.188}$$

とおけば，

$$r=\frac{R}{1+e\cos(\theta-\theta_0)} \tag{5.189}$$

が惑星の軌道を与える方程式となる．この方程式は，$e=0$ のとき円を，$0<e<$

1のとき楕円を，$e=1$ のとき放物線を，そして $e>1$ のとき双曲線を表わす．e を**離心率**という．原点はこれらの円錐曲線の焦点である．これで Kepler の第一法則が証明できた．第二法則は角運動量保存の法則としてすでに証明されている．(5.185) もその一つの表現である．

第三法則を証明するため (5.186) を用いて半周期 $T/2$ を計算する．$0<e<1$ のとき，それは r の最小値である $R/(1+e)$ から最大値 $R/(1-e)$ までの積分である．これら最小値および最大値の平均

$$A=\frac{1}{2}\left(\frac{R}{1+e}+\frac{R}{1-e}\right)=\frac{R}{1-e^2}=\frac{-G}{2C_1} \tag{5.190}$$

が軌道の長半径である．これを用いると，積分区間は $(1-e)A\leqq\rho\leqq(1+e)A$ となり，被積分関数の分母の ρ 倍は，この両端で消える2次式の平方根となる．したがって，

$$\frac{T}{2}=\sqrt{\frac{-m_0}{2C_1}}\int_{(1-e)A}^{(1+e)A}\frac{\rho d\rho}{\sqrt{(\rho-(1-e)A)((1+e)A-\rho)}}$$

これを $\rho=A(1-e\cos\varphi)$ とおいて計算すれば，

$$\frac{T}{2}=\sqrt{\frac{-m_0}{2C_1}}\int_0^{\pi}\frac{A(1-e\cos\varphi)\sin\varphi\, d\varphi}{\sqrt{(1-\cos\varphi)(1+\cos\varphi)}}=\sqrt{\frac{-m_0}{2C_1}}A\pi$$

となる．したがって

$$\frac{T^2}{4}=\frac{m_0}{G}A^3\pi^2=\left(1+\frac{m}{M}\right)^2\frac{\pi^2}{gM}A^3. \tag{5.191}$$

惑星の質量 m は太陽の質量 M に比べて十分小さいため，高い精度で Kepler の第三法則がなりたつ．

太陽を不動の点として測った軌道の長半径を a とすると，これは A の $\left(1+\dfrac{m}{M}\right)$ 倍であるから

$$\frac{T^2}{4}=\left(1+\frac{m}{M}\right)^{-1}\frac{\pi^2}{gM}a^3.$$

これは実際の観測にほぼ一致する．

偶数次元の多様体 M で，いたるところ次元に等しい類数をもつ閉2次形式 θ を一つ指定したものを**シンプレクティック多様体**という．定理 5.7 により，各点の近傍で局所座標系 $(q_1,\cdots,q_n,p_1,\cdots,p_n)$ を選び

$$\theta = \mathrm{d}p_1 \wedge \mathrm{d}q_1 + \cdots + \mathrm{d}p_n \wedge \mathrm{d}q_n \tag{5.192}$$

と表わすことができる．θ を**シンプレクティック形式**または**基本2次微分形式**，θ を上のように表わす局所座標系 $(q_1, \cdots, q_n, p_1, \cdots, p_n)$ を**シンプレクティック座標系**または**正準座標系**という．

シンプレクティック形式 θ は，運動量エネルギー形式(5.157)において $\mathrm{d}t=0$ とした1次微分形式

$$\omega = p_1 \mathrm{d}q_1 + \cdots + p_n \mathrm{d}q_n \tag{5.193}$$

の外微分に等しい．$\mathrm{d}t=0$ とするとは，時刻 t 一定の超曲面に制限することである．したがって，正準方程式で表わされる力学系の位置および運動量からなる相空間は各時刻で自然なシンプレクティック形式をもつシンプレクティック多様体である．

また，任意の多様体 N に対し，その**余接バンドル**

$$T^*N = \bigcup_{x \in M} T_x^*N \tag{5.194}$$

を，N の点 x 上の余接ベクトル全体の空間 T_x^*M を集めてできる $2n$ 次元の多様体と定義する．N の局所座標系を $(q_1, \cdots, q_n)$ とするとき，1点 $(q_1, \cdots, q_n)$ 上の余接ベクトルは $\mathrm{d}q_1, \cdots, \mathrm{d}q_n$ を基底とする成分 $(p_1, \cdots, p_n)$ で表わされる．そこで，$(q_1, \cdots, q_n, p_1, \cdots, p_n)$ を T^*N の局所座標系にとり，(5.193)によって ω を定義すれば，これは N の局所座標系 $(q_1, \cdots, q_n)$ のとり方によらない T^*N 上の1次微分形式となる．実際，N の座標変換に際して，共変ベクトルの成分 $(p_1, \cdots, p_n)$ は基底 $(\mathrm{d}q_1, \cdots, \mathrm{d}q_n)$ と反傾的な線形変換をうけ，1次微分形式 ω は不変に保たれる．この外微分 $\mathrm{d}\omega$ をシンプレクティック形式 θ とするシンプレクティック多様体 T^*N はシンプレクティック多様体の典型であり，どのシンプレクティック多様体も局所的には T^*A^n と同型になる．

ただし，余接バンドル T^*N では，空間座標 $(q_1, \cdots, q_n)$ が等しいかぎり，ベクトル成分 $(p_1, \cdots, p_n)$ に対して線形演算が許され，特に実数を掛けることができる点，一般のシンプレクティック多様体より詳しい構造をもっている．力学系の相空間も多くの場合同様の構造をもつ．このようなシンプレクティック多様体から，$p_1=\cdots=p_n=0$ で定義される n 次元部分多様体を除いたものの中で，互いに正の実数を掛けることによって移りかわる点を同一視して得られる

$2n-1$ 次元の多様体は ω/p_i を接触形式とする接触多様体となる．

二つのシンプレクティック多様体 M, M' の間の写像 $\Phi: M \to M'$ は，M' のシンプレクティック形式 θ' を Φ によって引戻した $\Phi^*\theta'$ が M のシンプレクティック形式 θ に等しいとき，**シンプレクティック変換**または**正準変換**という．

$$\theta^n = n!\mathrm{d}p_1\wedge \mathrm{d}q_1\wedge\cdots\wedge \mathrm{d}p_n\wedge \mathrm{d}q_n \tag{5.195}$$

ゆえ，正準変換の正準座標に関する Jacobi 行列式は 1 であって，局所的に逆写像 Φ^{-1} をもつ．この逆写像 Φ^{-1} も正準変換である．

$(q_1, \cdots, q_n, p_1, \cdots, p_n)$ が正準座標系であるとき，$2n$ 個の関数 $q'_1, \cdots, q'_n, p'_1, \cdots, p'_n$ が正準座標系をなすための必要十分条件は

$$\mathrm{d}p'_1\wedge \mathrm{d}q'_1+\cdots+\mathrm{d}p'_n\wedge \mathrm{d}q'_n = \mathrm{d}p_1\wedge \mathrm{d}q_1+\cdots+\mathrm{d}p_n\wedge \mathrm{d}q_n \tag{5.196}$$

である．このような座標変換も**正準変換**という．

初等的接触変換と同様，$K\subset\{1, \cdots, n\}$ を定めて

$$q'_i = \begin{cases} q_i, & i \notin K, \\ p_i, & i \in K, \end{cases} \quad p'_i = \begin{cases} p_i, & i \notin K, \\ -q_i, & i \in K, \end{cases} \tag{5.197}$$

で定義される座標変換は正準変換である．これを**初等的正準変換**という．$K=\{1, \cdots, n\}$ のとき，**Legendre 変換**という．

シンプレクティック多様体 M で Lagrange の括弧式に相当するものは，**Poisson の括弧式**である．M 上の関数 f, g に対して

$$n\mathrm{d}f\wedge \mathrm{d}g\wedge\theta^{n-1} = \{f, g\}\theta^n \tag{5.198}$$

で定まる関数 $\{f, g\}$ として定義する．正準座標系 $(q_1, \cdots, q_n, p_1, \cdots, p_n)$ を用いれば，

$$\{f, g\} = \sum_{i=1}^{n}\left(\frac{\partial f}{\partial p_i}\frac{\partial g}{\partial q_i}-\frac{\partial f}{\partial q_i}\frac{\partial g}{\partial p_i}\right) \tag{5.199}$$

と表わされることが簡単な計算でわかる．明らかに，これは正準座標系のとり方によらない．

特に，正準座標系 $(q'_1, \cdots, q'_n, p'_1, \cdots, p'_n)$ に対して

$$\{q'_i, q'_j\} = 0 \tag{5.200}$$

$$\{q'_i, p'_j\} = -\delta_{ij}, \quad \{p'_i, p'_j\} = 0 \tag{5.201}$$

が成立する．

接触座標系のときと同様，(5.200)をみたす n 個の独立な関数 $q'_1, \cdots, q'_n$ があればこれを正準座標系に拡張することができる．この準備のため次の二つの補題を用意する．

補題 5.4 $\boldsymbol{e}_1, \cdots, \boldsymbol{e}_{2n}$ を1次独立なベクトル，$\boldsymbol{f}_1, \cdots, \boldsymbol{f}_n$ をこれらの1次結合で表わされるベクトルとするとき，任意の i, j に対して

$$\boldsymbol{f}_i \wedge \boldsymbol{f}_j \wedge (\boldsymbol{e}_1 \wedge \boldsymbol{e}_2 + \cdots + \boldsymbol{e}_{2n-1} \wedge \boldsymbol{e}_{2n})^{n-1} = 0 \tag{5.202}$$

がなりたつならば，

$$\boldsymbol{f}_1 \wedge \boldsymbol{f}_2 \wedge \cdots \wedge \boldsymbol{f}_n \wedge (\boldsymbol{e}_1 \wedge \boldsymbol{e}_2 + \cdots + \boldsymbol{e}_{2n-1} \wedge \boldsymbol{e}_{2n}) = 0. \tag{5.203}$$

［証明］ $\boldsymbol{e}_1, \cdots, \boldsymbol{e}_{2n}$ を基底とするベクトル空間を V,

$$\theta = \boldsymbol{e}_1 \wedge \boldsymbol{e}_2 + \cdots + \boldsymbol{e}_{2n-1} \wedge \boldsymbol{e}_{2n} \tag{5.204}$$

とし，ベクトル $\boldsymbol{f}, \boldsymbol{g} \in V$ に対して

$$n\, \boldsymbol{f} \wedge \boldsymbol{g} \wedge \theta^{n-1} = \{\boldsymbol{f}, \boldsymbol{g}\} \theta^n \tag{5.205}$$

によって数 $\{\boldsymbol{f}, \boldsymbol{g}\}$ を定義する．これは明らかに V 上の反対称双線形形式である．しかも階数 $2n$ で非退化である．実際，$(\boldsymbol{e}_i)$ の双対基底を $(\boldsymbol{e}^i)$ とすれば，簡単な計算により

$$\{\boldsymbol{f}, \boldsymbol{g}\} = (\boldsymbol{e}^1 \wedge \boldsymbol{e}^2 + \cdots + \boldsymbol{e}^{2n-1} \wedge \boldsymbol{e}^{2n})(\boldsymbol{f}, \boldsymbol{g}) \tag{5.206}$$

となることがわかる．

$\boldsymbol{f}_1, \cdots, \boldsymbol{f}_n$ が1次独立でなければ，(5.203)は自明である．1次独立のとき，これらは

$$\{\boldsymbol{f}_i, \boldsymbol{f}_j\} = 0, \quad i, j = 1, \cdots, n,$$

をみたす1次独立なベクトルゆえ，§3.4の補題3.1によって，これにベクトル $\boldsymbol{g}_1, \cdots, \boldsymbol{g}_n \in V$ を補って

$$\{\boldsymbol{f}_i, \boldsymbol{g}_j\} = -\delta_{ij}, \quad \{\boldsymbol{g}_i, \boldsymbol{g}_j\} = 0$$

をみたすシンプレクティック基底にすることができる．ということは，$\boldsymbol{f}^1, \cdots, \boldsymbol{f}^n, \boldsymbol{g}^1, \cdots, \boldsymbol{g}^n$ を $\boldsymbol{f}_1, \cdots, \boldsymbol{f}_n, \boldsymbol{g}_1, \cdots, \boldsymbol{g}_n$ の双対基底とするとき

$$\boldsymbol{e}^1 \wedge \boldsymbol{e}^2 + \cdots + \boldsymbol{e}^{2n-1} \wedge \boldsymbol{e}^{2n} = \boldsymbol{g}^1 \wedge \boldsymbol{f}^1 + \cdots + \boldsymbol{g}^n \wedge \boldsymbol{f}^n$$

がなりたつことを意味する．

(5.205)から(5.206)を導いた計算は $\Omega = \boldsymbol{e}^1 \wedge \cdots \wedge \boldsymbol{e}^{2n}$ に関する補元をとる演算

$$* \theta^{n-1}/(n-1)! = \iota_{\theta^{n-1}} \Omega/(n-1)!$$

であったから，同じ計算を逆にたどって

$$\theta = \boldsymbol{g}_1 \wedge \boldsymbol{f}_1 + \cdots + \boldsymbol{g}_n \wedge \boldsymbol{f}_n \tag{5.207}$$

を得る．これより(5.203)がしたがう． ∎

もう一つの補題は少し表現をかえて，§3.4で扱ったシンプレクティック・ベクトル空間の言葉で述べる．E をシンプレクティック基底 $(\boldsymbol{e}_1, \cdots, \boldsymbol{e}_n, \boldsymbol{e}^*{}_1, \cdots, \boldsymbol{e}^*{}_n)$ をもつシンプレクティック・ベクトル空間とする．E の元はこの基底を用いて

$$\boldsymbol{f} = f^1\boldsymbol{e}_1 + \cdots + f^n\boldsymbol{e}_n + f_1\boldsymbol{e}^*{}_1 + \cdots + f_n\boldsymbol{e}^*{}_n$$

と成分表示されるが，$\{1, \cdots, n\}$ の部分集合 $K=\{k_1, \cdots, k_m\}$ が与えられたとき，その補集合を $\bar{K}=\{l_1, \cdots, l_{n-m}\}$ として線形写像

$$P_K : E \longrightarrow \mathbf{R}^n$$

を $P_K\boldsymbol{f}=(f^{k_1}, \cdots, f^{k_m}, f_{l_1}, \cdots, f_{l_{n-m}})$ で定義する．

補題 5.5 任意のラグランジュ部分空間 $L \subset E$ に対し，適当に $K \subset \{1, \cdots, n\}$ を選べば，P_K の L への制限

$$P_K : L \longrightarrow \mathbf{R}^n \tag{5.208}$$

はベクトル空間としての同型になる．すなわち，$P_K\boldsymbol{f}$ は L のある基底に関する成分表示と一致する．

［証明］ 線形写像 $P: E \to \mathbf{R}^n$ を $P\boldsymbol{f}=(f^1, \cdots, f^n)$ で定義する．P による L の像 $L'=P(L)$ は $\mathbf{R}^n$ の線形部分空間である．この次元を m とする．このとき，m 個の元からなる部分集合 $K \subset \{1, \cdots, n\}$ を適当に選び出せば，$(f^{k_1}, \cdots, f^{k_m})$ を $P\boldsymbol{f} \in L'$ の一つの成分表示とすることができる．すなわち，この成分をとり出す線形写像

$$Q : L' \longrightarrow \mathbf{R}^m$$

がベクトル空間の同型になる．この K に対して(5.208)がベクトル空間の同型になることを証明する．

P_K は n 次元のベクトル空間 L を同じ次元のベクトル空間 $\mathbf{R}^n$ にうつす線形写像であるから，この写像が1対1であること，すなわち $\boldsymbol{f} \in L$ が $P_K\boldsymbol{f}=0$ をみたせば $\boldsymbol{f}=0$ となることを示せば十分である．

K の定義により，$(f^{k_1}, \cdots, f^{k_m})=0$ より $P\boldsymbol{f} \in L'$ は0，したがって $(f^1, \cdots, f^n)=0$ がわかる．仮定により $(f_{l_1}, \cdots, f_{l_{n-m}})=0$ であるから，$\boldsymbol{f}$ の成分は $(f_{k_1},$

$\cdots, f_{k_m})$ を除けばすべて0である．

L がラグランジュ部分空間であるという仮定により，任意の

$$\boldsymbol{g} = g^1\boldsymbol{e}_1+\cdots+g^n\boldsymbol{e}_n+g_1\boldsymbol{e}^*{}_1+\cdots+g_n\boldsymbol{e}^*{}_n \in L$$

に対して

$$\boldsymbol{J}(\boldsymbol{f}, \boldsymbol{g}) = f_{k_1}g^{k_1}+\cdots+f_{k_m}g^{k_m} = 0.$$

一方，$Q: L'\to \mathbf{R}^m$ は全射であるから，g^{k_i} は任意の数となり得る．したがって，$\boldsymbol{f}$ は0でなければならない． ▮

定理 5.20 $2n$ 次元シンプレクティック多様体の上の n 個の独立な関数 $q'_1, \cdots, q'_n$ が(5.200)をみたすとき，各点の近傍でこれに関数 $p'_1, \cdots, p'_n$ を補い，$(q'_1, \cdots, q'_n, p'_1, \cdots, p'_n)$ を正準座標系にすることができる．

［証明］ 与えられた点 $x=(q^0, p^0)$ での余接ベクトル空間 T^*_xM は $(\mathrm{d}q_1, \cdots, \mathrm{d}q_n, \mathrm{d}p_1, \cdots, \mathrm{d}p_n)$ をシンプレクティック基底とするシンプレクティック・ベクトル空間をなし，$\boldsymbol{J}(\mathrm{d}f, \mathrm{d}g)$ は Poisson 括弧式のこの点での値 $\{f, g\}(x)$ に等しい．したがって，$\mathrm{d}q'_1, \cdots, \mathrm{d}q'_n$ はこの点においてラグランジュ部分空間 L の基底となる．これに対して補題5.5を適用すれば，(5.208)が同型となる $K\subset \{1, \cdots, n\}$ の存在がわかる．

必要があればもともとの正準座標系 $(q_1, \cdots, q_n, p_1, \cdots, p_n)$ の番号のつけ方を替えて，$K=\{1, \cdots, m\}$ としてよい．このとき(5.208)の同型は

$$\frac{\partial(q'_1, q'_2, \cdots, q'_n)}{\partial(q_1, \cdots, q_m, p_{m+1}, \cdots, p_n)} \neq 0$$

を意味する．陰関数の定理により，この点の近傍で $(p_1, \cdots, p_m, q_{m+1}, \cdots, q_n, q'_1, \cdots, q'_n)$ を局所座標系に選ぶことができ，これらの関数 f_i と g_j を用いて

$$q_j = g_j(p_1, \cdots, p_m, q_{m+1}, \cdots, q_n, q'_1, \cdots, q'_n), \quad 1 \leqq j \leqq m, \qquad (5.209)$$

$$p_i = f_i(p_1, \cdots, p_m, q_{m+1}, \cdots, q_n, q'_1, \cdots, q'_n), \quad m+1 \leqq i \leqq n \qquad (5.210)$$

と表わすことができる．

$$\theta = \sum_{j=1}^{m}\mathrm{d}p_j\wedge \mathrm{d}g_j+\sum_{i=m+1}^{n}\mathrm{d}f_i\wedge \mathrm{d}q_i$$

と $\mathrm{d}q'_1, \cdots, \mathrm{d}q'_n$ に対して補題5.4を適用すれば，$C_1, \cdots, C_n$ を定数として $q'_i=C_i$ とおいた(5.209)，(5.210)が $\theta=0$ をみたすことがわかる．これは，$-\sum g_j\mathrm{d}p_j+\sum f_i\mathrm{d}q_i$ が $(p_1, \cdots, p_m, q_{m+1}, \cdots, q_n)$ に関する閉微分形式であること

を意味するから，この1次微分形式の不定積分として関数 $S(p_1, \cdots, p_m, q_{m+1}, \cdots, q_n, q'_1, \cdots, q'_n)$ を定義すれば

$$-\sum_{j=1}^{m} g_j \mathrm{d}p_j + \sum_{i=m+1}^{n} f_i \mathrm{d}q_i = \mathrm{d}S - \sum_{k=1}^{n} \frac{\partial S}{\partial q'_k} \mathrm{d}q'_k \tag{5.211}$$

が成立する．そこで

$$p'_k = -\frac{\partial S}{\partial q'_k}(p_1, \cdots, p_m, q_{m+1}, \cdots, q_n, q'_1, \cdots, q'_n) \tag{5.212}$$

によって新しい変数 p'_k を定義すれば，(5.211)の外微分として

$$\theta = \sum_{k=1}^{n} \mathrm{d}p'_k \wedge \mathrm{d}q'_k \tag{5.213}$$

を得る．■

この証明で用いた S は，$q'_1, \cdots, q'_n$ を径数として不定積分して得られた関数であるから，$q'_1, \cdots, q'_n$ の任意の関数 $\varphi(q'_1, \cdots, q'_n)$ を加えてもよいだけの自由度が残る．それゆえ，p'_k にも $-\mathrm{grad}\,\varphi(q')$ だけの不定性があり，q'_k を与えても対となる p'_k は一意的には定まらないことに注意する．

シンプレクティック多様体上の関数 f に対して

$$X_f = \sum_{i=1}^{n} \left(\frac{\partial f}{\partial p_i} \frac{\partial}{\partial q_i} - \frac{\partial f}{\partial q_i} \frac{\partial}{\partial p_i} \right) \tag{5.214}$$

で定義されるベクトル場を f の定める **Hamilton ベクトル場**という．

$$\iota_{X_f}\theta = \sum_{i=1}^{n} \left(\frac{\partial f}{\partial p_i} \iota_{\partial/\partial q_i}\theta - \frac{\partial f}{\partial q_i} \iota_{\partial/\partial p_i}\theta \right) = -\mathrm{d}f \tag{5.215}$$

が成立し，θ は非退化であるから，§3.5の対応により Hamilton ベクトル場は正準座標系のとり方によらずに定まることがわかる．明らかに

$$X_f g = \{f, g\} \tag{5.216}$$

がなりたつ．また，(5.215)の θ を別の正準座標系を用いて $\sum \mathrm{d}p'_i \wedge \mathrm{d}q'_i$ と表わして $-\iota_{X_f}\theta$ を計算すれば，

$$\sum_{i=1}^{n} (\{f, q'_i\} \mathrm{d}p'_i - \{f, p'_i\} \mathrm{d}q'_i) = \mathrm{d}f \tag{5.217}$$

が得られる．したがって，新しい正準座標に関する偏微分は共役座標との Poisson 括弧式で計算できる．

同じ計算により，全微分 $\mathrm{d}f$ が余接空間 T_x^*M を生成するほど十分多くの関

数 f に対して(5.217)がなりたつことは，T_x^*M 上の双線形写像 $\sum \mathrm{d}p'_i \wedge \mathrm{d}q'_i$ が θ に等しいことを意味する．したがって，これを $(q'_1, \cdots, q'_n, p'_1, \cdots, p'_n)$ が正準座標系であるための方程式とすることができる．

定理 5.21　シンプレクティック多様体上の関数 $q'_1, \cdots, q'_n, p'_1, \cdots, p'_n$ が正準座標系をなすための必要十分条件は，それらの Poisson 括弧式が(5.200)および(5.201)をみたすことである．

［証明］ $q'_1, \cdots, q'_n, p'_1, \cdots, p'_n$ が(5.200)および(5.201)をみたすとき，f としてこれらの関数の一つをとれば(5.217)がなりたつことは明らかである．したがって，上の注意により

$$J = \frac{\partial(q'_1, \cdots, q'_n, p'_1, \cdots, p'_n)}{\partial(q_1, \cdots, q_n, p_1, \cdots, p_n)} \neq 0$$

を示せば証明が終る．この行列式を

$$J = \begin{vmatrix} \dfrac{\partial q'}{\partial q} & \dfrac{\partial q'}{\partial p} \\ \dfrac{\partial p'}{\partial q} & \dfrac{\partial p'}{\partial p} \end{vmatrix} = \begin{vmatrix} A & B \\ C & D \end{vmatrix}$$

とブロックに分けて計算する．転置行列をプライム付きで表わせば，

$$J^2 = \begin{vmatrix} A & B \\ C & D \end{vmatrix} \begin{vmatrix} D' & -B' \\ -C' & A' \end{vmatrix} = \begin{vmatrix} -\{q', p'\} & \{q', q'\} \\ -\{p', p'\} & \{p', q'\} \end{vmatrix} = 1$$

ゆえ，$J \neq 0$.　■

Hamilton-Jacobi の方程式(5.126)，あるいは正準方程式(5.151)が定義されている空間は，時刻 t が余計な変数となるため，そのままではシンプレクティック多様体にならないが，特性系である正準方程式の解曲線上の点を区別しない第1積分の世界ではシンプレクティック構造をもつ．

Hamilton-Jacobi の方程式を全微分方程式に書き改めると

$$h + H(t, q_1, \cdots, q_n, p_1, \cdots, p_n) = 0, \tag{5.218}$$

$$\mathrm{d}z = \sum_{i=1}^{n} p_i \mathrm{d}q_i + h\mathrm{d}t \tag{5.219}$$

となる．これから h を消去すれば $(t, q_1, \cdots, q_n, z, p_1, \cdots, p_n)$ 空間での方程式

$$\mathrm{d}z = \sum_{i=1}^{n} p_i \mathrm{d}q_i - H\mathrm{d}t \tag{5.220}$$

になり，さらに，この外微分をとれば $(t, q_1, \cdots, q_n, p_1, \cdots, p_n)$ 空間での方程式

$$\sum_{i=1}^{n} \mathrm{d}p_i \wedge \mathrm{d}q_i - \mathrm{d}H \wedge \mathrm{d}t = 0 \tag{5.221}$$

になる．この方程式の左辺 $\mathrm{d}\omega$ は完全微分形式であるから，この方程式の特性系は微分形式 $\mathrm{d}\omega$ の特性系と一致する．定理 5.18 によれば，後者は正準方程式(5.151)であり，$\mathrm{d}\omega$ は正準方程式の第 1 積分 $Q_1, \cdots, Q_n, P_1, \cdots, P_n$ を用いて

$$\mathrm{d}\omega = \sum_{i=1}^{n} \mathrm{d}P_i \wedge \mathrm{d}Q_i \tag{5.222}$$

と表わされる．このとき，正準方程式の第 1 積分は，$Q_1, \cdots, Q_n, P_1, \cdots, P_n$ の関数全体と同じである．

この道は逆にたどることができるから，Hamilton-Jacobi の方程式を解くことは，結局，$(Q_1, \cdots, Q_n, P_1, \cdots, P_n)$ を正準座標系とするシンプレクティック多様体 M で方程式

$$\sum_{i=1}^{n} \mathrm{d}P_i \wedge \mathrm{d}Q_i = 0 \tag{5.223}$$

を解くことに帰着される．

これまで同様，各点の接空間 T_xM にひきおこされる実シンプレクティック・ベクトル線形空間の構造から，この方程式の極大解多様体は n 次元であることがわかる．n 次元の**一般解**は，任意に n 変数の関数 $\varphi(Q_1, \cdots, Q_n)$ を与え，

$$P_1 - \frac{\partial \varphi}{\partial Q_1} = \cdots = P_n - \frac{\partial \varphi}{\partial Q_n} = 0 \tag{5.224}$$

で定義される多様体である．定理 5.20 の証明と同様にすれば，すべての解はあらかじめ初等的正準変換によっていくつかの Q_i と P_i をとりかえた後の一般解として得られることがわかる．ただし，時間も考慮すれば，これらは $n+1$ 次元の解である．

時間 t を含む形の関数 $f(t, q_1, \cdots, q_n, p_1, \cdots, p_n)$ が正準方程式(5.151)の第 1 積分であるための条件は

$$\left(\frac{\partial}{\partial t} + X_H\right)f = \frac{\partial f}{\partial t} + \sum_{i=1}^{n}\left(\frac{\partial H}{\partial p_i}\frac{\partial f}{\partial q_i} - \frac{\partial H}{\partial q_i}\frac{\partial f}{\partial p_i}\right) = 0 \tag{5.225}$$

である．$(q_1, \cdots, q_n, p_1, \cdots, p_n)$ を正準座標系とするシンプレクティック多様体

の Poisson 括弧式を用いれば

$$\frac{\partial f}{\partial t}+\{H, f\} = 0 \tag{5.226}$$

となる．

f, g が共に第1積分であるとき，第1積分 $Q_1, \cdots, Q_n, P_1, \cdots, P_n$ の関数としての Poisson 括弧式が

$$n\,\mathrm{d}f\wedge\mathrm{d}g\wedge(\mathrm{d}\omega)^{n-1} = \{f, g\}(\mathrm{d}\omega)^n$$

で定義されるが，各時刻 t を止めて考えると，$\mathrm{d}\omega$ は $(q_1, \cdots, q_n, p_1, \cdots, p_n)$ 空間のシンプレクティック形式 θ である．したがって，二つの意味の Poisson 括弧式は一致し，

$$\{f, g\} = \sum_{i=1}^{n}\left(\frac{\partial f}{\partial p_i}\frac{\partial g}{\partial q_i}-\frac{\partial f}{\partial q_i}\frac{\partial g}{\partial p_i}\right) \tag{5.227}$$

がなりたつ．特に，正準方程式の第1積分 f, g の(空間変数に関する)Poisson 括弧式 $\{f, g\}$ は第1積分である．これを **Poisson の定理**という．

以上みてきたように，Hamilton-Jacobi の方程式あるいは正準方程式の解は，(5.222)をみたす $2n$ 個の第1積分 $Q_1, \cdots, Q_n, P_1, \cdots, P_n$ を見つければ，消去法あるいはそれらの値を指定することによってすべて求めることができる．他方，シンプレクティック多様体そのものであれば，定理5.20により，(5.200)をみたす n 個の独立な関数 Q_i が見つかれば，残りの n 個の関数 P_i は消去法，不定積分および微分によって計算できる．この条件(5.200)をみたす関数族を**包合的**という．

時刻 t を含む第1積分については，n 個の独立な包合的第1積分の組 Q_i が与えられたとして，第1積分 P_i を作るには(5.211)の右辺から $-H\mathrm{d}t$ を引いて Hamilton-Jacobi の方程式の解 S を構成しなければならない．したがって，不定積分だけで S を構成した定理5.20の証明はそのままでは通用しない．Jacobi の定理5.19の存在理由はここにある．しかし，代りに常微分方程式の解の存在定理を用いればよいので，n 個の包合的第1積分が見つかれば，すべての第1積分が見つかるという事情は変らない．2体問題の完全解(5.182)で，C_1 はエネルギー積分を，C_2 は z 軸まわりの角運動量積分を表わす．この二つがわかれば，あとは積分法のみで一般解が求まることはすでに示した通りであ

る．

2体問題は本来自由度6の問題である．これを x, y, z 軸方向の運動量積分，角運動量積分を用いて2自由度の問題に帰着させた．その過程を詳しく論ずることはできなかったが，一つの第1積分ごとに一つの自由度が減らせたことに注意する．

最後に二つのシンプレクティック多様体 (M, θ) と (M', θ') の間の正準変換 $\Phi: M\to M'$ をすべて決定する問題を考える．

$(q_1, \cdots, q_n, p_1, \cdots, p_n)$，$(q'_1, \cdots, q'_n, p'_1, \cdots, p'_n)$ をそれぞれの正準座標とすれば，直積空間 $M\times M'$ の上で Φ のグラフ $\{((q, p), \Phi(q, p))\}$ は外微分方程式

$$\sum_{i=1}^{n}\mathrm{d}p_i\wedge\mathrm{d}q_i-\sum_{i=1}^{n}\mathrm{d}p'_i\wedge\mathrm{d}q'_i = 0 \tag{5.228}$$

の解でなければならない．逆に，この方程式の $2n$ 次元の解の上で $(\sum\mathrm{d}p_i\wedge\mathrm{d}q_i)^n$ がけっして0とならなければ，それはある正準変換 Φ のグラフになっている．

p'_i の代りに $-p'_i$ を代入すれば，これは $4n$ 次元のシンプレクティック空間でシンプレクティック形式を消す極大解多様体を求める問題となる．この次元は $2n$ である．特に，解多様体の上で $(q_1, \cdots, q_n, q'_1, \cdots, q'_n)$ が局所座標系にとれる場合，方程式(5.228)は

$$\sum_{i=1}^{n}p_i(q, q')\mathrm{d}q_i = \sum_{i=1}^{n}p'_i(q, q')\mathrm{d}q'_i+\mathrm{d}S(q, q') \tag{5.229}$$

と同等になる．ここで，S は任意の関数である．この解は

$$p_i = \frac{\partial S}{\partial q_i},\quad p'_i = -\frac{\partial S}{\partial q'_i} \tag{5.230}$$

で与えられる．ここで，S が条件

$$\det\left(\frac{\partial^2 S}{\partial q_i\partial q'_j}\right) \neq 0 \tag{5.231}$$

をみたすことと，解が写像のグラフであるための条件

$$\frac{\partial(q_1, \cdots, q_n, p_1, \cdots, p_n)}{\partial(q_1, \cdots, q_n, q'_1, \cdots, q'_n)} \neq 0$$

は同等である．このとき，この解は正準変換 $\Phi: M\to M'$ を表わす．関数 $S(q,$

q') を**正準変換 Φ の母関数**という．

Φ のグラフの上で $(q_1, \cdots, q_n, q'_1, \cdots, q'_n)$ が局所座標系にならない場合は，$q_1, \cdots, q_n$ のいくつかを対応する p_i に，$q'_1, \cdots, q'_n$ のいくつかを対応する p'_i におきかえたものが局所座標系になる．このときは，これに応じて，(5.229)の p_i と q_i，p'_i と q'_i をおきかえて符号を整えれば，同じような結論が導かれる．あるいは上の q_i と p_i および q'_i と p'_i のとりかえは M および M' で初等的正準変換を行うことであるから，すべての正準変換は M での初等的正準変換，母関数 $S(q, q')$ をもつ正準変換，そして M' での初等的正準変換を合成したものになる．

参考書

この本の内容に関する参考書は無数にある．ここではこの本を書く際実際に利用した文献のみを紹介する．

第1章

ユークリッド幾何学の原典は

[1] ユークリッド，原論，池田美恵他訳，共立出版，1971.
[2] D. Hilbert, Grundlagen der Geometrie, Teubner, Leipzig-Berlin, 初版，1899，第7版，1930；寺阪英孝，大西正男訳・解説，幾何学の基礎，クライン，エルランゲン・プログラムと合本，共立出版，1970.

であるが，どちらも相当の覚悟がなければ読みこなせない．

Euclid は比例を論ずるに際し，合同を基礎としたため，有理的でない比を扱うには，今日の実数論に匹敵する比の理論を必要とした．比例の理論が実数論と独立に，結合の公理と平行線の公理から導けることを示したのは Hilbert が最初のようである．ここでは公理を多少変えて，係数体が任意標数の非可換体の場合にも通用するようにした．

順序の関係が半直線の公理で表現できることを，私は大学3年生のとき弥永昌吉教授の講義で学んだ．この講義は後に

[3] 弥永昌吉，幾何学序説，岩波書店，1968.

として出版されたが，私の聴いた講義はこの本よりわかりやすかったように思う．

合同の公理は，普通，線分の合同の公理として述べるのであるが，方向が定まった線分の公同はアフィン幾何で済んでおり，重複するのを嫌って角に関する性質として公理化した．[2] の解説はありがたかった．この他

[4] 窪田忠彦，幾何学の基礎，岩波全書，1941.

を参考にした．

本章の力学は

[5] J. C. Maxwell, Matter and Motion, Soc. for Promoting Christian Knowledge, London, 1877；リプリント，Dover, 1952.

によった．原典である

[6] I. Newton, Philosophiae Naturalis Principia Mathematica, London, 初版, 1687, 第3版, 1726；河辺六男, ニュートン, 中央公論社, 1979.
は残念ながら歯が立たなかった.

第2章

序文に述べたように, 本章の原典は

[7] O. Heaviside, Electromagnetic Theory, Vol. I, The Electrician, London, 1893.
[8] J. W. Gibbs and E. B. Wilson, Vector Analysis, Yale Univ. Press, 1901.
である. Heavisideは若い頃電話線の理論を建設し発表した. W. Thomsonが電信線の理論を作り, これに基づいて大西洋横断ケーブルが成功裡に建設されてから20年ほど後のことである. Thomsonの理論では, ケーブルは抵抗と容量のみをもつとした. この結果, 伝送の方程式は熱伝導の方程式となり, きわめて低い周波数の波のみがかろうじて伝送できるという結論であった. 他方, Heavisideの理論は, ケーブルが適切な自己誘導と漏洩をもてば, すべての周波数の波が波形を変えることなく伝送されるというものである. ところが, Heavisideの期待に反して, 彼の理論は無視されてしまった. Heavisideは大学教育を受けなかった人で, 自己流の数学を使ったためといわれるが, おそらくは, 数々の成功で時代の寵児Kelvin卿となったThomsonに刃向うドンキホーテと軽くみられたのであろう. Heavisideは, このため, 彼の後半生を, 一方ではKelvin卿の論文のあらゆる誤りを指摘する論文を書き続けることに, 他方では自己の正しさを人々に理解させるため, 電磁気学の基礎から書きおこした長大な本を書くことに捧げた. 3冊ある本の第一冊が[7]である.「エレクトリシャン」という週刊紙に1891年1月から1893年11月までに発表した論文をまとめて出版した. この第3章170ページがベクトル解析にあてられている.

[8]はGibbsの講義に基づいて, Wilsonが書いたものである. 序文に[7]も参考にしたと書かれている. 他方, HeavisideもGibbsが1881年講義のため準備したパンフレットを参照している. したがって, ベクトル解析は2人の合作といってよいであろう.

[9] J. C. Maxwell, A Treatise on Electricity and Magnetism, Clarendon Press, 初版, 1873, 第3版, 1891；リプリント, Dover, 1954.
の序章も4元数に基づくベクトル解析にあてられている. この中でde Rhamの定理と解されることも述べてある.

[10] G. de Rham, Variétés Différentiables, Formes, Courants, Formes Harmoniques, Hermann, Paris, 初版, 1955, 第3版, 1973.

は今日もなお(数学としての)多様体論の最良の教科書の一つである. 109ページでスケッチしたde Rhamの定理の証明は実はこの本のものでなく, 類似の定理を証明した私の論文 "On the Alexander-Pontrjagin duality theorem, Proc. Japan Acad. **44**(1968), 489-490" の方法を述べた.

本章の電磁気学は主にMaxwell [9] によって書いた. この本もNewton [6] 同様有名なばかりで誰も読まない本であるらしいが, Coulombの法則(2.150)およびAmpèreの法則(2.173)の根拠を追求した部分はよく書けており, 迫力がある. ところが, 肝腎の自分自身の理論の紹介はうまくない. Heavisideも同じ感想をもらしている.

125ページで述べたMaxwellの1861年の論文は, 全集

[11] The Scientific Papers of James Clerk Maxwell, vol. I, Cambridge, 1890.

のpp. 451-513にある "On physical lines of force" である. これは本講座の編者江沢洋教授に教示していただいた. 1864年の論文はpp. 526-597にある "A dynamical theory of the electromagnetic field" であり, はじめて光の電磁波説を述べた論文として有名である. この辺のMaxwellのゆらぎはFaradayのゆらぎでもあるようである. 物理学史家は多くのことを書いているが, どれもそのままでは信用できないというのが私の感想である.

第3章

テンソルの理論は, 弾性論とリーマン幾何学の二つに起源がある. 前者は電磁気学にうけつがれ, Gibbs [8] のダイアディックとなった. しかし, これは一般に受け入れられなかったようで, 弾性論を集大成した

[12] A. E. H. Love, A Treatise on the Mathematical Theory of Elasticity, 第4版, Cambridge, 1927 ; リプリント, Dover, 1944.

にGibbsは一切引用されていない. この本の44ページの註記によりテンソルという言葉はW. Voigtが1900年の論文で提案したことがわかる. しかしLove自身は使わず, RicciとLevi-Civitaによって発展したテンソルの理論といって, Eddingtonの相対性理論の本を引用するのみである. したがって, 理論としてのテンソルは, Ricci(1892年)およびRicci and Levi-Civita(1901年)のリーマン幾何学研究に源泉があるといってよいであろう.

[13] T. Levi-Civita, The Absolute Differential Calculus (Calculus of Tensors),

Blackie & Son, London-Glasgow, 1926；リプリント，Dover, 1977.
がその集大成であるが，ここではまだシステムとテンソルが同じ意味をもつ言葉として使われている．一方，Einstein は論文集

[14] H. A. Lorentz, A. Einstein, H. Minkowski and H. Weyl, The Principle of Relativity, Methuen Co., 1923；リプリント，Dover.

の中の "The foundation of the general theory of relativity, Ann. Phys. **49**(1916)" で迷わずテンソルといっている．この 2 冊と

[15] H. Weyl, Raum・Zeit・Materie, 初版，1918，第 4 版，1921；英訳 Space-Time-Matter, Mathuen Co., 1921；リプリント，Dover, 1922.

の 3 冊は初期の相対論を学ぶための基本文献である．

テンソル代数が数学の対象となったのはさらに遅れて，

[16] N. Bourbaki, Algèbre, Chap. III, Algèbres Tensorielles, Algèbres Extérieurs, Algèbres Symétriques, Nouvelle éd. Hermann, Paris, 1971.

の初版が出版された 1948 年のことと思われる．H. Grassmann が "Ausdehnungslehre"(1844 年)でグラスマン代数を導入して 100 年後のことである．

本章は，[16] の内容をベクトル空間に制限して簡略に紹介すると共に，

[17] C. Chevalley, Theory of Lie Groups, Princeton Univ. Press, 1946.

から，線形幾何の例をひろい出した．

[18] F. R. Harvey, Spinors and Calibrations, Academic Press, 1990.

にはもっと多くの例があげられている．

テンソルが主役を演ずるリーマン幾何は一切省略しなければならなかった．[13] と [15] は以前よく読まれた本である．

第 4 章

微分形式の理論は

[19] E. Cartan, Sur certaines expressions différentielles et le problème de Pfaff, Ann. Ecole Norm., **16**(1899), 239-332.

によって創められた．これ以後の Cartan の仕事は何らかの意味で微分形式とつながりがある．本書の内容と特に関係が深いのは

[20] E. Cartan, Leçon sur les Invariants Intégraux, Hermann, Paris, 1922.
[21] E. Cartan, Les Systèmes Différentiels Extérieurs et leur Applications Géométriques, Hermann, Paris, 1945.

である．

この章の基礎づけには Chevalley [17] を用いた.

[22] C. Godbillon, Géometrie Différentielle et Méchanique Analytique, Hermann, Paris, 1969.

からもいくつかの結果を使わせてもらった. §4.8 は

[23] E. Kähler, Bemerkungen über die Maxwellschen Gleichungen, Abh. Hamburg. Math. Sem. **12**(1937), 1-28.

によった.

章末で触れた Hodge-小平の調和形式の理論は de Rham [10] で詳しく論じられている.

[24] 河田敬義, 微分式論, 河出書房, 1951.

と [17] には本書では割愛せざるを得なかった Lie 群論への応用が書かれている.

この章で関数族 $\mathcal{F}$ はそのときどきの要求をみたせば何でもよいとしたが, $1 \leqq r \leqq \infty$ とする C^r 級の関数族, 実解析関数族の他に Gevrey 関数族もこれらの要求をみたす. ここで, 領域 $U \subset A^n$ 上の関数 $f(x)$ が指数 $s>1$ の Gevrey 族の関数とは, 任意のコンパクト集合 $K \subset U$ 上定数 C があり

$$\sup_{x \in K} \left| \frac{\partial^{\alpha_1+\cdots+\alpha_n} f(x)}{\partial x_1^{\alpha_1} \cdots \partial x_n^{\alpha_n}} \right| \leqq C^{\alpha_1+\cdots+\alpha_n+1} (\alpha_1+\cdots+\alpha_n)!^s$$

という不等式をみたすことをいう. この場合の陰関数の定理および常微分方程式の解の存在定理は, 例えば私の論文 "The implicit function theorem for ultradifferentiable mappings, Proc. Japan Acad. **55**(1979), 69-72" および "Ultradifferentiability of solutions of ordinary differential equations, Proc. Japan Acad. **56**(1980), 137-142" にある.

第5章

本章は主に Cartan の [19] と, [20], [21] の一部の紹介である. この分野は, 一方では Euler, Lagrange 以来の解析力学, 他方では Monge, Cauchy 以来の 1 階偏微分方程式論の長い伝統がある. 古くから大数学者達, 異能の数学者達が二つの分野の神秘的な関係を一つ一つ明らかにしてきた. Cartan の [19] と [20] の第1章はこの神秘のヴェールを一挙に取り払ってしまった. これと比較するため, Cartan 以前の革新派と Cartan 以後の守旧派の代表としてそれぞれ

[25] S. Lie, Geometrie der Berührungstransformationen, Leipzig, 1896; リプリント, Dover, 1977.

[26] C. Carathéodory, Variationsrechnung und Partielle Differentialgleichun-

gen Erster Ordnung, Band I, Teubner, Leipzig, 初版，1935，第 2 版，1956.

をあげておく．他方，老大家 Goursat はこの分野のそれまで知られていたすべての結果を網羅したと思われる大著を出版していたにもかかわらず，Cartan の仕事が発表されると

[27] E. Goursat, Leçon sur le Problème de Pfaff, Hermann, Paris, 1922.

を著わし，その理論の紹介につとめた．

しかしながら，偏微分方程式論の立場からみると，特性系を用い，常微分方程式の解の存在定理に依存して解くことのできる方程式は，本書で扱った範囲がほぼ限度である．あと，ごくわずかな方程式が扱えるに過ぎない．E. Cartan は，さらに，Cauchy-Kowalewsky の定理を使って解くことのできる方程式系の理論を作り，[21] で，いろいろな応用と共に発表した．ただし，この仕事には未完成なところが残っていて，E. Kähler，倉西正武，松田道彦らが補った．この方面の新しい本として

[28] R. L. Bryant, S. S. Chern, R. B. Gardner, H. L. Goldschmidt and P. A. Griffiths, Exterior Differential Systems, Springer, 1991.

をあげておく．

次の本は本章とほぼ同じ内容をより数学的な立場から扱っている．

[29] 大島利雄，小松彦三郎，1 階偏微分方程式，岩波講座基礎数学，第 1 刷，1977；第 2 刷，1983，第 3 刷，1988.

本書では接触変換および正準変換を 1 階偏微分方程式および解析力学の観点でのみみてきたが，1970 年頃より，一方では佐藤幹夫 - 河合隆裕 - 柏原正樹の量子化接触変換，他方では L. Hörmander らの Fourier 積分作用素による擬微分方程式の変換理論に同次正準変換が応用され，著しい成果を挙げた．

[30] L. Hörmander, The Analysis of Linear Partial Differential Operators, III, Springer, 1985.

の第 21 章は，この観点からシンプレクティック幾何を論じている．

第 2 刷に際して第 3 章以降を垣江邦夫氏に読んでいただき数々の誤りを訂正することができた．記して感謝の気持を表わしたい．

演習問題解答

第1章

1.1 3直線 l, m, n について $l /\!/ m$, $m /\!/ n$ を仮定する．これらが同一平面上にあるときは平行線の公理IIのみを用いて簡単に証明できる．

l, m, n を含む平面がないとき，l と n が交わることはない．交点があれば，これに m を定める2点を加えた3点で定まる平面に l, m, n 共に含まれるからである．したがって，この場合 l と n が同一平面上にあることを示せば証明が終る．

それには，l と m を含む平面を ν，m と n を含む平面を λ，n の1点と l を含む平面を μ として順次，$\nu\cap\lambda=m, \mu\cap\nu=l, m\cap\mu=l\cap\lambda=\emptyset, \lambda\cap\mu=n$ を証明すればよい．ここで，$\cap$ は共通部分，$\emptyset$ は空集合を表わす．

1.2 次元がかかわるのはアフィン幾何，すなわち，結合の公理 I_1〜I_7，および平行線の公理IIのみであるからこの部分を拡張すればよい．

アフィン幾何はベクトル空間において零元 $\mathbf{0}$ の特殊性をなくしたものであるから，ベクトル空間の公理(1.5)〜(1.10)および(1.20)に次元に関する公理を加えて，それに幾何学的解釈を与えるというのも一つの公理化である．実際，H. Weyl は [15] でこのような公理系を与えている．

ここでは，本文の公理系を一般化したものを一つ与えておく．はじめに次元 $n\geqq 3$ の場合を扱う．

n 次元アフィン空間 A^n は，点からなる集合であって，各 $m\in\{0,1,2,\cdots,n\}$ に対し m 次元部分空間とよばれる部分集合族 $L^m=L^m(A^n)$ が指定されており次の公理系をみたすものである：

I_0　L^0 は1点からなる集合全体 $\{\{\mathrm{P}\}\,;\,\mathrm{P}\in A^n\}$ である．

I_1　L^n は $\{A^n\}$ と同じである．

I_2　$m+1$ 個の点 $\mathrm{P}_0,\cdots,\mathrm{P}_m$ が与えられたとき，これらの点を含む m 次元部分空間 $l\in L^m$ が存在する．

I_3　任意の m 次元部分空間はどの $m-1$ 次元部分空間にも同時に含まれること

のない $m+1$ 個の点 $\mathrm{P}_0, \cdots, \mathrm{P}_m$ を含む．

I_4　m 次元部分空間 l の $m+1$ 個の点 $\mathrm{P}_0, \cdots, \mathrm{P}_m$ がどの $m-1$ 次元部分空間にも含まれないとき，これらの点をすべて含む k 次元部分空間 π は l を含む．

I_5　m 次元部分空間 π に含まれる $m-1$ 次元部分空間 l_1, l_2 について次のいずれか一つが成立する：

(1) $l_1 = l_2$；

(2) $l_1 \cap l_2 = \varnothing$；

(3) $l_1 \cap l_2$ は $m-2$ 次元部分空間である．

II　$l_1 \in L^1, \pi \in L^2$ および点 P が，$l_1 \subset \pi, \mathrm{P} \in \pi, \mathrm{P} \notin l_1$ をみたすとき，$\mathrm{P} \in l_2 \subset \pi$, $l_1 \cap l_2 = \varnothing$ をみたす $l_2 \in L^2$ が唯一つ存在する．

弥永［3］の付録Iではほぼ同じ公理系をもとに n 次元アフィン幾何学が展開されている．

2次元の場合は以上を $n=2$ に制限したもの，すなわち，本文の $\mathrm{I}_1, \mathrm{I}_2, \mathrm{I}_4$, II に Desargues の定理を公理として加える．

2次元の場合，結合の公理と平行線の公理だけでは Desargues の定理が導けないことを Hilbert は具体的に反例を構成することによって証明した．［2］の現行の版には F. R. Moulton (1902年) の簡単な例が紹介されている．［3］には有限非 Desargues 平面の例もあげられている．

ただし，Hilbert は合同の公理を用いるならば，Pascal の定理が証明でき，これからも比例の理論が構成できることを示した．後に，G. Hessenberg (1905年) は Pascal の定理から Desargues の定理が導けることを示し，Hilbert の理論の重複を省いた．

1次元の場合は，線分の合同変換を実現するのに使える幾何学的手段が，与えられた点を中心とする折り返しぐらいしかなく，全く異なる公理化をする必要がある．合同変換を鏡像変換の積としてとらえるのは高次元の場合も有効な考え方であるが，本筋から離れるためここでは論じない．

1.3　直交座標を用いて，公理で許される操作を代数的に表現したとき，実数の公理および公理 V_{10} 以外はすべて，与えられた図形の座標に四則演算および $\sqrt{1+a^2}$ という演算をくり返し行って得られる数値を座標とする図形を作るものである．逆に，このようにして得られる数値を座標とする図形は，公理で許される操作を有限回くり返して実現することができる．

したがって，半径1の円に内接する正 n 角形がこのようにして作図できるためには，$\cos 2\pi/n$ が，有理数全体から出発して $\sqrt{1+a^2}$ の形の数をつけ加える操作を有限回くり返して得られる体の中の数であることが必要十分となる．

de Moivre の公式によれば，$\cos 2\pi/n$ は代数方程式

$$z^{n-1}+z^{n-2}+\cdots+1 = 0$$

の解の実部である．n が素数のとき，この方程式は有理数係数の多項式として既約であり，これが平方根のみを用いて解けるための必要十分条件は n が 2^m+1 の形の素数であることが知られている．特に $n=3, 5, 17$ のとき，

$$\cos\frac{2\pi}{3} = -\frac{1}{2},\quad \cos\frac{2\pi}{5} = \frac{-1+\sqrt{5}}{4},$$

$$16\cos\frac{2\pi}{17} = -1+\sqrt{17}+2\sqrt{\frac{17-\sqrt{7}}{2}}$$

$$+4\sqrt{\frac{17+3\sqrt{17}}{4}-\sqrt{\frac{17+\sqrt{17}}{2}}-\frac{1}{2}\sqrt{\frac{17-\sqrt{17}}{2}}}.$$

正 17 角形の余弦はこのままでは根号の中に負号が入っていて $\sqrt{1+a^2}$ の形の数を添加する拡大で得られるように見えないかもしれないが，分母の有理化と同じ方法で分子の有理化を行ってこの形に書き直すことができる．

Hilbert の本 [2] の本文の最後はこのように制限された手段による作図がいつ可能かという問題にあてられている．Hilbert の解答は既約代数方程式の問題に書き改めたとき，ちょうど 2^m 個の実解のみをもつというものである．

正 17 角形の場合，$\cos 2\pi/17$ は，上の方程式を $w=(z+z^{-1})/2$ の方程式に書き改めたものの解であって，これはちょうど 8 個の実解 $\cos 2\pi/17, \cos 4\pi/17, \cdots, \cos 16\pi/17$ をもっている．

1.4 図 1.17 は，Pythagoras の定理 $BC^2=CH^2+HB^2=CA^2-AH^2+HB^2$ を図示したものである．ここで，$-AH^2+HB^2=AB^2-2AB\cdot AH=AB^2-2AB\cdot CA\cdot \cos\angle CAB$.

1.5

$$\boldsymbol{r}(t) = x(t)\boldsymbol{i}+y(t)\boldsymbol{j}+z(t)\boldsymbol{k},\qquad t\in[0,1]$$

を C^1 級の曲線とする．区間 $[0,1]$ の分割 Δ ： $0=t_0<\cdots<t_n=1$ に対応する折れ線の長さは平均値の定理により

$$\sum_{j=1}^{n}\sqrt{(x(t_j)-x(t_{j-1}))^2+(y(t_j)-y(t_{j-1}))^2+(z(t_j)-z(t_{j-1}))^2}$$

$$=\sum_{j=1}^{n}\sqrt{(x'(t_j'))^2+(y'(t_j''))^2+(z'(t_j'''))^2}\cdot(t_j-t_{j-1})$$

と表わされる．t_j', t_j'', t_j''' は区間 $[t_{j-1}, t_j]$ の中のある点である．一方，右辺で $t_j'=t_j''=t_j'''=\bar{t}_j\in[t_{j-1}, t_j]$ を任意に与えて $|\varDelta|=\max|t_j-t_{j-1}|\to 0$ としたときの極限が連続関数の積分

$$\int_0^1\sqrt{(x'(t))^2+(y'(t))^2+(z'(t))^2}\,\mathrm{d}t$$

である．ここで，連続関数の一様連続性を用いると $|\varDelta|\to 0$ のとき，t_j', t_j'', t_j''' および $\bar{t}_j$ の選び方によらず

$$\sup\left|\sqrt{(x'(t_j'))^2+(y'(t_j''))^2+(z'(t_j'''))^2}-\sqrt{(x'(\bar{t}_j))^2+(y'(\bar{t}_j))^2+(z'(\bar{t}_j))^2}\right|\longrightarrow 0$$

となることがわかる．したがって，折れ線の長さの極限としての曲線の長さは上の積分に等しい．

1.6 楕円

$$\frac{x^2}{a^2}+\frac{y^2}{b^2}=1$$

上の点 (x_1, y_1) の通る接線の方程式は

$$\frac{x_1}{a^2}x+\frac{y_1}{b^2}y=1$$

である．焦点 $(\pm\sqrt{a^2-b^2}, 0)$ からこの直線までの距離を通常の公式で計算し掛け合せればよい．

1.7 弧長 s を径数として表わした空間曲線

$$\boldsymbol{\rho}(s)=\xi(s)\,\boldsymbol{i}+\eta(s)\,\boldsymbol{j}+\zeta(s)\,\boldsymbol{k}$$

に対して，

$$\boldsymbol{\tau}(s)=\xi'(s)\,\boldsymbol{i}+\eta'(s)\,\boldsymbol{j}+\zeta'(s)\,\boldsymbol{k},$$
$$\kappa_1\boldsymbol{\nu}(s)=\xi''(s)\,\boldsymbol{i}+\eta''(s)\,\boldsymbol{j}+\zeta''(s)\,\boldsymbol{k}$$

より κ_1 の公式は明らかである．したがって，

$$\boldsymbol{\beta}(s)=\frac{1}{\kappa_1}\begin{vmatrix}\xi'(s) & \xi''(s) & \boldsymbol{i}\\ \eta'(s) & \eta''(s) & \boldsymbol{j}\\ \zeta'(s) & \zeta''(s) & \boldsymbol{k}\end{vmatrix}.$$

これと $\mathrm{d}\boldsymbol{\nu}/\mathrm{d}s$ の内積をとれば κ_2 の公式が得られる．

第2章

2.1 単なる計算であるから略する．

2.2 (2.31)で表わされる曲線 C が長さをもつのは，成分 $x(p), y(p), z(p)$ が有界変動関数であること，すなわち，区間 $[0,1]$ の分割 $\varDelta: 0=p_0<\cdots<p_n=1$ に関す

る上限

$$\sup_{\Delta}\sum_{j=1}^{n}|x(p_j)-x(p_{j-1})|<\infty,\quad \sup_{\Delta}\sum_{j=1}^{n}|y(p_j)-y(p_{j-1})|<\infty,$$

$$\sup_{\Delta}\sum_{j=1}^{n}|z(p_j)-z(p_{j-1})|<\infty$$

がなりたつことである．分割 Δ が与えられたとき，平均値の定理を用いれば，

$$\begin{aligned}\Phi(\boldsymbol{r}_1)-\Phi(\boldsymbol{r}_0) &= \sum_{j=1}^{n}(\Phi(\boldsymbol{r}(p_j))-\Phi(\boldsymbol{r}(p_{j-1})))\\ &= \sum_{j=1}^{n}\left\{\frac{\partial\Phi(\bar{\boldsymbol{r}}_j)}{\partial x}(x(p_j)-x(p_{j-1}))+\frac{\partial\Phi(\bar{\boldsymbol{r}}_j)}{\partial y}(y(p_j)-y(p_{j-1}))\right.\\ &\qquad \left.+\frac{\partial\Phi(\bar{\boldsymbol{r}}_j)}{\partial z}(z(p_j)-z(p_{j-1}))\right\}\end{aligned}$$

となる．ここで $\bar{\boldsymbol{r}}_j$ は $\boldsymbol{r}(p_{j-1})$ と $\boldsymbol{r}(p_j)$ を結ぶ線分上の1点である．

一方，Stieltjes 積分の存在定理によれば，右辺の $\bar{\boldsymbol{r}}_j$ を $\boldsymbol{r}(\bar{p}_j)$，ただし $\bar{p}_j$ は $[p_{j-1}, p_j]$ の任意の点，におきかえたものは分割の大きさ $|\Delta|=\max|p_j-p_{j-1}|\to 0$ のとき，積分

$$\int_C\left(\frac{\partial\Phi}{\partial x}\mathrm{d}x+\frac{\partial\Phi}{\partial y}\mathrm{d}y+\frac{\partial\Phi}{\partial z}\mathrm{d}z\right)$$

に収束する．

$\boldsymbol{r}(p)$ および grad $\Phi(\boldsymbol{r})$ の一様連続性により，$|\Delta|\to 0$ のとき，

$$\max\left\{\left|\frac{\partial\Phi(\bar{\boldsymbol{r}}_j)}{\partial x}-\frac{\partial\Phi(\boldsymbol{r}(\bar{p}_j))}{\partial x}\right|,\left|\frac{\partial\Phi(\bar{\boldsymbol{r}}_j)}{\partial y}-\frac{\partial\Phi(\boldsymbol{r}(\bar{p}_j))}{\partial y}\right|,\left|\frac{\partial\Phi(\bar{\boldsymbol{r}}_j)}{\partial z}-\frac{\partial\Phi(\boldsymbol{r}(\bar{p}_j))}{\partial z}\right|\right\}\longrightarrow 0$$

がなりたつから，上の等式の右辺は積分に収束する．

2.3

$$\mathrm{div}\,\boldsymbol{f}=\frac{\partial v}{\partial x}+\frac{\partial u}{\partial y}=0,$$

$$\mathrm{rot}\,\boldsymbol{f}=\left(\frac{\partial u}{\partial x}-\frac{\partial v}{\partial y}\right)\boldsymbol{k}=0$$

がなりたつことは，$F=u+\mathrm{i}v$ が Cauchy-Riemann の方程式

$$\frac{\partial u}{\partial x}=\frac{\partial v}{\partial y},\qquad \frac{\partial u}{\partial y}=-\frac{\partial v}{\partial x}$$

をみたすことと同等であって $F(x+\mathrm{i}y)$ は正則関数となる．

2.4 85ページと同様 $F(x+\mathrm{i}y)$ の正則化

$$F_\varepsilon(x+\mathrm{i}y)=\int\varphi_\varepsilon(x-x', y-y')F(x'+\mathrm{i}y')\mathrm{d}x'\mathrm{d}y'$$

を考える．ここで，$\varphi_\varepsilon(x,y)=\varepsilon^{-2}\varphi\left(\dfrac{x}{\varepsilon},\dfrac{y}{\varepsilon}\right)$, $\varphi(x,y)$ は原点を中心とする単位球の中に台をもつ C^∞ 関数で $\varphi(x,y)\geqq 0$ かつ $\int\varphi(x,y)\mathrm{d}x\mathrm{d}y=1$ をみたすものとする．

$F_\varepsilon(x+\mathrm{i}y)$ は C^∞ 関数で，通常の意味で Cauchy-Riemann 方程式をみたすから正則である．一方，$\varepsilon\to0$ のとき，$F_\varepsilon(x+\mathrm{i}y)$ が $F(x+\mathrm{i}y)$ に広義一様収束することは φ の性質より容易に証明できる．したがって，$F(x+\mathrm{i}y)$ は正則関数列の広義一様収束極限として正則である．

2.5 G. de Rham の論文 "Sur l'analysis situs des variétés à n dimensions", J. Math. Pures Appl. **10**(1931), 115-200 では次のように一般化した命題を次元 n と微分形式の次数 p に関する逆むきの帰納法で証明している．

補題 II ω を $I^n=[0,1]^n$ で定義された C^∞ 級の p 次微分形式であって，I^n の内部に含まれるコンパクト集合の外では 0 であるとする．$p=n$ かつ $\int_{I^n}\omega=0$，または $p<n$ かつ $\mathrm{d}\omega=0$ がなりたつならば，$\omega=\mathrm{d}\theta$ となる C^∞ の $(p-1)$ 次微分形式であって，I^n の内部に含まれるコンパクト集合の外で 0 となる θ が存在する． □

帰納法を適用するためにはなお径数 $t_1,\cdots,t_m$ を導入し，径数に関する台の条件も付加しなければならないのであるが，詳細は論文にまかせ，問題の場合の解法を略述する．

1° $n=p=1$ の場合は $\omega=f(x)\mathrm{d}x$ が $\int_0^1 f(x)\mathrm{d}x=0$ をみたすのであるから，$\theta=\int_0^x f(t)\mathrm{d}t$ とすればよい．

2° $n=p=2$ の場合，$\omega=f(x,y)\mathrm{d}x\mathrm{d}y$ の全積分が 0 なので，x に関する 1 次微分形式 $\left(\int_I f(x,y)\mathrm{d}y\right)\mathrm{d}x$ は 1° の場合になり $\mathrm{d}F(x)$ に等しい．ここで I の中にコンパクト台をもち全積分が 1 となる C^∞ 級関数 $\chi(y)$ を用いて $\omega_1=F(x)\chi(y)\mathrm{d}y$ と定義すれば，$\omega-\mathrm{d}\omega_1=g(x,y)\mathrm{d}x\mathrm{d}y$ の因子 $g(x,y)\mathrm{d}y$ は x を径数とする 1° の場合になり $g(x,y)\mathrm{d}y=\mathrm{d}_y h(x,y)$ となる台に関する条件をみたす関数 $h(x,y)$ が存在する．このとき，$\omega=\mathrm{d}\omega_1-\mathrm{d}(h(x,y)\mathrm{d}x)$．

3° $n=3, p=2$ の場合．これがわれわれの問題である．

$$\omega = f_1\mathrm{d}y\mathrm{d}z+f_2\mathrm{d}z\mathrm{d}x+f_3\mathrm{d}x\mathrm{d}y$$

と表わしたとき，z を径数とみなせば $f_3\mathrm{d}x\mathrm{d}y$ は 2° の条件をみたす．実際 $I_z{}^2=\{(x,y,z);(x,y)\in I^2\}$，$S$ を I^3 を $I_z{}^2$ で切ってできる下半分の立体 D の境界のうち $I_z{}^2$ を除いた部分とすれば，ω は S 上 0 ゆえ，

$$\int_{I_z{}^2} f_3\mathrm{d}x\mathrm{d}y = \int_{I_z{}^2+S}\omega = \int_D \mathrm{d}\omega = 0.$$

したがって，帰納法の仮定により $f_3\mathrm{d}x\mathrm{d}y=\mathrm{d}_{(x,y)}\omega_1$ となる径数 z をもつ 1 次微分形式 ω_1 の存在がわかる．このとき，z も変数として $\omega-\mathrm{d}\omega_1=\omega_2\mathrm{d}z$ となる 1 次微分形式 ω_2 が存在し，これは z を径数として 2° が適用できる条件をそなえている．

V を I^n の内部，$\Omega_0^p(V)$ を V 上のコンパクト台をもつ C^∞ 級 p 次微分形式全体とするとき，de Rham の補題 II は，

$$0 \longrightarrow \Omega_0^0(V) \xrightarrow{d} \Omega_0^1(V) \xrightarrow{d} \cdots \xrightarrow{d} \Omega_0^n(V) \xrightarrow{I} \boldsymbol{C} \longrightarrow 0$$

が完合的であることと同じである．これと de Rham 複体(4.95)は双対的な関係がある．§2.8 で紹介したように，de Rham の定理を証明するにも，de Rham 複体と鎖体複体の双対性の他に，上の図式と類似のカレント複体との双対性を利用するものがある．この方法は外微分ばかりでなく，多変数関数論に現れる Cauchy-Riemann 系やその他の連立偏微分方程式を論ずるにも有効である．1960 年代，B. Malgrange, L. Ehrenpreis, L. Hörmander 達は Fourier 変換を用いて上の形の図式の完合性を証明し，定数係数連立偏微分方程式論を確立した．

2.6　Maxwell 方程式をみたすことは計算により，すぐ確かめられる．電磁場エネルギー密度 w および Poynting ベクトル $\boldsymbol{S}$ はそれぞれ

$$w = \varepsilon_0 a(x-ct)^2, \qquad \boldsymbol{S} = \frac{1}{\mu_0 c} a(x-ct)^2 \boldsymbol{i}$$

となる．

2.7　(2.73)により(7),(8)の解の各成分 $u(\boldsymbol{r})$ は Laplace 方程式

$$\Delta u(\boldsymbol{r}) = 0$$

をみたす．この解を調和関数という．したがって，全空間で有界な調和関数が定数であることを示せば十分である．閉球 $|\boldsymbol{r}| \leqq R$ で連続，内部で調和な関数 $u(\boldsymbol{r})$ に対して Poisson の公式

$$u(\boldsymbol{r}) = \frac{R^2-|\boldsymbol{r}|^2}{4\pi R} \int_{|\boldsymbol{s}|=R} \frac{u(\boldsymbol{s})}{|\boldsymbol{r}-\boldsymbol{s}|^3} \mathrm{d}S_{\boldsymbol{s}}$$

が成立する．ここで $\mathrm{d}S_{\boldsymbol{s}}$ は球面 $|\boldsymbol{s}|=R$ 上の面積要素を表わす．

これを積分記号下で微分すれば

$$\left|\frac{\partial u(\boldsymbol{0})}{\partial x}\right| \leqq \frac{3}{R} \sup_{|\boldsymbol{s}|=R} |u(\boldsymbol{s})|$$

という評価が得られる．$u(\boldsymbol{s})$ は全空間で有界であるから，ここで $R \to \infty$ とすれば $\partial u(\boldsymbol{0})/\partial x = 0$ がわかる．同様に $\partial u(\boldsymbol{0})/\partial y = \partial u(\boldsymbol{0})/\partial z = 0$ が成立する．原点をうつして同じ計算をすれば，いたるところ $\mathrm{grad}\, u(\boldsymbol{r}) = 0$ がなりたち，$u(\boldsymbol{r})$ は定数でなければならないことが結論される．

欧文索引

和文索引

ア 行

カ 行

サ 行

タ 行

ナ 行

ハ 行

マ 行

ヤ 行

記号索引

■岩波オンデマンドブックス■

岩波講座 応用数学［基礎 6］
ベクトル解析と多様体

1994 年 12 月 22 日　第 1 刷発行
1999 年 1 月 6 日　第 2 刷発行
2017 年 9 月 12 日　オンデマンド版発行

著　者　小松彦三郎（こまつひこさぶろう）

発行者　岡 本　厚

発行所　株式会社　岩波書店
〒 101-8002　東京都千代田区一ツ橋 2-5-5
電話案内　03-5210-4000
http://www.iwanami.co.jp/

印刷／製本・法令印刷

ISBN 978-4-00-730665-5　　Printed in Japan